恐龙世界
KONG LONG SHI JIE

杨建峰◎主编

U0305422

汕頭大學出版社

图书在版编目(CIP)数据

恐龙世界 / 杨建峰主编. —汕头:汕头大学出版
社, 2014.10(2015.5 重印)
　　ISBN 978-7-5658-1442-6

　　Ⅰ.①恐… Ⅱ.①杨… Ⅲ.①恐龙-普及读物 Ⅳ.
①Q915.864-49

　　中国版本图书馆 CIP 数据核字(2014)第 218859 号

恐龙世界　KONGLONG SHIJIE

总 策 划:杨建峰
主　　编:杨建峰
责任编辑:宋倩倩
责任技编:黄东生
装帧设计:松雪图文　王　进
印刷监制:高　峰　苏画眉
出版发行:汕头大学出版社
　　　　广东省汕头市大学路 243 号汕头大学校园内　邮政编码:515063
电　　话:0754-82904613
印　　刷:北京德富泰印务有限公司
开　　本:889mm×1194mm　1/16
印　　张:27.5
字　　数:769 千字
版　　次:2014 年 10 月第 1 版
印　　次:2015 年 5 月第 2 次印刷
定　　价:59.00 元
ISBN 978-7-5658-1442-6

发行/广州发行中心　通讯邮购地址/广州市越秀区水荫路 56 号 3 栋 9A 室　邮政编码/510075
电话/020-37613848　　传真/020-37637050

敬启

　　本书在编写过程中,参阅和使用了一些报刊、著述和图片。由于联系上的困难,我们未能
和部分作品的作者(或译者)取得联系,对此谨致深深的歉意。敬请原作者(或译者)见到本书
后,及时与我们联系相关事宜。联系电话:010-84853028 联系人:松雪

前 言
PREFACE

什么是恐龙?

恐龙为什么会灭绝?

恐龙时代的地球是什么样的?

简单来说,恐龙属于中生代时期陆地上的爬行类。从学术的角度讲,恐龙是生活在距今大约2亿3500万年至6595万年前的,能以后肢支撑身体直立行走的一类陆生动物,大多数属于陆生(栖息在陆地上)的爬行动物,但能直立行走,支配全球陆地生态系统超过1亿6000万年之久。大部分恐龙已经灭绝,但是恐龙的后代——鸟类存活下来,并繁衍至今。恐龙(不包含鸟类)是一群生存于陆地上的主龙类爬行动物,四肢直立于身体之下,而非往两旁撑开,它们出现于晚三叠纪卡尼阶。各种恐龙快速地演化出不同的特化特征,并发展出不同的体形大小,占据着不同的生态位,并持续生存到晚白垩纪马斯特里赫特阶。恐龙家族极为庞大、多样性。截止到2006年的学术研究,已确定有超过500个属。根据估计,化石记录中曾出现的属总数约为1850个,当中有75%已被发现化石。一个早期的研究推测,恐龙有将近3400个属,但大部分无法在化石记录中保存下来。截至2008年9月17日为止,恐龙计有1047个种。恐龙有植食性动物,也有肉食性、杂食性动物。有些恐龙以双足行走,或四足行走,或如砂龙和禽龙可以在双足和四足间自由转换。许多恐龙的身上具有鳞甲,或是头部长有角或头冠。尽管恐龙以其巨大体形著称,但许多恐龙的体形只有人类大小,甚至更小。目前已在全球各大洲发现恐龙化石,包含南极洲在内。

虽然恐龙的化石已在地球上存在了数千万年,但直到19世纪,人们才知道地球上曾经有这么奇特的动物存在过。

第一个发现恐龙化石的是名叫吉迪恩·曼特尔的英国医师。曼特尔医师平时就有收集岩石和化石的嗜好。1825年,他和夫人发现了一些嵌在岩石里的巨大牙齿。曼特尔医师从没见过这么大的牙齿。当他在附近又发现了许多骨骼后,开始对这些不寻常的发现物展开认真的研究。经过一番工夫,曼特尔医师获得一个结论:这些牙齿和骨骼应该是属于某种庞大爬行动物所有,他将这种不知名的动物命名为禽龙,学名的原意就是指"鬣蜥的牙齿"。不久,英国又发现两种巨大爬行动物的骨骼,它们分别被命名为斑龙和森林龙。

恐龙种类繁多,样子奇奇怪怪,在形体、习性等方面都各有各的特征,有的高大如山,有的小巧如鸟;有的凶狠残暴,有的温顺善良;有的愚笨迟钝,有的敏捷灵巧……

恐龙可以说是最令人着迷的史前动物了。它们的身世神秘奇特,它们的演变与进化令人费解,它们的习性特征千奇百怪。第一只恐龙是怎样的?霸王龙和三角龙谁更厉害?是否还有幸存的恐龙?恐龙生活在哪个地质年代?它们如何繁衍生息,养育后代?当时的南极也有恐龙吗?……本书通过科学严谨、体例新颖的阐释方式,将湮没的恐龙帝国充分挖掘出来。大量栩栩如生的恐龙及古代生物复原图,将史前生命画卷在我们面前徐徐展开,帮助我们以科学的视角追踪千古谜兽,探索光怪陆离的恐龙世界。

　　对于每个喜欢恐龙的人来说,这本精彩的百科全书都是必不可少的。它可以让你在轻松愉快的阅读中全面了解恐龙这一令人惊异的远古动物,增长早期爬行动物的相关知识。

　　本书运用文字和图片相结合的方法,全景式地再现了恐龙帝国的辉煌,让读者能够透过栩栩如生的画面和生动形象的描写,进入一个虽已逝去却依旧令人神往的世界。在这里,你将看到蜥结龙的无敌"护身符",找到似鸵龙的飞奔秘诀,破解窃蛋龙的惊世谜案,窥探剑龙的私密生活,领略嗜鸟龙的致命出击……下面,就让我们随着本书开始一次惊险而又神奇的探秘之旅吧!

目　录
CONTENTS

第一章　恐龙大揭秘

恐龙的眼睛 …………………………………………………………… 2

恐龙的牙齿 …………………………………………………………… 3

恐龙骨骼是什么时候被确认的 …………………………………… 4

小恐龙需要妈妈照顾吗 …………………………………………… 5

在恐龙之前有其他蜥蜴吗 ………………………………………… 6

恐龙的成长 …………………………………………………………… 6

恐龙的迁徙 …………………………………………………………… 7

恐龙的栖息地 ………………………………………………………… 9

关于恐龙的研究 …………………………………………………… 10

"恐龙"之名的由来 ………………………………………………… 12

关于恐龙有趣的故事 ……………………………………………… 13

恐龙与地质新说 …………………………………………………… 15

关于恐龙的传说 …………………………………………………… 17

恐龙的食量及消化方式 …………………………………………… 18

恐龙的鼻子 ………………………………………………………… 20

恐龙的习性 ………………………………………………………… 21

恐龙的叫声 ………………………………………………………… 22

恐龙是如何相处的 ………………………………………………… 23

恐龙好斗吗 ………………………………………………………… 24

恐龙和大陆漂移 …………………………………………………… 26

恐龙究竟是什么 …………………………………………………… 27

恐龙的生存年代 …………………………………………………… 29

恐龙之间如何交流 ………………………………………………… 30

恐龙能否直立行走 ………………………………………………… 33

恐龙主宰世界之谜 ………………………………………………… 34

恐龙的行动是否敏捷 ·· 35

恐龙进食情景再现 ·· 36

恐龙是爬行动物还是哺乳动物 ································ 38

恐龙"兴起"是否与行星撞击地球有关 ···················· 39

恐龙身躯庞大的利弊 ·· 40

鸟类是否源于恐龙 ·· 43

恐龙的皮肤 ·· 44

恐龙演化成鸟类的争论 ······································ 46

人类与恐龙是否为同代 ······································ 50

恐龙与龙是否同宗 ·· 52

恐龙也需要冬眠吗 ·· 53

中华龙鸟是龙还是鸟 ··· 55

"龙蛋共存"奇观 ·· 56

恐龙的寿命 ·· 58

恐龙蛋趣谈 ·· 59

恐龙的孕育方式 ··· 61

恐龙是否会游泳 ··· 63

恐龙用不用"坐月子" ··· 65

恐龙的祖先是怎样演化的 ···································· 66

恐龙有没有固定的"家" ······································ 67

鱼龙是怎样繁殖后代的 ······································ 69

活恐龙追踪 ·· 70

恐龙是否会患癌症 ·· 71

恐龙干尸的发现 ··· 72

"恐龙公墓"是怎样形成的 ···································· 72

世界最大的恐龙脚印 ·· 74

最后灭亡的恐龙 ··· 75

中国恐龙奇观 ··· 76

恐龙与哺乳动物之间的竞争 ································· 78

恐龙灭绝与臭氧层空洞有关吗 ······························ 79

是海啸加速了恐龙灭亡吗 ···································· 80

恐龙灭绝是必然的吗 ·· 81

恐龙灭绝是缘于地质灾难吗 ································· 82

恐龙是否死于窝内 ·· 83

恐龙全族覆灭之谜 ·· 84

气温下降加速恐龙灭绝之谜 ································· 85

恐龙灭绝与水星轨道摆动有关吗 ··························· 86

恐龙是骤然灭绝的吗 ·· 87

恐龙灭绝与其生殖功能衰退有关吗 ························ 87

植物是杀害恐龙的元凶吗 ···································· 89

"恐人"的传说 ··· 90

对于恐龙灭绝的其他独特见解 ··· 92

恐龙是否也能被克隆 ··· 92

能用鸡基因复制恐龙吗 ··· 93

再造古蜥视觉蛋白 ··· 94

世界恐龙博物馆 ··· 95

第二章　三叠纪——恐龙的崛起

艾沃克龙 ··· 98

莱森龙 ··· 98

贝里肯龙 ··· 99

雷前龙 ··· 100

卡米洛特龙 ··· 100

盒龙 ··· 101

科罗拉多斯龙 ··· 101

始奔龙 ··· 102

优肢龙 ··· 103

黑丘龙 ··· 103

滥食龙 ··· 103

皮萨诺龙 ··· 105

农神龙 ··· 106

吕勒龙 ··· 106

黑水龙 ··· 106

莱索托龙 ··· 107

板龙 ··· 108

鞍龙 ··· 109

槽齿龙 ··· 110

鼠龙 ··· 111

伊森龙 ··· 112

里奥哈龙 ··· 112

太阳神龙 ··· 113

南十字龙 ··· 114

恶魔龙 ··· 115

始盗龙 ··· 116

长颈龙 ··· 119

钦迪龙 ··· 120

瓜巴龙 ··· 120

哥斯拉龙 ··· 121

理理恩龙 ··· 122

原美颌龙 ·· 123

蓓天翼龙 ·· 125

幻龙 ·· 126

鸥龙 ·· 127

龟龙 ·· 127

纯信龙 ·· 128

贵州龙 ·· 128

南漳龙 ·· 129

安顺龙 ·· 130

豆齿龙 ·· 130

阿氏开普吐龙 ·· 131

恐头龙 ·· 132

巢湖龙 ·· 132

湖北鳄 ·· 133

肿肋龙 ·· 134

楯齿龙 ·· 135

歌津鱼龙 ·· 135

杯椎鱼龙 ·· 136

混鱼龙 ·· 137

黔鱼龙 ·· 137

肖尼鱼龙 ·· 138

加利福尼亚鱼龙 ··· 139

萨斯特鱼龙 ··· 140

第三章 侏罗纪——恐龙的盛世

环河翼龙 ·· 142

冰脊龙 ·· 142

大地龙 ·· 144

嗜鸟龙 ·· 145

华阳龙 ·· 145

沱江龙 ·· 147

剑龙 ·· 148

西龙 ·· 150

钉状龙 ·· 150

天池龙 ·· 152

费尔干纳头龙 ·· 153

浅隐龙 ·· 153

禄丰龙 ·· 155

畸齿龙 ……………………………………………………………………………… 156

迷惑龙 ……………………………………………………………………………… 159

蝴蝶龙 ……………………………………………………………………………… 162

巨棘龙 ……………………………………………………………………………… 164

芒康龙 ……………………………………………………………………………… 167

似花君龙 …………………………………………………………………………… 168

嘉陵龙 ……………………………………………………………………………… 169

锐龙 ………………………………………………………………………………… 170

勒苏维斯龙 ………………………………………………………………………… 173

米拉加亚龙 ………………………………………………………………………… 174

营山龙 ……………………………………………………………………………… 176

将军龙 ……………………………………………………………………………… 177

昌都龙 ……………………………………………………………………………… 179

醒龙 ………………………………………………………………………………… 180

双腔龙 ……………………………………………………………………………… 180

重龙 ………………………………………………………………………………… 181

梁龙 ………………………………………………………………………………… 182

圆顶龙 ……………………………………………………………………………… 183

短颈潘龙 …………………………………………………………………………… 184

瑞拖斯龙 …………………………………………………………………………… 185

鲸龙 ………………………………………………………………………………… 186

地震龙 ……………………………………………………………………………… 186

小盾龙 ……………………………………………………………………………… 187

极龙 ………………………………………………………………………………… 187

怪嘴龙 ……………………………………………………………………………… 188

近蜥龙 ……………………………………………………………………………… 189

川街龙 ……………………………………………………………………………… 190

马门溪龙 …………………………………………………………………………… 190

文雅龙 ……………………………………………………………………………… 191

切布龙 ……………………………………………………………………………… 193

灵龙 ………………………………………………………………………………… 193

沟牙龙 ……………………………………………………………………………… 194

砂龙 ………………………………………………………………………………… 194

金沙江龙 …………………………………………………………………………… 195

南方梁龙 …………………………………………………………………………… 196

亚特拉斯龙 ………………………………………………………………………… 197

巧龙 ………………………………………………………………………………… 197

柏柏尔龙 …………………………………………………………………………… 198

卡洛夫龙 …………………………………………………………………………… 199

朝阳龙 ……………………………………………………………………………… 200

加尔瓦龙 …………………………………………………………………………… 200

似鲸龙 ·· 201

腕龙 ·· 202

藏匿龙 ·· 203

酋龙 ·· 203

德林克龙 ·· 204

丁赫罗龙 ·· 205

龙胄龙 ·· 206

蜀龙 ·· 207

糙节龙 ·· 207

金山龙 ·· 208

峨眉龙 ·· 209

角鼻龙 ·· 209

单脊龙 ·· 210

四川龙 ·· 211

何信禄龙 ·· 211

双脊龙 ·· 211

迪布勒伊洛龙 ·· 215

原颌龙 ·· 216

虚骨龙 ·· 216

露丝娜龙 ·· 219

神鹰盗龙 ·· 219

龙猎龙 ·· 219

多里亚猎龙 ·· 220

美扭椎龙 ·· 220

轻巧龙 ·· 221

马什龙 ·· 222

澳洲盗龙 ·· 222

冠龙 ·· 223

匙喙翼龙 ·· 226

皮亚尼兹基龙 ·· 226

梳颌翼龙 ·· 227

诺曼底翼龙 ·· 228

双型齿翼龙 ·· 228

达尔文翼龙 ·· 229

敦达古鲁翼龙 ·· 230

德国翼龙 ·· 230

海鳗龙 ·· 231

神剑鱼龙 ·· 232

滑齿龙 ·· 232

菱龙 ·· 233

狭翼鱼龙 ·· 234

大眼鱼龙 ·· 235

真鼻鱼龙 ·· 236

第四章　白垩纪——恐龙的最后王朝

阿比杜斯龙 ·· 238

雪松甲龙 ·· 238

雪松山龙 ·· 239

天宇盗龙 ·· 240

克柔龙 ·· 240

短颈龙 ·· 241

潮汐龙 ·· 241

帕克氏龙 ·· 242

非凡龙 ·· 243

萨尔塔龙 ·· 243

篮尾龙 ·· 244

多智龙 ·· 245

西风龙 ·· 246

祖尼角龙 ·· 247

北票龙 ·· 247

蜥结龙 ·· 249

开角龙 ·· 249

野牛龙 ·· 250

大鸭龙 ·· 251

谭氏龙 ·· 252

热河龙 ·· 253

棱齿龙 ·· 253

兰州龙 ·· 254

腱龙 ·· 255

加斯顿龙 ·· 256

阿马加龙 ·· 257

伊希斯龙 ·· 258

葬火龙 ·· 258

阿拉善龙 ·· 259

慢龙 ·· 260

兰伯龙 ·· 261

雷巴齐斯龙 ·· 261

弯龙 ·· 262

查干诺尔龙 ·· 263

豪勇龙 ·· 264

高吻龙 ·· 265

原巴克龙 ·· 266

栉龙 ·· 266

短冠龙 ·· 268

埃德蒙顿龙 ··· 269

慈母龙 ·· 270

波塞东龙 ·· 271

满洲龙 ·· 271

山东龙 ·· 272

扇冠大天鹅龙 ··· 273

副栉龙 ·· 273

碗状龙 ·· 275

多刺甲龙 ·· 275

乌尔禾龙 ·· 276

盘足龙 ·· 276

美甲龙 ·· 277

结节龙 ·· 278

甲龙 ·· 278

中原龙 ·· 280

包头龙 ·· 280

龙王龙 ·· 281

肿头龙 ·· 282

皖南龙 ·· 283

鹦鹉嘴龙 ·· 284

冥河龙 ·· 285

古角龙 ·· 287

黎明角龙 ·· 288

纤角龙 ·· 288

斗吻角龙 ·· 289

中国角龙 ·· 289

禽龙 ·· 290

河神龙 ·· 293

汝阳黄河巨龙 ··· 293

五角龙 ·· 294

戟龙 ·· 295

三角龙 ·· 296

原角龙 ·· 297

镰刀龙 ·· 299

雷利诺龙 ·· 301

葡萄园龙 ·· 303

皇家龙 ··· 303

胜山龙 ··· 304

棘甲龙 ··· 305

埃及龙 ··· 306

阿拉摩龙 ·· 306

活堡龙 ··· 307

南极甲龙 ·· 308

南极龙 ··· 309

盐海龙 ··· 309

阿根廷龙 ·· 310

银龙 ··· 310

阿特拉斯科普柯龙 ·· 311

无鼻角龙 ·· 312

爱氏角龙 ·· 313

弱角龙 ··· 313

巴克龙 ··· 314

短角龙 ··· 314

博妮塔龙 ·· 315

矮脚角龙 ·· 316

巨体龙 ··· 317

木他龙 ··· 317

卡戎龙 ··· 318

纤手龙 ··· 319

尖角龙 ··· 319

铸镰龙 ··· 320

平头龙 ··· 321

亚冠龙 ··· 322

厚鼻龙 ··· 323

懒爪龙 ··· 324

牙克煞龙 ·· 324

胄甲龙 ··· 324

锦州龙 ··· 325

羽王龙 ··· 325

窃蛋龙 ··· 328

蛇发女怪龙 ·· 331

寐龙 ··· 333

斑比盗龙 ·· 335

棘龙 ··· 336

驰龙 ··· 340

阿基里斯龙 ·· 343

非洲猎龙 ·· 343

似鹅龙 …………………………………………………………………… 344

极鳄龙 …………………………………………………………………… 345

伶盗龙 …………………………………………………………………… 345

后弯齿龙 ………………………………………………………………… 348

拜伦龙 …………………………………………………………………… 349

恶龙 ……………………………………………………………………… 349

似鸟龙 …………………………………………………………………… 350

原始祖鸟 ………………………………………………………………… 351

蜥鸟龙 …………………………………………………………………… 351

伤齿龙 …………………………………………………………………… 352

半鸟 ……………………………………………………………………… 353

暴龙 ……………………………………………………………………… 353

皱褶龙 …………………………………………………………………… 357

激龙 ……………………………………………………………………… 358

南方猎龙 ………………………………………………………………… 358

中华丽羽龙 ……………………………………………………………… 359

纤细盗龙 ………………………………………………………………… 360

临河盗龙 ………………………………………………………………… 361

南方巨兽龙 ……………………………………………………………… 361

似驰龙 …………………………………………………………………… 364

栾川盗龙 ………………………………………………………………… 365

中国猎龙 ………………………………………………………………… 365

瓦尔盗龙 ………………………………………………………………… 366

古似鸟龙 ………………………………………………………………… 366

帝龙 ……………………………………………………………………… 367

似鸡龙 …………………………………………………………………… 368

似鸵龙 …………………………………………………………………… 369

高棘龙 …………………………………………………………………… 370

恐爪龙 …………………………………………………………………… 371

特暴龙 …………………………………………………………………… 374

艾伯塔龙 ………………………………………………………………… 375

窃螺龙 …………………………………………………………………… 376

擅攀鸟龙 ………………………………………………………………… 377

食肉牛龙 ………………………………………………………………… 377

重爪龙 …………………………………………………………………… 380

朝阳翼龙 ………………………………………………………………… 383

宁城翼龙 ………………………………………………………………… 383

格格翼龙 ………………………………………………………………… 384

猎空翼龙 ………………………………………………………………… 385

华夏翼龙 ………………………………………………………………… 385

神州翼龙 ………………………………………………………………… 385

郝氏翼龙 ……………………………………………… 386

森林翼龙 ……………………………………………… 386

小盗龙 ………………………………………………… 387

古魔翼龙 ……………………………………………… 390

妖精翼龙 ……………………………………………… 391

玩具翼龙 ……………………………………………… 392

帆翼龙 ………………………………………………… 392

掠海翼龙 ……………………………………………… 393

包科尼翼龙 …………………………………………… 393

惊恐翼龙 ……………………………………………… 394

夜翼龙 ………………………………………………… 395

中华龙鸟 ……………………………………………… 395

无齿翼龙 ……………………………………………… 398

湖翼龙 ………………………………………………… 399

乌鸦翼龙 ……………………………………………… 399

神龙翼龙 ……………………………………………… 400

巴西翼龙 ……………………………………………… 400

准噶尔翼龙 …………………………………………… 401

哈特兹哥翼龙 ………………………………………… 401

鸟嘴翼龙 ……………………………………………… 402

北票翼龙 ……………………………………………… 402

西阿翼龙 ……………………………………………… 402

都迷科翼龙 …………………………………………… 404

南翼龙 ………………………………………………… 404

沧龙 …………………………………………………… 405

连椎龙 ………………………………………………… 406

始无齿翼龙 …………………………………………… 406

扁掌龙 ………………………………………………… 407

海王龙 ………………………………………………… 407

海诺龙 ………………………………………………… 408

浮龙 …………………………………………………… 409

扁鳍鱼龙 ……………………………………………… 409

球齿龙 ………………………………………………… 410

板果龙 ………………………………………………… 411

白垩龙 ………………………………………………… 411

凌源潜龙 ……………………………………………… 411

双臼椎龙 ……………………………………………… 412

薄片龙 ………………………………………………… 413

猎章龙 ………………………………………………… 413

长锁龙 ………………………………………………… 414

第五章　探寻恐龙的故乡

伯尼萨特——比利时禽龙的出生地 …………………………………………… 416

合川马门溪龙——中国巨大的恐龙 ………………………………………… 416

河西走廊——恐龙的故乡 …………………………………………………… 417

南极洲——恐龙的原生地 …………………………………………………… 418

山东——"巨型恐龙"鸭嘴龙的诞生地 ……………………………………… 420

英国——侏罗纪恐龙的乐园 ………………………………………………… 420

郧县——恐龙蛋的集结地 …………………………………………………… 422

自贡大山铺——恐龙的伊甸园 ……………………………………………… 423

阿勒莱皮盆地——巴西肉食性恐龙的栖息地 ……………………………… 424

第一章

恐龙大揭秘

恐龙的眼睛

在动物的生命中,眼睛的作用不可小瞧。相对于庞大的恐龙家族,眼睛也是恐龙心灵的窗户,接受着来自外界的各种信息。

1. 眼睛与化石

到目前为止,人类还没有发现恐龙眼睛的化石。说白了,这是因为眼睛是湿软的,一旦恐龙死亡,那么眼睛很快就会腐烂,或者被其他动物吃掉。

2. 和鸟类相似

科学家猜想，恐龙的眼睛类似于鸟类的眼睛，而且眼睛的大小决定恐龙视力的好坏。如果恐龙的眼睛大大的，而且位置集中，那它们的视力一定也不赖。

3. 视力可不同

一般来说，肉食性恐龙的视力要比植食性恐龙的好一些，因为它们的眼睛要能快速发现目标，大致判断位置，这样才能捕到食物。要是在晚上捕食的，对它们的视力要求就更高。

4. 伤齿龙的大眼睛

在恐龙家族，伤齿龙可以说是拥有最大脑袋的恐龙之一。它就长着一双比较大的眼睛，甚至能在暗淡的光线中看得十分清楚，这也为它捕食提供了方便。

5. 恐龙中的"近视眼"

在肉食性恐龙中，鸸鹋龙、恐爪龙和窄爪龙视力最好。身躯庞大的蜥脚类恐龙，视力比鸭嘴龙还要差。剑龙和甲龙的视力更差，是恐龙家族的"近视眼"。

恐龙的牙齿

牙齿是帮助消化的器官。恐龙的牙齿各不相同，这和它们的生活习性有关。一般来说，肉食性恐龙的牙齿比草食性恐龙的牙齿要锋利。

草食性恐龙的牙齿形状和所吃的食物有关。例如,吃苏铁、棕榈、针叶树等硬叶和果实的恐龙,它的牙齿呈粗木钉形,而吃开花植物的软叶和果实的恐龙,它的牙齿是呈薄叶形。

恐龙换不换牙呢?换。它们一生都在不断换牙,这是因为恐龙每一排牙齿的下面都有数排牙齿,这是牙齿的"替补"。也就是说,一旦有牙齿磨损坏了或断了,新的牙齿就会马上补上来。

鸭嘴龙的牙齿呈细小的叶状,不过它的数量特别多,达好几百颗,还有的有2000颗。这些牙齿排成许多行,能把粗糙的食物磨烂。这也让鸭嘴龙的胃口很好,能吃许许多多种食物。

说到最可怕的牙齿,当数霸王龙的了。它的牙齿状像匕首,最大的牙足有20厘米长。可以想象,要是哪种动物被霸王龙咬住,瞬间就被它撕碎了。

并不是所有的恐龙都长有牙齿。例如,似驼龙类的恐龙就没有牙齿,可它们却有坚硬的角质喙以及特殊的消化器官。

恐龙骨骼是什么时候被确认的

大约在1820年,出土了一些巨大的牙齿和骨骼化石,引起了英国和法国研究者的兴趣。他们推测,这些骨骼可能来自于很久以前的大型爬行动物。因此在1822年,美国医生詹姆士·帕金森把地

质学家威廉·巴克兰收藏物中的一件出土物命名为"巨齿龙",也就是"大蜥蜴"的意思。1824年,巴克兰自己对他的发掘物也进行了科学的命名和描述。这样,恐龙第一次被人们认识和命名。

1825年,英国医生吉迪恩·曼特尔博士向外界宣布了第二件引起轰动的出土物。他的妻子玛丽在森林边的采石场里,发现了嵌在石头里的两颗大牙齿。在这个采石场附近,还陆续有其他的牙齿和石化的骨骼被发现。由于这些牙齿的形状与一种生活在中美洲和南美洲的蜥蜴相同,因此曼特尔把这个新发现的动物命名为"禽龙",意思是"鬣蜥牙齿"。

此后在英格兰还发掘出了其他一些恐龙化石。1837年,人们在德国纽伦堡附近也发现了恐龙骨骼化石。不过,当时还没有人意识到,这些新发现的、只有通过碎片才能确认的动物,属于一种独立的爬行动物。后来,理查德·欧文教授在伦敦根据另外一些出土物确认了这些是恐龙化石,并在1841年建议,把这类爬行动物命名为"恐龙",意为"恐怖的大蜥蜴"。

小恐龙需要妈妈照顾吗

从1978年开始,在美国北部的蒙大拿州陆续有了了不起的发现——大量的恐龙巢穴。这里的每个巢穴大概有2米宽和1米深,人们还发现了一群10只以上的鸭嘴龙的巢穴。在其中一个巢穴里发现有被踩坏的蛋,而在另一个鸭嘴龙的巢穴里发现了身长50厘米的幼崽。从大约20厘米长的蛋里孵化出来时,它们有30~35厘米长。幼崽可能在巢穴里会待上很长一段时间,由恐龙妈妈看护和喂养。因此,人们把这种鸭嘴龙称为"慈母龙"。既然它们还能孵蛋,那么体重应该不会超过两吨,可能这些用植物搭造的巢穴会通过发酵提供足够的孵化热量。

在旁边,还有很多似瞪羚恐龙的巢穴,明显是多年一直在使用。在10个分别为1米宽的巢穴

中,发现共有 24 枚长椭圆形的蛋。新孵化出来的似瞪羚恐龙并不待在巢穴里,而是马上离开妈妈,在巢穴附近聚集成一个儿童群。由此我们确定,在恐龙中就已经有了赖巢族和弃巢族之分,这是两种不同的成长方式。

赖巢族的幼崽会生长得特别快,因为它们由妈妈亲自喂养。与此相反,弃巢族恐龙从孵化出来就开始独立生活了。

在恐龙之前有其他蜥蜴吗

最早的爬行动物出现在 3 亿多年前的石炭纪,被称为原龙或原生爬行动物。最初,它们身体较小,属于类蜥蜴的食肉动物。随着时间的推移,进化出了越来越大的食草爬行动物。它们中最大的有 3 米长,动作笨拙,腿长在身体的侧面,身上有着厚而隆起的皮肤。

原龙分布在整个地球上,所有其他的爬行动物都是从这些动物进化而来。早在石炭纪,已出现了从原生爬行动物中演化而来的盘龙,它们长有尾巴和犬齿,身长达 3 米。很多动物的后背上进化出了紧绷突起的帆状皮或骨骼棒。而在短尾巴的类哺乳动物(兽孔目)的爬行动物中,腿逐渐演变到身体下面,使这些巨型动物更容易奔跑。

食肉恐龙(兽齿类)身体和牙齿的形状与狗的类似,可能这些相似点逐渐成为了后来哺乳动物的典型特征。可是几乎所有的类哺乳动物的爬行动物,在恐龙时代都开始灭绝了,只有一小部分在三叠纪进化为真正的哺乳动物。

楔齿蜥(兽齿类)最初与鳄鱼类似,通常它们都有一个由骨板组成的护甲。令人惊奇的是,从它们中进化出了很多不同种类的生物:奇特的披甲大头蜥,长刚毛犬似的捕鱼蜥,身体修长、可以快速奔跑的蜥蜴等,这些都被看作是恐龙的直系祖先。

恐龙的成长

小恐龙是如何长大的呢? 一般来说,小恐龙大都是由大恐龙妈妈孵化出来的,一开始很小。然后,在恐龙妈妈的精心呵护下,一天天成长,变得强大起来,开始独自生活。接下来,我们去看看小恐龙的成长录。

1. 环境要求

小恐龙想从蛋中出来,是需要热量的。一般来说,恐龙蛋是靠太阳光的直接照射、沙子的热量以及覆盖在蛋上的植物发酵时产生的热量来孵化的。另外,恐龙妈妈也会轻轻地伏在蛋上,为小宝宝提供一个温暖的环境。

2. 小恐龙出生

另外,恐龙妈妈也要准备充足的营养食物,还要保护这些蛋,以免被其他动物吃掉。一般来说,小恐龙 3 个月就能孵化出来。

3. 备受呵护

小恐龙几乎是在同时被孵化出来的。这些幼小的恐龙已经长了牙齿,可以咀嚼食物。恐龙妈妈也会精心地喂养,照顾自己的小宝宝。

4. 群居生活

为了相互保护,很多恐龙的成长、生存都是采取群居的方式。在小恐龙出生不久后,也会加入到群体中去,一起结伴活动。一旦遭遇强劲对手,小恐龙就被大恐龙聚集在中间保护起来。

恐龙的迁徙

秋天来了,许多鸟都飞往了南方,开始它们的迁徙之旅。那么,对于庞大的恐龙家族,有没有迁徙呢? 为了生存,许多恐龙也不例外,它们也会迁徙。

1. 迁徙高地

通过对蜥脚类恐龙牙齿化石分析,发现这种恐龙很可能会进行季节性迁徙。它们经常到谷地

肥沃的冲积平原中觅食,但当谷地遭受季节性干旱时,就迁徙到高地,等旱季过后再回到谷地。

2. 艰难迁徙路

尖角龙属于群居动物,它们的行动和今天的非洲角马相似,它们也会随着季节成群地迁徙。在迁徙过程中,这群尖角龙也会遭遇危险,比如在横渡泛滥的洪水河流时被洪水吞没,付出自己的生命。

3. 化石真相

在加拿大艾伯塔省的红鹿河谷,人们曾经发现过数百具尖角龙化石。古生物学家猜测,这批尖角龙可能是在迁徙中,集体渡河时死亡的。

4. 雷龙和迁徙

雷龙也叫迷惑龙,属于植食性恐龙。它是恐龙中的大块头,由于身体所需,需要不断地吞食植物。雷龙属于群居动物,可以想象一群雷龙出没,几天就能把一个森林消灭掉。怎么办呢? 它们只有迁往植物丰盛的地方。

恐龙的栖息地

根据目前发现的恐龙化石,证实恐龙的栖息地非常广。在欧洲、亚洲、非洲以及南、北美洲,加上南极洲等都有恐龙遗迹。可见,无论是沙漠、平原、丛林、湖泊周围,都是恐龙生活的栖息地。

1. 现身北极

恐龙遍布整个世界,就连现在寒冷的南、北极都有恐龙的活动足迹。只是,那时候的南极和北极没有现在寒冷。1960年8月,人类在北极圈里发现了一串13个足印,后来认定是禽龙留下的。

2. 禽龙和气候

禽龙现身地球大北极,这是恐龙化石发现史上最有趣、最重要的事件之一。它所涉及的方方面面,为科学家了解一亿年前的地球、环境和生物面貌提供了重要线索。

3. 恐龙分家

恐龙怎么会遍布世界呢?原来,由于板块运动,恐龙分家了,来到了各自不同的大陆。

4. 恐龙亲戚

生活在各地的恐龙一样吗?其实,恐龙的分布和我们人类相像。现在,在亚洲、美洲、非洲,都有侏罗纪时的蜥脚类恐龙。我国的永川龙、欧洲的巨齿龙以及北美的异龙,都有很近的血缘关系,还是亲戚呢。

关于恐龙的研究

自从人类发现恐龙开始,科学家们对它的研究就一直没有停止过。随着时间的推移,科学技术的进步,我们对恐龙的认识也越来越清晰。科学家们在研究恐龙的同时,还获得了关于地质、生物、天文、环境等多方面的知识,从而使人类在与大自然相抗争的时候,明确地知道应该如何同自然界保持和谐。在今后的研究工作中,我们的科学家们肯定还会进一步揭开恐龙的面纱。

目前科学家研究恐龙主要依赖的是它们遗留在岩层中的遗骸(遗体)、遗迹(皮肤、足印)、遗弃物(蛋和粪)化石。中国最早命名的恐龙是满洲龙,1902年发现于黑龙江省嘉荫县,现陈列在俄罗斯圣彼得堡地质博物馆。

中国已发展的恐龙属种有一百多个(包括恐龙蛋和足印化石),在恐龙的2个目24个科中中国几乎都有代表。此外,关于恐龙蛋的发现数量和种属的记述上也都是世界第一。在河南省西峡盆地上白垩纪地层中,出土上万枚蛋化石,有9种不同类型蛋化石,其中最大的蛋竟长达54厘米。恐龙蛋如此巨大,成年的恐龙会有多大就不难想象了。有些恐龙蛋表面很粗糙,有褶皱,还有许多小气管通向里面。别小看这些表面与普通石头没什么区别的恐龙蛋,科学家们可以根据它们的排列状况、蛋壳的薄厚及蛋内部的情况、获得很多恐龙的信息。

　　科学家们在挖掘恐龙化石时,还发现了许多恐龙的脚印。根据这些脚印化石,我们可以知道很多事情。比如知道了它们的体重大概有多重,前后脚印的深浅说明了恐龙站立行走的姿态方法、行进速度等。科学家发现,许多恐龙并不笨,它们实际上很灵巧,奔跑起来像鹿一样快。

　　1825 年,英国医生曼特尔在英格兰采集到禽龙化石,由此拉开了恐龙科学研究的序幕。1841年,英国解剖学家欧文将恐龙归入爬行类。至今世界记述的恐龙有四百多种。

　　1938 年,杨钟健、卞美年、王存义等在云南省禄丰盆地发现了举世闻名的中国早期禄丰蜥龙动物群,这一发现奠定了中国恐龙研究的基础,而禄丰龙成为国内第一具装架展示的恐龙。

　　四川红色盆地、云南禄丰盆地是恐龙最活跃之所。科学家们先后发现二十多个种属,它们主要分布于四川的四十多个县。期间,科学家们在自贡大山铺 2800 平方米的范围内采掘出的蜥脚类、翼龙类、蛇颈龙类、肉食类、鸟脚类、剑龙类等恐龙化石,大多保存完好,是中国珍贵的恐龙化石宝库。

"恐龙"之名的由来

　　其实,人类很早以前就对恐龙有所了解,知道地下埋藏着许多奇形怪状的巨大骨骼化石。但是,当时人们并不知道这些骨骼的确切归属,因此一直误认为是"巨人的遗骸"。早在两千多年前中国人就开始采集地下出土的大型古动物化石入药,并把这些化石叫作"龙骨"。谁能肯定,这"龙骨"之名与恐龙化石的发现就没有联系呢?

　　但是,直到英国人曼特尔夫妇发现了禽龙化石并将其与鬣蜥进行了对比后,科学界才初步确定了这是一种类似于蜥蜴的早已灭绝的爬行动物。因此,随后发现的新类型的恐龙以及其他一些古老的爬行动物,名称全都和蜥蜴有关,例如"像鲸鱼的蜥蜴""森林的蜥蜴"等。同时,由于最初引起人们注意的这些远古动物化石,往往个体巨大、奇形怪状,看上去确实恐怖。

　　随着这些看上去恐怖而类似于蜥蜴的远古动物的化石不断被发现和发掘,它们的种类也积累得越来越多,许多动物学家已经开始意识到这些类似蜥蜴的动物在动物分类学上应该自成一体。到了1842年,英国古生物学家欧文爵士用拉丁文给它们创造了一个名称,这个拉丁文由两个词根组成,前面的词根意思就是"恐怖的",后面的词根意思就是"蜥蜴"。从此,"恐怖的蜥蜴"就成了这一大类彼此有一定亲缘关系,但是在外形上却表现得形形色色的爬行动物的统称。中国人则既有想象力又有概括力,把这个拉丁名翻译成了"恐龙"。

　　现在我们知道,恐龙家族中确实有许多看上去恐怖的庞然大物,但是也有一些小巧可爱的"小东西"。如果你到北京动物园西边不远的中国古动物馆去看一看,从身长不足1米的鹦鹉嘴龙到身长达22米的马门溪龙,各种大小不一、形态各异的恐龙一定会使你对恐龙世界有一个更为全面的了解。

关于恐龙有趣的故事

　　在两亿多年前,地质史上开始进入中生代,这个时候,地球上出现了恐龙。在以后的一亿多年里,恐龙的家族越来越庞大。后来它们好像在一天之内突然消失得干干净净,给我们留下了无数的谜。经过科学家们不懈的探索,我们才渐渐对恐龙有了一些认识,原来恐龙虽然又大又笨又可怕,其实它们的故事还是挺有趣的呢。

1. 剑龙的故事

　　人们刚发现剑龙化石的时候就注意到它们背上长着许多骨板。最初,科学家们猜测这些骨板是像护盖一样平铺在恐龙身上的。后来,经过仔细的考察,最终确定骨板是竖立的。这些骨板里面充满空隙,表面还有很多沟槽,这些空隙和沟槽里布满了血液。

　　当气温降低时,剑龙就会张开骨板,吸收阳光的热量,气温升高时,又会将骨板转一下,利用凉风散热。剑龙的头小得很,脑子只有核桃大小,与它庞大的身躯极不相称,科学家们由此猜测,剑龙可能很笨。

2. 阿尔伯特龙的故事

在加拿大的雷德迪尔河沿岸,曾经生活着很多恐龙,其中有一种叫阿尔伯特龙。这种恐龙和暴龙属于同一个家族。与一般恐龙相比,它们的身躯要小一些,但它们却更令其他动物害怕,因为它们奔跑的速度极快,据估计,阿尔伯特恐龙在短距离内可达时速三十多千米。阿尔伯特龙的可怕之处还在于它的嘴巴特别大,里边排满了尖利的牙齿,能轻松咬穿坚硬的骨头,更不用说其他恐龙的厚皮了。另外,阿尔伯特龙的前爪像鹰爪一样非常尖锐,任何动物被它抓住都难以逃脱噩运。

3. 梁龙的故事

在恐龙家族中,个子最大的要数梁龙了。它们又高又长,简直就像一幢楼房。按说身躯如此庞大的梁龙,体重也应该不轻,可实际上它们只有十多吨重,那些比它们个头小许多的恐龙倒往往比

它们重上好几倍。原来,梁龙的骨头非常特殊,它的骨头里不仅是空心的,而且还很轻。因此,梁龙这样的庞然大物才不会被自己巨大的身躯压垮。

4. 慈母龙的故事

以前,人们一直认为恐龙和今天的爬行动物一样,都是一生下蛋就走开,根本不管它们的孩子会怎么样。后来,科学家们发现一些幼小恐龙化石的牙齿有明显的磨损痕迹,这表明它们已经开始吃东西了。但是这些幼龙的四肢却还没有发育完全,显然还未开始真正意义上的爬行。这个发现似乎可以说明幼龙是在巢中由父母来养育的。另外,科学家通过分析恐龙足迹化石得知,它们常列队外出,大恐龙在两侧,小恐龙在队列中间,如同今天我们看到的象群。于是科学家给这种恐龙起了一个很有人情味的名字——慈母龙。不过,也有很多人认为,仅凭这些证据,并不能证明恐龙是有目的地养育自己的后代的,因为现在世界上任何爬行动物都没有表现出这样的爱心。鳄鱼算是做得最好的,也不过就是用嘴巴含起刚出壳的小鳄鱼,把它们带到水边,就算完成任务了,至于小鳄鱼会不会游水、能不能捕食,它可不管。慈母龙每次能生 25 个蛋,这 25 只小恐龙每天要吃掉几百斤鲜嫩的植物,慈母龙需要不辞劳苦地到处寻找食物。如果真是这样的话,它们是无愧于慈母龙这个称号的。

恐龙与地质新说

长期以来,地质学界确信意大利所在的亚平宁半岛的南部自古就独立于非洲大陆之外。而目前意大利费拉拉大学的博塞利尼教授公布了有关地质考察结果,并提出了截然相反的观点——意大利南部与非洲大陆原为一体。

在形如长筒靴的意大利国土上,靠近"靴跟"的"后靴腰"处有一个明显突出的"马刺",这个"马刺"就是加加诺半岛。加加诺半岛的地形特征属于山地,遍布石灰岩,地质资源十分丰富。博塞利尼教授率领的一支国际地质考察队在加加诺半岛进行考察时,在圣马尔科因拉米斯镇附近的一个石灰岩矿区内偶然发现了一组恐龙脚印化石。

这组恐龙脚印化石共有六十多个,长度15~40厘米不等,许多脚印中连脚踵部分都十分清晰。这个矿区出口附近,在一面巨大的石面上有一组双足三趾的恐龙脚印,这些脚印要么属于食草类的禽龙,要么属于以禽龙为食的食肉类陆地恐龙。地质科学家根据这些脚印尺寸推断,当时生活在这里的恐龙都是体重过吨的庞然大物。经他们初步的研究发现,一些脚印明显是一种巨型禽龙留下的,这种禽龙的体重可达4.5吨,身长9米,后腿站立时身高可达5米。这样的巨型恐龙食量必然惊人,其种群的生活环境必须要有成片的森林和广袤的水草。巨型恐龙的这种生存特征表明,加加诺半岛在很早以前曾是水草丰饶、林木丛生之地,而对地层结构的研究结果又表明,这里与北部非洲有着惊人的相似之处。专家们因此提出,意大利南部地区曾与非洲大陆连在一起,这一结论推翻了"意大利南部原来就与非洲大陆不相连"的传统学说。

地质学界曾认为,独立于非洲大陆的亚平宁半岛南部,在远古时代曾是像今天的马尔代夫群岛或巴哈马群岛一样的一组零星岛屿,但是加加诺半岛的发现推翻了这一理论。如果当时意大利南部是与非洲大陆毫不相连的岛屿,那么巨型的恐龙群在这里就无法觅食,也就难以生存。而在今天的南亚大陆地区,生活着大量的野生大象,但在与之相邻的马尔代夫群岛却找不到任何象群,其原因就是大象在面积狭小的岛屿上难以找到足够的食物。大象尚且如此,食量远远大于大象的恐龙自然也无法在这个岛屿上生存。

在加加诺半岛发现的恐龙脚印化石中,有一组呈环形的四足脚印,这是爬行类的蜥龙留下的。这种恐龙生活的年代距今12亿~13亿年,属白垩纪晚期。地质学家们推断,在当时的地质年代里,由于地壳运动,非洲大陆北面的一部分出现了地面下沉,下沉部分降到了海平面10~20米以下,而现在的意大利南部地区逐渐变成了由非洲大陆延伸出来的岬岛,其与非洲大陆之间是浅平的海湾。后来,岛屿部分凸升为陆地,海湾部分继续下陷为地中海。这一变动过程中,在几千年的时间里,正变成岛屿的现意大利南部地区与非洲大陆之间曾是一片宽旷的沼泽地,为了觅食生存,巨型的恐龙群穿过了这片沼泽地,迁移到了非洲大陆,留下了脚印化石的四足蜥龙恐怕就是最后一批迁出的大型恐龙。

以前,在意大利普利亚大区的阿尔塔穆拉附近也曾发现过恐龙化石,但这些化石表明这里的恐龙都是"小巧"型的,其生活的年代距今约7000万年,当时地中海已经形成,其深度已达200~300

米。博塞利尼教授认为,这些生活年代晚于加加诺半岛巨型恐龙的小型恐龙是现意大利南部地区脱离非洲大陆时期留下来的恐龙群种,因为其体形小,觅食范围无需大面积的旷野,在岛屿上也能生存。

关于恐龙的传说

恐龙生活于数亿年前的侏罗纪和白垩纪,关于恐龙的命运在学术界占统治地位的观点是,它已经于距今约6500万年前,由于未明的原因从地球上全部消失了。然而,最近一种新的观点对传统说法提出了挑战,有些专家学者认为可能有个别种类的恐龙侥幸地逃脱了6500万年前的灭种灾难而幸存到今天。很多西方科学家深信,今天的地球上仍存活着恐龙的后裔,或由恐龙演化而来的变种,他们目前正想方设法地寻找活恐龙,美国学者瓦特·奥芬堡就是其中的代表。

1. 科莫多龙的传说

瓦特·奥芬堡曾详细地介绍过他对生活在印度洋小巽他群岛中的科莫多岛上的科莫多龙的考察。科莫多龙是一种现存数量极少、外形酷似巨型蜥蜴的食肉性爬行动物。成年的科莫多龙体长3米左右,体重约60千克。其嗅觉特别灵敏,在1000~2000米以外,就能根据气味找到动物的尸体。它的食量也惊人,一个52千克的科莫多龙,17分钟内就能吞下26千克肉。科莫多龙长有50颗牙齿,前面的牙齿呈圆锥状,短而直,两边和后边的牙齿只有几毫米厚,相互挤在一起,侧面带锋利的凹槽。另外,其头骨类似蛇,柔软而易变形,从而能将大块的肉吞咽下去。瓦特·奥芬堡在考察中还发现,科莫多龙的寿命一般都超过50年。每只成年的科莫多龙都有一块大约5平方千米的势力范围。由于这些特征和远古的恐龙很相似,因此他认为科莫多龙很可能是远古恐龙幸存下来的变种。

2. 雷龙的传说

1.4亿年前,午后的北美洲丛林一片静寂,翼龙和始祖鸟刚刚填饱自己的肚子在树上小憩,这时的林中,只能听到几声昆虫的鸣叫。突然,"轰"的响声打破了丛林的宁静,声音越来越大,越来越沉重。天边几朵漂浮的云朵,已遮掩不住一碧如洗的天空。晴天打雷,真是怪事一桩。原来这并不是雷声,而是林中来了一只大型蜥脚类恐龙。因为这只恐龙走起路来,脚步重,声音大,每走一步,就会发出"轰"的一声响,就好像夏季的雷声,震耳欲聋,根据这类恐龙的特点,古生物学家给它们取名为"雷龙",意思是"打雷的蜥蜴"。

据专家分析,雷龙的重量可能达到27吨,体长约为26米,脖长约为8米,尾巴长约9米,它站立到臀部,高约为4.5米。而雷龙身体后半部要比肩部高,但是当它用后脚跟支撑自己庞大的身体站起来时,只能用一个词来形容,那就是高耸入云。专家猜测,雷龙可能生活在平原和茂密的森林中,还可能成群结队地出去觅食、嬉戏。雷龙有可能受到巨龙的攻击而成为其假想的猎物。

雷龙躯体庞大,肢体粗壮,脚掌厚而宽大,脚趾短而粗大,雷龙的前脚上长有一个发达的爪子,后脚上长有3个比较发达的爪子。自从雷龙化石出现后,它就一直吸引人们的眼球,起初人们把视它为最重的恐龙。后来,美国有一家石油公司动用巨资,用它的复原像做广告,从而使雷龙的声名家喻户晓。

最初,雷龙的复原图像是雷龙的长脖子的顶端长着圆顶龙似的头骨。据说,这是因为雷龙化石出土时并没有头骨,专家们认为雷龙应该长着圆顶龙那样的头骨,就这样,工作人员为雷龙的骨骼化石安上了圆顶龙的头骨,但这个复原像并不准确。

因为自完整的雷龙骨骼化石出土后,新一代的恐龙专家们最终弄清了它头骨的样子。雷龙的头骨似梁龙的头骨低长,从侧面看呈三角形,喙端比较低,它只有一个鼻孔,而且位于头顶部。雷龙口中的牙齿少,着生在颌骨的前部,棒状的牙齿恰似一根根铅笔头。

雷龙和梁龙等动物代表蜥脚类恐龙的另一演化方向,这类动物脖子长,尾巴长,尾末端细如鞭

子状。由于它们也是蜥脚类恐龙的进化，因此，脊椎骨上的坑凹构造发育比较好，就连椎体的内部也有孔洞，这些特征是大恐龙适应陆地生活而减轻自身重量做出的相应变化。

雷龙个子大，像一座大山，长着一条长脖子和一个小脑袋。头小身大的雷龙，往往要花很长时间来吃东西，而且还得狼吞虎咽。雷龙进食时，食物从它长长的食管一直滑落到胃里，在胃里，这些食物会被它吞下的鹅卵石磨碎。雷龙属植食性动物，我们在博物馆见到的恐龙化石，大部分都是这种恐龙。

以上的种种发现和假说，尽管尚未有最后定论，但实际上确实是对迄今为止的生物进化史和动物分类学的一场严峻挑战。现在摆在人们面前的不仅仅是恐龙灭绝之谜，还有在地球上是否残存活恐龙之谜。这些都是有待人们继续努力深入探索和研究的具有重大价值的课题。

恐龙的食量及消化方式

你知道吗？一头4吨重的大象一天的食量在300千克以上。一般来说，哺乳类动物每天的食物摄入量为体重的10%左右，这些食物将转化成必要的能量，来维持它们的体能和体温。但是变温动物就不同了，一条蛇一次吞下的食物相当于它体重的重量，当然，在余下的很长一段时间内，它就可以不吃不喝地平安度日。

那么，恐龙的食量如何呢？就科学家所获得的资料显示，有些恐龙的体重可达几十吨甚至上百吨，如果它每天的饭量也按体重的10%来计算的话，岂不是每天要消耗数吨乃至十几吨食物？计算下来，肉食性恐龙大概每天要击杀一头小型恐龙，而植食性恐龙似乎每天要横扫一大片草原或者森林，否则，连维持生存都很困难。

事实当然不会是这样。据计算，植食性恐龙每天的食量大概是其身体重量的1%。差别怎么会那么大呢？原来，秘密就在于它庞大的身躯。哺乳类或者鸟类频繁地进食，是因为它们本身的储能少，不这样做，身体的能量供应就会接不上。而恐龙身体中固有的能量多，进食只要维持基本需要就可以了。

对于暴龙这样的肉食性恐龙来说，情况可能与现在的狮子、老虎或者龟、蛇差不多，只要成功地狩猎一次,几天不吃食物也不至于饿死。

那么,科学家把恐龙分成植食性和肉食性,这种分类的根据又是什么呢? 我们还得回头看看化石,不过,现在要看的是粪便化石。

古生物学家切开这些恐龙粪便化石后,便将其放在显微镜下观察。如果恐龙粪便化石中含有茎或者叶,那么,就可以判定这是植食性恐龙。如果再与植物学家配合研究,连恐龙吃的究竟是什

么种类的植物也可以知道得清清楚楚。

　　至于这些粪便化石究竟来源于哪一种恐龙,这是一个综合性的问题,不过专家们也有办法,因为在粪便化石出土的同一地层中,一定有恐龙化石出土,根据各种恐龙化石的多少和粪便化石的数量,大致可以推测出哪一类恐龙有什么样的粪便。这样,恐龙的饮食结构也就能大致了解了。

　　以上的解释只限于植食性恐龙,至于肉食性恐龙的食性,到现在为止大家还只是猜测。因为即使恐龙的胃中残存着一些骨头,也是一些碎片,根本就不能据此得出什么结论。所以,我们说暴龙如何穷追猛打、生吞活剥它的猎食对象,充其量也只是大胆的想象。

　　此外,科学家们还发现在多数植食性恐龙的胃中存有几十颗石头,大小不一,小到鸡蛋样,大至拳头般,科学家称之为胃石。在美国新墨西哥州侏罗纪地层中挖出的一条地震龙的肋骨间,科学家竟然找到230颗胃石,真是骇人听闻。

　　胃石在恐龙消化食物的过程中起什么作用呢? 原来,恐龙不能分解食物的纤维素,它必须依靠消化道中的微生物来分解这些纤维素。为了更有利于消化吸收,恐龙就要把食物弄得碎一点、再碎一点。于是,它对食物建立了两道加工工序,第一道是牙齿,每一次进食时恐龙都是细嚼慢咽;第二道就是胃石,胃石可把磨得还不够碎的食物在胃里再次处理。经过这样两道工序,留给微生物的工作就轻松得多了,而恐龙也达到了将食物转化成能量的目的。所以,当你发现恐龙的胃中有大量石头时,一点也不要奇怪,这是它们赖以生存的一种工具。

　　恐龙的饭量具体是多少,仍然是个谜。

恐龙的鼻子

　　恐龙体形庞大,这是众所周知的。然而恐龙鼻孔的面积就占了头骨的一半,着实令人惊讶。而今,科学家们对此怪现象已做出了解释。据美国俄亥俄州立大学疗骨医学院的进化生物学家劳伦斯·威特米尔说,恐龙的大鼻子是用来做"空调"的,免得自己的大脑升温。

　　大动物体形过大,而它们的表面皮肤面积相对太小了,这就导致了它们的降温困难。如果恐龙

体内的温度升得太高,它们的一些重要的器官如大脑就会受损。在恐龙统治地球的时代,地球气温比现在要高得多,而体温居高不降对恐龙来说无疑是个很大的威胁。

哺乳动物,像鸟、爬虫一般是通过鼻甲中一种黏液状的鼻膜来避开中暑。这种黏膜在空气通过时能大大增加皮肤表层和外界的接触面。而当血液流过鼻甲中厚厚的网面导管时,热量也就随之散入了空气中,这样冷却的血液使得大脑中的温度也降了下来。威特米尔用 CT 扫描恐龙的头骨,在它们的大鼻子中果然发现了同样的鼻甲。莫非恐龙也是靠着自己的大鼻子才能以这么庞大的体积在温暖的地球上存活下来的?恐龙的鼻子是用来散热的吗?还有待于科学家作进一步的考察和验证。

恐龙的习性

在今天的动物王国中,生活着各种奇妙而有趣的动物。它们的外表形态是显而易见、易于观察的,但生活习性就不同了,没有长时间的观察和第一手观测资料的积累,就很难了解到某种或者某类动物在自然环境条件下固有的生活特性。由此可见,对恐龙这类灭绝动物生活真相的了解,难度是很大的。好在已发现的恐龙化石,以及化石埋藏状况所蕴含的种种信息,为我们揭开恐龙的习性之谜提供了难得的线索。

1. 群居

根据科学家们发现的恐龙骨骼群和足迹群,我们有理由认为许多大型植食性恐龙都是习惯于群居生活的,就像今天的羚羊和大象一样,成群结队地活动。恐龙群体移动时,大都向着一个共同的方向前进。为满足群体取食大量食物的需要,它们经常转移"牧场"。在美国得克萨斯州的班德拉城的一个化石地点,科学家就曾发现了 23 条雷龙的行迹,步子都朝着一个方向,由较大脚印组成的行迹居外,小脚印行迹居中,这就证明了雷龙有群居生活的特性,且雷龙群在活动时还有相当的组织性。

小型的肉食性恐龙,如虚骨龙类,轻巧,腿长善跑,动作敏捷,其奔跑速度可能不亚于今天的鸵鸟。它们过着群居生活,几十只生活在一起。这类恐龙在追捕猎物时,如同今天的狼群一样,依靠群体的力量围猎比自己大得多的动物,然后共同分割。鸟脚类恐龙,双足行走,行动迅速,也是群居生活。它们大都生活在苏铁、硬叶灌木密集的地区。在国外,科学家们也曾多次发现鸭嘴龙、禽龙群体埋藏的情况。

角龙、甲龙也是群居的。1989年,在内蒙古乌拉特后旗巴音满都呼地区,出土了一个以白垩纪甲龙、原角龙为主的恐龙化石堆,共发掘到31具甲龙、93具原角龙,以及少量兽脚类和恐龙蛋等。颇有趣味的是,这31具甲龙全是幼年个体,大多数体长1米左右,只是成年个体的1/4到1/6。这些化石还显示,这些幼年甲龙是在沙丘间躲避风暴时被埋葬的。由此我们可以想象,当灭顶之灾到来时,体力强健的成年甲龙,以较快的速度躲过了这场灾难。然而在那一刻,它们已来不及顾及自己的幼崽了。

2. 独居

由于很少发现剑龙类恐龙骨架集中埋藏化石,因此,科学家们推测这类恐龙的数量相对较少,在庞大的恐龙家族中,剑龙类的境况不佳,缺乏明显的竞争优势,所以成了最早绝灭的类群。从已有的发现看,剑龙类恐龙尽管孤立地单个埋藏,但化石大都保存完好。如在中国四川省自贡市境内发现的一具剑龙化石,不仅骨架保存相当完整,而且还伴有皮肤。鉴于上述情况,有科学家认为,剑龙类恐龙很可能是单独生活的,它们是恐龙家族中性格最为"孤僻"的素食者。

大型的肉食性恐龙,如永川龙、霸王龙等,可能像今天的虎、狮一样,除了在繁殖时雌、雄个体生活在一起外,多数时候则是独来独往、单独生活的。

总之,多数植食性恐龙及小型肉食性恐龙过群居生活,而大型的肉食性恐龙喜欢独居。在恐龙的群体内,很可能有其社会性:幼年个体受成年个体保护,雌性个性多于雄性个体,并接受雄性恐龙的支配。

恐龙的叫声

在现生的爬行动物中,真正能发声的动物不多。蛇在发怒时能发出"嘶嘶"声,与蛇血缘很近的蜥蜴也能发出这种声音,有的则会"吱吱"或"喋喋"地叫。应该说,它们的叫声都不怎么像样。现代爬行动物中真正能吼叫的是鳄鱼。南美洲的宽嘴鳄的嗓门最大,能发出"如雷贯耳"的惊人鸣声,被认为是世界上能发出最大声响的动物之一。

　　有人认为，头上长有棘突状饰物的鸭嘴龙，能发出一种类似巴松管（西洋乐器）那样的声音，因为在其棘突中有弯曲的管道，能产生共振，从而发出声响。

　　大个子的蜥脚类恐龙（马门溪龙、雷龙、梁龙等）没有声带，它们可能是一些"哑巴"，仅能像蛇那样发出"嘶嘶"声。据科学家猜测，霸王龙也许能发出虎啸般的吼声。一些小型的兽脚类恐龙（其中有鸟的祖先类型）可能会像鸟那样鸣叫。当然它们的歌喉不可能达到百灵鸟那样高的水平，但发出像鸡、鸭、鹅、乌鸦那样粗俗难听的叫声，还是能做到的。

　　当然，恐龙的叫声谁也没有听到过，这些都是为了了解恐龙而产生的主观臆测，证据显然是不足的，仍然还是个谜团。

恐龙是如何相处的

　　弱肉强食是没有任何理念约束的动物们的本性和本能。强者，母体就赋予它强健的体魄和放纵的野性，因此它有能力去战胜和征服弱者；而弱者与生俱来的软弱性格，使其面对强者的欺凌时便显得无奈，更没有反抗的力量，所以只能顺从。那么，在史前的恐龙世界中，它们又是如何相处的呢？

　　科学家根据恐龙的不同食性初步划分出三大类：植食性恐龙（以吃植物为生的恐龙）、肉食性恐龙（主要是以吃肉为生的恐龙）、杂食性恐龙（既吃植物又吃肉的恐龙）。而划分种类的依据就是牙齿的不同形

态。对于植食性恐龙，牙齿的典型特点就是不显现出锋利，最常见的就是以勺形齿和棒状齿居多。

当然，不同类型的植食性恐龙，牙齿的差别也很大，如剑龙的树叶状牙齿和鸟脚类中鸭嘴龙的锉刀状牙齿，这类植食性的恐龙，在恐龙的类别中分别包括有蜥脚类恐龙和鸟臀目恐龙。对肉食性的恐龙而言，牙齿除了具有锋利的齿尖外，往往在形态上像匕首状，同时牙齿也明显增大。

介于两种食性之间的杂食性恐龙，在牙齿上继承了上述两种恐龙牙齿共同的特点，既表现出勺形的特征，又有锋利的边缘锯齿。不过这类恐龙在整个演化过程中，出现得比较早，持续的时间也很短，到了侏罗纪的中后期就很少见了，主要包括原蜥脚类恐龙。

肉食性恐龙是恐龙中的强者，而植食性恐龙占有弱势。作为杂食性恐龙，可能是作为中间势力，不为恐龙所欺，也不凌驾于别的恐龙之上，很可能是肉食性恐龙向植食性恐龙进化的中间纽带。

因此，尽管一些庞大的植食性恐龙看起来威风八面，但也常常成为那些寻衅滋事的肉食性恐龙的美餐。尽管植食性恐龙也经常采取集体防卫的战术来一致抵御进攻，但也不乏其中一些不能匹敌而丧生于其手的。

恐龙好斗吗

虽然恐龙大多过的是群居生活，但免不了发生同种个体之间的钩心斗角、争夺配偶以及种间的地域争夺、食物占有等。同种恐龙尽管有着相似的生活习性，但也会因为偶尔发生的摩擦，促成一场大战。恐龙到了发情的季节，为了得到配偶，往往凭借自己体力的优势，置其他的恐龙于不顾，以此来取悦于异性恐龙。

　　随着恐龙个体的不断繁殖,它们有限的适应空间显得越来越狭小,谁去谁留,难以平分,争斗怎能不发生呢? 这种斗争在不同种的恐龙群体中表现得尤为突出。

　　对于食肉的恐龙来说,它的生存将意味着别的恐龙需为之付出血肉的代价,这种捕食者与被捕食者之间是生死搏斗,已经不是简单的皮肉之苦。恐龙之战的种种原因,在这里不可能一一评析,

不过,恐龙之战同别的动物间的斗争有异曲同工之处。

所以,中生代的恐龙世界,并不是风平浪静的桃源风景,在那里也经常充斥着喧嚣与厮杀的景象。

恐龙和大陆漂移

1993 年,美国的一些古生物学家在位于非洲尼日尔的撒哈拉大沙漠里发现了一种肉食性恐龙的完整化石骨架,科学家们给它取名为"非洲猎人"。"非洲猎人"身长将近 10 米,长着长长的头骨、强有力的前肢、锋利且能够弯曲的爪子以及一条坚挺的长尾巴。"非洲猎人"与侏罗纪晚期异常繁盛于美国西部的跃龙非常相似。

与"非洲猎人"同一时期、同一地区还发现了好几条蜥脚类恐龙。这种蜥脚类恐龙的牙齿呈宽的抹刀形。它们与侏罗纪晚期繁盛于北美洲西部的圆顶龙很相似。

当时,古生物学家脑子里一下子闪现出一个问题:相隔几万千米的非洲和北美洲怎么会发现亲缘关系如此接近的恐龙呢?

一开始,非洲大陆的恐龙与北美西部恐龙之间的这种进化联系确实令古生物学家感到不可思议,但是他们很快找到了一种合理的解释,这就是大陆漂移。

科学家们猜测的情况是,在大约1.5亿年前的侏罗纪晚期,虽然当时的盘古古陆已经开始分裂,但是开始漂移不久的包括现代的非洲在内的南方大陆(冈瓦纳古陆)和包括现代的北美洲和欧洲在内的北方大陆(劳亚古陆)还没有完完全全地分开。在欧洲的直布罗陀地区有一个与非洲大陆相通的大陆桥,使得这两块古老大陆上的恐龙可以互相交流。而当时欧洲与北美洲是连在一起的,因此北美洲与非洲之间存在亲缘关系非常接近的恐龙类群就不足为怪了。

后来,到了白垩纪初期,冈瓦纳古陆与劳亚古陆进一步分离漂移,非洲完全与北方的劳亚古陆隔离开来,而且,也逐渐与冈瓦纳古陆本身的其他陆块如南美洲分离相隔,真正成为一个岛状大陆。从那以后,非洲的恐龙就朝着自己独特的方向演化了。

恐龙究竟是什么

早在太古洪荒年代,地球上就居住着一群奇特生物,那就是恐龙。它们大都身形庞大,当时称霸地球,这些恐龙支配全球生态系统1.6亿多年,甚至更久,最后却神奇地灭绝了。而今天我们所知的有关恐龙的一切,都是由恐龙化石得来的。

恐龙种类繁多,且体形和习性也有很大差异。其中个子比较大的,有几十头大象加起来那么大;小的,却跟一只鸡差不多。就食性来说,恐龙有温驯的素食者和凶暴的肉食者,还有荤素都吃的杂食性恐龙。

　　科学家们根据恐龙骨骼化石的形状，把它们分成两大类，一类叫作鸟龙类，一类叫作蜥龙类。根据它们的牙齿化石，还分出哪些是食肉类恐龙，哪些是食草类恐龙。这只是大概的分类，根据恐龙骨骼化石的复原情况，科学家们发现，其实恐龙不仅种类很多，它们的形状更是无奇不有。这些恐龙有在天上飞的，有在水里游的，有在陆上爬的。下面我们就来大概认识一下它们吧。

　　翼手龙生活在白垩纪，它们的骨骼化石最早在欧洲被发现。翼手龙并不是很大，它的翅膀不过22厘米左右。但是有一种风神翼龙的翅膀却长达12米，像公共汽车那么大。美国科学家曾发现过一种翼龙化石，据其推测，该翼龙的翅膀长达15米以上，如果我们今天能看到它，说不定会以为是飞机在天上飞呢！很多会飞的鸟龙大多像今天的蝙蝠一样，有一对巨大的翅膀和一对利爪。有人认为，后来的鸟类就是由它们演化来的。

　　体形巨大的翼龙是怎么飞上天的？对此，科学家们有不同的认识。一些人认为，那些巨大的翼龙根本就不会飞，它们不能像鸟儿一样扇动自己的翅膀，但是它们可以先爬到高处，迎风张开巨大的双翼，这样就可以借助上升气流，使自己在空中滑翔。另一些人认为，翼龙翅膀上的膜非常坚硬，而且翅膀的外侧有像框架一样相连的筋骨，所以它们能像鸟儿一样扇动翅膀。由于它们的翅膀非常大，稍稍拍动一下就可以获得巨大的反作用力，从而使自己飞起来。这两种观点究竟哪一个是正确的，目前还没有结论，也许不久的将来，就可以破解。

　　在恐龙统治陆地的时候，海洋也同样被一些巨大的爬行动物占领着。它们与陆地上的恐龙和空中的翼龙是近亲，也用肺呼吸空气，一般也产卵。它们是海洋中的霸主，长着锋利的牙齿，以此来捕食其他鱼类。这些爬行动物多多少少长得有些像今天的鱼类，有人就认为它们是鱼变的，也有人认为今天的鱼是它们变的。这些海中巨怪也有不少种类，像今天的鳗、龟、蛇、鳄等，过去也都有相似的种类，如鳗龙、蛇颈龙等。薄板龙是最长的蛇颈龙，全长可达15米。它的脖子长度大约为躯干的两倍。

　　鳗龙是蛇颈龙的一种，它的化石最早在日本发现。经测量，鳗龙的身长有七八米，而且长有锋利的牙齿。

　　科学家们在发掘原角龙巢穴的时候意外地发现了一具小型恐龙化石。它到原角龙的巢里去做

什么？经过研究，原来它是一个专门偷吃恐龙蛋的小坏蛋。它的嘴里没有牙齿，但有一根尖刺，那就是它用来刺破恐龙蛋并吸取蛋汁的工具。

陆地上的恐龙是我们最熟悉的了，这也许是因为它们的骨骼化石更容易被保留下来的缘故。至今发现的陆地恐龙有很多种，有兽龙类，如异齿龙；剑龙类，如剑龙；甲龙类，如森林龙；角龙类，如三角龙；雷龙类，如雷龙等。

甲龙一般皮肤非常坚硬，像铠甲一般。身上和尾部长着骨刺，像狼牙棒一样，谁也不敢碰它们。

异齿龙是一种凶猛可怕的食肉恐龙，它的一张大嘴可以一下吞掉一头小猪。它的牙齿全都向里弯曲，猎物被它咬住就休想逃出来。

原角龙生蛋时，往往是几只雌龙共用一个窝，大家轮流一圈一圈地产蛋。

三角龙是角龙的一种。它的鼻子上有一只角，像犀牛，而眼睛上方有两只角，又像牛。这三只角都有 1 米长，是它们角斗的有力武器。

栉龙的头上长着一个引人注目的管子，里边有细细的通道。空气经过时就会发出低沉的声音，以此吓跑敌人。也有人认为，那是它们在潜水时用来通气的管道，但究竟是做什么用的，目前还没有定论。

雷龙是恐龙中最大的一种，有的身长达 30 米以上，有 6 层楼那么高。它们都是食草或树叶的动物。

恐龙的生存年代

现在我们可以大致了解，在地球的东西南北各个区域中，都有恐龙化石出现。随着人们对恐龙兴趣的不断增强，以及科学技术的不断发展，浮出地面的恐龙化石将会越来越多，这一点足以证明恐龙在地球发展的某一阶段，确实是非常活跃的一个优势群体。

那么，科学家是如何确定恐龙生存的地质年代的呢？

过去，为了知道地球的生存年龄，人们想出了很多方法来推测，但都不太可靠，后来，人们借用古生物学的方法，利用化石来测定地球的年龄。这种方法依据的是生物发展的客观规律，即从低等到高等的演化规律。早期的生物化石一般都较为低等，以后逐渐趋向高级，这样排列出来的地球发展历史，证据确凿，但有一个无法回避的缺陷，即在时间上只能是相对顺序，而没有办法来确定绝对年龄。何况，化石并不是和地球的发展完全同步的，有些地方因为地壳深处的岩浆运动而形成的岩石（如花岗岩）中不含化石，这就无法知道这一带地层的实际年龄了。

现在，经过科学家们的努力，人类已掌握了测定地球绝对年龄的方法，即放射性同位素测定法。所以，现在我们可以知道，我们生存的地球的实际年龄大概有46亿年。

在这个基础上，科学家们根据发现的化石以及地壳运动的情况，把地球的整个发展历史分为太古代、元古代、古生代、中生代和新生代，每一个"代"之下又可分出若干个"纪"，"纪"以下再分为若干个"世"，"世"以下又分出"期"。我们现在讨论的恐龙，就是生活在中生代的三个纪——三叠纪、侏罗纪和白垩纪中，以恐龙的灭绝为标志，中生代到此结束。

那么，很多人不禁有这样的疑问，恐龙化石深埋在中生代的地层中，人们又是如何在茫茫大地中找到它们的呢？

要做到这一点，绝非一日之功。首先，考古工作者必须具备一定的地质学和古生物学的知识；其次，必须粗略了解恐龙的生活特性，比如，恐龙一般是在陆地或湖边生活的，所以，寻找的范围大致要定位在中生代的相应地层中。实际上，地质学发展到现在，找到一个地区的地质分析图应该不会有什么问题，根据地质分析图，人们可以把寻找范围局限在一定的区域，然后再着手下一步的工作。

恐龙之间如何交流

我们人类用眼睛看东西，用耳朵听声音，用舌头尝味道，用皮肤感知外部事物，最后再由神经把这些信息传送到大脑,我们就有了各种感觉。恐龙也是如此。恐龙的智力与其脑子的大小有关,一般越是庞然大物,脑子相对来说越小,行动也要迟缓一些。蜥脚类恐龙脑子与体重之比是1:1000000;剑龙的体重是3.3吨,但脑子只有60克重,脑子与体重之比为1:55000。剑龙的体重与现存的大象差不多,但剑龙的脑子重量只及大象的1/30。美国芝加哥大学的古生物学家霍普森对各类恐龙的智力进行了研究分析,发现它们的智力由低到高依次是蜥脚类、甲龙类、剑龙类、角龙类、鸟脚类、大型肉食兽脚类和虚骨龙类。

1. 视觉交流

如果恐龙有大的眼窝,说明它的视觉良好。例如,小型兽脚类中的秃齿龙(体长约2米,体重70~80千克),有一个较大的脑子,因此它反应快,即使在暮色苍茫的黄昏,也能捕捉到路过的蜻蜓。它的两个眼睛的位置,使它能很好地调整焦距,以对准正在飞行的猎物。有些素食的恐龙如棱齿龙在头的两旁也有较大的眼睛,因而有全方位的视觉,能看到来自任何方向的危险信号。但与小型肉食类恐龙相比仍会显得相形见绌。小型肉食类(如前面提到的秃齿龙)恐龙的运动以及协调有关猎物的视觉信息都会比植食性恐龙优胜许多。这就是为什么秃齿龙能昂首阔步地追捕有鳞甲的小哺乳类动物和蜥蜴,并能一举将猎物捕获的原因。一般来说,恐龙只有单目视野,左右眼的视野范围内只有一点重叠,因而它们对周围的事物有一个广阔的视角,却没有测试距离的能力,还需要借助脑子来处理和解释视觉提供的信息。而大型的肉食类如暴龙已具有小型肉食类恐龙的双目视野,因而能迅速地判断猎物的位置,从而准确地将它捕获。

视觉交流是恐龙信息交流的一个重要方面。每到交配季节,恐龙会像今天的许多鸟类和爬行类那样,身上出现鲜艳夺目的颜色,以此宣告雄性已准备进行繁殖,帮助雌性选择伴侣。有些雄性恐龙(如肿头龙、角龙)会通过以头相撞来取得与雌性交配的资格,而此时雄性身上的特殊体色就成了重要的标志。像鸭嘴龙等有顶饰的雄性恐龙,主要依靠色彩鲜艳的顶饰来吸引异性。在交配季节,角龙的颈盾的颜色也会显得特别醒目。这些都是恐龙利用视觉进行信息交流的方式。

2. 听觉交流

　　恐龙没有外耳垂,不能像哺乳动物一样借助外耳垂提高听力。恐龙的听力完全靠它们眼睛后面的孔,即耳孔,它的耳孔与脑子里控制听力的组织相通。今天的鸟类和爬行类也有构造。凭借自己的听力,鸟类就能利用悦耳的鸣声来传递各种信息了。对于成群结队的恐龙来说,类似的信息交流自然是必不可少的。事实上,鸭嘴龙已经能利用它们形状不同的鼻腔与气囊发出声音了,虽然它们不能像鸟类那样发出复杂的颤音以及高亢的音调,但在这之前已形成了自己的"声音语言",并以此传达对同伴的警告与指令。每到交配季节,这些由不同声调与音符组成的"语言",起着更为重要

的作用。恐龙经常会集体捕捉猎物。每当这时,它们就更需要信息交流,以表达发现、追捕或捕到猎物的信号。恐龙与其他陆生动物一样,也非常需要借助声音来发出各种应急信号,如召唤同伴一起保卫领地,交配季节吸引异性等。如果能把恐龙当年的声音录下来,我们将会听到各种咯咯声、呼噜声、吼声、咆哮声或哀鸣声,就会让你好像果真置身于恐龙世界一样,倾听着恐龙那奇妙的演奏。

3. 嗅觉和味觉交流

　　恐龙鼻子的大小能够说明它们味觉的灵敏程度。一些脖子较长的恐龙,如腕龙有巨大鼻孔,所以它的味觉功能就会比较灵敏。暴龙鼻孔比较小,所以它狩猎时不是靠味觉,主要靠的是视觉,就像今天的狼。味觉和嗅觉同样是由脑子控制的,对于恐龙世界的捕食者与被捕食者来说,它们是用其来判断、识别对方的最常用的方法。吃植物的恐龙也通过嗅觉与味觉来辨认能吃与不能吃的食物。此外,还有许多类型的恐龙通过嗅觉与味觉决定是否能进行交配。在知道味觉和嗅觉由大脑控制后,科学家们又深入研究了恐龙脑化石。

　　恐龙的脑子只在极特殊的情况下才能成为化石而保存下来。在出土的禽龙的脑化石中,人们发现禽龙脑子的前部有发育良好的嗅叶。它是脑子的一部分,负责嗅觉和味觉。禽龙有大而宽的鼻孔和嗅觉组织,所以这种恐龙可能有敏锐的味觉,能享受食物美味。短嘴鳄的鼻子和脖子上都长有能感觉的皮肤斑点,每到交配季节,雄雌短嘴鳄就会通过斑点的相互摩擦来感知对方。我们是否也可以幻想一下暴龙在交配季节也是这样?或者一对梁龙互相爱慕地将长的脖子缠在一起,并迅速地用鼻子互相摩擦?

　　以上是科学家根据目前发现的化石和现有的科学技术进行的合理推理,恐龙到底是怎样交流的? 相信不会有人亲眼目睹的。

恐龙能否直立行走

　　科学家在研究恐龙化石时发现,三叠纪时期的植食性恐龙,不仅能爬行,也能直立行走,而且速度可达每小时 15 千米,虽然这个速度与优秀马拉松运动员的速度相比还是比较慢,但这也比一般人快了两倍,可称之为行走如飞了。由于这个发现,使能够直立行走的恐龙的历史可以提前 8000 年。

　　这只恐龙化石是由美国加利福尼亚大学的考古学家于 1993 年在德国哥达市附近的一个采石场

发现的，但是得出该学名为真双足蜥的恐龙也能直立行走结论的却是加拿大安大略州多伦多大学的科学家莱茨等人。

科学家发现，真双足蜥恐龙本身体积不大，但是它的两个后肢比躯干长 1/3，还有较大的脚趾。他们认为，这两个后肢可以在垂直于地面的方向运动，而它的两个短小的前肢则可以前后摆动，以加快行进速度。而且，它的臀部、脚踝和膝关节的布局使得它伸开后肢时，后腿可以伸直，这是爬行恐龙做不到的，而且它的长尾巴也起了平衡和控制作用，从而它能行走如飞。科学家认为，真双足蜥恐龙从它们的这项技能中受益匪浅，因为它们快速行走可以摆脱肉食性恐龙的攻击，使得它们的家族总共存活了 3000 多万年。

也有科学家对此结论持怀疑态度，他们认为，真双足蜥恐龙的大脚趾显示，它们不便直立行走，这与具有大脚趾的古猿不能直立行走而由其中进化出的具有小脚趾的人类能直立行走的道理一样。莱茨等人对此的解释是，在进化过程中，真双足蜥恐龙只是处于刚刚能直立行走的阶段。究竟谁是谁非，仍然是一个谜。

恐龙主宰世界之谜

35 亿年前，地球上开始出现原始细菌。由此，生命从简单到复杂，从低级到高级，美丽的地球变得丰富多彩。然而在生物界不断发展过程中，一些物种出现后又消失了，对此我们并不奇怪，因为物种灭绝实际上是生物演化的一个必然阶段。

一些种群发展到一定的时期就会结束它们的使命，由此产生的空间将会由新的种群来占据，这就是生物界的新陈代谢。有相当多的种类，我们甚至从来就不知道它们的名字，出现或者消失似乎都无足轻重，但有一些种类，对地球的影响非常大，于是地质学家就给它们打上了时代的烙印。

例如三叶虫，在地质史上，就以这类生物绝迹的时间作为古生代的结束。恐龙当然也不例外，中生代白垩纪就以恐龙灭绝为结束之界。但恐龙的影响绝不仅此而已，原因很简单，那就是恐龙是一类曾经繁盛很长时间的动物，它傲视一切，与它同时代的天地之物，却在短时间内销声匿迹。究竟发生了什么事？人类既然无法亲眼目睹，那就只有让科学来回答了。

于是古生物学家挖地三尺，搜寻一切可以找到的化石，并把琐碎的骨头连接起来，希望从中找出一些蛛丝马迹。但挖掘的结果使科学家们发现，从地理范围来看，恐龙几乎无所不在，欧洲、亚洲、非洲、美洲、南极大陆都有恐龙化石出土，一向被认为是资源匮乏的日本，居然也发现了大量的恐龙化石群。从形态特征来看，它们像爬行类，四肢健壮有力，并通过产蛋来孵化小生命；从个体大小来看，它们可以称得上是迄今为止发现的最大的陆生动物；根据化石可以推断出个体最重的恐龙能达到 100 吨，而现在地球上陆生动物中的老大——非洲象只不过 7 吨重。在很长一段时间内，研究恐龙的科学家们的主要工作就是寻找恐龙化石。

随着化石证据的不断增多，对恐龙的有关研究也发展到了其习性、生理、生态等各个领域。一

个又一个的问题被解决了,但一个又一个的谜团又滋生了出来。人们发现,不能简单地把恐龙列为爬行动物,因为有人提出了恐龙是恒温动物的说法。还有证据表明,有些恐龙甚至会照看自己的孩子,这一习性对于爬行动物如蛇、鳄、龟、蜥蜴来说是难以想象的。

最关键的是,恐龙这种盛极一时的动物到底是如何灭亡的?直到今天,科学家们对这个问题还在不断的推测之中。虽然有些学说听上去非常令人心动,但终究留有破绽,于是,谜面只好继续存在下去。人类有时候也把自己比作恐龙,因为事实上我们已经统治了地球很长时间,但是,让人担忧的是,如果我们不能明了恐龙灭绝的原因,天知道什么时候人类也会步恐龙的后尘。

我们可以利用科学的方法不断地探索和发现。从遥远神秘的寒武纪开始,寻找任何有关恐龙的痕迹,去探求它们那扑朔迷离的神话,去了解它们的诸多未解之谜,为我们的生活添加些许神秘的色彩。

恐龙的行动是否敏捷

科学家们在英国牛津的某采石场发现的恐龙足迹是世界最大的恐龙足迹化石,这些连续足迹

共有 180 米以上。在采石场那白色石灰岩上至少有两种大型兽脚类恐龙足迹。科学家根据恐龙的步行速度把足迹分为两种：一种是左右宽，步幅小的 Z 字形脚印，步幅 2.70 米，左右足间的夹角为 117～132 度；另一种是左右窄，步幅 5.65 米，左右足间角度为 160～170 度。根据足迹推算，这种恐龙的腰大约高 1.93 米，速度每小时 6.8～29.2 千米。通常恐龙高速跑动时留下的足迹距离只有 35 米，所以无法推断兽脚类恐龙高速跑动时的耐力。

科学家们在英国剑桥市附近灰石坑中发现的恐龙足印，有可能是体形巨大的斑龙所留下的足迹，这种恐龙并非行动迟缓趔趄摇摆的动物。科学家根据解剖结构推断，斑龙竞跑时最高时速可达 30 千米，其实是一种行动敏捷的动物。目前在 1.63 亿年前的残暴恐龙的遗迹中，最先出现的足迹

是一种巨型肉食动物的脚印，这组脚印显示它先是略显摇摆的走步，后来出现了顺畅、高速的竞跑足印，好像这只恐龙当时已瞄准了目标，正追逐某个倒霉的植食动物。依这种恐龙走步速度判断，其行进速度约为时速 7 千米。后来出现的足迹显示，这种巨型恐龙改走为跑时，它的脚趾不再朝内弯缩，反而伸展开来，直接伸脚置于另一脚前方。根据这种恐龙的两足间距推算，恐龙的腿长应有 1.93 米，其竞跑速度可高达时速 29.2 千米。

斑龙当时可能正在掠食温和的蜥脚类亚目植食性恐龙，因为在石坑中也发现了后者的足迹。这项研究报告说，这些恐龙足印化石证实了早先的臆测，并认为恐龙在必要时，有本事快速飞奔，同时让我们对重达一吨的恐龙改成跑姿时，其骨骼、肌腱与肌肉的瞬间变化有所了解。由于这个变化，其双腿与脚趾才能立刻调整，而出现一足置于另一足前方的敏捷跑姿。但是斑龙具体的敏捷程度和姿态仍然只是人们的猜想。

恐龙进食情景再现

相信关于恐龙如何进食，人们都比较感兴趣。根据对角龙的研究，有的科学家对它们早晨的生活情景作了生动的描述。

1. 角龙的美餐

当天亮到足以看清木兰树光秃秃的树干时，角龙在黎明中醒来了。它们生活在 6500 万年以前，这时正是角龙家族最兴旺的时期。角龙常常成群结队地生活在一起。然而，有一条角龙却掉了队。昨晚它只好独自啃食一株已经倒下的科达树作晚餐，今晨醒来时它的嘴里还有叶子发酵的味道。

角龙在一片已被鸭嘴龙啃光的光秃秃的林子里孤独地徘徊。它向前移动了几步，啃着连鸭嘴龙都嫌太苦的野草。这头远离集体的角龙已感到饥肠辘辘了，突然一棵小木兰树映入了它的眼帘。

于是，它用两只角扭动着树枝，小木兰树发出咯咯的响声。它虽然使出浑身解数，拼命地扭动，但是，这一切都只是徒劳无功。它不仅没能把树弄倒，就连树枝也未能扯下一根。此时，角龙有些累了，便到远处泉眼边的一个小水池旁，迅速地喝了几口泉水。这时，阳光正斜射在被啃光的乱七八糟的树木上。苍蝇围着布满甲虫的鸭嘴龙的粪便飞来飞去。几只蜻蜓从池边跃起，穿过薄雾向远处飞去。这头角龙抬起头来，嘴边还滴着水，忽然看到对面有一棵柳树，于是便大吼一声，扑进水池向对岸游去。

这次角龙真的找到了理想的食物。它用两只角夹住柳树的树干，经过一番上下摩擦，中间的一只角把树皮拽了下来。它用牙齿把树皮一条条切断，又咀嚼了一会儿，最后才咽了下去。这时它已饥不择食，什么都想吃。于是它把柳树弄倒，将叶子、小树枝、树皮等所有能吃的都一股脑儿吞了下去。

2. 对峙暴龙

又一次饱餐之后，角龙又喝了几大口泉水，然后一大泡带有腥臊味的尿便排了出来。这时，它感到精神振奋，浑身上下好像有一股使不完的力量。它开始悠闲地在树林中漫步，有一些小动物在它面前跳来跳去，但角龙无心观赏。突然，它发现在高大树木的遮掩下，有一只张着血盆大口的肉食龙——暴龙正向它走来。角龙毫无退路，只能奋力自卫。它低下头，让巨大的颈盾和角对着敌人，然后从鼻子里发出一声吼叫。这声响就像大雨滂沱时的雷鸣，丛林中的树木似乎都要被劈开了。暴龙不免也有点害怕了。它知道尽管角龙是吃素的，但它有保护自己的武器——坚韧的颈盾和像刺刀一样的角。

果然暴龙没轻举妄动,它把巨大的头抬起来,虎视眈眈地看着角龙。双方对峙了一阵后,角龙小心翼翼地后退了几步,又走进树林去寻觅自己的队伍了。

很幸运,它没走多远,就遇上了成群的角龙。它迅速地加入了队伍,总算脱离了险境。这支角龙大军也在吃早餐,它们把所有可以折断或打下来的树枝树叶都吃光了。偶尔有一头角龙无法折断树干或树枝,这时其他角龙就会自告奋勇地联合起来,一起把大树推倒。经过与暴龙的一番对峙,这头掉队的角龙又感到腹中空空了。正好有一棵被扭断的木兰树倒在它的身旁,它随即卧倒在地,开始大嚼大咽起来。不一会儿,这片树木就被啃光踏烂了,角龙队伍的首领发出了转移令。角龙群离去了,只留下几棵高大的树稀稀落落地耸立在这白垩纪晚期空寂的大地上。

恐龙是爬行动物还是哺乳动物

人们把恐龙描绘成像蜥蜴那样的动物,这种观念为恐龙的灭亡提供了口实:在物种演变的竞争中,恐龙因其懒惰、迟钝,总之因为它是低级动物而输给了哺乳动物,于 6500 万年前灭绝了。

这种观点直到 20 世纪 60 年代,一直在人们的看法和科学家的见解中占支配地位。美国耶鲁大学教授奥斯特罗姆在研究了一块 1964 年出土的恐龙化石后向传统学说发出了挑战,他认为,恐龙非常善于捕杀猎物,因此,它必定是一种动作非常敏捷、非常活跃的食肉动物。

1969 年他大胆地提出了看法,反对把恐龙看成是冷血和呆头呆脑的爬行动物。

作为学生的罗伯特·巴克,认为老师奥斯特罗姆言之有理,并决定对恐龙的生活方式亲自进行调研。

巴克以分析耶鲁大学自然历史博物馆里的恐龙标本作为对这方面研究的开始。恐龙的标本最初都做成像蜥蜴一样:前脚都向外张开,长着一个拖地的大尾巴。当他完成为期两年的对恐龙解剖学研究时,他深信标本的这种姿态是完全不对的。他研究得出的结论是,恐龙跟大象等其他大哺乳动物一样是哺乳动物,恐龙也跟其他哺乳动物一样能够调整体温,动作迅速。

这一个还在引起争论的观点马上就赢得了支持者,他们认为这也是一个最有希望和前途的想法。与此同时,这个想法还为科学家们提出了一些需要思考的新问题,并展示了一些新的启示,像异军突起般给人们揭示了恐龙是一种完全崭新的形象。

与此同时,巴黎大学的里克莱通过另一种途径,几乎与奥斯特罗姆同时独立地做出了相同的结论。里克莱在研究了多种典型的化石和现代动物骨骼的内部构造后,于1969年提出,从生理学上来看恐龙更近于哺乳类动物而非爬行类。他强调指出,恐龙骨骼很像哺乳动物的骨骼,而非常不同于冷血的爬行类和两栖类动物,这一点可能就说明它们是热血的。

1968年获得耶鲁大学硕士学位的罗伯特·巴克对这种新的思想作了全面的探索,他在《发现》杂志上发表的文章中进一步提出:"如果恐龙真是行动缓慢的一堆冷血的肉,那么它怎能在数百万年中征服那些行动迅速的温血动物呢?"

由此,他挑起了一场关于恐龙是温血动物还是冷血动物的大辩论。

恐龙"兴起"是否与行星撞击地球有关

许多科学家认为,大约6500万年前,一个巨大的天体在墨西哥尤卡坦半岛附近和地球猛烈相撞后,极大地改变了地球的气候环境,造成当时横行天下的恐龙因无法生存而逐渐灭绝。从此,哺乳动物逐渐发展壮大起来。那么,恐龙是怎样成为地球霸主的呢?最新科学研究发现,两亿多年前外来天体撞击地球对气候产生的影响竟然也是恐龙"兴起"的主要原因。

这一结论是科学家在考察了北美洲七十多个发现恐龙化石地点的岩石成分后得出的。经科学家们研究显示,恐龙从侏罗纪早期开始在地球上大量繁殖,而在恐龙鼎盛期前,地球生物种类中将近一半相继灭绝。科学家认为,地球生物的大量消失,为恐龙之类的幸存者提供了机会,从而让它们能够在地球上扩展生存空间。

这项研究成果显示,造成恐龙繁盛期前地球生物大量灭绝的原因可能就是小行星和地球的一次猛烈相撞。其根据是,科学家在北美一些岩石中发现了大量稀有金属铱。由于铱在地球岩石中含量很低,但是在小行星和彗星上却是一种很常见的物质。从这些岩石中发现的铱表明,地球可能被某个天外来客"热烈拥抱过"。

美国拉特格斯大学的肯特教授说,在矿石中发现铱为研究天体和地球相撞提供了一个"时间记号",而如果把这一证据和古生代、中生代的地球生物状况联系起来,那么就有可能帮助人们"回想"当时发生了什么事情。此外,还有证据表明,巨型恐龙在三叠纪末期(约2.1亿年前)开始以相对较快的速度繁殖。而从发现的恐龙足迹化石来看,恐龙从三叠纪时期的形态过渡到侏罗纪时期的形态只用了短短5万年左右的时间。

肯特教授说,科学家们曾推测大约在两亿年前,某颗彗星或者小行星曾经对地球产生了重大影响,并形成了适宜恐龙迅速繁殖的环境,而他们的研究正为这一猜想提供了有力证据。肯特表示,宇宙中某一天体对地球的撞击可能减少了恐龙生存对手的数量,甚至导致其中的一些完全从地球上"蒸发"了,这为恐龙进一步适应地球环境并大量繁衍创造了有利条件。

肯特教授的推测是正确的吗?有待进一步研究证实。

恐龙身躯庞大的利弊

恐龙中大个子的种类不仅是空前的,也很可能是绝后的。而且不少种类恐龙的重量都是以"吨"为单位来计算的。躯体庞大是恐龙进化成功的标志之一。恐龙为什么能长得这样巨大?它们必须长很大吗?也就是说,庞大的身体对它们的生存有什么意义吗?不妨让我们来做一番探讨。

我们已经知道,生物的特性是由体内的遗传物质决定的。恐龙当然也不例外,体内的遗传物质控制着它们的生长、发育以及长成什么样子。一定结构的遗传物质决定某一特定的恐龙种类,因此,遗传物质结构的千差万别就决定了恐龙种类的多种多样、形形色色。根据这个道理,恐龙中躯体庞大的种类,自身就具备发育成庞大个体的遗传内因。所以,恐龙的"大"是由遗传内因决定的。

有了长"大"的遗传内因,还必须要有适应长"大"的环境条件。中生代优越的地理和气候条件对恐龙的生长、发育极为有利。当时,大陆地势平坦,河湖广布,植被繁茂,气候温暖湿润。这种环境非常适于恐龙的生活和繁育。加上爬行动物是第一个真正征服陆地上的脊椎动物的类群,当时在辽阔的陆地上没有与爬行动物争夺生存空间的对手。因此，在中生代开始的前后，爬行动物在这块"新大陆"上竞相发展，出现了形形色色的类群。这些类群中，尤以恐龙为佼佼者。它们以比其他爬行动物更强的运动能力和生理优势，成为竞争中的强者。恐龙因能够很容易获得充足的食物而"养尊处优"。丰富的植物促使植食性恐龙迅速繁衍，植食性恐龙的大发展又必然带来肉食性恐龙的昌盛，"恐龙王国"就这样建立、发展了起来。在长期的进化中获得了躯体庞大的遗传特性的恐龙类群，便在这种优越的条件下，"心宽体胖"，慢慢"发福"了。

爬行动物终生都在长个儿，这也是恐龙长得很大的原因。动物的生长模式大致可分为两种，一种叫作非限定生长，另一种叫作限定生长。所谓非限定生长，是指动物一生都在生长，只是幼年期长得更快，成年后长得慢而已。所谓限定生长，即是指动物在幼年期快速生长，成年后就停止生长了。现代爬行动物是非限定生长模式的代表，鸟类和哺乳动物则属于限定生长的类群。恐龙属于爬行动物，所以也很有可能是非限定生长的，如果真是这样，它们不停地长上几十年甚至上百年，身体不就更庞大了吗？

还有一种有趣的说法：恐龙时代地球上的物体重量比现在轻，换句话说，恐龙没有我们现在推算的那么重。根据古代珊瑚化石上"记录"的信息和天文学的研究成果，地球自转的速度在逐渐变慢。两亿年前，每年有380多天，而不是现在的365天，依照物理学的原理，地球自转的速度越快，地球上的物体重量就越轻。恐龙时代，地球自转的速度比现在约快5%，地球上物体的重量比现在地球上的物体大约轻10%。因此，以恐龙为代表的中生代爬行动物个体普遍偏大，并且出现了几十吨重的巨型种类。这种说法是否站得住脚，尚需更多的科学观测与科学发现取得的证据来证实。

巨型恐龙的出现，也被人认为是病态发展，是因罹患一种"疯长"的"巨型症"的结果。他们从恐龙化石上容纳脑垂体（脊椎动物最主要的内分泌腺，位于脑的下方，分泌激素调节控制动物的生长、发育）的垂体窝分析，发现巨型恐龙的脑垂体有腕肿现象，据此科学家认为巨型恐龙是"巨型症"患者。当然，这一推断很难使人信服，因为蜥脚类恐龙虽大，但种类众多，分布也很广泛，实难想象一种病态的动物在漫长的时间里会取得如此成功。

不管什么原因，身体庞大的恐龙是客观存在的。那么，庞大的身躯有什么意义呢？

其实，恐龙庞大的身躯是与其食植物的习性相适应的。一些身体庞大的恐龙，特别是巨大的蜥

脚类恐龙，都是以植物为食。由于植物所含有的可供动物直接消化吸收的营养比动物肉类要少得多，所以植食性恐龙每天必须吃进更多的食物，一般要几十至一二百千克，甚至达四五百千克，才能满足生命活动的需要。

但是，它们没有像哺乳动物那样适于研磨的臼齿，一咬下植物，就囫囵吞下肚去。而这大量的食物需要很大的胃来容纳，更需要极其粗大的肠来消化吸收，并输送余下的残渣。因此，植食性恐龙很大的躯干是和容纳这副大型的消化系统相适应的。而肉食性恐龙的肠胃则短小如牛的肠胃，比肉食性的狮、虎的肠胃粗大得多、长得多。反映在外形上，前者的腹部比后者的更宽，整个体形也如此。此外，植食性恐龙的庞大身躯是一种特殊的防御形式。大多数中小型肉食性恐龙，面对巨大的植食性恐龙都不敢轻易冒犯，因为大个体的恐龙肌肉发达，一抬腿、一投足都充满了力量，小型肉食性恐龙根本不是它们的对手。如果这些"小不点"贸然进犯，其结果将是被打翻在地，再踏上一只脚，到时能否保全自身性命，那就很难说了。当时，就只有永川龙、巨齿龙、暴龙一类大型肉食性恐龙，才敢于打大型蜥脚类恐龙的"主意"，这就使蜥脚类恐龙的敌害减少了一大半，生存的机会因此而增多。

庞大的身躯也有利于稳定蜥脚类恐龙的体温，起到使身体保持活泼状态的作用。为了揭示恐龙庞大身躯与体温变化之间的关系，有人用现代爬行动物短吻鳄做了实验。发现这类与恐龙有远亲关系的动物，在阳光下体温升高1摄氏度所需要的时间，与其体重（身体大小）成正比。由此可以推断大型恐龙体温升高1摄氏度所需时间要比小型恐龙所需时间长得多。这是由于大型恐龙的体积大、热容量大造成的。从表面上看，这一结果说明了恐龙巨大体形的不利之处。然而，事物总是相对的，由于体形大，体内的热量也多，要释放出热量也得受同样变化的影响，从而在一定程度上起到了稳定体温的作用。于是，恒定的体温使恐龙处于较为活跃的生活状态。

鸟类是否源于恐龙

1998年3月,美国古生物学家宣称,他们发现了鸟类源于恐龙的证据——1995年在马达加斯加岛发现的鸟类化石,这些鸟类化石具有恐龙的特征。

对于鸟类是否起源于恐龙,中国科学家近年来也进行了大量研究,提出了不同的看法。中科院古脊椎动物与古人类研究所董枝明研究员说,近年来,中国科学家在辽宁省西部地区发现的大量早期鸟类化石,包括孔子鸟、中华龙鸟、原始祖鸟、辽宁鸟等,为解决这一争论带来了"曙光",但并没有

彻底解决问题,而是使鸟类的起源和进化变得更加复杂模糊起来。鸟类的真正祖先,应该到更为古老的地层中去寻找。

1999年6月,中科院古脊椎动物与古人类研究所的侯连海教授和周忠和博士,与国际著名鸟类学家共同发表了他们的观点,即通过对新发现的一个孔子鸟类群——杜氏孔子鸟的研究证明:鸟类并非起源于恐龙。

与此观点相反,中国青年学者徐星、汪筱林和吴肖春公布了他们的最新研究成果。他们认为,有证据表明鸟类很可能起源于一种形态上非常接近于驰龙的小型兽脚类恐龙。

恐龙的皮肤

恐龙的皮肤化石和皮肤的印模化石,为我们了解恐龙身体表面的形态结构提供了直接证据。

1908 年,科学家们在北美发现了鸭嘴龙的"木乃伊"化石,据此人们知道了鸭嘴龙的皮很厚,其上有角质突起,呈现出星星点点的形态。

蜥脚类恐龙的身体表面,与现生蛇、蜥蜴的体表相似,都具有一层近于平坦的角质小鳞片。个别的种类,如巨龙,体表嵌有甲板。

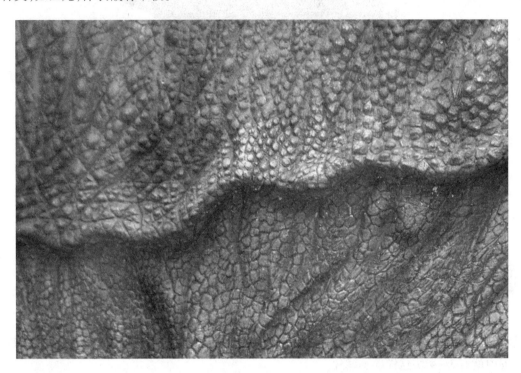

肉食性恐龙的皮很粗糙,上面有一排排凸出体表的角质大鳞片,并且有的部位,如颈部,还可以看到具有大鳞片的厚皮形成的褶皱。

角龙类的体表具有成排的、大而呈纽扣状的瘤状突起,有的瘤状突起直径可达 5 厘米,从颈部一直排列到尾部,瘤与瘤之间覆有小鳞片。

甲龙的体表覆盖着许多甲板,还有许多长短不等的骨钉、骨刺。

中国首例恐龙皮肤化石,是 1989 年 10 月在四川自贡发现的一具剑龙的皮肤化石。这具化石清

楚地显示出,剑龙身体表面由网状分布或镶嵌状排列的六角形角质鳞片构成,鳞片较小,在每平方厘米范围内就有3~4块这样的小鳞片。

关于恐龙皮肤的颜色,没有任何证据保留下来,人们无从知晓。所以有关恐龙体色的推论和描绘都是根据现生爬行动物和生物适应性的原理来推测的。在现生爬行动物中,多数种类颜色单一,因此科学家预测多数恐龙也应是单色的,如暗绿色、棕色、灰褐色等。而有的种类也可能像现生巨蜥——毒蜥那样,色彩斑斓。不同的花纹和色彩是不同种类恐龙的特征标志,以利于个体之间相互辨认。鲜艳的色彩可成为一些小型的有毒性的恐龙的警戒色,用以警告其他肉食性恐龙不要轻易来侵犯,因此起到保护自身的作用。

基于鸟类起源于爬行动物,甚至起源于早期的兽脚类恐龙的观点,因此,有人认为恐龙皮肤的颜色应该与鸟类漂亮的羽毛颜色一样,五彩缤纷,绚丽夺目。

甚至有的科学家还大胆地设想,个别的恐龙或许还能像现生的变色龙那样,可以改变肤色。改变肤色的本领使它们在繁殖季节,容易找到配偶,或与环境色彩一致,免遭敌害发现,这样有利于保护自己,甚至也可以利用不同的颜色来调节吸收太阳光的热量,以便调节体温。

恐龙家族种类繁多,应该是色彩纷呈的吧!

恐龙演化成鸟类的争论

鸟类被称作"活着的恐龙"或是"会飞的恐龙"。科学家们通过对世界各地出土的恐龙化石研究后发现,鸟类是从恐龙演化来的,这一论点在学术界几乎已成为共识。但是恐龙如何脱离地面演化成蓝天中的精灵——鸟类呢?演化的具体环节是什么?这些问题却一直是个谜。

对于这个谜,多年来,学术界一直存在着两种说法,一个是树栖说,另一个是地栖说。树栖说认为飞翔是由栖息在树上的生物借助重力,经过一个滑翔阶段形成的;而地栖说则认为,生活在地面上的生物在用力奔跑的过程中学会了飞翔。

在中国辽西发现的四翼恐龙化石震惊了世界古生物学界，为人们了解鸟类的祖先如何学会飞翔提供了新的证据和视角，同时也为树栖说增加了更大的可信度。

中国科学院古脊椎古人类研究所的徐星博士和他的研究小组发表了《源自中国的四翼恐龙》的文章。这篇文章发表后，中外媒体纷纷予以报道。在不到一周的时间里，徐星博士收到了上百封电子邮件，其中包括各国记者的询问和同行的祝贺。

所有的人，包括质疑者都认为这是一项重要发现，美国芝加哥大学的古生物学家保罗·塞里诺教授更是将其称之为"一篇具有里程碑意义的论文"。

一直以来，地栖说在学术界占有主导地位，与树栖说相比得到更广泛的认可，更容易被人接受。徐博士本人也曾一度倾向于该论断。

几乎与《源自中国的四翼恐龙》这篇文章发表的同一时间，美国蒙大拿大学生物飞行实验室的肯·戴乐教授在自己的一篇文章中指出，他发现一些幼鸟在爬坡时拍打翅膀，帮助它们向上爬。基于这一发现，他推测鸟类的祖先在奔跑的同时拍打翅膀，从而学会了飞翔。

徐博士认为，从逻辑上来讲，戴乐教授所支持的地栖说是可行的。他说："通过对恐龙行为的研究发现，恐龙是典型的生活在地面的奔跑型动物。通过对化石的研究可以推测恐龙是在奔跑的过程中演化出飞行需要的一切结构的，并且能够达到起飞所需要的速度。现在有很好的模型和数据可以描述这一过程。"

但是，他又说，戴乐教授的推测是很冒险的。"我们是在用现代的眼光来推测古代的行为。古代行为产生的原因很多，我们并不知道。（地栖说）从生物力学的角度来说是可行的，但不一定代表真正的生物进化过程。"

相对于地栖说,树栖说也有自己的优势。与滑翔或飞行相关的动物几乎都生活在树上,比如蝙蝠。一般来说,飞行动物祖先的身体结构还不会完全适应飞行,因此它们最初飞行时会借助重力起飞,这样更容易一些。徐博士和同事的论文就为这一观点提供了新的证据。

"我们认为,鸟类的祖先最先利用重力学会了滑翔,然后才有了鸟类的拍打飞行。"徐博士在论文中写道。

这篇论文发表后,学术界几乎一致给予了高度评价,其中,加州大学柏克利分校的帕丁教授这样评论说:"这一发现的潜在重要性和始祖鸟一样。"英国里兹大学的进化生物学家瑞讷博士称四翼恐龙是始祖鸟之后在鸟类演化研究领域最重要的发现。但并不是所有的科学家都对徐星等人所做出的推论表示认同。

徐博士称他的一位美国朋友就计划组成一个国际小组到中国亲眼看看这些恐龙化石。也有些科学家提出四翼恐龙化石可以用其他方式进行解释,也就是说,四个翅膀不一定是恐龙向鸟进化的必经阶段,也许只是进化过程中的一个旁支。

美国芝加哥大学的保罗·塞里诺教授认为,只有找到腿上长有羽毛的其他恐龙的化石之后才能肯定顾氏小盗龙(中国四翼恐龙)代表了鸟类进化过程中的必经阶段。

"它是否代表所有的鸟都经历过的一种形式还是一个问题,需要对此进行激烈争论。"塞里诺教授说。

但是徐博士对他们的发现很有信心。他说,研究飞行的起源需要对亿万年前的动物行为进行推测,这种推测具有很大的主观性,因此是具有冒险性的。因为化石是静态的,有时即便找到化石也很难做出正确的推断。这就是为什么他们早在2001年就发现了第一块顾氏小盗龙化石,但直到收集到六块化石之后才开始进行研究,目的就是为了确保观察的准确性。

"从恐龙前后肢上羽毛的形态和排列方式来看,它们与鸟类的翅膀完全相同。"徐博士说,"从骨骼特征上分析,小盗龙在起源关系上与鸟类最接近,而且用定量方法分析二者之间的谱系关系也可以证实这一点。从演化树的位置来看,四个翅膀的阶段不是旁支,而是鸟类进化的必经阶段。"

徐博士和他的小组现在还在继续他们的研究工作。徐博士说:"可以说不只是顾氏小盗龙,其他种类的恐龙也有四个翅膀,这是一种普遍现象。"

据悉,世界上已经命名的恐龙一共有1200多个属,但其中很多是无效的,目前得到认可的恐龙有300~400个属。在中国,除了海南、福建和港澳台地区外,其他地区都发现过恐龙化石,从化石的

数量和种类上看,云南、四川、新疆、内蒙古、辽宁的恐龙化石资源最为丰富。尤其是近年来科学家在辽宁发现的化石,正在使中国成为世界恐龙研究的中心。

顾氏小盗龙是以顾知微院士的名字命名的,因为顾院士对产出四翼恐龙的热河生物群研究做出了巨大贡献。

顾氏小盗龙生活在1.1亿年至1.2亿年前,体长77厘米,前后肢上各长有一对翅膀。

徐博士说,顾氏小盗龙可能以昆虫和小型蜥蜴为食,大多数时间栖息在树上,在树上爬行,或是在树与树之间进行滑翔。

"它的前肢和胸骨发育得很好,控制身体的能力和滑翔能力都很强。我们猜测它在滑翔中会做一些调整,轻微地拍

打翅膀帮助它滑翔。"徐博士说,"也许它在以一种我们还不了解的方式结合其他方式进行滑翔。"

通过对顾氏小盗龙的研究,徐博士和他的同事们在文章中写道:"在鸟类进入主动拍打翅膀的飞行阶段之前,必然会经历一个中间阶段。"而这一必经阶段即预示着飞行是从树上起飞的。

但是,现在只有顾氏小盗龙一种恐龙可以证明四个翅膀的滑翔阶段是向鸟类进化的必经阶段,要想在演化树上代表一种必经阶段还需要有其他的恐龙化石予以佐证。

徐博士所研究的6块化石都是2001年至2002年期间在辽宁西部朝阳市发现的。

徐博士说:"对古生物研究来说,辽宁西部是个很有意思也很特殊的地方。"他从1993年开始研究辽宁西部的恐龙化石。

辽宁西部地区多为丘陵地区,气候干旱。该地区发现的恐龙化石通常可追溯到1.1亿年到1.3亿年前。科学家根据发现的这些恐龙化石推测出古代这里曾经有高山、湖泊和森林,气候湿热。

早在20世纪40年代,日本人最先在中国辽宁西部找到了脊椎动物化石,包括一些爬行动物和鱼类的化石。从60年代起,中国的老一辈鱼类专家陆续找到鱼类化石,一直持续到80年代。80年代末,辽宁西部第一次发现鸟类化石。

1993—1994年间,辽宁西部发现了距今1.25亿年前的孔子鸟化石,这在当时是一项非常重要的发现,因为从年代上来看,孔子鸟仅次于最原始的始祖鸟。始祖鸟长有牙齿,而孔子鸟是第一个长喙而不长牙齿的鸟。

1996年以来在辽宁西部连续发现了中华龙鸟、原始祖鸟、尾羽龙、北票龙、中国鸟龙、小盗龙等恐龙化石,这些化石都表明恐龙长着羽毛,有的是原始羽毛,有的是现代羽毛。

"这一系列发现是很大的进步,因为羽毛和飞行是鸟类的两大主要特征,带羽毛恐龙化石的发现,为羽毛起源和鸟类飞行起源的研究提供了极其重要的信息。"徐博士说。

"虽然大家都赞成鸟类是从恐龙演化而来的,有人预测一些恐龙长着羽毛,但是在此之前从来没有人发现过化石证据。相反,许多化石证明恐龙长着鳞片,像爬行动物一样。科学家们希望发现恐龙身上的鳞片是如何变成羽毛的,恐龙身上是否有羽毛。"

从1996年中华龙鸟被发现以后,辽宁西部的一系列带羽毛的恐龙化石的发现表明羽毛起源于鸟类之前,自此,羽毛不再只是鸟类的鉴定特征。

人类与恐龙是否为同代

美国多位科学家的最新研究表明,大约在8000万年前,所有灵长类动物(包括人类)共同的祖先,曾经和恐龙们共存,一起生活在同一史前时代——白垩纪。该研究结论在世界最权威的科学杂志《自然》发表后,犹如在世界科学界投入了一颗炸弹。这项通过最新研究方法得出的惊人结论,或许将改写整个生物进化发展史。

此前,科学家一直约定俗成地认为,灵长类动物的祖先大约起源于5500万年前。美国芝加哥菲尔德博物馆的科学家们,利用一种全新的科学分析方法——"基因比较法",得出的最新研究数据,将这个时间大大提前了3000多万年,由此可以看出灵长类动物的祖先竟曾与恐龙生活在同一个时代!

这项发现对生物发展史具有绝对重大的影响。因为早先的年代数据(灵长类祖先起源于5500万年前),是基于对年代最古老的灵长类生物化石进行碳分子研究得出的结论,依赖的是灵长类生物的古化石记录。早先的研究认为,当灵长类生物的先祖诞生之时,恐龙早就已经灭绝了。

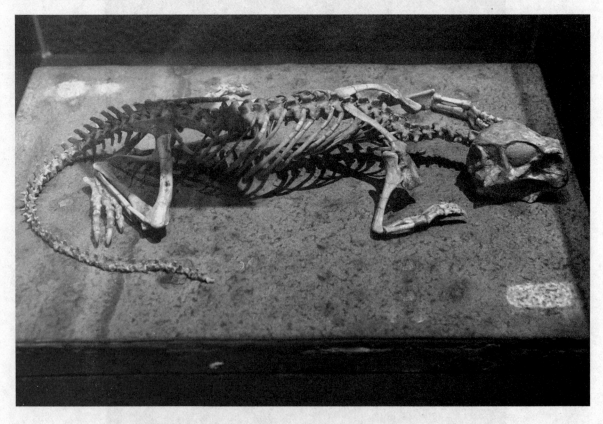

1. 科学家们的研究结果

该项研究得到了哈佛大学、华盛顿大学、芝加哥菲尔德博物馆、英国和瑞士等科学协会的众多研究机构和科学家的支持与合作,研究范围涉及古生物学、人类学、数学等多种领域,研究地点从加利福尼亚的研究中心到南美、北欧,甚至瑞士的阿尔卑斯山脉。

关于最早的灵长类生物研究——当今所有灵长类生物的共同祖先到底起源于何时,几个世纪以来一直是科学家们关注的焦点。古生物学家们对发掘出来的年代最早的灵长类生物化石进行了碳化研究,得出以下的结论:灵长类家族的共同祖先,直到5500万年前才开始出现,那时恐龙早就不存在了。

但是,由于古生物化石是孤立的,不能揭示出灵长类生物的共同祖先,究竟从什么时候才开始分化成不同的灵长种类,直到最后进化成现在地球上共二百多种灵长类生物物种。由于关于灵长类生物化石记录严重残缺不全,古生物学家们无法证明那些发掘出的化石样品就是最早的灵长类生物化石。

2. 一起经历大毁灭

科学家只能从另外的角度来思考问题——基因分析。科学家们通过无数次的基因比较,弄清了现存灵长类生物DNA存在的每一个微妙差别。通过比较不同灵长类生物的DNA差别,科学家们发现,两种基因代码的差别越小,它们"分家"的年代也就越晚。

通过反复比较、测算,科学家们得出了灵长类生物从拥有"共同的祖先"到开始"分家"的准确时间:从出现最早的灵长类生物到如今,时间整整过去了9000万年。基于这项研究,美国宾夕法尼亚州大学的布赖尔·海基等进化生物学家进一步认为,人类的祖先——最早的灵长类生物,曾跟史前最大的爬行动物——恐龙们生活在一起。

"在恐龙灭绝之前,灵长类动物和其他一些哺乳生物已经生存了几千万年。"海基说,"而恐龙灭绝大约发生在6500万年前。"

完全不必依靠古生物学家的发现,他们用精确的方程式绘制出了灵长类生物的进化年代图。此外,他们还推测出了一些古化石根本没能保存下来的灵长类物种,推测出了那些灵长类物种何时出现、何时消亡、生存了多久。

塔瓦内的研究小组还暗示,最早的灵长生物可能身材矮小,喜欢夜间活动,生活在热带丛林中。但是,如果灵长类祖先真的存在那么早,那么,在距今6500万年使恐龙灭绝的那次大灾难之前,众多的灵长类生物(包括人类)的祖先已经进化发展了3000万年,并且和恐龙一起经历了那次致命的大毁灭。

3. 真相还需化石来做旁证

科学家们认为,那次灾难源于一次地外陨石与地球的相撞,几乎消灭了当时地球上所有的物

种。但是,塔瓦内推论道,它们当中的一些灵长类生物也许劫后余生,逃过大难,并且其中的一支生存繁衍了下来,进化成后来的人类。

"当然,这些都只是科学推测,没有化石来证明。"塔瓦内承认道,"我们还没有发现哪怕一块属于那个年代的化石。"

事实上,科学家们也许根本无法用事实证明:这些从来不为我们所知的人类"近亲"曾经那么早地存在过,跟恐龙决斗过,被陨石毁灭过。除非哪一天,古生物学家们终于发现了恐龙时代灵长类祖先的化石。

恐龙与龙是否同宗

提到恐龙,中国小朋友都会立刻想到传说中的"龙"。恐龙是中国传说中的"龙"吗?

在原始社会,人类认为某些动物曾经是他们的祖先,所以崇拜这些动物。"龙"就是我们的祖先崇拜的动物之一。所以从人类的文明开始,就流传着不少有关"龙"的神话传说,但在中国所说的"龙",并不是动物世界中的恐龙。

"龙"的传说产生于科学不发达的时代,当时,人类对一些自然现象还不能做出科学的解释,于是就把大自然的力量形象化,把蛇、蜥蜴、鳄等现在的爬行动物综合抽象成神物——龙。

考古学家认为,当初蛇、蜥蜴、鳄等都是氏族部落的"图腾",它们作为某些氏族的祖先而受到崇拜。但随着氏族的融合,就逐渐形成了现在人们看到的既有爬行动物又有哺乳动物特征的"龙"。

在中国商代甲骨文中,龙字就有许多写法,但基本上多是以蛇的形象为基础的。新石器时代的玉龙,仰韶文化、龙山文化中的龙,也丝毫没有脱离蛇的形象。

既然没有传说中的"龙",那么,在全世界各国博物馆中陈列的恐龙又指的是什么呢?

尽管存在一定争议,不过,一般来说,恐龙是形态各异、种类繁多、早已灭绝的一类古代爬行动物。最早的恐龙出现在距今2.25亿年的三叠纪时期,于6500万年前的白垩纪晚期从地球上消失了,它们在地球上大约生活了1.6亿年。恐龙与现代生存的蛇、蜥蜴、鳄等同属一大类,在动物分类学上叫作爬行动物。

　　由于恐龙早已灭绝了，所以，我们今天要想了解恐龙，只能通过它们的遗体（即它们的化石）、遗迹（即它们生前留下的足迹等）和遗物（如恐龙蛋）来加以分析和推测。

恐龙也需要冬眠吗

　　现代爬行动物，如蜥蜴、蛇等，在寒冷的冬季到来时，大都停止活动，纷纷钻入地下的洞穴中，不吃不喝也不动，睡起大觉来了。这一觉睡得可真长，一直睡到来年春暖花开时才苏醒过来，再行复出，再开食禁。

　　爬行动物是变温动物，俗称冷血动物。它们体内的新陈代谢水平比较低，产生的热量少，加上身体表面没有像鸟类的羽毛、哺乳动物的毛发那样隔热保温的构造，所以体温不恒定，会随着外界环境温度的改变而变化。当环境温度过高或过低时，都会影响它们的正常生活。只有在适宜的外界温度下，它们的体温才会处于最适宜状态，才会反应敏捷，活泼好动，四处觅食，繁殖后代。相反，哺乳动物和鸟类具有完善的体温调节机制，具有高水平的新陈代谢，因此，它们体内能够产生较多的热量来取暖，并且

通过身体表面的毛发、羽毛来保温,以出汗蒸发和呼出热气等形式来散去多余的热量——降温,从而使体温能够保持相当的稳定,不受外界环境冷热的影响。所以,哺乳动物和鸟类属于恒温动物。

　　进入冬季,气温慢慢降低,爬行动物的体温也随之降低,并且新陈代谢的速率也会减慢。最后,它们钻入洞穴,依靠微弱的地热和极低的新陈代谢维持生命。冬眠使爬行动物免遭寒冷的伤害,所以这也是对恶劣的低温环境适应的一种方式。

　　在中生代,号称爬行动物之王的恐龙是否也需要冬眠呢?回答应该是否定的。我们设想一下,几米、几十米长,重几吨、几十吨的恐龙能钻入地下冬眠吗?能给自己建立御寒的"洞穴"吗?显然是不可能的!如果说不能钻入洞穴,而是不吃不动地"睡"在地面上,形成"尸"横遍野的死寂景象,这岂不是滑稽可笑吗?

有关古地理、古气候资料表明,在恐龙称霸的中生代,地球上的气候比现今温暖许多,当时没有明显的四季变化,没有明显的昼夜温差,南北两极的温度也比现在高出许多,没有严寒,全球一片温暖。在趋于平坦的原野上,河流纵横,湖沼广布,松柏、苏铁、银杏等裸子植物覆盖着广袤的土地,到处是绿色的世界,一派生机勃勃的美妙景象。

恐龙就生活在这样一个温暖而又食物充足的史前环境里,所以它们无须冬眠。

中华龙鸟是龙还是鸟

1996 年末到 1997 年初,世界多家新闻媒体争相报道了中国辽宁省北票市四合屯出土的一只"最原始的鸟"——中华龙鸟化石。中华龙鸟的研究者、中国地质博物馆馆长季强指出,这只带"羽毛"的化石是鸟类的真正始祖,其出现的时代为侏罗纪晚期,此外,它的特征证明,鸟类是由恐龙进化而来的。

然而几乎就在同时,1996 年 10 月 17 日,美国《纽约时报》报道,中国科学院南京地质古生物研究所研究员陈丕基在北美古脊椎动物学会第 56 届年会上公布了一只同样产于四合屯的"带羽毛的恐龙"的照片,这张离奇的照片引起了与会者的极大兴趣。

上述的这些报道在国际古生物学界引起了轰动。许多科学家纷纷发表评论,就中华龙鸟生存的时代和分类展开了热烈的讨论。

经过考证核实,"中华龙鸟"和"带羽毛的恐龙"确实都来自辽宁北票市四合屯。这两种化石均出于一层 2～7 米厚的含有火山灰的湖泊沉积的页岩中,这层页岩在整个地层中则位于一大层厚厚的被地质学家称为热河群义县组的地层的下部。而且,"带羽毛的恐龙"实际上是"中华龙鸟"化石标本的正模,二者是某种动物的同一个个体。这具化石是被四合屯的一位农民挖掘出来的,从化石的中间沿着岩层的层理分成了两块(正模和负模)。随后,正模被陈丕基研究员得到,负模则被季强研究员得到。

经古生物学家研究证明,中华龙鸟的形态特征和身体大小与产于德国的一种小型的兽脚类恐龙——美颌龙相似,它们可以被归为一类。中华龙鸟是双足行走的动物,成年个体可以长到两米长。在它的背部,有一列类似于"毛"的表皮衍生物。一些古生物学家认为这是原始的"羽毛",因此,中华龙鸟应该是一种原始的鸟;另一些古生物学家则认为,这种皮肤的衍生物不具备羽毛的特征,而类似于现生的某些爬行动物(例如蜥蜴)背部具有的表皮衍生物结构——角质刚毛,也可能是纤维组织。

此外,古生物学家们对中华龙鸟身上的似毛表皮衍生物的功能进行了讨论,一些人认为它可能是一种表明性别的"装饰"物;另一些人则认为它是一种保温装置;后一种解释似乎是更为合理的,因为小型恐龙和小的始祖鸟为了高效的活动应该需要具备高的新陈代谢率,因此也就需要保持体温。由此推论,小型恐龙有可能是温血动物(也就是恒温动物)。也有一些古生物学家推测,这种"毛"是羽毛进化过程的前驱,因此称其为"前羽"。目前,古生物学家还在使用新的方法对它进行进一步的研究。

从化石骨骼来看,中华龙鸟拥有很多典型的恐龙特征:它的头骨又低又长,脑壳(解剖学上称为脑颅)很小;它的眼眶后面有明显的眶后骨,"下巴"(解剖学上称为下颌)后部的方骨直;它的牙齿侧扁,样子像小刀,而且边缘还有锯齿形的构造;它的腰臀部骨骼(解剖学上称为腰带)中耻骨粗壮,向前伸;它的尾巴相当长,有六十多个尾椎骨,尾椎骨上还有发达的神经棘和脉弧构造;它的前肢特别短,只有后肢长度的1/3,前肢的特征显示它的生活时代要比德国的美颌龙晚。陈丕基等研究人员认为中华龙鸟是一只小型的兽脚类恐龙。当然,根据生物命名法则,季强最初给它定的名字"中华龙鸟"则依然适用。

有趣的是,在中华龙鸟的化石骨架中,发现它的腹腔里有一个小的蜥蜴化石。显然,这只蜥蜴是中华龙鸟捕获后吞下的猎物。

至于中华龙鸟的时代,近来根据对其产出地层的深入研究,科学家基本上把它确定为白垩纪早期,即距今大约1.3亿年前。

"龙蛋共存"奇观

在中国湖北郧县青龙山随处可见一窝窝裸露于地表的恐龙蛋化石和蛋坑,此外,在青龙山顶上

陈列着一具恐龙骨骼化石拼装而成的恐龙骨架,有关人士认为,这是罕见的"龙蛋共存"奇观。

1994年,郧县几位农民把捡的一袋子"石疙瘩"送到县博物馆,经专家鉴定,是恐龙蛋化石。

1997年7月,距青龙山不到100千米的梅铺镇发掘出恐龙骨骼化石227包,其附近还勘查出了另外的6个恐龙骨骼化石点。

神奇的青龙山像一块巨大的磁石,吸引了一批一批的地质学家、古生物学家。

中国地质大学一个专家组对青龙山恐龙蛋化石进行了研究,在目前国际上已报道的8个恐龙蛋化石中,其中有5个是在该区发现的,而这些恐龙蛋化石的属种为首次所见。他们认为,该化石群是中国晚白垩纪恐龙蛋化石群最典型的代表,属世界性地质遗迹类型。而恐龙蛋及恐龙骨骼化石在一个区域内相继被发现,"龙蛋共存"世界罕见……因此,对其保护工作任重道远。

恐龙的寿命

长期以来，人们总以为恐龙是一种长寿的动物。这是因为，传统观点认为恐龙是爬行动物，而爬行动物生长缓慢，寿命往往很长，因此那些个子很大的恐龙，想必已经活了很久了。

多年前有资料显示，有人曾对某些恐龙骨骼的生长情况进行过研究，发现这些恐龙死亡时的年龄为120岁。没有证据表明它们是在颐养天年后慢慢老死的，上了年纪的恐龙无一例外会成为其他动物的食物。因此，120岁并不是恐龙自然寿命的极限，也许有些种类的恐龙（如蜥脚类恐龙）能活到两百多岁。

这一资料比较陈旧，因为对恐龙骨骼年轮的研究，只是在近几年才有了一些进展。因此，说多年前就有人从恐龙骨骼年轮上看出被研究的恐龙已有120岁高龄，这一说法不大可靠。

不久前，美国科学家对一具霸王龙化石的骨骼"年轮"进行了研究，发现这一霸王龙是在28岁那年死去的。研究发现，霸王龙在十多岁的时候长得特别快，它完全长成要花15～18年，到20岁生长基本停止，之后就进入了老年。

成年后的霸王龙体长11米，重5～8吨。被研究的许多霸王龙基本上都只活了28年就死了（实际上能活到28岁的霸王龙数量极为有限，野生动物的死亡率是很高的），它们最多能活到30岁。

非洲象长到霸王龙那样重（5～6.5吨）需要25～35年，因此霸王龙长到成年的速度甚至比象还快。可霸王龙它虽然长得快，但死得也早。它比非洲象生长速度快，但也比非洲象死得早。真是一生苦短！

以前认为恐龙为爬行动物，因此，像霸王龙这么大的块头（其个头与最大的非洲象相当），少说已有一百多岁。可没想到，霸王龙最多能活30岁，比原来估计的少七十多岁，还没有非洲象（平均年龄为50岁）活得久，更不如鳄鱼寿命长，基本与某些中型哺乳动物及大型鸟类相似。

科学家对其他一些恐龙的骨骼年轮进行研究后吃惊地发现，霸王龙虽然长得很快，但其他大型恐龙的生长速度更快。

慈母龙(鸭嘴龙的一种)的幼子从蛋里出来后,只需 7 ~ 8 年就可进入成年,此时体长为 7 米。阿普吐龙(蜥脚类恐龙的一种)只需 8 ~ 10 年就能长大成年,此时体长为二十多米,而它出壳的时候不过几十厘米长。

恐龙生长之快,实在出乎人们的意料。由于蜥脚类恐龙十多岁就能进入成年,因此出土的那些二三十米长的蜥脚类恐龙,不过十几岁而已,并非像人们过去所推定的那样已有一两百岁了。

恐龙生长速度快,表明它们的新陈代谢快,新陈代谢快表明它们很可能是温血动物而不是传统观点认为的冷血动物。冷血动物的新陈代谢很慢,其生长速度至多不会超过温血动物生长速度的十分之一。由此看来,恐龙的生长特征更接近于哺乳动物和鸟类,而与爬行动物(如鳄鱼、蜥蜴、龟等)绝对不同。

因此,恐龙的寿命就跟它的生长特征一样,应与哺乳动物较为接近,我们在分析恐龙寿命时,也主要应跟哺乳动物作比较。

恐龙蛋趣谈

恐龙产的卵,都具有坚实的外壳,所以可保存为化石。恐龙蛋大小不一,小的 3 厘米左右,大者长径达 56 厘米,形状通常为卵圆形,少数为长卵形或椭圆形,可成窝保存。

1. 恐龙蛋的发现

恐龙蛋化石最早是在法国南部发现的。1869 年,马特隆第一次描述了在蓝色海岸区的三叠纪层中找到的两块碎蛋片,1877 年热尔韦对此做了进一步的研究,发现它们的结构和龟鳖类的卵最为接近,因而他认为这些蛋化石是属于一个未知种属的爬行动物的蛋。随后他又在蓝色海岸区发现了另一个蛋化石,其显微结构也和龟鳖类的蛋很相似。壳的细微结构与上述所发现的标本一样,和爬行类的龟蛋很相似,基本上是由很多细小的圆锥形的乳突组成,乳突的末端向外突出,在表面上形成了密集的瘤状小突起纹饰。由于这些蛋化石比较大,有的直径大于 20 厘米,因此被认为是恐龙的蛋。

2. 我国各地的恐龙蛋

中生代恐龙蛋化石是一类很稀有且又很特殊的化石,恐龙蛋在亚洲、非洲、欧洲和北美等地都有发现,而以中国发现的最为丰富。中国是产恐龙蛋的大国,无论在蛋的品种上还是在数量上都是令世人瞩目的。河南南阳,广东南雄、始兴、惠州、河源,江西信丰、赣州,山东莱阳,四川,内蒙古,江苏宜兴,湖北安陆等都是重要的恐龙蛋产地。

河南南阳西峡盆地是中国目前发现的年代最早的恐龙蛋化石之地。西峡盆地的恐龙蛋化石最早由河南省地质局12队和中科院古脊椎动物与古人类研究所于1974年发现的,目前已确认7个蛋化石埋藏点,西峡盆地的蛋化石主要分布在西峡县的丹水镇、阳城乡和内乡县的赤眉乡等地,面积大于40平方千米。恐龙蛋化石常呈窝状分布,排列有序,每窝十多枚至三十多枚不等,偶见五十枚至七十枚者,到1993年6月已发现恐龙蛋达数千枚,估计整个分布可达数万枚,其数量之多为世界所罕见。尤其是恐龙蛋化石原始状态保存完好,基本上未遭后期地壳运动的破坏。除少量蛋壳受岩层挤压底面略有凹陷外,大部分完整无损,这在世界上也是前所未见的。

西峡盆地所发现的恐龙蛋,有的如鸡蛋大小,直径4～6厘米,有的长径达40～50厘米,以扁圆状占多数,有的形如橄榄,长50厘米以上。西峡盆地恐龙蛋类型全、种类多,已发现有杨氏蛋、蜂窝蛋、圆形蛋、副圆形蛋、似滔河扁圆蛋、安氏长形蛋、瑶屯巨型蛋、长形蛋、似金刚口椭圆形蛋9种类型。

广东南雄盆地是中国恐龙化石和恐龙蛋化石最丰富的地区之一。位于南雄盆地西端的始兴县所发现的化石,分布于沿浈江两岸长约20千米、宽约4千米的连绵起伏的小山上。到目前为止,已列入登记的化石点有113处,其中恐龙化石点32处,恐龙蛋化石点73处。

始兴县发现的恐龙蛋化石,保存完好,有2～3枚,至10多枚、20多枚,甚至30多枚一窝的。这里历年来发现的恐龙蛋在200枚以上。恐龙蛋有圆形和长椭圆形两种,个体大小各异。据统计,圆形蛋占蛋总数的70%左右,长椭圆形蛋占30%左右。

圆形蛋形状如"铅球",有的因埋藏过程中受到挤压略呈扁圆形,表面光滑,呈褐红色。蛋的直径为7～13厘米。蛋壳厚薄不匀,从1～3毫米不等。其中,发现保存较好、排列规则、数量较多的有两窝,一窝有33枚,另一窝35枚。

长椭圆形蛋,外表有凸出的长条纹或菔点纹,蛋的直径范围为 8 ~ 19 厘米(大多 8 ~ 13 厘米),短径 5 ~ 7 厘米,蛋壳普遍比较薄,厚 1 ~ 1.5 毫米。其中,15 枚一窝的保存得最完整,呈内外分层放射状排列。

在江西赣州信丰盆地上白垩纪红砂岩层中保存有较多散碎的恐龙蛋壳化石,亦有单个完整的和 20 多枚成窝的,其中以壳饰为粗糙丘点状(粗皮蛋)和点线状(长形蛋)为主。1976 年科学家在赣州郊区采获了两枚带胚胎的长形蛋化石,长径 18 厘米,短径 7.5 厘米,壳厚 1.8 毫米。粗皮蛋是肉食类恐龙的蛋,观赏价值较高。

内蒙古二连查干诺尔和阿拉善吉兰泰盐池一带,素有"恐龙公墓"之称,在这一带不仅出土了门类众多的恐龙骨骼化石,还出土了许多恐龙蛋。20 世纪 70 年代,科学家在吉兰泰盐池北部毛尔图鄂博、查汗敖包等地找到三窝 27 枚恐龙蛋化石及大量蛋壳碎片,均埋藏于白垩纪紫红色砂岩中,每窝相距 100 ~ 200 米。蛋的排列没有规律,与现代的龟鳖类相似。蛋呈短椭圆形,长径 14.2 厘米,短径 13.8 厘米,蛋壳厚 1.12 ~ 1.68 毫米,大小相差不多。

1989 年,科学家发现了保存在乌拉特后旗白垩纪砂岩地层中的一窝共 13 枚完好的恐龙蛋化石,这些恐龙蛋呈放射状排列,排列方向是大头朝里,小头朝外(与江西赣州发现的一窝 13 枚的恐龙蛋化石排列方式相似)。蛋形与吉尔泰所发现的不同,为长形蛋,长径 17 ~ 18 厘米,短径 7 ~ 8 厘米,壳厚 1 ~ 2 毫米,蛋的两端大小接近,一端稍圆,略大些;一端稍尖,略小些。

山东莱阳的恐龙蛋可以分为两种,一为短圆蛋,蛋形呈短圆形,长径为 8 ~ 9.5 厘米,短径为 6 ~ 7.4 厘米,壳厚 2 ~ 3 毫米,壳面具有小丘状的凹凸;二为长形蛋,蛋形长而扁,一端钝,另一端略尖,长径可达 17 厘米,短径约为 6 厘米,壳厚 1 ~ 2 毫米,壳面粗糙,具虫条状刻纹。

完整恐龙蛋(特别是含胚胎恐龙蛋)的发现,为研究恐龙的生态、生殖习性和灭绝原因提供了实物依据,因此,这些恐龙蛋极具重要的科学研究价值。

恐龙的孕育方式

现代爬行动物的生殖方式是卵生。所谓卵生,就是母体产生受精卵,卵在外界条件下孵化,胚

小型恐龙卵

胎在发育过程中,全靠卵内的卵黄作为营养物。而恐龙也属于爬行动物,它是否也是卵生呢?人们以前只能推测是这样,因为谁也没有见过恐龙蛋。1925年,人们第一次在蒙古戈壁滩上发现了原角龙的蛋化石后,从此才使人信服恐龙确是卵生动物。这批恐龙蛋与原角龙的骨骼化石埋在一起,同时人们还在蛋中发现了原角龙的胚胎。

这里所说的恐龙蛋实际上已是它们的化石。蛋里面原有的成分在石化过程中已被分解、置换,填充了矿物质,我们从外面所看到的仅仅是它们的钙质蛋壳。有的蛋壳完整地保存了下来,有的已破裂成碎片。

有的蛋单个散放,有的蛋是成窝的。一窝恐龙蛋少则几枚,多则几十枚。这种窝叫作"蛋巢"。有的蛋巢内有完整的蛋,有的只有破碎的蛋,有的除破碎的蛋壳外,还有孵出的幼龙的骨骼化石,并且在巢外,还发现了该种成年恐龙的骨骼和脚印化石。形形色色的恐龙产出了多种多样的蛋。至现在为止科学家们已经发现了兽脚类、原蜥脚类、蜥脚类、角龙类和鸟脚类等多种类别的恐龙所产的蛋。

不同类型的恐龙蛋巢,能反映出恐龙繁育后代的复杂的行为习性。1970年和1980年,美国科学家先后在蒙大拿州一处叫"蛋山"的地层中发现了许多恐龙蛋巢。这些蛋巢是由鸟脚类恐龙中的鸭嘴龙类和棱齿龙类留下的。科学家们通过对这些蛋巢的研究,了解了这些恐龙的繁殖习性,从而使我们能够描绘出蛋山上的情景。

在恐龙繁殖的季节,成群的成年鸭嘴龙和棱齿龙便来到这里,"选夫择妻""谈情说爱",经过交配后,"夫妻"双方便忙着筑巢产卵。它们一般会在地势较高而且向阳的地方,寻找松软的土地,用带爪的前肢在地上掘出一个圆形的坑来,扒出的泥土垒在坑的周围,使坑的边缘隆起,高出地面,其形状就像一个火山口,可以防止雨水流进窝里。坑的大小跟将要产在其中的蛋的数量相称,以鸭嘴龙为例,每窝要容纳二十多个蛋。它们在挖好坑后,再回填上一些松土,巢就算筑成了。接下来,恐龙"妈妈"蹲在巢上向巢内产卵,产下的蛋钝端在上,尖端向下,呈放射状斜插在松软的泥土里,每产一个蛋就要稍微转动一下位置。产完后,再用一层薄土或植物叶片把蛋盖起来。然后,这些将要做父母的恐龙便轮流守候在窝旁,提防敌害的掠食,直到孵出幼龙来。

棱齿龙的幼龙出壳时,四肢关节已经发育得比较好了,可以在父母的带领下,去到窝外活动。可鸭嘴龙的幼仔孵化出来时,肢体关节发育还不充分,不能支撑其身体自由活动,必须继续留在窝内,由父母养育照料。这时的父母可辛苦了,每天都要轮换着去找回大量的食物。它们先将食物嚼碎吞下肚里,然后再把半消化的食物吐出来,喂养它们的小宝宝。同时,还要随时提防肉食性恐龙对幼龙和自身的伤害。直到幼龙能够跟随父母自由活动,它们才举家离开蛋山,四处觅食。

恐龙在筑巢产卵后,是否有像鸟类一样的孵卵行为?这个问题现在已经得到了肯定的回答。美国纽约自然历史博物馆的研究人员与蒙古科学家组成的联合考察队,自1990年以来,一直在

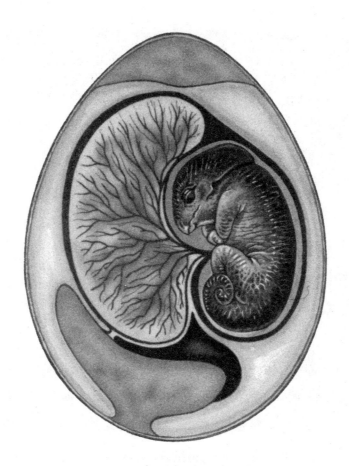

戈壁沙漠从事野外发掘,它们在名叫乌哈·托尔戈特的地方发现了一处保存异常完好的恐龙化石。这是生活在 7000 万年前的一种肉食性恐龙的化石,化石清楚地显示出恐龙死前正在孵卵:它的后肢叉开蹲在窝上,窝内有 15 枚恐龙蛋,它的前肢微微弯曲,前爪分开并伸向后方,好像在护着自己的卵。这个情景,与今天的鸵鸟和鸽子、母鸡孵蛋的方式并无两样。从化石上看,这条恐龙很像鸵鸟,只是它的尾巴较长而脖子更短。看来,恐龙孵卵、育子的行为与鸟类相似,还是很复杂的。

至于恐龙究竟是怎样产卵,又是怎样将小恐龙孵化出来,都还只是人们的猜测。

恐龙是否会游泳

恐龙喜欢生活在有水的地方,例如河流、湖泊发达的地域。那里由于水源丰富,植被格外的茂盛,在这样的地方过日子,可以吃喝不愁。

但恐龙并不喜欢像河马、鳄鱼那样整天泡在水中,它们习惯在比较干燥的陆地上生活。这是学者们经过多年的研究后才知道的。

恐龙并不总是固定在一个地方生活,它们为了觅食要在各栖息地之间自由迁徙,也要远走他乡去开发新的领地。要不,恐龙的化石怎么会在世界各大洲都有发现呢?

虽然恐龙不是水生动物,但它们不可能不跟水打交道,例如蹚水过河什么的是免不了的。那么恐龙会游泳吗?学者们推测,不少恐龙应该是会游泳的,但如果让它们漂洋过海,恐怕它们没有这么大的本事。

蜥脚类恐龙在逃避肉食性恐龙追逐时,能进入河湖之中躲避,它们有很长的脖子,十多米深的水淹不了它们。需要游泳时,它们用前脚踏着湖底迈着太空步向前行进,用后脚来踢水。调转方向时,四脚同时触地。在美国发现的一组阿普吐龙的化石足迹,就是它在游泳时留下的。

　　卢瓦克·科斯特是法国南特大学科学家,也是研究小组负责人。据他介绍,能够证明恐龙游泳的古生物足迹形成于约1250万年前,是研究人员在西班牙拉里奥哈省一段河床上发现的。在约15米长的河床砂岩上,研究人员发现了12组又细又长的痕迹。在对这些痕迹研究后,科学家认为:它们是一只双足兽脚类食肉恐龙留下的。当时,它正在约3.2米深的水域里逆向水流前进,并试图保持笔直的前进方向。"这种恐龙游泳的方式很像现在的水鸟,利用腹部的骨头划水。"科斯特说。

　　人们认为,鸭嘴龙的水性最佳。它们都有一条扁平的大尾巴,游泳时尾巴在水中左右摆动,可推动鸭嘴龙快速前进。鸭嘴龙大概能长距离游泳,它的水性可能比科摩多巨蜥更胜一筹。

以前人们都认为肉食性恐龙可能是"旱鸭子",现在认为这种看法是不正确的。因为专家已经发现了肉食性恐龙在湖水中追赶植食性恐龙时留下的化石足迹。据分析,它在游泳时,为了加快速度和改变方向,不时用后脚猛蹬湖底,于是留下了断断续续的脚印。

有人认为,恐龙如果在游泳时脚老是踩着湖或河底,就算不上是真正的游泳,真正的游泳应当始终浮在水里,脚不着地。若这样要求,可能只有鸭嘴龙会游泳了。

恐龙用不用"坐月子"

1978 年,在美国蒙大拿州的一处白垩纪晚期的地层中,恐龙学者霍纳发现了成群的恐龙窝的遗迹。这一发现在世界上还是第一次。

恐龙窝是椭圆形的,直径约 2 米,中心处深 75 厘米。每个窝均坐落在一个土墩子上。看来雌恐龙是先用沙土在地上堆起一个小土丘,然后再在土丘的中央挖一个坑,蛋就下在坑里。窝的构造就

这样简单,它与恐龙的近亲鳄鱼的窝非常相像,只是规模要大得多。窝有很多个,每个相距7米左右,可能与成年恐龙的体长相当。

在其中一个窝里有11个恐龙宝宝的骨骼化石。窝外不到2米远的地面上,还有4个幼小的恐龙化石,它们的大小与窝里的小恐龙相同。在离窝不到百米远的地方,发现有成年鸭嘴龙化石,它们和幼龙是同类,或许它们就是恐龙宝宝的妈妈们。

在离窝不远处,霍纳又发现一组小鸭嘴龙的化石,但体长要比窝里的幼龙大两倍。这些小恐龙的牙齿已经开始磨蚀,表明它们已吃过一段时间的东西。这些情况告诉我们,小恐龙们已能吃食物,而且还能爬到窝外活动。它们的食物是由妈妈采集来的,大概是一些鲜嫩的树叶之类。

在发现恐龙窝的那个地段,人们已挖出了200个鸭嘴龙标本,其中年幼的恐龙占80%。它们的身体大小是成年恐龙体长的5%~50%。

霍纳根据这些情况推测,小恐龙在未长到成年恐龙体长的一半之前,都是成群地在一起生活,且受到自己妈妈的精心呵护。等长到一定的大小时,才由妈妈带领它们加入鸭嘴龙族群去过新的自食其力的生活。

这种鸭嘴龙被发现者定名为"慈母龙"。可能其他种类的鸭嘴龙也有抚育幼仔的习性。据研究,7000万年前,这里曾是鸭嘴龙的繁殖场。但后来附近的一座火山突然爆发,火山灰铺天盖地而降,把这个繁殖地给彻底埋葬了。许多正在"坐月子"的恐龙妈妈连同它们幼小的孩子,命丧灰下。

恐龙的祖先是怎样演化的

大部分古生物学者认为恐龙直接的或者间接的演化自三叠纪早期或中期的祖龙类。科学家在1985年提出,最早祖龙类显然生活在高原地区,是一种小型的或中型的食肉类。这些祖龙类发展出不同姿态,以便更为敏捷地奔跑移动来捕捉猎物。这样同时给它们一个机会成长为大型的掠食动物。

一种观点认为,恐龙及现生爬行动物的共同祖先,是像蜥蜴一样的小型动物,名叫"杨氏鳄",约30厘米长,走起路来摇摇晃晃,靠捕捉虫子为生,它们的后代明显分出两支,一支是继续吃虫子的真正的蜥蜴,另一支是半水生的早期类型的初龙。其中后者,也就是早期类型的初龙,与恐龙有较为可靠的亲缘关系。

那时的初龙是什么样子呢?我们还是先来看看它的代表——植龙。植龙的外貌与鳄鱼像极了,同样是铠甲护身,就连头骨上也有与鳄鱼一样的坑洼。主要差异是植龙的鼻孔靠近双眼,而鳄鱼的鼻孔位于头的最前端。

植龙与鳄鱼一样是肉食动物,而它们的亲族也有演变成植食性动物的。但无论是吃荤的还是吃素的,早期的初龙类动物,身上都长有骨甲,身后都拖着一条粗大有力的尾巴,它能在碧水潭中起到推波助澜的作用。

为了提高划水的速度,那时的初龙还进一步改变了身体的结构,后肢增长、加粗,成为水中的推进器,然后渐渐地,腿移到了身体下方。腿的位置变动和后腿的加长,对这类动物取得生存优势是非常重要的。

后来,气候变得更加干燥了,这些动物被迫移往陆地上生活,感觉到前短后长的四条腿走起路来特别别扭,于是改用两条后腿行走。长而粗大的尾巴这时正好起到平衡身体前部重量的作用。由于姿态的改变,它们的步幅加大了,运动速度也提高了许多,这是向恐龙演变迈出的关键性一步。

不过,在早期的初龙类动物身体条件尚不完善、还不太适应陆地生活的时候,其大部分时间还是生活在水中,以免受到别的动物的惊扰。一旦身体结构更加完善,真正的恐龙便出现了。

恐龙有没有固定的"家"

我们从今天地球上的动物生活情况可以推测,恐龙应该是既有群居的,也有独居的,有大群大群在一起生活的,也有以家族为单位的小群体在一起活动的。吃植物的恐龙可能大多数是"集体主义者",它们往往组成很大的群体。

1954年,在我国辽宁省朝阳县阳山区大四家子西沟,地质古生物工作者发现了大量三趾的恐龙脚印化石。这是一群小型的鸟脚类恐龙留下的。足迹分布在3000米范围内,有的地方很密集。这些脚印的足尖都朝向东方,脚印大小不一,但都是同一类恐龙——晓脚龙的。这些脚印可作为恐龙群居的一例证据。

近些年来,在内蒙古一个化石点,出土了大量原角龙和甲龙从幼年到成年个体的化石,表明这些恐龙都是群居的。

足迹化石和其他化石使我们了解到,有一部分恐龙,如鸭嘴龙、一些蜥脚类恐龙、似鸵龙等,它们在世时,过着有组织的群体生活。有人曾发现过某种蜥脚类恐龙的行迹化石,从中可以看出,恐龙群当中可能有带头的首领。还有,曾发现过大脚印在外、小脚印在内的化石,说明小恐龙受到大恐龙的保护。

以前人们普遍认为,大型肉食性恐龙——霸王龙,很可能是一种喜欢独来独往的动物。但自发现了两处霸王龙的"墓地"后,人们改变了这种看法,因为墓中埋葬着许多霸王龙遗骨。如在美国的蒙大拿州东部出土的一个霸王龙墓,从里面挖出了4具骸骨,其中两具是成年的霸王龙,一具是少年霸王龙,还有一具是婴儿期的霸王龙。看来似乎是一家人同时死于非命。

在加拿大曾发现过9具艾伯塔龙(霸王龙的小个子近亲)的遗骨埋于一处的现象。这群恐龙体长在4~9米,由少年期和成年期的恐龙组成。其中有一只长得最大也最强壮,专家推测它可能是这群恐龙的家长。霸王龙很可能是以家族为单位集群生活的,有点像今天的狮子。

有一种小型的兽脚类——虚骨龙类,常成群地在一起栖息、觅食,像今天的狼一样。古生物学家曾发现过一大群恐龙行迹留下的化石,它记录了一件发生在远古时代的、惊心动魄的一幕:凶猛的大型肉食性恐龙来了,一百三十多只鸟脚类和虚骨龙类恐龙惊恐万状,从这儿狂奔而去……

其实,各类恐龙的化石骨架和脚印均有孤孤单单出土的情况,造成这种情况的原因很多,若把这当成独居的证据,未免有些牵强。有人认为剑龙可能属于单身一族,因为从未发现过它们的"群葬墓地"。也许有些恐龙的雄性成员,平时独来独往,只有在交配季节才去找同类,就像现在的老虎、熊猫等。

专家目前还不能肯定的是,究竟哪些恐龙是独居的动物。因为在化石中,群居的证据很丰富,而独居的证据却很贫乏,且模棱两可。

鱼龙是怎样繁殖后代的

鱼龙的祖先原是陆地上的爬行动物,后来它们下了海,通过长期的演化,终于成了鱼形的海洋动物。

爬行动物是卵生的。在陆地上,它们把卵产在自己挖的沙坑中,然后任其自然孵化。鱼龙的祖先肯定也是这样干的。但鱼龙已完全适应了水栖生活,必须在海里完成繁衍后代的任务。

那么,鱼龙妈妈是怎样生儿育女的呢?

有一个时期,专家们曾为这个问题而争论不休。后来,在德国的霍尔茨马登发现了完整的鱼龙母子的化石,问题才算有了答案。

专家看到,在这一鱼龙的体腔中有4个小鱼龙。其中有一个很是奇怪,它的头部在母龙的体内,而尾部却在体外,小鱼龙的位置是在母龙的臀部。

化石发现后,研究者产生了两种针锋相对的观点。有人说,鱼龙自相残杀,小鱼龙是被大鱼龙吞进肚里去的。另有人说,小鱼龙是这条大鱼龙腹中的胎儿。因为小鱼龙的骨架完好,没有被牙齿咬过的痕迹,也没有经胃液消化的迹象,而位于臀部的那条小鱼龙更能说明问题,它是一条正在分娩的小鱼龙。后来这一说法得到了公认。

母鱼龙分娩的化石使人们了解到小鱼龙有趣的生产过程。它是先把自己的小尾巴伸出母亲体外,上半身仍然留在母亲体内。专家推测,要过几星期后,小鱼龙才完全脱离母体,真正诞生到世界上。

现在我们终于知道了,原来鱼龙妈妈让卵在体内孵化,然后再将幼仔生出来,这种方法叫卵胎生。今天地球上只有极少数的陆栖蜥蜴和蛇类用卵胎生繁殖后代。

活恐龙追踪

　　恐龙曾是地球上生活过的最庞大的陆上动物。凡是见过恐龙骨架化石或复原标本的人,对它那巨大的身体、奇异的形状和凶猛的形象都会留下极其深刻的印象。而恐龙的突然灭亡,使人感到不可理解。因此,人们自然而然地会想:在这个地球上,恐龙有没有留下后代。而每当世界各地发现神秘的未知动物时,也就有人认为,他们看到的怪兽就是活着的恐龙。

　　在非洲中部的刚果,乌班吉河和桑加河流域之间,有一个湖,名叫泰莱湖。泰莱湖周围是大片的热带雨林和沼泽,人迹罕至,许多地方根本无法通行。这里生活着土著居民俾格米人,据他们说,在泰莱湖中,有一种名叫"莫凯莱·姆奔贝"(意为"虹")的怪兽。这种怪兽一半像蟒蛇,一半像大象,身长 12~13 米,有十多吨重,长着长长的脖子和尾巴,脚印像河马,但比河马大得多。怪兽生活在水中,只在夜里出来活动。它以植物为食,一般不伤人。

　　从土著居民的描述来看,这种怪兽很像中生代生存过的蜥脚类恐龙。这引起了许多动物学家们的极大兴趣,它是活着的恐龙吗?

　　一时间,刚果成了科学家和探险者们瞩目的地方。1978 年,一支法国探险队进入密林,去追踪怪兽的踪迹,可是他们从此一去不返。

　　1980 年和 1981 年,美国芝加哥大学生物学教授罗伊·麦克尔和专门研究鲤鱼的生物学家鲍威尔两次带领探险队前往刚果,他们深入泰莱湖畔的蛮荒之地,从目击过怪兽的土著人那里了解了许多情况。一个名叫芒东左的刚果人说,他曾在莫肯古依与班得各之间的利科瓦拉赫比勘探河中看到怪兽。因为那时河水很浅,怪兽的身躯差不多全露了出来。芒东左估计怪兽至少有 10 米长,仅头和颈就有 3 米长,还说它头顶上有一些鸡冠状的东西。

　　考察队员们拿出几种动物的画片,让当地居民辨认,居民们指着雷龙画片毫不犹豫地说,他们看到的就是那东西。在泰莱湖畔的沼泽地带,考察队员们发现了"巨大的脚印,还有一处草木曲折侧伏的地带,而那些脚印最后在一条河边消失"。他们认为怪兽是从此处潜入河中去了。据麦克尔博士说:"脚印大小和象的脚印差不多。""那片被折倒的草地显然是一只巨形爬行动物走过留下的痕迹。"但是由于天气恶劣和运气不好,他们始终没能亲眼看到怪兽。麦克尔相信,刚果盆地的沼泽

中确有一种奇异的巨大爬行动物。

1983 年,刚果政府组织了一支考察队,再次深入泰莱湖畔。据说他们拍下了怪兽的照片,但这些照片一直没有公布。

20 世纪 90 年代,刚果政局动荡,战乱频繁,多次发生武装政变和军事冲突,这使科学考察很难再继续进行,追踪泰莱湖畔怪兽的工作只好暂时终止。因此,怪兽究竟是不是残存的活恐龙,也仍然还是一个不解之谜。

恐龙是否会患癌症

恐龙也会像人类那样患癌症吗?它们也像人类患病一样痛苦吗?下面就一起来了解一下。

研究人员通过用 X 光机对恐龙骨骼进行扫描后有了最新发现:这种早已灭绝的动物体内存在恶性肿瘤,不过目前被证实患癌的只有鸭嘴龙。

美国俄亥俄州东北州立大学的科学家罗斯希德和他的工作组带着 X 光机,奔波于北美地区的博物馆之间。他们对七百多副恐龙骨骼中的一万多块椎骨进行了扫描,这当中包括广为人知的剑龙、暴龙和三角恐龙的骨骼化石。恐龙患癌的问题一直很有争议,这是第一次大规模的考察。工作组首先排除了一些疑为患癌的骨骼化石,因为经研究,那都是骨折造成的。不过,他们在鸭嘴龙的骨骼内发现了癌的存在。

鸭嘴龙生活在约 7000 万年前的白垩纪,是一种食草恐龙。工作组在 97 个鸭嘴龙的骨骼里发现了 29 个肿瘤。体长 3.5 米的艾德蒙顿龙是鸭嘴龙的一种,也是体内癌症组织最多的一种,并且只有在这种恐龙化石里发现了恶性肿块。几乎在所有生物(从珊瑚虫到虎皮鹦鹉)体内都有癌症,但在大多数物种内发生的概率却无从知晓。它们的肿块和人类癌症患者相似,这表明癌症已存在了相当长的时间,并且本质上几乎没有什么变化。看来,恐龙得这种病也像我们人类一样要承受很大的痛苦。

那么,恐龙为什么会得癌症,病因在于食物吗?

此次发现的最常见的肿瘤是血管瘤,这是一种良性、生于血管内的肿瘤,也存在于约 10% 的人体内。"如果我把这些恐龙骨骼拿给病理学家看,他会得到相同的诊断结果。"罗斯希德说。

"目前还不清楚是什么导致鸭嘴龙患了癌症。这真是一个让人着魔(也可能是永远无法找到答案)的问题。"不过他说,可能这种恐龙寿命很长,使肿瘤组织有时间成长。

不过,罗斯希德介绍了他的看法:鸭嘴龙吃的针叶树木中含有很多致癌化学物质。它们的骨骼结构显示,鸭嘴龙属热血动物,这增加了患癌的可能性。罗斯希德认为,对野生和已灭绝动物的研究能帮助我们治疗和预防疾病,还为我们了解在漫长历史时期中疾病的演化提供了依据。

恐龙干尸的发现

美国蒙大拿州出土了一具7700万年前的恐龙干尸,令人惊讶的是,其肌肤纹理、胃中残留物、喉部器官、趾甲及其他一些内脏保存完好。科学家指出,可以根据这具干尸对恐龙形态及生活方式做更多了解。

在古生物学年会上,菲利浦国家博物馆馆长莱特·墨菲及两位同伴对该恐龙进行了技术性描述,这只名为莱昂纳多的恐龙震惊了学术界。有科学家甚至将其重要性与罗塞塔之石相提并论。于1799年发现的罗塞塔之石帮助人类破译了古埃及的象形文字,而莱昂纳多有助于古生物学家了解灭绝已久的物种的生理结构。研究人员说,目前仅发现三具恐龙干尸。

这具恐龙干尸目前存放在蒙大拿菲利浦国家博物馆。古生物学家认为这是一只鸭嘴龙,科学家还对其出土处的地质进行了分析,结果表明,它来自7700万年前的白垩纪晚期,死时三四岁。

"恐龙公墓"是怎样形成的

位于中国四川省自贡市的大山铺恐龙化石地点,以其埋藏丰富、保存完整而令世人瞩目,因此有些科学家把大山铺形象地称为"恐龙公墓"。那么,这个"恐龙公墓"是怎样形成的呢?这个谜一样的问题吸引了许多科学家的眼球。他们从不同的角度研究这个问题,并得出了一些结论,虽然还不能完全解开这个谜,但是多多少少为我们最终认识这个问题提供了可供参考的依据。下面就介绍三种理论。

1. 原地埋藏论

这个理论由成都地质学院岩石学教授夏之杰提出,其根据是岩石学以及恐龙化石的埋藏特征。

大山铺恐龙的埋藏地层在地质学上属于沙溪庙组陆源碎屑沉积,以紫红色泥岩为主,夹有多层浅灰绿色中细粒砂岩和粉砂岩,属河流与湖泊相交替沉积而成。也就是说,在1亿6000万年前的侏罗纪中期,大山铺地区河流纵横、湖泊广布。这样的自然环境,再加上当时温和的气候条件,使得这里完全成为了一个恐龙生存繁衍的"天堂",成群结队的各类恐龙生活在这片植被茂密的滨湖平原上。但是,恐龙很可能是由于食用了含砷量很高的植物,最后导致中毒而死,并被迅速地埋藏在较为平静的砂质浅滩环境里,还没有来得及被搬运就被原地埋藏起来,因此形成了本地区恐龙化石数量丰富、保存完整的埋藏学特征。

这个理论因符合埋藏学原理而显得很独特,但是它还是使人感到证据不足,因为当时大山铺地区植物砷含量的平均背景值是多少? 能够致使恐龙猝死的砷含量又是多少? 分析砷含量时的取样是否有代表性? 这些问题依然需要进一步地深入研究。

2. 异地埋藏论

这个理论认为大山铺的恐龙是在异地死亡后被搬运到本地区埋藏下来的。其证据包括:首先,如果是原地埋藏,无疑应该大多数是完整或较完整的个体,而事实恰好相反,本地区恐龙化石虽然已经发掘采集了一百多个个体,但其中完整或较完整的仅有三十多个个体,大约只占总数的1/5。其次,纵观化石现场,除埋藏丰富、保存完整等容易被人发现的特征外,有一种不易被人所注意的普遍现象是,靠近上部或地表的化石较破碎零散,大都是恐龙的肢骨,而且很像经过搬运后被磨蚀得支离破碎的样子,同时越是接近上部岩层,小化石越多,如鱼鳞、各种牙齿遍及整个化石现场,翼龙、剑龙与蛇颈龙的椎体也十分零星,这些椎体具有从南到北依次从多到少的分布规律。下部岩层则几乎都是体躯庞大的蜥脚类恐龙,保存都不完整,很明显是经过搬运后的结果。再次,砾石层的发现是研究沉积环境的重要根据。大山铺发现的砾石均位于化石层的底部,从其特征判断是经过搬运的产物,可能与恐龙化石群的形成有密切关系。

3. 综合论

多数的科学家认为,大山铺恐龙公墓中大部分化石是搬运后被埋藏下来的,也有少部分为原地埋藏,因此这是一个综合两种成因而形成的恐龙墓地。本区恐龙与其他脊椎动物为何如此丰富? 如果只有恐龙一个家族在此埋藏,两种理论可能都比较容易理解,但是除恐龙外,这里还有能飞行的翼龙以及水中生活的蛇颈龙、槽齿两栖类等,而且它们的生活环境完全不同。经地质学家研究证明,侏罗纪中期的大山铺是一个洪泛平原,这些古老的爬行动物也可能和现生动物一样,对生活环境具有明显的选择性。恐龙中性情温和的蜥脚类恐龙常常成群结队生活于地形较低的湖滨平原上;剑龙喜居于距湖滨稍高而常年蕨类丛生的山林中;鸟脚类恐龙以其形态结构轻巧灵活又善于奔跑的特点,活跃于较高的台地上。其他脊椎动物,如翼龙,仅能在湖岸林间作低空飞行。恐龙与这些脊椎动物的生活环境和习性有着极大的区别,但它们为何会集中埋藏到一起呢?大概是从不同地点转移过来的。但是为什么又有许多完整的化石骨架呢?这显然又是原地埋藏的产物。最后,从这种种现象看来只能有一种解释,即大山铺"恐龙公墓"的成因是原地埋藏和异地埋藏两种方式综合而成。

世界最大的恐龙脚印

中国甘肃省地质工作者在甘肃永靖县内发掘出了一些保存十分完整且清晰的恐龙足印化石。专家指出,在被发掘的化石当中,有一组目前是世界最大的恐龙足印。

在永靖县境内的黄河河畔,地质工作者经过近半年的挖掘,共发现了100多个清晰可见的恐龙足印化石。这些化石都出自一个山坡的砂岩层面上,可分辨的一共有10组。足印保存得十分完整,可以清晰地分辨出每组脚印的走向。其中最大的一组足印长1.5米,宽1.2米,而且前足印大,后足印小,并成对出现。中国科学院古脊椎动物研究专家赵喜进目前已对挖掘出的足印进行了鉴定。据他介绍,该遗迹目前裸露面积约400平方米,含两类蜥脚类巨型足印(四足行走)、一类兽脚类足印(虚骨龙类,两足行走)、一类鸟类足印,并且共生有恐龙尾部支撑痕迹、卧迹及粪迹等,这是一处世界罕见的、具有重大科学意义的恐龙遗迹化石产地。其足印之大,类别和属种之多,保存之清晰完好,堪称世界之最。

经专家初步测定,这些足印形成的地质年代大概有两种可能,一是距今约1.6亿年前的晚侏罗纪,二是距今约1亿年前的早白垩纪。关于这一问题,专家正在进一步研究。据介绍,这些足印是恐龙当时在湖滨上留下的,而它们脚踩下后带出的泥沙也保存完好,经过上亿年的演变后,变成了现在所见的化石。此外,在砂岩层面上还可以清楚地分辨出水的波纹以及泥沙脱水固结时形成的龟裂。

据专家介绍,在约400平方米的区域内,十组足印中有六组是连续的,这些足印的布局表明,当时恐龙正沿湖岸或由水边向陆地方向行走。据推测,这些足印很可能是一大群植食性恐龙在觅食或饮水过程中留下的,同时周围还环绕或尾随有肉食性恐龙。

一般恐龙足印化石都是经过分化作用后自然裸露出来的,都有一定程度上的破损,细微处的棱角都不太清楚。而这次发掘的化石,是地质工作者们一层层人工剥露出来的,因而保存得相当完整清晰。

最后灭亡的恐龙

作为一个庞大的动物家族,恐龙统治了世界长达1亿多年。但是,就恐龙家族内部而言,各种不同的种类并不全都是同生同息,有些种类只出现在三叠纪,有些种类只生存在侏罗纪,而有些种类则仅仅出现在白垩纪。对于某些"长命"的类群来说,也只能是跨过时代的界限,没有一种恐龙能够从1.4亿年前的侏罗纪晚期一直生活到6500万年前的白垩纪末。

也就是说,在恐龙家族的历史上,它们本身也经历了不断演化发展的过程。有些恐龙先出现,有些恐龙后出现,同样,有些恐龙先灭绝,也有些恐龙后灭绝。

那么,最后灭绝的恐龙是哪些呢?显然,那些一直生活到了6500万年前的大灭绝前"最后一刻"的恐龙就是最后灭绝的恐龙。它们包括了许多种。其中,植食性恐龙有三角龙、肿头龙、埃德蒙顿龙等,而肉食性恐龙则有暴龙和锯齿龙等。

中国恐龙奇观

在许许多多人看来,恐龙既看不见又摸不着,都是人们凭几块石头瞎猜的。这是多么严重的错误。千姿百态的恐龙是远古的生命奇观,人类对它们越了解,就越热爱大自然,越会保护地球。这就是恐龙文化的现实意义。人类作为地球家园的一族,研究和了解恐龙,是我们永恒的使命。既然恐龙灭绝已无可挽回,那么就更应该竭力保护目前濒临灭绝的物种。可见,普及恐龙知识对环境保护有着重要的意义。

在此,介绍中国发现的一些具代表性的恐龙,并据骨架化石恢复其外形,为读者提供一些关于恐龙的具体而形象的知识。

1. 许氏禄丰龙

许氏禄丰龙目前是中国所发掘出的最古老的恐龙种类之一。禄丰龙的第一件标本是杨钟健教授在 1941 年根据一具完整的恐龙骨架化石描述命名的。这个属,体形中等,体长 4.5～6 米,具有小巧的头颅及相当长的颈子。它的牙齿短而密集排列,是典型的食植物性齿列。它的长颈使它得以觅食树梢嫩叶,同时也可能捕捉一些小型的昆虫及其他动物作为餐点副食。前肢为后肢的 2/3 长度,科学家根据禄丰龙强而有力的前肢推测,它能够直立双足行走,前肢虽然较后肢稍为纤细,但是它有可能用四足做近距离的短程移动。禄丰龙壮硕的尾巴在平衡头部和躯体上有着重要的功能。

2. 山东龙

在山东诸城县有一处名叫龙骨洞的地方出土了一具非常大的鸭嘴龙类——山东龙骨架化石，以及一些暴龙类的牙齿。在龙骨洞，科学家们总计已采集到 30 多吨的恐龙化石残骸。在北京地质博物馆展出的一具完整的巨型山东龙复原装架的骨骼，总长约 14.72 米。它具有一个颀长、低窄的头颅，齿列总计有 60～63 个齿槽，其牙齿构造与埃德蒙顿龙极为近似。

3. 合川马门溪龙

产于重庆市合川区的合川马门溪龙目前是亚洲发现的最完整的大型蜥脚类恐龙，体长为 22 米，肩高为 3.5 米，头小，颈长达 9 米，颈几乎占了体长的一半。合川马门溪龙是中国恐龙群中最闪亮耀眼的明星，这条巨龙化石出土时除了脑袋和前肢外，还有完整保存的颀长颈子上 17～19 节的颈椎。它常常利用长颈采食树梢顶端的枝叶，就像长颈鹿一般。

4. 沱江龙

中国的沱江龙与同时代生活在北美洲的剑龙有着极其密切的亲缘关系。沱江龙从脖子、背脊到尾部，共生长着 15 对三角形的背板，比剑龙的背板还要尖利，其功能是用于防御来犯之敌。沱江龙的背板也是用于采集阳光的。它们就像太阳能板那样，能够吸取热量。当这些背板中血液的温度升上来时，热量就通过血管流遍全身，就像热水在暖气管道中流动一样。在短而强健的尾巴末端，还有两对向上扬起的利刺。沱江龙可以用尾巴猛击所有敢于靠近的肉食性敌人。

沱江龙的牙齿是纤弱的，不能充分地咀嚼那些粗糙的食物，因此它们会在吃植物时一起吞咽下一些石块，这些石块可在胃中帮助它将食物磨碎。1974 年，科学家们在四川自贡市五家坝发掘出的恐龙化石是亚洲有史以来第一只完整的沱江龙骨骼化石。

5. 永川龙

永川龙是一种大型食肉恐龙，全长约 10 米，站立时高达 4 米，它有一个又大又高的头，略呈三角形。嘴里长满了一排排锋利的牙齿，就像一把把匕首。永川龙脖子较短，身体也不长，但尾巴很长，站立时，可以用来支撑身体，奔跑时，则要将尾巴翘起，作为平衡器用。永川龙常出没于丛林、湖滨，其行为可能类似于今天的豹子和老虎。

6. 青岛龙

青岛龙全长 8 米，站立时高约 4 米，生存在白垩纪晚期。外貌与"标准"鸭嘴龙似无多大区别，只是头顶上多了一支细长的角，样子就像独角兽一样。有人说这支角应向前倾斜，也有人说应向后倾斜，还有人说根本就不存在这支角。至于对这支角的作用，更是众说纷纭，它既不像武器，也不像其他冠顶鸭嘴龙那样能扩大它自己的叫声。据 1998 年科学界最新研究结果得知：青岛龙头上所谓的一支"角"，其实是一块因破碎而掉落的碎片！

7. 卢沟龙

卢沟龙大小与一只鸵鸟差不多，站起来有 1.5 米高。它有一个小而尖的头骨，头的两侧长着一对大而尖的眼睛,眼眶较高,因此它的视力很好。它的嘴巴较尖,口内长有小锥子似的牙齿,这个特征说明它是肉食性恐龙。这种恐龙可能生活在丛林中,它有一个细长而灵活的脖子,使它能把头抬起来寻找捕食对象。此外,卢沟龙的前肢较短,起"手"的作用,用来捕捉动物。卢沟龙虽然发现于云南,但由于发现时间是 1938 年,为了纪念揭开抗日战争序幕的卢沟桥事变,杨钟健教授特意将它命名为卢沟龙。

8. 中国鹦鹉嘴龙

鹦鹉嘴龙是一种头部呈方形,并长有一张鹦鹉嘴的食素恐龙。由于它的头盖骨背后四周有骨脊,固定着强有力的颚肌,从而使它的喙嘴能用力地咬噬。有科学家认为,这种长 1.8 米、高约 1 米的植食性恐龙是后来出现的一种角龙的祖先。它的口中没有牙齿,而那角质的巨喙,能帮助它咬断和切碎植物的叶梗甚至坚果。鹦鹉嘴龙格外具有其特殊性,这群双足行走的植食性恐龙是角龙类中最早的一个代表成员。

鹦鹉嘴龙最早是在蒙古国南部戈壁沙漠中被发掘到的。中国鹦鹉嘴龙是在 1950—1953 年,于山东半岛白垩纪早期地层中被发掘出来的。

恐龙与哺乳动物之间的竞争

哺乳动物与恐龙从一开始就不能和睦相处,仿佛冤家对头一般。在三叠纪晚期,恐龙刚刚由古老的爬行动物中分化出来,而从兽形的似哺乳爬行动物中分化来的哺乳动物也已出现在地球上。在日益强大的爬行动物面前,哺乳动物数量少、躯体小,处于微不足道的地位。但是从进化的角度来看,哺乳动物显恐龙高等。哺乳动物是恒温的热血动物,有调节体温的汗腺、毛发以及皮下脂肪组织,在寒冷地区生活,也能够在较高的温度下生存。而恐龙却没有这样的装备和机能。恐龙的脑子很小,而哺乳动物的脑子不但高度分化,脑量也比恐龙多得多。脑量的增加,又与大脑皮层的发展有密切关系。哺乳动物的大脑皮层不仅是高级心理活动中枢和运动中枢,又是视觉、听觉等感觉中枢,从而使有机体各种活动的指挥系统得以加强,于是它们对环境的适应达到了"得心应手"的地步。在这方面恐龙是望尘莫及的。

有人提出，在白垩纪晚期，有的恐龙体形仍在增大，但脑子并未增大，这是一种病态，最后可能导致内分泌失调。但也有人指出，动物脑子的大小随身体大小的2/3次方而变动，因而大型动物与小型动物相比，只需要较小的脑子。但在神经系统方面，哺乳动物大大超过了恐龙。

生殖方式是判断一个门类的生物是否高等的晴雨表。哺乳动物是胎生的，胎儿在母体内生长，比在恐龙蛋内安全、舒适得多。它们用乳汁哺育后代，对幼儿的照顾比较周全，时间也较长。恐龙中虽有慈母龙的亲子行为，但毕竟是少数，大多数"父母"下了蛋就听天由命了。

取食方式也是衡量某一类动物是否进步的标志。哺乳动物的牙齿被两个或更多的齿根固定在颌骨内，它们已经有了门齿、犬齿、前臼齿和臼齿的分化。科学家通常把前臼齿与臼齿叫作颊齿，犬齿上有齿冠，齿冠上有齿尖。这样复杂的牙齿结构使哺乳动物在切割、咀嚼食物时比爬行动物恐龙有利得多。

很显然，恐龙在和哺乳类动物的竞争中是失败者。但为什么恐龙在相当长的时间内称霸于地球，而同时代的哺乳动物未能取而代之呢？对此，这种竞争失败说是无法解释的。

恐龙灭绝与臭氧层空洞有关吗

俄罗斯科学院的专家在对俄远东地区被发掘的4处"恐龙墓地"进行研究后认为，恐龙灭绝的原因与臭氧层空洞密切相关。

在距今约1.3亿年前的侏罗纪，恐龙家族曾在生物界称霸一时。但到了距今6000万年至7000万年前的白垩纪，这些"霸主"们却都神秘地灭绝了。其中原因，至今众说纷纭。

近年来，俄罗斯的科研人员在俄远东的昆杜尔地区和布列亚河附近等4个地点发掘出了大量白垩纪恐龙骨骼化石。专家在对其进行研究时发现，很多恐龙的骨骼化石上都留有恐龙生前曾长期肢体溃烂的证据。俄罗斯专家将上述发现与本地区的地球历史研究成果相结合，又提出了一个观点：恐龙灭绝的原因与臭氧层空洞的出现和剧烈的气候变化密切相关。

据介绍，在白垩纪时期，太平洋中部曾发生过规模极大的海底火山爆发。火山爆发后，海水涌向了陆地，从而改变了恐龙的生存环境。这位专家指出，规模如此之大的火山喷发必然会生成大量含碳气体，这些气体足以改变地球大气成分，使大气中出现超大面积的臭氧层空洞。这样，阳光中的紫外线就会肆无忌惮地穿过"空洞"洒向地球。过量的紫外线辐射不但能使恐龙的肢体产生病变和溃烂，而且还能够影响食物链和改变地球气候。对于适应能力不强的恐龙来说，这无异于灭顶之灾。此后，火山爆发的影响逐步减弱，海水开始退却，含碳气体排放量急剧减少，臭氧层空洞逐渐消失，地球气候再次大规模改变，而这更加剧了恐龙的灭绝。

上述观点还只是俄罗斯科学家的初步论断。今后，科研人员将继续研究以论证这些观点。此外，与大自然的力量相比，人类活动对地球气候所产生的影响是较为有限的。

据悉，在俄罗斯远东地区进行的地球历史研究工作已得到了联合国教科文组织的支持。来自其他18个国家的科学家也参加了上述研究。专家们将通过这些研究来探寻自然灾害、气候变迁与物种兴衰的关系，预测地球的未来。

是海啸加速了恐龙灭亡吗

一些科学家声称6500万年前的小行星撞击地球后引发了一场席卷全球的巨大海啸，最终加速了恐龙的灭绝。

在墨西哥靠近圣·罗萨利奥的海岸峡谷，科学家们发现了大海啸的证据。这里曾经在小行星撞击地球的时候发生过一次巨大的海啸，从而导致一次巨大的山体滑坡，而海啸的形成地正是在大西洋里。科学家认为，当时海啸的成因可能有两个：一个是小行星直接撞击了海洋；另一个就是小行星的冲击导致海中也同时发生了海底峡谷滑坡，从而导致大量的海水涌向海岸，形成海啸。

很多年以来，地理学家们已经知道导致西大西洋一直到纽芬兰岛的山体滑坡现象的就是大型的海啸。但是此前他们一直认为太平洋中没有发生过海啸。

"在圣·罗萨利奥，你能够观察到一个现象，那就是你能凭借肉眼就可以发现巨大的滑坡现象。而这个现象正巧发生在 6500 万年前，也就是小行星撞击地球和恐龙灭绝的时代。"来自加利福尼亚大学的格拉特·维普这样说道。

然而两名美国地理学家——维普和他的研究同伴凯斯·布西认为太平洋中也曾经发生过巨大的海啸，只不过太平洋中的"痕迹"不像大西洋中那样明显。

北大西洋海岸线以外的海区比其他大洋要深许多，这也给人们的研究带来了困难。然而科学家们称这也是当年发生海啸的最佳证据，而且这里的海洋生物是全球海洋生物中种类比较少的，这也是因为海啸引起的山体滑坡致使它们灭亡。

此次海啸不仅导致了海洋生物的灭顶之灾，也让陆地上的生物遭受了前所未有的灾难，据欧洲著名生物学家理查德·诺里斯·塔克称，海啸使当时的海平面上升了许多，植物遭到海水的侵袭纷纷死亡，而动物也因为找不到食物死去。据此科学家推断，正是因为小行星引发的大海啸，加快了恐龙灭绝的速度。

恐龙灭绝是必然的吗

在恐龙化石出土不久，关于恐龙是如何灭绝的问题就被提了出来。随着恐龙是中生代统治者这一概念的确立，恐龙灭绝的原因尤其引人关注，因为人类在思考这一远古难题的时候，难免要和自己联系起来。因为我们人类也和恐龙一样，统治着整个地球，消耗着有限的自然资源，那么，恐龙曾经面临的灾难，是不是有朝一日也会降临到我们人类的头上呢？

今天我们谈起物种的灭绝，总是与环境的恶化和人类社会的过度发展联系起来，最有名的两个例子就是渡渡鸟和北美旅鸽。

曾经栖息在非洲马达加斯加岛上的渡渡鸟身长约 1 米，体重可达 20 千克，它和我们熟悉的家鸡、家鸭一样，光有翅膀而不会飞。于是，当人类用骄傲的脚步踏上这块神奇的土地后，渡渡鸟的日子就一天不如一天，在不到 200 年的时间里，渡渡鸟居然被人类的肠胃消灭得干干净净。

北美旅鸽原来的数量比渡渡鸟更多，但是灭绝的速度更快。当年，在美国和墨西哥之间，有几十亿只北美旅鸽在自由翱翔，它们的数量之多，足以遮天蔽日，其密集度让人感到害怕。不过，当枪声开始响起的时候，这些小东西就再也没有安宁过。到 1914 年，在全球范围内，竟然找不到一只活着的北美旅鸽了。

　　人类好像太可怕了,他们可以轻而易举地把一个生物物种送上不归路,全然不顾其长达几十万年的艰难演化历程。好在人类也是有理性的,当认识到了无节制的扩张给环境和其他物种带来灾难时,人类开始努力纠正,不仅提出了"野生动物是人类的朋友",还把野生动物的保护付诸法律,各种民间保护组织也应运而生。可以说,人类正在为地球生命的丰富多彩进行着不懈的努力。

　　当然,生物灭绝并不是因有了人类才出现的特殊现象。其实,自从生命出现以后,灭绝就从来没有停止过,应该说,物种的灭绝是生物演化过程中的必然阶段。一些物种发展到了一定的时期,就会结束它的存在使命,由此产生的空隙,将会有新的物种来取代,这样,生物的发展才会前赴后继。

　　比如说,6亿年前有一类生物,它们既不像我们今天所认识的动物,也不像我们所认识的植物,科学家根据发现地澳大利亚阿得雷德省的埃迪卡拉,把它们称为埃迪卡拉生物群。这一生物群没有任何骨骼结构,只有柔软的肉体。但是,当多细胞动物出现以后,埃迪卡拉生物群就面临危险了,因为那些拥有爪、螯等坚硬武器的动物给它们造成了致命的威胁。不久,埃迪卡拉生物群就被新生动物当作美味佳肴享受殆尽。这类生物,就是生命演化发展中承先启后的种群。

　　这种承先启后的现象有时候会使得一些大的生物种群发生衰竭,这种衰竭在地质史和古生物史上有明显的反映,而地质史就此作为两个时代的分界。比如,三叶虫等大的种群灭绝时,人们把它作为古生代结束的标志。而中生代的结束就以恐龙、菊石的灭绝为标志。换句话说,以6500万年前中生代白垩纪地层为界,超过这个期限,恐龙等一大批生物就再也找不到了。

恐龙灭绝是缘于地质灾难吗

　　有相当一部分古生物学家和地质学家认为,是规模庞大的火山爆发扼杀了恐龙这种古代巨兽。持此观点的科学家们认为,当火山喷发时,自地幔到地壳表层形成了一股强大的岩浆柱。而这一岩浆柱非常类似于巨型蘑菇,它的伞状"帽冠"直径可以覆盖方圆1000多千米的地表。

　　这种火山爆发导致的生态灾难不亚于大行星撞击地球带来的灾难。当火山爆发时会形成大量富含化学物质的尘埃,这些尘埃会严重影响太阳光穿越大气到达地球,因此产生了类似于"核冬季"

的效应。火山爆发会完全破坏地球表面的臭氧层，而一旦臭氧层被破坏，地球将会又陷入到一个"紫外线的春天"，在灾难发生之后的数年内动物界中的大型爬行动物将遭受宇宙辐射的强烈冲击。

美国地质研究小组负责人哥特·凯勒表示，在恐龙灭绝前的数百万年里，印度洋海域的火山爆发曾经导致过巨大的生态灾难，大量无脊椎海洋动物的代表如巨型章鱼，海洋软体动物及三叶虫，从此在地球上销声匿迹。

目前，地质学家已经证明，像火山爆发这类大

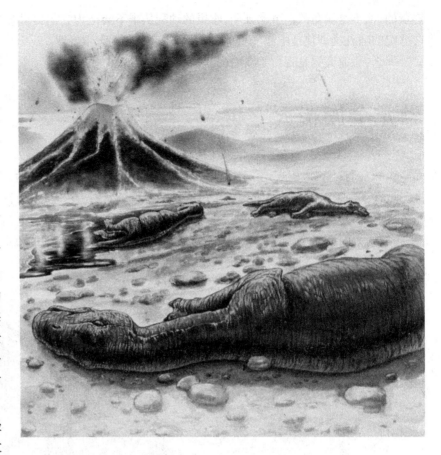

型地质灾难在地球历史上的的确确发生过，而且还不止一次。科学家们在对海底沉积岩进行了详细分析后找到了有利于这一理论的新证据：他们在地球上各个区域内都找到了同一次火山爆发时所形成的沉积岩遗迹。这一点能说明某些火山爆发及其所产生的危害都具有全球性质。

据来自英国卡迪夫大学地质、海洋及行星研究所的安德烈·科尔表示："目前科学界争论的一个焦点就是火山爆发时喷射出的岩浆柱到底有多大威力。我可以告诉人们，岩浆柱能够影响某个海域的形成，还能够改变地容地貌。像这样的全球性地质灾难足以影响生物的进化过程。很有可能，正是这样的地质作用导致了哺乳动物在地球上的繁衍，并且导致在稍晚时候智人的产生。"

恐龙是否死于窝内

关于恐龙的灭绝，有一种观点认为，恐龙灭绝是由于大量的恐龙蛋未能正常孵化所致。由于对阻止恐龙蛋正常孵化的原因意见不一，出现了几种说法。主张火山说的人认为，火山活动可能会把窝内的恐龙蛋全部破坏掉。同时，火山活动会把深藏于地心的稀有元素硒释放出来，这些微量的硒是人体不可缺少的，但过量的硒却是有毒的。在印度德干地区和丹麦交界处就发现过硒。生活在火山活动频繁地区的恐龙会不可避免地吸入过量的硒元素，从而影响后代繁殖。法国白垩纪的蜥脚类恐龙的蛋壳内就含有较多的硒，而且越靠近交界处的恐龙蛋壳内硒的含量越高，孵化的失败率也就越高。对于正在成长的胚胎来说，硒是毒性很强的元素，只要一点儿就会把胚胎杀死。植食性恐龙在进食中如果吃进了过多的含硒的火山尘埃，就会被毒死。如果植食性恐龙灭绝了，那么以它们为食的肉食性恐龙也就很难再活下去。

过去曾经有一种说法，认为恐龙灭绝的原因之一是因窃蛋龙或哺乳动物打破了恐龙蛋，偷吃了蛋中的营养物质。现在科学家已经给窃蛋龙平了反，因为它的尖嘴是用来吃坚果的。这种恐龙是

孵蛋的,而不是偷蛋的。事实证明,吃蛋的动物从来不会把为它们提供食物的物种斩尽杀绝。所以白垩纪的哺乳类即使是吃恐龙蛋的,也不会违背上述生态学规律。

那么,恐龙究竟是否死于窝内呢?确切答案还须进一步考证。

恐龙全族覆灭之谜

科学家们对宇宙力或宇宙事件能够在奥尔特星云之外震动彗星的严谨特性有两种推测:一种推测是迄今尚未发觉到的第九颗行星可能有一种很怪异的运行轨道,而且它每隔大约200万年内时间就可能穿过彗星的区域;而另一种推测则认为我们的太阳系事实上是一个双星的系统,换句话说,我们的太阳系拥有一颗伴星。这颗伴星可能具有一条非常扁平的轨道,那可以解释为什么迄今无人看到它的存在。而这颗伴星大约每隔200万年,将极为靠近太阳系,对奥尔特星云造成非常大的重力影响。

现在所有宇宙理论面临着一个共同困惑是为什么有些动植物死去,另一些却能躲过一劫而不受影响。但对于这个困惑,迄今为止科学界也无法提供合理的解释。

在研究宇宙的学派里,每个理论都有赞成者与批评者,他们往往会因一个理论彼此争得面红耳赤。对坚信气候改变的学者而言,他们根本不相信什么陨石撞地球之说,许多人认为,在白垩纪末期所发生的大灭绝,并非是突然的、戏剧性的,而是循序渐进而来的。毕竟,我们是在谈论白垩纪晚期这段几百万年的时间过程。

许多科学家广泛而深入地研究了这个时期的植物生活方式之后,他们认为,在白垩纪结束之前500万年至1000万年之间,亚热带与热带植物非常繁盛。各种各样的恐龙应该能够生活在这样的植被环境中。然而,趋近于白垩纪的结束,寒冷地带的植被丛林变得比较繁茂。科学家根据植物生相改变而做的合理推测是,全球气候应该逐渐趋于干旱和严寒。因此,一些热带与亚热带的区域最后会变成干旱地区。有趣的是,经科学家对出土的恐龙化石研究后得知,恐龙在那个时期种类已经少了许多。同时,具有皮毛保护的小型哺乳动物,自然能抵抗较寒冷的丛林地而变得较为繁盛。

　　大陆的漂移为气候的改变提供了合理的解释。在白垩纪晚期之前,主要的大陆板块都已经分离了。而海洋底的扩张开始逐渐形成,并牵动了这些大陆板块分离,从而可能造成了海平面的上升,同时还改变了洋流,牵动了风的形态。在三叠纪与侏罗纪时候,特征型的气候形态就容易因板块的改变而改变。其结果,白垩纪晚期板块的运动引起四季分明的气候变化。

　　就像宇宙理论一样,这种气候的理论也无法解释为什么有些生物种灭绝,有些生物种反而比较繁盛。最终,一些科学家在两个理论中都发现了问题,那就是当我们涉及一些在千百万年前发生的事件时,要证明什么是极为困难的。然而,最近所发现的铱异常富集现象,及人们对天文星云知识的更多了解,以及大众对恐龙热情的再次高涨,大大促进了研究活动。此外,近年来来自各个领域的科学家通力合作,累积了相当多的资料,这将有助于人们了解为什么恐龙称霸的局面结束了。

气温下降加速恐龙灭绝之谜

　　加拿大科学家表示,他们在加拿大的阿尔贝塔发现了一组大型的恐龙化石,而正是这些化石说明了它们死亡年代气温的急剧变化。但是这个年代却离小行星撞击地球尚有一段时间。这些化石大约是在白垩纪的最后1000万年前形成的,这在地质年代中属于极短的一段时间,白垩纪从1.46亿年前一直到6500万年前,而6500万年前恰好就是小行星撞击地球的时间。也就是说,化石的形成距离地球遭到撞击大约有1000万年的时间。

　　加拿大皇家迪雷尔博物馆馆长、考古学家唐·布林克曼是这次考古的领头人。据他介绍,在被发现的化石周围环境中有着温度变化的种种证据:化石周围的泥土和石头,以及泥土中的煤炭形成,还有当时植物生长缓慢,和伴随着连绵不断的雨季,这一切的证据都表明,当时地球正在经历着温度急剧下降的一场劫难。

　　一直以来,人们认为恐龙是一种对温度变化忍耐力很强的动物,因为它们有着同哺乳动物相似的身体结构。但是令人困惑的是,乌龟和鳄鱼以及其他大型的爬行动物对周围的环境非常敏感,然而它们却最终活了下来。

　　"在一个生态系统中,恐龙并不是被分割开单独生存的。"布林克曼说,"它们是复杂环境中的一分子,其中包括植物,还有脊椎动物和无脊椎动物。而温度的变化正是影响了恐龙赖以生活的生态环境,因此最终导致了灭亡。"

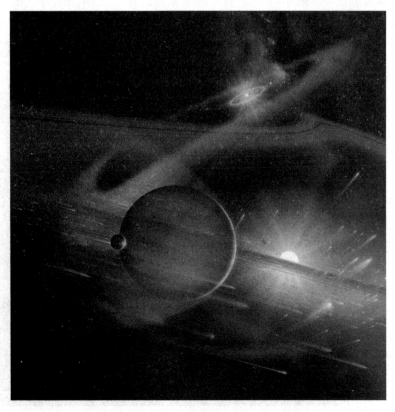

　　因为温度的急剧下降,使动物和植物所需的食物和养料也越来越稀少,最终导致恐龙从地球上消失。根据此次的发现,大约超过一半的恐龙已经在小行星撞击地球之前灭亡,而小行星撞击地球只不过是加速了恐龙灭绝的速度。科学家相信,即使小行星不撞击地球,恐龙也很有可能会灭绝。

北卡洛莱纳州的教授和高级化石学家戴尔·拉赛尔也认为,这个发现和学说是非常可信的,但是他认为:"这次的发现只能够说明区域性的地球温度下降,而不能证明6500万年前全球性气候的急剧下降。"

拉赛尔还认为早在白垩纪中期,就曾出现过温度下降的迹象,但是当时恐龙却并没有因此而消亡。其他一些科学家也支持拉赛尔的这一看法,他们仍然认为恐龙灭绝的元凶应该还是小行星撞击地球造成的。

恐龙灭绝与水星轨道摆动有关吗

在距今6000万年至7000万年前地球上发生过一件大事,那就是生物界"霸主"恐龙的突然消失。恐龙的灭绝是如此神秘,其原因至今还众说纷纭,尚无定论。有人说恐龙可能是得癌症死的,还有人说"凶手"可能是一场罕见的干旱。目前科学界比较广为接受的"外星撞击说"认为,是一颗小行星撞击地球导致了恐龙的灭绝。

关于恐龙的死因,美国科学家又提出了一种新的假说,他们认为,恐龙之死是水星惹的祸。加利福尼亚大学洛杉矶分校太空生物学中心的布鲁斯·朗纳加尔称,他们用电脑模拟了恐龙灭绝时的情景:6500万年前,水星的轨道突然发生摆动,导致一颗小行星飞向地球,最终成为恐龙大灭绝的罪魁祸首。

朗纳加尔和他的同事使用电脑模型对2.5亿年前的太阳系进行了"还原"。他们特别着重于计算每个行星的近日点——运行轨道上最接近太阳的点。行星的近日点通常以数百万年为周期围绕着太阳运转。由于星体间的作用力,这种周期会随着时间的改变而发生轻微的改变。朗纳加尔等人还发现,近日点周期的改变,会对行星内部产生一种"敲击效应",进而改变行星的轨道。他们的模型表明,6500万年前,水星的轨道因此发生摆动,并对太空中的一个小行星带产生影响,增加了其中的小行星离开轨道的概率。水星的摆动并不足以使大量小行星进入地球,但朗纳加尔认为,它很有可能使单个的小行星走上与地球相撞之路。朗纳加尔等人的解释实际上仍可归入"外星撞击说",不过是为毁灭恐龙的那场大撞击找到了一个初始的"推动力"。

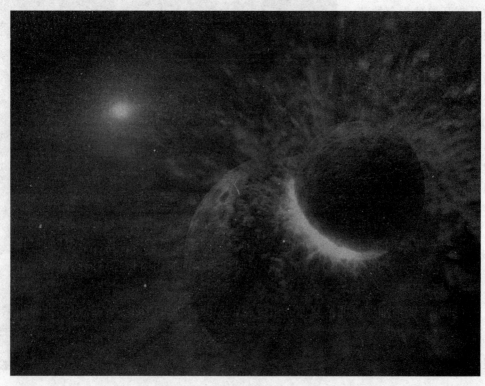

尽管如此,仍然还是有其他一些研究人员对把水星轨道摆动与恐龙灭绝之间联系起来持怀疑态度。

北爱尔兰阿马天文台台长马克·贝利说,朗纳加尔的理论是建立在一系列不太可能的事件的基础上。他认为水星不会对太阳系产生影响,因为"它太小了"。贝利说,该研究小组的模型是非常棒的,但把它和恐龙联系在一起太勉强了。

恐龙是骤然灭绝的吗

在美国蒙大拿州和北达科他州进行的一项新研究显示:一度横行于地球的庞然大物——恐龙之所以迅速灭绝,是因为一颗小行星撞击地球,在北美洲燃起一道火墙,气温随之骤降数星期所致。

渐进主义学派有一种理论,认为恐龙的势力渐渐衰微,已经走上了下坡路,这时小行星撞击地球,给了它们致命的最后一击。米尔沃基公共博物馆的彼得·希汉通过研究6500万年以前的地层化石结构,对上述说法提出质疑。他说:"我们发现,当时恐龙生活得相当好,灭绝的厄运是突然降临的。"

渐进主义学派的代表、加利福尼亚大学伯克利分校的威廉·克莱门斯指出,他们的研究已持续了20年之久。地狱谷岩层上部2.7米的构造表明,小行星撞击地球之前200万年的地层里,恐龙化石分布稀少。因此可以推断,统治地球约两亿年的恐龙,还没等到天降横祸,就已经走上了穷途末路。

希汉据理反驳,说他们对地狱谷岩层露出地表的部分研究了3年,结果表明:恐龙直到最后灭绝之前,都保持着物种的多样性和庞大数量,根本没看到衰落的迹象。在总计55米深的岩层里,以霸王龙和三犄龙分别为代表的肉食和草食恐龙,在数量和种类上始终维持着稳定状态。在小行星撞击地球形成的多铱岩层之上,就再也找不到恐龙化石了。究竟是否骤然灭绝,仍然是个未解之谜。

恐龙灭绝与其生殖功能衰退有关吗

"由于古气候及地质——地球化学因素的影响,据今6500万年前的白垩纪末期,雄性恐龙出现了性功能障碍,大量的恐龙蛋未能受精,导致了恐龙最终灭绝。"中国广东资深地学专家杨超群研究员,曾提出了有关恐龙灭绝的新假说。这一观点已得到了广东省一些知名地质、古生物专家的肯定。

广东省地质勘查开发局有关人士介绍说,杨超群剖析了目前关于恐龙灭绝原因的多种假说,并对广东、河南等地盛产恐龙蛋化石地层的层位和时代进行了综合对比分析研究后发现,河南西峡等盆地的原地埋藏型的恐龙蛋化石能大量完好地保存下来,而恐龙骨骼化石则零星可见,是恐龙蛋未能孵化从而导致恐龙灭绝的直接见证。

支持这一观点的例证是英国一名化石商人在来自中国的70个恐龙蛋中,只发现一个有胚胎的化石,这也说明恐龙蛋的受精率颇低。

在恐龙繁盛的侏罗纪时期,雌雄恐龙的生殖能力都很强,大量的受精蛋均孵化出了恐龙,因此这一时期出现了保存大量恐龙骨骼化石而未见恐龙蛋化石的情况。到了晚白垩纪,雌性恐龙的生殖功能仍较强,但雄性恐龙却出现了性功能障碍,大量的蛋未能受精,因此这时期出现了大量的蛋化石而骨骼化石则相对十分稀少的情况。而且,从晚白垩纪早期到晚期,地层中的恐龙蛋化石逐渐减少,这说明恐龙的生殖功能正在逐渐衰退,从而导致恐龙的数量不断减少,最终灭绝。

　　杨超群根据晚白垩纪至早第三纪地层中常见的膏盐(石膏、岩盐等)矿物及膏盐层,分析了导致恐龙生殖功能衰退的古气候及地质——地球化学因素。他认为,当时气候是持续性的炎热干旱,再加上强烈的蒸发浓缩作用,使湖水中的矿化度逐渐增高最终演变成盐湖。恐龙在饮用了盐湖的水后,特别是盐湖水中的硫酸根的浓度大大增高时,极可能对它们的生殖功能造成破坏。此外,他还在与含恐龙蛋化石同时代的地层中发现了含铀砂岩,铀的核辐射对恐龙的生殖能力也有一定的负面影响。

杨超群还举了中国新疆西部伽师县和岳普湖县一带流行的一种男性不育、女性不孕的地方病——伽师病，其病因是由于病者饮用了含硫酸根、氯、钠、镁数量过高的克孜河河水所导致，这与恐龙生殖功能的衰退有类似之处。

一些专家认为，杨超群的这一关于古气候及地质——地球化学因素引起恐龙生殖功能逐渐衰退以至灭绝的新假说，无疑对当前保护人类生存环境与防治污染具有重要意义。

植物是杀害恐龙的元凶吗

近年来，中国科学家根据对部分恐龙化石的化学分析，发现了植物杀害这种史前动物的证据。

他们选取了五十多个分别埋藏在四川盆地中部、北部和南部的侏罗纪不同时代的恐龙骨骼化石样本，并对照同时代的鱼类、龟类及植物化石进行了中子活化分析，他们发现恐龙骨骼化石中存在微量元素异常的情况。

主持这项工作的成都理工学院博物馆长李奎说："这些恐龙化石中砷、铬等元素的含量明显偏高，有可能是恐龙生前过多食用了高砷、铬植物，因代谢使砷、铬沉淀在骨骼中的结果。"

科学家通过对恐龙化石埋藏地的植物化石研究后发现,植物化石中含砷量也非常高。砷即是砒霜,若过量摄入会导致死亡。

自 20 世纪 70 年代以来,科学家在四川盆地陆续发现了大批恐龙神秘集群死亡的现象。其中,在自贡市一处 3 平方千米的范围内,就发现了一百多头恐龙的化石,它们大部分是植食性恐龙。

科学家初步推测,这些恐龙因食用了含砷植物,而引起慢性中毒,就这样一头头恐龙在几十年、上百年的时间里逐一死去。由于恐龙是群居生活,所以它们的化石通常埋藏在一起。

"恐人"的传说

古生物学家在加拿大的艾伯塔省立恐龙公园附近,发现了一种大小似袋鼠的恐龙化石。这便是生活于 1.3 亿年前的用后肢行走的兽脚类恐龙,科学家为其起名窄爪龙(细爪龙或狭爪龙)。

窄爪龙有一个与众不同的发达的头骨,这说明它的脑子很大。从脑量与体重比率讲,窄爪龙的脑骨比鳄的脑量大 6 倍,与早期的哺乳动物相等。脑量与体重的比率是科学家用来测定动物智力高低的标准。我们知道,哺乳类和恐龙类的智力水平相差悬殊,前者要比后者聪明得多。

但窄爪龙却不同。从脑量与体重的比率来看,其智力水平介于狐猻和袋鼠之间。这似乎没有什么值得大惊小怪的,可若以恐龙的智力标准来衡量,人们就应当对此"君"刮目相看了,因为它是一种聪明绝顶的恐龙。要知道,恐龙家族的绝大部分成员的智力连愚蠢的家兔也不如。它们大都是一些头脑简单、躯体庞大的傻乎乎的动物。窄爪龙的智力居然大大超过了自己的同类,这不能不说是一个奇迹。

正当世界上许多科学家为恐龙的灭绝原因而争论不休的时候,北美的一位学者却在那里探究另一个饶有趣味的问题:假若恐龙未灭绝,那又会怎么样?这位学者就是加拿大古生物学家拉塞尔,那智力超群的恐龙化石就是他同他的同事在 20 世纪 70 年代发现的。

拉塞尔对窄爪龙进行了深入的研究。他认为,假若恐龙没有在 6500 万年前灭绝的话,窄爪龙很有可能会进化成具有高度智力的动物。拉塞尔把这种纯属假设的动物称作"恐人",即由恐龙变成的类人动物。

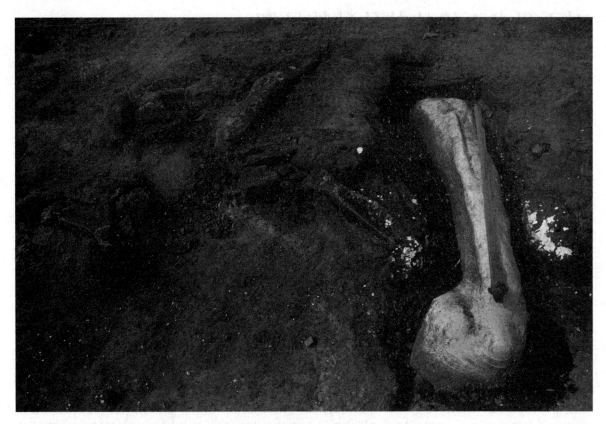

　　拉塞尔依据窄爪龙而假设的恐人,身高1.37米,体重32千克,外形跟人基本一样,只是那长相极不受看,因为它的口鼻像海龟(这当然是按人类的审美角度想象的)。恐人无乳房、乳头和外部性器官。口中没有牙齿,代替牙齿的是两排像刀刃一样的角质物质,这些特征都与鸟类相似。而恐人跟某些鸟一样,以反刍半消化的食物来喂养婴儿。

　　拉塞尔的这一推测,是基于这样一种假设做出的:凡是脑子大、头重并且用两条腿行走的陆地动物,不论最初是由什么进化而来,其体形都具有人的特点。因而像头脑发达聪明过"人"又是两条腿走路的窄爪龙,如若沿进化的道路一直走到现在,其结果必然会变成人一样的动物。

　　科学家们认为,如果恐龙没有灭绝,地球上生命的进化会走上另一条道路。恐龙家族将牢牢地占据着一切主要的生态领域,在整个中生代的漫长岁月里一直受到压制的哺乳动物,其"社会地位"恐怕不会有多大的改善。尤其是当恐龙中进化出了智慧成员的时候,哺乳动物的日子就更加难过了,它们永远也别想当家做主了。一个星球上,一旦某种动物进化成高度智慧的人一样的生灵,其他动物就再也没有希望向这个最高的目标发展了。

　　说不准,今天的地球正由窄爪龙的后代统治着。它们有智慧,能进行抽象思维;它们有语言和文字,出版报章、杂志和书籍;它们发明了机器,还有各种武器,后者当然是为了进行战争而发明的。不用说,窄爪龙的后裔肯定会拥有一大批优秀的科学家,其中也不乏专门研究古生物学的专家学者,它们也许正在为一个问题而争论不休呢,这个问题就是:"窄爪龙是怎样变成恐人的?"

　　但是,6500万年前的一场灾难使一切都变了样。恐龙被神秘地赶下了历史舞台,头脑发达的窄爪龙也踪影全无,不知去向。哺乳动物迅速占据了恐龙空出的生态位置,获得空前的大发展,主宰了现存的世界。

对于恐龙灭绝的其他独特见解

除上文提到的几种说法外,还有一些观点,这些观点看起来似乎有些道理,但也经不起推敲。例如大陆漂移论者认为,大陆漂移使远古的古陆解体,并改变了古地理环境,引起了地球气候的改变,使恐龙因不能适应改变后的环境而死亡。但恐龙化石的研究却表明,它们可以在寒冷来临前向气候温热的地区迁徙。

又有人提出,在白垩纪与第三纪之交,地球磁场发生了异常,从而引起恐龙生理以及生殖功能的紊乱,最后导致恐龙死亡。在过去漫长的地质年代曾出现过多次磁场倒转(反向),至今原因仍不甚明了。即使恐龙果真遇到了这么一场劫难,在恐龙化石中也应能测出超常的原生剩余磁性,可是直至今日尚未找到这样的记录。

1987年,曾经有人在一块8000万年以前的琥珀里发现了气泡。经过测试,发现其中氧的含量过少,于是有人提出恐龙的灭绝是由于空气中氧气的含量过低造成的。因为尽管恐龙的新陈代谢比较缓慢,但氧气不足也不能维持正常的活动。另外,也有人说是氧气含量过高所致。如果恐龙在氧气过量的大气环境中生活,就会消耗过多的能量,需要不停地吃东西,以补充体力的消耗,这最终也会导致死亡。这种理论也不够严密。琥珀的封闭性不一定很好,即使天衣无缝,气泡中空气的纯度也值得怀疑,而且它只能说明那个时代某一时刻某一地区的空气情况。

又有人说,恐龙因为得了难以忍受的皮肤病而离开了世界。也有人说,由于食物的缺乏或遗传因素的作用,恐龙集体自杀了。更有甚者,竟然提出恐龙是因为对生存感到厌烦,而光明正大地死去的……奇谈怪论,不一而足。但这正说明恐龙的灭绝是相当复杂的待解之谜,绝不是一个简单的原因所能解释通的,有些问题还需要我们作进一步的分析和研究。

恐龙是否也能被克隆

想必大家都还记得科幻影片《侏罗纪公园》为我们描绘的这样一幅场景:灭绝于6500万年前中生代的恐龙复活了,这些庞然大物在世界上横冲直撞,藐视着一切自命不凡的生物。我们在感叹高科技带来刺激的同时,是否也曾想到过,恐龙真的能复活?

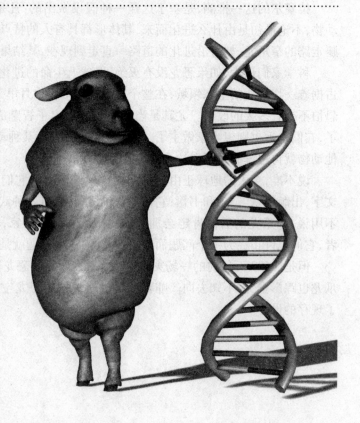

随着现代科学技术的发展,在地球上不仅出现了人类闻所未闻的现代化工具,而且还"克隆"出了现代生命,诸如"克隆牛""克隆羊"等克隆动物。于是,科学家们又把眼光瞄准了"克隆恐龙"这一伟大工程,那么,克隆恐龙真能成为现实吗?就目前的技术而言,回答是否定的。因为恐龙从灭绝至今已经有近6500万年的历史,作为克隆技术必须借助的基因片段已在恐龙的骨骼化石上难觅踪迹了,从而也就无法提取 DNA 的信息,复制恐龙谈何容易。当然,科学家们从不放过任何一点希望,他们想到了琥珀。

我们知道,有些生物,它们在生活的过程中落入了松树一类植物所分泌的树脂中,这些树脂经历了几百万年,甚至几千万年的变化后就形成了琥珀。琥珀中可以有苍蝇、蚊子等一类昆虫,也可以有树叶、苔藓等一类植物,甚至还会有小型的青蛙、蜥蜴等。由于生物被封闭后产生了脱水,而树脂又具有很强的抗生素作用,因此,琥珀中的化石可以在相对稳定的状态中保存生物的一部分结构组织,这就是灭绝动物复活的希望所在。想象一下,有一只中生代的蚊子,吸取了恐龙身上的血液,而它又恰巧被树脂包住,连同树脂一起,成为琥珀,那么,机会就来了。如果我们能够从蚊子身上获取恐龙血液的一丁点 DNA 片段,就可以得到相应的遗传基因,再通过基因工程技术,就能够获得恐龙血液的全部遗传基因。倘若蚊子、苍蝇体内的血液保存尚好的话,那么必须肯定它生前吸食过恐龙的血液,否则将会克隆出不是恐龙的怪物,而有关恐龙遗传信息的密码今天又有谁能知道呢?所以,在这方面还缺乏严格的、科学的对比鉴定标准,"克隆恐龙"这项世界级的尖端工程的启动还尚待时日,我们还不必为地球上再度重现恐龙称霸时代那种令人惊慌失措的一幕而心悸。

但是不管怎样,现代生物工程技术为我们描绘了一幅美丽的蓝图。从目前情况来看,复活恐龙还只是一种奢望,但是,几十年几百年后,飞速发展的科学技术或许就能够使这一梦想变成现实。

能用鸡基因复制恐龙吗

恐龙还会再度回到地球吗?美国一批科学家正研究如何以鸡的基因,令这些已灭绝多时的庞然巨物重生,如果这个名为"侏罗纪鸡计划"的大计成功,那么人类与恐龙在同一时空出现将不会是天方夜谭。

研究人员选定以鸡作为恐龙重生的媒介,是因它们大部分的基因都可以与恐龙替换。来自哈佛大学的塔宾教授声称,从基因图谱已知,纵使是苍蝇、蠕虫及人类这三种截然不同的动物,它们也

共享两个用以发展肢体的基因。他说："我从未见过三戟龙，但这两个基因却同样能培植它们的肢体。"

研究人员说，计划有可能在数十年后取得成果，届时与恐龙亲身接触将不再是梦。以暴龙为例，让此生物再生虽牵涉到至少 3 万个基因，但由于动物拥有共同的祖先，而参与躯体发展的基因却只有少数，因而增加了实验成功的可能性。

不过，也有人担心如果恐龙再生将如电影《侏罗纪公园》一样，为人类带来各种麻烦，但研究人员却称此计划的目的并非重建如电影中的恐龙公园，而是要了解基因构成动物躯体的原理，从而为人类提供新的治疗疾病的方法。一名研究员称，大自然经过数百万年反复试验而觅得其法则，那正是我们想研究的东西。

再造古蜥视觉蛋白

我们都知道，恐龙的祖先是古蜥。因此，科学家们重新拼凑出了恐龙的一个感光蛋白质，结果显示恐龙的视力具备很强的光线适应性。生物学家为重组蛋白技术的前景而兴奋无比——现在科学家可以根据远古动物的现代近亲的蛋白质预测它们已经灭绝的古代亲戚的蛋白质结构，然后将其复制出来。

古生物学家主要以两种方式研究已经灭绝的动物，这两种方法分别是：研究化石和根据现有生物做科学推测。然而，两种方法都不能提供动物分子的内部工作原理，因此科学推测变得日益复杂。有人建议通过比较基因序列重组分子，但许多科学家怀疑这一方案的实际可行性。

现在，纽约洛克菲勒大学的分子生物学家柏林达·张和她的同事们彻底打消了人们的疑虑。他们用鳄鱼、鸡、鳗鲡等30多种生物的视觉蛋白（视网膜紫质）的基因序列密码重新拼凑出了古蜥的视网膜紫质。古蜥是恐龙、鳄鱼和鸟类共同的祖先。张领导的小组运用了一种叫最大可能性的统计方法,这种方法能识别最可能导致演变出这些生物的视觉蛋白的一系列变化,推断出最可能的共同祖先——古蜥蛋白。

检测该推论正确与否的关键步骤是人工合成哺乳动物细胞用以再造视网膜紫质。其结果产生的是一个功能完全正常的蛋白,对光线的反应与天然视网膜紫质完全一样。奇特的是,该蛋白对波长为508纳米的光线吸收最佳,这一波段的光线对于现代脊椎动物而言稍感暗淡。据此推断,恐龙可能非常适应昏暗的光线,这点恰好支持古蜥和爬行动物的其他祖先是夜间出动的猜测。

这一研究最重大的意义在于,它证实了根据现存动物的基因重组远古动物分子的可行性,这一技术具有广泛的运用前景。得克萨斯大学的生物学家大卫·希利斯说:"这是我多年来所见过的最令人激动的一份研究报告。第一次有人重组出完整的蛋白,一个功能完全正常的蛋白。"

世界恐龙博物馆

在世界自然博物馆中,就有恐龙博物馆,馆内珍藏着珍贵的恐龙化石。有些恐龙博物馆就建造在恐龙发掘现场,给人一种身临其境的感觉。接下来,就让我们一起去看看其中有哪些奇观。

1. 自贡恐龙博物馆

在我国四川省自贡市大山铺,已发掘出大型恐龙化石近200个,其中不少是完整或比较完整的标本,以蜥脚类化石最多,其次是鸟脚类、剑龙类和肉食类。现在,这里已建起了我国第一座恐龙博物馆。

2. 史密森自然历史博物馆

史密森自然历史博物馆位于美国华盛顿州。馆内展出的有梁龙化石、异特龙化石、三角龙化石、剑龙化石等,都是真正的化石标本。此外,世界上最大的翼龙——风神翼龙也被悬于厅堂。

3. 蒂勒尔古生物博物馆

加拿大蒂勒尔古生物博物馆贯穿美国和加拿大的落基山脉，这里盛产恐龙化石。1985年建成开放的这座博物馆，虽然戴有一顶古生物的帽子，但陈列品几乎全是恐龙，如剑龙、霸王龙、鸭嘴龙、三角龙等。

4. 俄罗斯古生物博物馆

俄罗斯古生物博物馆是一座堡垒式的建筑，馆内有丰富多样的恐龙化石，还有多种爬行类怪兽陈列其间，如狰狞鳄龙、瓶蜥龙、乌尔莫龙等。

第二章

三叠纪——
恐龙的崛起

艾沃克龙

　　艾沃克龙,生活于三叠纪晚期的印度,原先于 1987 年由查吉特称为马勒尔艾沃克龙,属名为纪念著名的英国古生物学家艾力克·沃克,种名是以发现它化石的印度马勒尔组为名。但是,这个原先的属名是由一种苔藓动物们生物所拥有,于 1994 年查吉特及本·卡斯勒为它改了一个新名。

　　艾沃克龙并没有被分支系统学分析过,由于它与始盗龙的相似性,它们被估计在演化树上有相同位置。但是始盗龙的位置却备受质疑。有研究指它应该是蜥臀目之中或兽脚亚目与蜥脚形亚目开始分开演化前的基础恐龙。保罗·塞利诺发现除了艾沃克龙外,始盗龙也是种基础兽脚亚目恐龙。其他研究则将始盗龙完全分类在恐龙总目之外。

　　艾沃克龙在上颌亦有着异型齿的齿列,这显示牙齿是根据不同位置有不同的形状。前段牙齿是细长及笔直的,与始盗龙及基础蜥脚形亚目恐龙相似;而两旁的牙齿,虽然没有锯齿,但就像肉食性的兽脚亚目,是向后弯曲。这个牙齿的排列明显地并不是纯草食性或肉食性的,所以估计它是杂食性的,包括会吃昆虫、小型的脊椎动物及植物。

　　艾沃克龙有几种特征在基底恐龙中是其独有的。除了它没有锯齿的牙齿,它的下颌在比例上亦较为宽。再者,它在腓骨及脚跟处有着非常大的关节。

莱森龙

　　莱森龙是最早漫步在地球上的巨型蜥脚类植食性恐龙之一。当蜥脚类恐龙从将近 9 米长的原蜥脚类恐龙演化出来时,恐龙才开始长成真正的超级庞然大物。原蜥脚类恐龙有时还能用两条后腿站立,但这一群新兴的超级巨兽实在太重,它们已经没办法这样了。而蜥脚类恐龙的身体也历经了一系列的变化,包括脖子和尾巴越长越长。我们也许永远不会知道哪种恐龙是最早期的蜥脚类,但骨骼沉重的莱森龙是迄今发现最早的蜥脚类之一。

　　莱森龙生存在三叠纪晚期的阿根廷,吃的是粗硬的植物,就像一些古代的苏铁。那些原始植物所能提供的营养非常有限,因此莱森龙可能食量很大,而且吃个不停!

贝里肯龙

贝里肯龙属是蜥脚下目恐龙的一个属，生活于三叠纪晚期的南非开普省。化石只是一块左后腿骨，发现于下艾略特组。贝里肯龙曾被分类为基础原蜥脚下目恐龙或基础蜥脚下目恐龙。模式种是克氏贝里肯龙，是由彼得·加尔东在 1985 年描述、命名的。

彼得·加尔东同时建立了贝里肯龙科演化支。贝里肯龙科包含贝里肯龙与其近亲。然而,目前不清楚有哪些其他属列于本科内。贝里肯龙科不在现代分类学中被使用,麦可·波顿在2004的恐龙科普书籍并没有将贝里肯龙科列入。贝里肯龙科过去一度被认为属于原蜥脚下目,但最近的研究显示它们可能是基础蜥脚下目恐龙。

雷前龙

1981年,基钦在南非自由州发现雷前龙的化石,被标名为优肢龙。耶茨辨认出它们是另一个动物,并于几年后做出描述研究。正模标本包含了几块脊椎,以及很多前后肢的骨头,这些化石被认为来自于同一个体。另外,有五块较小型恐龙的四肢骨头,被认为可能是属于雷前龙。

雷前龙有几种特征使它较接近蜥脚下目,但仍然保有原始特征。不像其他的小型祖先,雷前龙主要以四足方式移动。与其他早期生物相比,雷前龙的前肢与后肢比例更长,而手腕骨亦较宽、厚,可以支撑重量。拇指是灵活的,能做出相对于其他指的动作,因此能用手掌抓东西。在更为进化的蜥脚下目恐龙,手腕骨都是大而厚的,手掌只能朝下,用以支撑身体,而不能抓取东西。

一个2003年的分支系统学分析认为雷前龙是基础蜥脚下目恐龙,位于较衍化的伊森龙或火山齿龙,以及较基础的近蜥龙或黑丘龙之间。背椎非常似来自南美洲的莱森龙;四肢骨则类似另一种南非的贝里肯龙,同样生存于三叠纪,体形巨大。但是,这些恐龙都没有包括在该分支系统学分析中,因为它们本身的研究都不甚清楚。

虽然在系统发生学的观点中,雷前龙并非最早的蜥脚下目恐龙,但却是目前已知最古老的蜥脚下目,或是与来自同一地层的其他早期蜥脚下目有所关联,如黑丘龙及贝里肯龙。雷前龙的化石是发现于下艾略特组,地质年代估计是在晚三叠纪的诺利阶,距今约2.21亿年至2.1亿年前。在发现雷前龙之前,被认为最古老的蜥脚下目是泰国的伊森龙,是生活于较年轻的雷蒂亚阶。

目前在世界各地都有发现早期的蜥脚下目及它们的原蜥脚下目近亲,这是由于当时各大洲属于同一个盘古大陆,它们分布于整个世界性的地域。

卡米洛特龙

卡米洛特龙是原蜥脚下目或蜥脚下目的一属恐龙,生活于英格兰的晚三叠纪,古生物学家对于它的分类持不同的意见。

在过往，它被认为是属于原蜥脚下目，但这类原始恐龙却一直都在变动。

模式种是北卡米洛特龙，首先由彼得·加尔东于1985年发表。

盒龙

模式种是克劳斯贝盒龙，由阿德里安·亨特、斯潘塞·卢卡斯、罗伯特·苏利文等科学家于1998年所发表。它是于美国得克萨斯州被发现，估计可追溯至晚三叠纪。它被认为可能与同期的钦迪龙是同一物种。它暂时被分类为是艾雷拉龙的近亲。

科罗拉多斯龙

科罗拉多斯龙属是原蜥脚下目大椎龙科恐龙的一属，生存于晚三叠纪的阿根廷。

正模标本是一个接近完整的头颅骨。化石发现于洛斯科洛拉多斯组的上层。科罗拉多斯龙的化石所处的地层，地质年代可追溯至诺利阶到雷蒂亚阶，距今约2.21亿年至2.1亿年前。

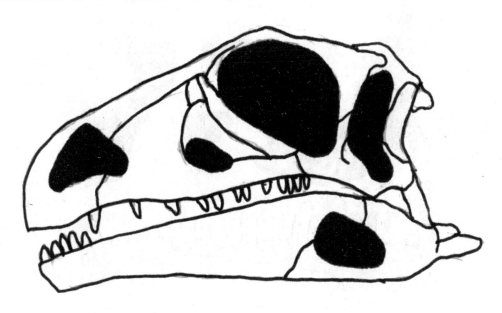

模式种是短体科罗拉多斯龙,是在 1978 年由何塞·波拿巴正式描述、命名,由于最初的命名已被一种蛾所用,所以在 1983 年由大卫·兰伯特改成现名。

科罗拉多斯龙的化石有可能是鼠龙的成年标本。根据近年的数个亲缘分支分类法研究,科罗拉多斯龙属于大椎龙科,比冰河龙与禄丰龙构成的演化支还原始。

始奔龙

始奔龙意为"开始的奔跑者",是一种新命名的原始鸟臀目恐龙,生存于晚三叠纪诺利阶的南非,约 2.1 亿年前。始奔龙的化石发现于南非的下艾略特组,是最完整的三叠纪鸟臀目化石,它们的发现有助于了解鸟臀目的起源。

始奔龙的化石是在 1993 年发现,但当时并没有正式的叙述。模式种是娇小始奔龙,是由理查德·巴特勒以及大卫·诺曼在 2007 年所叙述。始奔龙是已知最早的鸟臀目恐龙之一,它们的发现有助于了解早期恐龙的关系,因为早期恐龙的化石大部分是不完整的骨骼。始奔龙的化石包含头颅骨碎片、脊骨碎片、骨盆、长后肢以及大型、独特的可抓握手部。

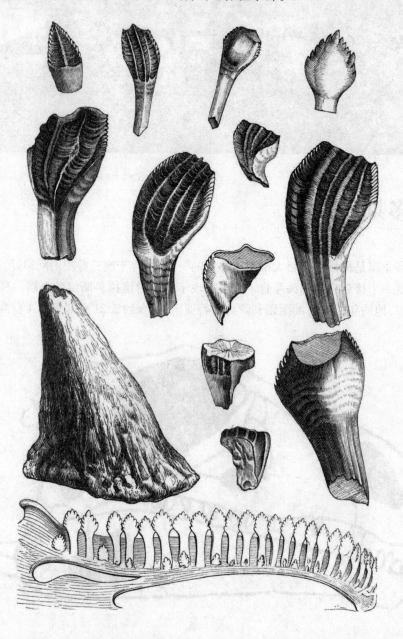

　　始奔龙是一种轻型、双足恐龙,身长估计约1米。始奔龙的外形类似早期的侏罗纪鸟臀目恐龙,例如莱索托龙与腿龙。始奔龙的大型手部类似畸齿龙科,畸齿龙科是个原始鸟臀目演化支。始奔龙的牙齿为三角形,类似鬣蜥的牙齿,显示它们为部分草食性。胫骨长于股骨,显示始奔龙是种快速的奔跑者。

优肢龙

　　优肢龙可能是与非洲南部发现的祖父板龙为同一物种。

　　正模标本是在1863年发现,包含四肢骨头及脊椎化石,1866年,托马斯·亨利·赫胥黎将这些化石正式描述、命名。1902年,弗雷德里克·冯·休尼将其改为现在的学名。

　　其拉丁文的意思是"有翅膀的蜥蜴"。优肢龙生活在三叠纪晚期,分布在莱索托、津巴布韦、南非等地。优肢龙是植食性恐龙,典型的优肢龙体长9～12米,推测体重1.8吨。

　　优肢龙的身长估计有10米长,这在原蜥脚下目是巨大的物种。四肢类似蜥脚类恐龙。优肢龙的另一个特征是股骨的骨干是歪曲的。有古生物学家认为优肢龙的步态,其实是后肢往两侧延伸的。若果真是这样,这在恐龙中是很罕见的情况,因为所有恐龙的脚就像哺乳动物那样都是直立在身体之下。

黑丘龙

　　黑丘龙又名梅兰龙、美兰龙,黑丘龙身长12米,是种植食性恐龙,属于蜥臀目蜥脚下目黑丘龙科,生存于晚三叠纪的南非。它们拥有巨大身体与健壮的四肢,显示它以四足方式移动。四肢骨头巨大而沉重,类似蜥脚类的四肢骨头。如同大部分蜥脚类的脊椎骨,黑丘龙的脊椎中空,以减轻重量。

　　模式标本是在1924年叙述,发现于上三叠纪的艾略特组地层,位于南非特兰斯凯的黑色山脉北侧山麓。直到2007年,才发现第一个黑丘龙的完整颅骨。黑丘龙目前有两个种,即模式种里德氏黑丘龙和塔巴黑丘龙。

　　黑丘龙过去被分类于原蜥脚下目,但现在被认为是已知最早的蜥脚下目恐龙之一。在过去,原蜥脚下目一度被认为是原始蜥脚类恐龙的集合群,但它们踝部骨头的差异,显示出这两个下目应为姐妹分类单元。原始蜥脚类恐龙,如黑丘龙、近蜥龙以及雷前龙,是这两个演化支的过渡型。

　　黑丘龙的颅骨约25厘米长,大致呈三角形,口鼻部略尖。前上颌骨各有4颗牙齿,这是种原始蜥脚形亚目的特征,上颌骨各有19颗牙齿。黑丘龙的身长约12米。

滥食龙

　　2006年,一些化石发现于阿根廷圣胡安省的伊斯基瓜拉斯托组,地质年代约为2.31亿年前,相当于三叠纪中期的卡尼阶早期(另一说是拉丁尼阶晚期)。滥食龙的正模标本是个呈非天然状态的骨骼,身长约1.3米。化石包含头骨、脊椎、肩带、骨盆、后肢。这些红色化石深藏于绿色砂岩之中,研究人员经过多年才将化石与岩石处理完毕。

　　根据滥食龙的牙齿,显示它们可能是杂食性恐龙,是肉食性兽脚类恐龙、植食性蜥脚形恐龙的

过渡物种。颌部后段牙齿呈叶状,有锯齿边缘,短于前段牙齿。

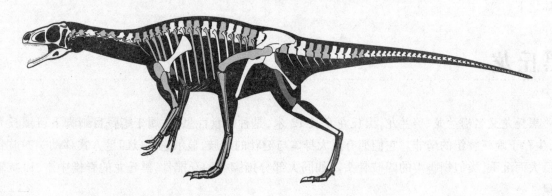

2009 年,阿根廷古生物学家叙述、命名这些化石。他们同时也提出一个亲缘分支分类法研究,发现滥食龙是目前已知最原始的蜥脚形亚目恐龙。滥食龙的肠骨、距骨、肩带类似农神龙,农神龙

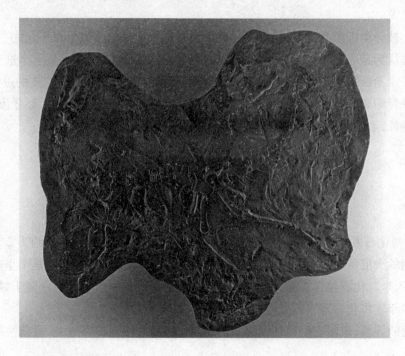

是另一种原始蜥脚形类恐龙。滥食龙的骨头中空，牙齿接近长枪形，以及身体比例类似始盗龙——一种原始的肉食性蜥臀目恐龙。

模式种是首祖滥食龙，属名意为"什么都吃"，意指它们的杂食性；种名意为"第一的"，意指它们的原始分类位置。古生物学家比对滥食龙与其近亲，推测蜥臀目恐龙演化于小型、善于行走的恐龙，类似滥食龙。滥食龙、始盗龙以及两种没有正式研究的兽脚类恐龙，这些原始恐龙有许多类似特征。

皮萨诺龙

皮萨诺龙是种小型植食性恐龙，身长约 1 米，身高 30 厘米。它的重量为 2.27~9.1 公斤。这些数据因皮萨诺龙的化石不完整而有所改变。某些研究人员参考其他早期鸟臀目恐龙，将皮萨诺龙重建为尾巴与身体等长；但由于没有发现皮萨诺龙的尾巴，这仅止于推测。

1967 年，阿根廷古动物学家将这些化石叙述、命名。皮萨诺龙的化石目前只有发现一个零碎的骨骼，编号为 PVL 2577，发现于阿根廷的伊斯基瓜拉斯托组。

皮萨诺龙是种非常原始的鸟臀目动物；它们的颅后骨骼似乎缺乏任何鸟臀目的共有衍征。保罗·塞里诺曾经在 1991 年指出皮萨诺龙的化石是种嵌合体。这几年的研究多认为皮萨诺龙的化石来自于单一个体。

皮萨诺龙曾经被归类于畸齿龙科，或是已知最原始的鸟臀目恐龙。在 2008 年，理查德·巴特勒提出皮萨诺龙不属于畸齿龙科，而是已知最早、最原始的鸟臀目恐龙。

1967 年，命名皮萨诺龙时，也建立了皮萨诺龙科。1976 年，何塞·波拿巴提出皮萨诺龙科是畸齿龙科的异名，之后皮萨诺龙科被废除，不被正式使用。

皮萨诺龙的化石发现于阿根廷的伊斯基瓜拉斯托组。过去认为这个地层的年代属于三叠纪中期，目前认为这个地层的年代属于三叠纪晚期的卡尼阶，约 2 亿 2800 万到 2 亿 1650 万年前。该地区发现了喙头龙目、犬齿兽类、二齿兽类、迅猛鳄科、鸟鳄科、坚蜥目，以及艾雷拉龙、始盗龙等原始恐龙。

农神龙

农神龙非常原始,同时具有兽脚亚目与蜥脚形亚目的特征,因此很难去归类。在 1999 年,古生物学家麦克斯·朗格等人命名农神龙时,将它们分类于蜥脚形亚目。在 2003 年,朗格发现农神龙的头骨与手部较类似兽脚亚目,可能并非蜥脚形亚目的物种。

在 2007 年,约瑟·波拿巴与其同事发现农神龙非常类似瓜巴龙,一种原始蜥臀目恐龙。波拿巴将它们归类于瓜巴龙科。波拿巴发现这些恐龙可能是原始的蜥脚形亚目,或者类似兽脚亚目与蜥脚形亚目的共同祖先。波拿巴认为,瓜巴龙科代表者兽脚亚目与蜥脚形亚目的祖先较类似兽脚亚目,而非类似原蜥脚下目。

农神龙的正模标本是在 1999 年冬季时,于巴西南里奥格兰德州发现,另外的化石是在狂欢节期间发现的,而狂欢节起源于古罗马冬至的节日农神节,因此以古罗马的农神萨图尔努斯为名;而种名在葡萄牙文里意为"本地的"。

农神龙已发现部分骨骸,以及来自于两个其他标本的相关化石,包括颌部与牙齿。在马达加斯加中三叠纪地层发现了其他可疑的化石,但这些化石可能来自于某些植食性主龙类,而非恐龙。

农神龙属目前仅有一种,即本地农神龙。

吕勒龙

吕勒龙属是一种原蜥脚下目恐龙,生存于晚三叠纪(诺利阶)的德国,约 2.16 亿年到 2.03 亿年前。模式种是贝德海姆吕勒龙,是由彼得·加尔东在 2001 年所叙述、命名,属名是以德国古生物学家雨果·吕勒。化石是一个接近完整的骨骼,包含颈椎、背椎、尾椎、部分荐骨、一个肩胛鸟喙突、骨盆、大部分四肢、大部分的手腕。

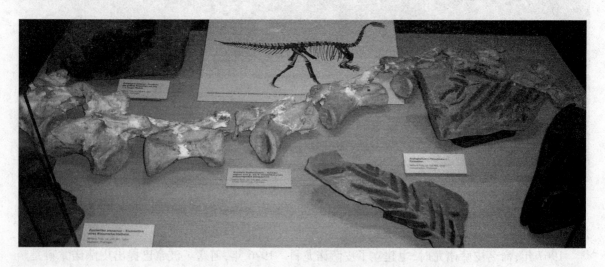

黑水龙

黑水龙属于蜥脚形亚目,是已知最古老的恐龙之一,化石是在 1998 年发现于巴西东南部的一个地质公园,并在2004年11月的一个会议中发表。黑水龙属于植食性的原蜥脚下目,与在德国发现的板龙为近亲,显示三叠纪时期的动物可轻易地跨越盘古大陆。

巴西古生物学家在巴西南部的晚三叠世地层发现了距今2.25亿年前的一种新品种植食性恐龙。这个重要的发现曾被刊登在美国《动物分类学》杂志上,当时,巴西里约热内卢联邦大学也为此召开了新闻发布会,会上展出了该恐龙的化石与模型。据介绍,该恐龙的化石保存相当完好,包括一个很完整的头骨。化石的研究者莱亚尔教授将这个新发现的恐龙物种命名为黑水龙,其属名乃化石的发现点地名,意为"黑水流淌的地方",黑水龙的种名献给托氏。莱亚尔教授称:"生活在巴西南部的黑水龙在骨骼结构上非常类似欧洲的板龙,两者很可能有较近的血缘,这对研究古地理原蜥脚类的物种演化有重要意义"。

莱索托龙

莱索托龙是一种很小很轻的恐龙,这种食草动物跑得很快,而且灵活。它的体形很像蜥蜴,体长约 1 米。它用两条腿走路,脚上有四个趾头,手上有五个指头,前臂短,尾巴尖,脖子很灵活。它的头颅骨短而平,眼睛很大。它的前齿锋利有尖,颊齿的形状像箭头,但下颌前面没有牙齿。

莱索托龙生活在三叠纪晚期到侏罗纪早期,距现在约有 2 亿年。莱索托龙属于鸟脚龙,智力在恐龙中属于中等程度。

在非洲南部的莱索托一起发现了两个莱索托龙的化石,对于这种恐龙的了解主要依据四个头颅骨和其他不完整的骨骼化石。1978 年,考古学家彼得·高尔顿为它命名。

莱索托龙是发现最早的恐龙之一,是早期鸟臀目恐龙,它的分类历史十分复杂,目前对它的归类仍存在争议。

板龙

板龙也属于原蜥脚类恐龙,虽然它的名气似乎没有禄丰龙大,但它的生存年代却比禄丰龙要早很多。

板龙的体长 6~10 米,体重 1~4 吨,是三叠纪体形最大的植食动物。在此之前,世界上最大的植食动物只有猪那么大。

板龙的体形和禄丰龙比较相似,有一个小小的脑袋、长长的肚子和尾巴。不过,板龙和头骨相

比来说要更加结实一些。

板龙的前肢比后肢短许多,长有 5 个指头,其中第一至第三指末端长有弯曲锋利的勾爪。板龙的手掌不能灵活旋转,只能向下垂,可能用来抓取食物,或用来防御。

板龙的后肢强壮,足以支撑整个身体。

鞍龙

鞍龙是原蜥脚类的恐龙,生活在三叠纪时代的欧洲,距今约有 2.25 亿年。与其他的原蜥脚恐龙一样,鞍龙的拇指上有爪子,这可能是它自卫的武器,也可能是用来够食物的。

科学家在德国境内的三叠纪中晚期的骨化石层中发现了鞍龙的骨骼,这个骨化石层比发现板龙甲片的骨化石层略古老一些。尽管 1908 年弗雷德里克·范·休尼描述了鞍龙,但关于鞍龙与板龙及板龙科的其他成员的关系还很混乱。彼得·高尔顿通过考古探测工作澄清了这个谜。

经过仔细的比较,高尔顿证明鞍龙是在三叠纪中晚期出现的第一个恐龙,也是这个时期唯一的

原蜥脚类恐龙,后来的恐龙是板龙,但它们没有处于同一个时代。鞍龙与板龙相似,但比较小,颌骨上的牙齿从前向后发生了很大的变化。头颅骨上的这些类似的细小差别说明鞍龙所采食的植物与板龙稍有不同,可能是略软一些的。这两种动物在大多数细小的方面都很相同,关系也非常近,像鞍龙这样的动物很可能是板龙的祖先。一个明显的差别是鞍龙非常小,而板龙的数量非常多,说明从三叠纪晚期到侏罗纪早期,原蜥脚龙快速地繁殖起来。

槽齿龙

　　槽齿龙是生活在三叠纪晚期的最早的恐龙,当时的地球更加温暖,陆地干燥,很像沙漠。这个时候恐龙和哺乳动物刚刚出现。

　　槽齿龙体长约 2.5 米,头很小,脖子相对短,前肢比后肢短,腿长,尾巴长。它可以用四条腿或两条腿走路,非常可能在采食和走路时用四条腿,但奔跑的时候用两条腿。槽齿龙每只脚上有四个趾,每个手上有五个手指。槽齿龙可能是食草动物,但可能也吃一点儿肉。它的牙齿不锋利,上面有锯齿形的边缘,这种牙齿与巨蜥的牙齿相似,但嵌入在颌骨不同的齿槽中。人们在英格兰和威尔士发现了槽齿龙的化石。在它生活的时代,这里很可能是干燥的,如同沙漠一样。

鼠龙

　　鼠龙是一种生活在三叠纪晚期(或侏罗纪早期)的食草性恐龙,是迄今发现的最小的恐龙,于 1979 年在阿根廷发现其化石。鼠龙头小,颈长;嘴里长满了呈叶状的小牙齿,会吞下小石子帮助消化;前肢比后肢粗壮,前肢长有 5 根手指,后肢长有 5 根脚趾,不但可以用四肢行走,还可以用结实的后肢站立;奔跑速度不快,奔跑时粗壮的长尾巴可以左右摆动。

鼠龙从 2.5 厘米长的微型蛋壳中孵化出来,却能长到 3 米长,完全长大的鼠龙可能重达 120 千克。

伊森龙

　　蜥脚类恐龙是陆地上最大的动物。有些蜥脚类恐龙的身长比蓝鲸还要长,体重可相当于 12 头大象。伊森龙则是一种较小型的蜥脚类恐龙。和其他的蜥脚类恐龙一种,伊森龙的化石证据表明它们群居。为了安全起见,这种恐龙以家庭为单位,或是大群一起共同生活。伊森龙生活在晚三叠世,是已知最早的蜥脚类恐龙之一。

　　伊森龙化石发现于泰国的伊森地区。遗憾的是,人们只找到这种恐龙的化石残骸,包括一些脊椎、肋骨和 65 厘米长的股骨。即便如此,通过与其他亲戚对比,科学家仍对这种恐龙知之甚多。伊森龙用四肢行走以支撑它笨重的身体,但也能用后肢站立以吃到高处的树叶。它的头部可能很小,为了啃咬叶子,其牙齿应该呈勺状。

里奥哈龙

　　里奥哈龙意为"里奥哈蜥蜴",是一种草食性原蜥脚下目恐龙。里奥哈龙是以阿根廷拉里奥哈省为名,它们是由约瑟·波拿巴所发现。里奥哈龙生存于晚三叠纪,它们身长约 10 米。里奥哈龙是里奥哈龙科中唯一生存于南美洲的物种,是黑丘龙的近亲。

　　里奥哈龙是最早的巨型植食性恐龙之一,也是所有最大型植食性恐龙的先祖。它的脖子和尾巴又细又长,身体和后肢却异常结实。里奥哈龙和其他原蜥脚类恐龙不同,它巨大的脊椎骨上有许多空洞,这些空洞减轻了骨头的重量,让里奥哈龙比较容易活动。它也比其他原蜥脚类恐龙在臀部多了一节脊椎。里奥哈龙有很多体形比较小的恐龙亲戚都可以用两只后腿站立,取食高处的植物,但里奥哈龙很可能因为太重而站不起来。因为前后肢长度一致,所以对里奥哈龙来说,用四肢行走可能会更舒适一些。

里奥哈龙吃的是泛古陆南部的树林中的植物,泛古陆是当时唯一的一块大陆,横跨在地球中部。

太阳神龙

据英国广播公司(BBC)报道,美国研究人员发现了一种新的恐龙物种,生活在三叠纪晚期,是霸王龙和迅猛龙体形较小的早期远亲。新种恐龙身长两米,被称之为"太阳神龙",是在美国新墨西哥州幽灵牧场的一个"骨床"发现的。研究发现刊登在《科学》杂志上。太阳神龙是一种兽脚类恐龙,它的发现有助于古生物学家了解早期恐龙的进化。研究小组表示,这一发现同样有助于了解超大陆——盘古大陆时期的恐龙分布情况。研究小组成员来自于研究恐龙骨骼化石的一系列美国科研机构,由得克萨斯州大学奥斯汀分校研究员斯特林·奈斯比特领导。研究人员将这只生活在2.15亿年前的恐龙命名为"Tawa","Tawa"在霍皮印第安语中意为"太阳神"。

奈斯比特在接受BBC新闻台采访时表示,第一次挖掘这个骨床是在2004年,他的小组在2006年进行了一次更大规模的挖掘,发现了有关节的恐龙骨架化石,完好程度在90%~95%之间。这些引人注目的化石让研究人员确信Tawa是一个新的恐龙物种。

奈斯比特说:"看到这些标本的时候,我们激动得下巴都要掉下来了。很多兽脚类恐龙的骨骼

都是中空结构,被掩埋后往往发生断裂,但这些骨骼化石却保存得非常完好,达到近乎完美的程度。Tawa 是一种有趣的恐龙,将不同特征集于一身。虽然个体之间没有巨大差异,但由于这些特征结合在一起,说明 Tawa 是一个新的恐龙物种。"

这种双足恐龙前肢相对较短,爪子锋利,牙齿向下弯曲。他说:"牙齿上生有小锯齿,就像是一把牛排刀。这个特征让我们确信 Tawa 是一种食肉恐龙。"奈斯比特表示:"Tawa 是恐龙家族的早期成员,生活在大约 2.15 亿年前。我们迄今为止发现的年代最久远的恐龙生活在大约 2.3 亿年前。"他解释说,Tawa 的发现填补了恐龙记录的一项空白。在早期进化过程中,这种恐龙逐渐演变成三个主要种群,分别是兽脚类、蜥脚类和鸟臀目。"三个种群一直生活到至少 6500 万年前,其中只有兽脚类变成了鸟儿,存活下来。"

根据当前的一种假设,恐龙可能起源于现在的南美洲并且很快分化为三个主要种群,Tawa 化石的发现显然为这一假设提供了强有力的证据。兽脚类恐龙是一种双足恐龙,通常是肉食动物,家族成员包括大名鼎鼎的霸王龙。蜥脚类恐龙包括迷惑龙等陆上巨无霸,鸟臀目家族则拥有剑龙和三角龙等一系列成员。

在同一个骨床,奈斯比特及其研究小组还发现了其他兽脚类恐龙化石。这些发现允许他们重新绘制出一幅早期恐龙分布图。他说:"与我们发现的其他兽脚类恐龙血缘关系最近的是在南美洲发现的恐龙。"奈斯比特表示,Tawa 的发现说明恐龙在南美和北美之间活动。当时正值超大陆——盘古大陆时期,"你可以步行从北极前往南极"。

英国朴次茅斯大学古生物学家大卫·马提尔并没有参与奈斯比特等人的研究。他说:"这是一项非常令人兴奋的发现,将改写肉食性恐龙的进化树。Tawa 的发现展示了继续在这一地区寻找化石的重要性。这同时也是一次非常幸运的发现,改变了我们对恐龙进化以及与之有关的其他任何生物的认识。"

南十字龙

南十字龙是最早的恐龙之一。它身长约两米,长颚上长着整齐的牙齿,样子很恐怖。不过,这可是它用于捕捉猎物的。另外,它细长的像鸟一样的后肢,可用来追逐猎物。

1. 肉食性恐龙

从外观上看,南十字龙能快跑,十分迅速。它用双足行走,后肢可能有五个脚趾,这种恐龙是肉食性的恐龙。不过,后来出现的肉食性恐龙后肢只有三个脚趾,前肢小而且可能有四个手指。

2. 神奇的名字

南十字龙生活于三叠纪晚期的巴西。因为在它被发现的时候是 1970 年,而当时在南半球的恐龙发现例子极少,因此恐龙的名字便根据只有南半球才可以看见的星座南十字星命名。

3. 原始的恐龙

南十字龙的化石记录很不完整,只有大部分的脊椎骨、后肢和大型下颌。因为化石的年代是在恐龙时代的早期,而且原始,所以大部分南十字龙特征都得以重建。比如南十字龙的五根手指与五个脚趾,就是非常原始的恐龙特征。

4. 快速奔跑者

根据古生物学家的研究发现,南十字龙被认为是"快速奔跑者"。首先,它只有两个脊椎骨连接骨盆与脊柱,这是最明显的原始排列方式。南十字龙的尾巴可能长而细;较晚期的蜥脚下目恐龙,相较于它们的重量,有较大、较短的尾巴。

恶魔龙

恶魔龙是中型大小的兽脚亚目恐龙。一个成年的头颅骨约为 45 厘米长,体长由鼻端至尾巴约为 4 米。与其他兽脚亚目相似,恶魔龙单以后脚行走;而前肢用作抓住猎物。牙齿与前上颚骨及上颚骨有一个小型的间隙,而脚踝的距骨及跟骨则接合在一起。

头颅骨上有两个小型的冠状物,与同是兽脚亚目的双脊龙及合踝龙相似。这些冠状物主要是由鼻骨组成,这点就不像其他兽脚亚目恐龙是连同泪骨。在头颅骨上的冠状物在兽脚亚目中是很普遍的,可能是用来沟通,如辨认同属或种。

恶魔龙属的名字是由盖丘亚语的"恶魔"而来,意即"恶魔的蜥蜴"。它的模式种为罗氏恶魔龙,是要纪念带领考察队发现其完模标本的吉勒莫·罗杰尔。恶魔龙首先由阿根廷古生物学家罗多尔夫·科里亚于2003年所描述。

恶魔龙原先因为其头颅骨及后脚的数个特征,而被分类为已知最早的坚尾龙类。但最初的研究人员也注意到恶魔龙拥有几个典型的基础兽脚亚目特征。更多的研究亦都同意后者,遂将恶魔龙分类为腔骨龙超科,与斯基龙及双脊龙有关,这群动物可能比包括理理恩龙、合踝龙及腔骨龙的另一生物群还要原始。有学者于2006年将恶魔龙与双脊龙及龙猎龙建立为另一单系群的科,称为双脊龙科。

现时已知的只有一个恶魔龙化石,编号为PULR—076。它包括有一个接近完整的头颅骨、右肩带、右脚下部分及脚踝,以及十二节由颈部经背部至臀部的脊骨。另外,亦有一个较小型的部分在同一地方发现,但却不清楚是否属于恶魔龙。两个标本都同时存放在阿根廷拉里奥哈的拉里奥哈国立博物馆。

恶魔龙在阿根廷拉里奥哈省的洛斯科洛拉多斯组中发现。这个地层一般相信是三叠纪晚期的诺利阶,但是仍然被编定于较为后期的雷蒂亚阶。这个地层亦同时发现几种早期的蜥脚形亚目恐龙,包括有里奥哈龙、科罗拉多斯龙及莱森龙。

始盗龙

1. 林中恶魔

距今2.3亿年前,阿根廷伊斯基瓜拉斯托,和今天荒芜的景象不同,晚三叠世的伊斯基瓜拉斯托看上去郁郁葱葱,这里虽然地处高原,但是覆盖着大片的森林,其间还有许多河流和湖泊,这里就是始盗龙"塞诺"的家。

始盗龙又名晓掠龙,种名来自拉丁语,意思是"最早的盗贼",属名代表其在恐龙家族中的原始性。始盗龙的模式种被命名为月亮谷始盗龙,种名代表其化石的发现地月亮谷。

始盗龙"塞诺"体长1米,高0.3米,体重约6千克,是一种体形较小的肉食性恐龙。"塞诺"的脑袋长约9厘米,其眼睛很大,具有良好的视觉。它的身体苗条,尾巴很长,其前肢较短,只有后肢长度的一半,这种身体结构显示它们是典型的双足奔跑者。

"塞诺"正在森林中闲逛,突然它闻到了一股来自森林深处的奇怪味道。由于以前从来没有闻到过类似的味道,"塞诺"深深地吸了几口气,结果被呛得咳嗽起来。就在它咳嗽之际,对面突然冲出一只高大的艾雷拉龙,这个大家伙是森林中的恶魔,如果被它抓住就死定了。"塞诺"来不及多想,一下子跳了起来,迅速调转方向撒腿就跑。

2. 森林大火

"塞诺"拼命奔跑着,它不时地改变方向或者钻进大片的蕨类植物中,以此想迷惑艾雷拉龙。一般情况下,身高马大的艾雷拉龙在森林中是追不上始盗龙的,但是"塞诺"今天遇到的这只艾雷拉龙却好像打了鸡血,对它是穷追不舍。尽管已经拼尽全力,"塞诺"还是能听到越来越近的脚步声和呼吸声。就在它认为自己将要完蛋了的时候,意想不到的事情发生了,艾雷拉龙一个大步从它身边跨了过去,然后继续向前跑去,看它的样子比自己还要恐惧惊慌。"塞诺"停了下来,呆呆地看着艾雷拉龙远去的背影。正在它愣神的时候,有几只始盗龙从它身边跑过,那都是"塞诺"平时的玩伴。它们告诉"塞诺"森林中出现了可怕的怪兽,它吐着黄色高温的舌头,吞噬所能看到的一切事物。听到同伴的警告,"塞诺"终于明白刚才艾雷拉龙为什么那么恐惧了,于是跟着其他始盗龙一起逃命去了。

清晨,熟睡中的"塞诺"再次被森林中闻到的奇怪味道弄醒,它睡眼惺忪地抬起脑袋,眼前森林的景象让它惊呆了:平日里漆黑一片的森林被一张巨大的黄色背景勾勒出轮廓,场面非常壮观,大量浓烟正肆意地张牙舞爪,而那刺鼻的味道也越来越重。"塞诺"和它的同伴早就撤到了森林外面的空地上,现在它们都已经醒来,站在一起看着这难得一见的景象——森林大火。与这群始盗龙相比,许多动物就没有这么幸运了,它们在大火中迷失了方向,最后或被活活烧死,或者被烟雾熏死,燃烧的森林里到处都是动物绝望的嚎叫声。家园在大火中灰飞烟灭,"塞诺"和它的伙伴们没有别

的办法,只有踏上寻找新森林的征程。

3. 倒毙的佳肴

伴随着太阳的升起,眼前的景象也渐渐变得清晰起来,与森林不同,平原上的景象可以说是一目了然。"塞诺"跳上一块石头,它的一双大眼睛仔细打量着周围的一切,很快就发现前面不远处的灌木丛边上有一具尸体。对于肚子饿得"咕咕"叫的始盗龙们来说,这无疑是一个好消息,于是在"塞诺"的带领下,大家争前恐后地向早餐奔去。

当靠近尸体的时候,始盗龙发现有动物已经捷足先登,这是些犬齿兽,它们可算得上是哺乳动物的祖先。犬齿兽的个头比今天的老鼠大不了多少,全身也是一样毛茸茸的,它们很精明,能找到什么就吃什么,是典型的机会主义者。始盗龙很讨厌犬齿兽,因为这些小家伙经常会悄无声息地爬进始盗龙的巢穴,然后把蛋吃个精光。所以每次看到犬齿兽,始盗龙都会想办法将它们赶尽杀绝。

看到几只始盗龙远远地杀了过来,犬齿兽们吓得从尸体上滚了下来,纷纷找最近的洞口钻了进去。始盗龙见犬齿兽逃跑了也没有再追,毕竟填饱肚子要紧。"塞诺"打量了一下尸体,惊奇地发现这就是那只在森林中把它吓得狂奔的艾雷拉龙,可惜它虽然逃了出来,但是肺中吸入了大量有害气体,最后还是倒毙于此。往日在森林中称王称霸的艾雷拉龙最终逃脱不了宿命,成为了始盗龙的食物。

4. 蜥鳄的攻击

美味的食物不仅仅吸引了始盗龙,还有平原上更为巨大的肉食性动物蜥鳄,它同样饥肠辘辘。光听名字就知道蜥鳄的外形很像鳄鱼,它们体长足有 7 米,体重超过 1 吨,长有巨大的长方形脑袋、强壮的身体及长尾巴。蜥鳄最可怕的武器是嘴中成排如弯刀般的长牙,凭借这一口尖牙,它可以撕碎任何猎物。在大型肉食性恐龙出现之前,它们是陆地上的统治者。

蜥鳄刚才在高处早已经目睹了始盗龙赶走犬齿兽的整个过程,现在它趁着始盗龙们忙于进食,悄悄地从一侧靠了过来。本来艾雷拉龙的尸体已经足够蜥鳄享用了,但是看着眼前大快朵颐的始盗龙,它还是起了杀心。它在靠近到与始盗龙们只有 10 米的距离后,一下子从隐蔽的灌木丛中跳了出来,别看它身体巨大,却有着很强的瞬间爆发力。正在埋头进食的始盗龙没有防备,被蜥鳄偷袭得手,一只始盗龙被它狠狠地撞倒在地,还没等它站起来,就已经被扑上来的蜥鳄咬断了喉咙。"塞诺"走运,它距离蜥鳄最远,因此逃过一劫。活着的始盗龙跑了很远才停下来,它们回头看到蜥鳄只三两口就将可怜的同伴吞到肚子里面,接着开始吞噬艾雷拉龙的尸体。"塞诺"渐渐认识到,森林之外的自然环境是如此的险恶,只要稍一松懈就会丢掉性命。

5. 消失的水塘

空旷的平原上,"塞诺"和它的伙伴们正在前进,它们看上去很虚弱。在经过了 4 天的跋涉之后,始盗龙们终于找到了一个即将干涸的水塘。水塘旁边趴着一群伊斯基瓜拉斯托兽,从这个群落的状态可以看出它们是以水塘为中心活动的,假如有一天水塘消失,它们就会离开去寻找另一个水塘。伊斯基瓜拉斯托兽是不归最常见的大型植食性动物,这些大家伙强壮如犀牛,体长 3.5 米,体重接近 2 吨。虽然它们吃素,但是一点也不好惹,其嘴两侧两颗向外伸出的长牙是有效的防御武器,就连强大的蜥鳄都不会轻易攻击它们。面对身体小巧的始盗龙,伊斯基瓜拉斯托兽倒是没有太多戒心,毕竟这些小家伙不会对自己构成威胁。

"塞诺"和它的伙伴们站在山丘上观察了一下,发现附近没有大型肉食性恐龙的踪迹,于是放下心来向水塘跑去。和始盗龙猜想的一样,伊斯基瓜拉斯托兽只是瞟了它们一眼便各干各的去了。始盗龙们也顾不得其他动物的反应,几乎是冲到水塘边饮水。两只年老的伊斯基瓜拉斯托兽因为酷热难耐,索性直接待在水塘深处乘凉,它们因为位置关系不时地相互推挤,最后泛起的泥沙弄得水塘里没有一丝清水存在。虽然水中因为掺杂了大量的泥沙而发黄,但是对于口渴难耐的"塞诺"来说依然是琼浆玉液。

6. "塞诺"的黎明

水源的出现让始盗龙有了暂时的保障,但是随着高温蒸发和伊斯基瓜拉斯托兽们的豪饮,水塘的面积越来越小,每一分钟水位都在下降。原来湿润的泥土在烈日的暴晒下出现了深深的裂纹,周围的植物在坚持了几天后也最终枯萎,死亡正在逼近。与其待在这里一天天等死,还不如去寻找一个真正的栖息地。"塞诺"将自己的想法告诉同伴,但是其他始盗龙却都无动于衷,它们宁愿每天懒懒地待在这里,也不愿意再次将自己的身体暴露在毒烈的阳光下。

在一个明亮的夜晚,"塞诺"悄悄离开了熟睡的同伴,它不想坐以待毙。在月光的指引下,"塞诺"踏上了征程,它马不停蹄,星夜兼程。当黎明时分,天边渐渐泛起青色的时候,森林错落起伏的边缘出现在远方的地平线上。"塞诺"以为是自己赶了一晚上的路眼花了,不禁又眨了眨眼睛,没错,那真是一片森林!"塞诺"看到了生的希望,它的开心发自心底。

当太阳初露地平线时,"塞诺"已经懒懒地趴在一堆树叶上进入了梦乡。包括"塞诺"在内的第一批恐龙最终在艰难的生存环境中坚持了下来,它们的后代将会开创地球史上一个辉煌的时代——恐龙时代。

长颈龙

鱼龙目家族的衰落并不代表着整个海生爬行动物的衰落,事实上,海洋里除了鱼龙目的成员之外,还生活着种类繁多的海生爬行动物,只是它们似乎都没有鱼龙目家族那样繁盛。原龙类就是其中的一种。原龙类兴起的时间非常早,在二叠纪时就已经出现了它们的身影。

长颈龙是比较典型的原龙类成员,它最大的特点就有着超长的脖子。

长颈龙的脖子非常长,它的身长约 6 米,光颈部就占了一半,长达 3 米,有时候真让人担心它们的身体怎么能撑起那么长的脖子。虽然长颈龙不会因为支撑不住长长的肚子而摔倒,但是它们的行动的确受到了长脖子的影响,显得很笨拙。

长颈龙通常都被认为是半水生半陆生动物,不过这个说法仍然存在争议。

钦迪龙

　　钦迪龙又名庆迪龙、魔鬼龙，是兽脚亚目下的一属，生活于约 2.25 亿年前的三叠纪晚期，于 1995 年正式被命名。

　　钦迪龙主要分布在美国亚利桑那州新墨西哥州，是肉食性恐龙，身长两米，推测体重为 30 公斤。

　　1984 年，有人在美国亚利桑那州石化林国家公园发现钦迪龙的化石，这个化石包含一些骨骼碎片，与苏牟龙的化石混合在一起。属名是以其发现地附近的钦迪角而来，其名字的意思是"鬼或恶灵"；种名是为纪念其发现者。

　　钦迪层石化森林是美国科罗拉多州、亚利桑那州的晚三叠纪地层，发现了众多恐龙化石。钦迪龙另一种翻译是"魔鬼龙"，谬误应该是来自与钦迪层同时期的幽灵或魔鬼农场。

瓜巴龙

　　瓜巴龙是基础蜥脚形亚目恐龙，生活于三叠纪晚期的南美洲。瓜巴龙的化石被发现于巴西南里约格兰德州。如同艾雷拉龙，瓜巴龙的每只手掌有三指及退化的两指。模式种是坎德拉里瓜巴龙，是由约瑟·波拿巴在 1998 年描述、命名。

正模标本是一个保存良好的部分身体骨骼。副模标本则是一个接近完整的左后肢，关节仍呈连接状态。这两个化石都发现于巴西南里约格兰德州。瓜巴龙被命名后，近年在当地的另一个挖掘地点发现另外两个标本：一个标本是一个身体骨骼，缺少颈部、一个前肢、两个脚掌。另一个标本仍位在石块中，还没有经过去除石块的手续。这些化石的地质年代是2.16亿年至2.12亿年前，相当于三叠纪晚期的早诺利阶。

近年新发现的标本缺少大部分颈椎，但根据仅存的基部颈椎，显示这个个体在死亡前，颈部是朝向左方弯曲的。而根据化石的其他部位，后肢卷曲于身体下方，前肢摆向身体侧方，这个姿势很类似现代鸟类。在发现这个化石以前，只有手盗龙类化石层发现这种鸟类睡眠姿势。研究人员推测，瓜巴龙可能采取这种姿势睡眠，以保持体温，如同现代鸟类。

在1999年，阿根廷古生物学家约瑟·波拿巴等人将正模标本、副模标本叙述、命名。模式种是坎德拉里瓜巴龙。

在1999年的命名研究里，约瑟·波拿巴等人提出瓜巴龙是个原始兽脚类恐龙，并归类于独自的瓜巴龙科。在2007年，约瑟·波拿巴等人发现农神龙非常类似瓜巴龙，而农神龙也生存于相近时代的巴西。约瑟·波拿巴等人将瓜巴龙、农神龙都归类于瓜巴龙科，并将瓜巴龙科改归类为原始蜥脚形亚目恐龙，或者与蜥脚形亚目、兽脚亚目的最近共同祖先是近亲。约瑟·波拿巴等人也提出，瓜巴龙、农神龙的外形比较类似兽脚类恐龙，而较不类似蜥脚形恐龙。发现新化石后，近年研究多倾向于瓜巴龙科是群非常原始的蜥脚形类恐龙。但瓜巴龙本身的分类位置仍有争议，有些研究认为是原始兽脚类恐龙，其他研究则认为是原始蜥脚形恐龙。

哥斯拉龙

哥斯拉龙生活于三叠纪晚期诺利阶，距今约2.1亿年前。根据早期的估计，哥斯拉龙的身长约5.5米，体重估计为150～200公斤，是当时的大型肉食性动物之一。

模式种是奎伊氏哥斯拉龙，属名是以日本怪兽电影《哥斯拉》为名，种名则是以化石发现地为名。

模式标本是一个亚成年个体的部分骨骼，包括有一根有锯齿边缘的牙齿、四根肋骨、四节脊椎、骨盆，以及一个胫骨。但近年的研究显示，脊椎可能属于劳氏鳄目的苏牟龙，只有骨盆、胫骨是属于腔骨龙超科恐龙,而且非常类似同一地区的腔骨龙,使得哥斯拉龙的有效性遭到质疑,目前是个疑名。

理理恩龙

理理恩龙是腔骨龙超科恐龙的一属,生存于晚三叠纪,距今约2.15亿年到2亿年前。理理恩龙是在1934年于德国发现,并以德国科学家雨果·吕勒博士为名。理理恩龙身长约2米,可能猎食植食性恐龙,例如板龙。

模式种是理氏理理恩龙。第二个种颈部有一对外部侧腔,现在被认为是一个独立的属。

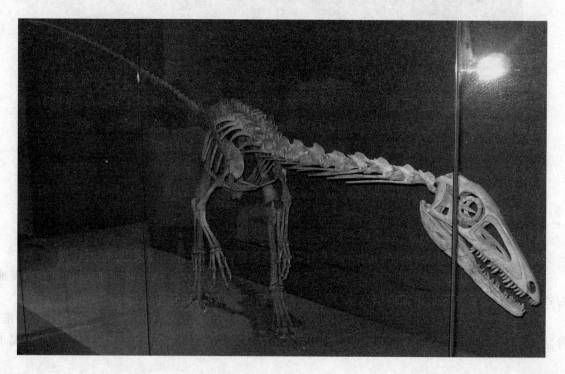

　　理理恩龙一般吃小型恐龙，不到万不得已不会去猎食板龙等植食性恐龙。理理恩龙的这种进攻方式与许多现代的捕食性动物的猎食方式很相似。它们通常在水里袭击猎物，因为那些大型的素食动物在水里运动会变得很缓慢，难以逃脱捕食者的袭击。在三叠纪晚期的河畔湖边的蕨类森林和常绿树丛中，一只板龙正在悠闲地漫步、进食，它没有想到，一场潜伏的横祸已经在附近酝酿着——两只肉食性的理理恩龙正在悄悄地逼近。此时，吃饱了树叶的板龙慢悠悠地走进了沼泽里面，一顿痛饮之后，它心满意足地向岸边走回来。突然，那两只理理恩龙从隐蔽的树丛里猛窜出来，其中一只一下子就咬住了板龙的脖子，另一只也趁势发起攻击。一阵挣扎之后，板龙倒在了被鲜血染红的浅水中。不久，刚才还是活生生的板龙已经成了两只理理恩龙的果腹美餐。

　　理理恩龙体长将近 2 米，重达 100～140 公斤，是那个时候生活的最大的食肉恐龙。它长得很像以后出现的双脊龙——有着长长的脖子和尾巴，前肢却相当短。此外，理理恩龙还显示了许多早期肉食性恐龙的特点，比如说，手上还有 5 个手指。不过，它的第四指和第五指已经退化缩小了。在以后出现的食肉恐龙中，第四指和第五指根本就不发育。

　　理理恩龙最特别的地方是它头上的脊冠，由于脊冠只是两片薄薄的骨头，所以很不结实。在捕食时如果脊冠被攻击，它很可能因剧痛而放弃眼前的猎物，这也是唯一能够摆脱它的办法。

原美颌龙

　　原美颌龙的属名从美颌龙衍生而来，美颌龙是一种晚侏罗纪恐龙，晚于原美颌龙约 5000 万年，但之后的研究并不支持原美颌龙与美颌龙之间有直接关系。

　　原美颌龙身长约1.2米。原美颌龙是双足恐龙,拥有短前肢、长后肢、大型指爪、长口鼻部、小型牙齿以及坚挺的尾巴。它们生存于相当干燥的内陆环境,可能以昆虫、蜥蜴或其他小型猎物为食。

　　原美颌龙无疑是一种小型、双足肉食性恐龙,但唯一的化石保存状态极差,使得原美颌龙很难正确地分类。原美颌龙过去曾被认为是种兽脚亚目恐龙;但有些科学家认为原美颌龙是种原始的鸟颈类主龙。1992年,保罗·塞里诺等人提出原美颌龙的正模标本是个嵌合体,头骨来自于喙头鳄亚目的跳鳄,身体来自于角鼻龙下目的斯基龙。

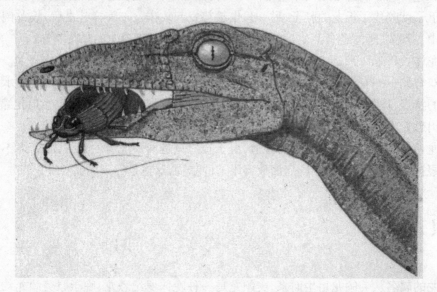

　　然而在2000年,奥利佛·劳赫等人注意到原美颌龙的脊椎显示它们可能属于腔骨龙科或角鼻龙下目;而有人在2005年重新研究它们的近亲斯基龙时,发现原美颌龙与斯基龙都属于恐龙总目腔骨龙科。

蓓天翼龙

蓓天翼龙,又名翅龙,是种史前爬行动物,属于翼龙目。它们生存于晚三叠纪的中诺利阶,约2.1亿年前。属名意为"爬行的爬虫类",而种名则是为纪念贝加莫自然历史博物馆的馆长。

蓓天翼龙是由德国古生物学家在1978年所叙述。蓓天翼龙是三叠纪晚期的小型杂食性动物,属于会飞的爬虫类,生活在河谷、沼泽中,可能食昆虫维生。

已在意大利发现三个化石:正模标本破碎且非天然状态;第二个标本是天然状态的副模标本,然而缺乏任何蓓天翼龙的可鉴定特征,因此可能是个不同的种。蓓天翼龙的副模式标本拥有长尾巴,长度为20厘米,并借由沿着脊椎的骨化肌腱,使得尾巴更为坚挺;这种特征在三叠纪翼龙类中相当普遍。如同大部分翼龙类,蓓天翼龙的骨头轻型但坚固,所以它们的体重非常轻。蓓天翼龙有三种形态的圆锥状牙齿。蓓天翼龙的第五趾长,缺乏趾爪。其关节允许第五趾弯曲到与其他趾骨不

同水平面,其功能仍未明。

幻龙

除了原龙类,幻龙类也是非常重要的海生爬行动物,幻龙类家族成员的体形都不是很大。

幻龙是幻龙目中最著名的属,也是幻龙目名称的由来。

幻龙生存于三叠纪中晚期,它们的身体纤细,还不能完全适应水里的生活,只是半海生动物,就像现在的海豹。

它们大部分时间生活在海里,捕捉菊石、头足动物、鱼和小爬虫等。偶尔,它们也会爬到陆地上。而到了繁殖季节,它们便会到海滩上产卵。

幻龙身长约 4 米,长相比较奇特,因为它们虽然已经可以在水里生活,但是它们四肢的鳍却不明显,只是在指(趾)间长了蹼。

它们的大嘴巴里长满了钉子状的尖牙,当它们捕捉到美味的鱼儿时,那些尖牙就会牢牢地固定住鱼儿滑溜溜的身体,防止它们逃脱。

鸥龙

幻龙类发展到晚期时出现了鸥龙。

鸥龙是已灭绝鳍龙超目的一属,生存于三叠纪的西班牙,属于幻龙目。身长约 60 厘米,是最小的幻龙类之一。学名是在 1847 年命名的。

与它们的近亲相比,鸥龙的长相更为奇特。它们的前肢已经进化成了鳍状肢,但是后肢还保留有 5 个脚趾。

鸥龙的游泳能力可能较差,大部分时间都待在干燥的陆地上,或在浅水中猎食。

龟龙

龟龙又名铠甲楯齿龙、盾龟龙,属名意为“平板乌龟”,是一种已灭绝的楯齿龙类,生存于三叠纪。

龟龙这种个子不大的海洋爬行动物很像今天的海龟。它身长约一米,长着宽宽的像盾牌一样的背壳,上面还分布着一些钉状的骨质突起,因此也有人称它为“粒背海龟”。也有人认为它是传说中的动物。其实它不应该是龟类,也确实在恐龙时期出现过,是一种属于蜥鳍目爬行动物,与早期的蛇颈龙关系较近。龟龙四肢呈鳍状,但又生有趾爪,能很好地在水中游泳。其吻部坚硬,很像鸟喙,用来啄食那些带壳的贝类和虾蟹,会显得十分方便。

纯信龙

纯信龙这个名字即使是对于很多海龙爱好者来说都非常陌生，但要是说到它的另一个名字——皮氏吐龙，想必大家有所耳闻。

皮氏吐龙是海生爬行动物已灭绝的一属，属于鳍龙超目蛇颈龙目，生存于中三叠纪时的欧洲，身长约3米。

皮氏吐龙原先被分类为先进的幻龙类，幻龙类是蛇颈龙类已确定的祖先，但皮氏吐龙已重新分类为原始的蛇颈龙类。皮氏吐龙是目前已知最古老的蛇颈龙类，也是唯一生活在三叠纪的蛇颈龙类。皮氏吐龙在生理上同时拥有幻龙类（腭骨与身体形状），以及蛇颈龙类（僵直的脊椎骨）的特征。它们的鳍状肢与长颈部也类似蛇颈龙类。

贵州龙

三叠纪中期的贵州浅海边，一日清晨，一条30厘米长的贵州龙沿着入海的溪流逆流而上，流水越来越浅，最终它在一块被阳光照射得微微温暖的岩石前停下。四周，处于各个年龄段的苏铁正在

缓缓地舒展身体,三叠纪透明的空气中飘带满了苏铁花香。贵州龙爬上岩石,静静地聆听着苏铁们生长的声音。

贵州龙的化石发现于中国贵州的兴义市,当时的兴义市还是一片大海。

贵州龙生活在三叠纪中期,属于小型的幻龙类成员。它的四肢仍保留着趾爪,能够像鳄鱼一样匍匐前行。

贵州龙长有一个小小的脑袋、长长的肚子以及细长的尾巴。它们的身体略微宽扁,很像后来出现的蛇颈龙。

贵州龙大部分时间都生活在水里,以鱼和小型水生动物为食。偶尔,它们也会到岸上透透气。

南漳龙

海生爬行动物的大规模出现,是在三叠纪。

因为二叠纪晚期的一次大灭绝事件,造成了特殊的生态环境。那时候,大陆大部分都被整片整片的沙漠覆盖,异常干涸。在灭绝事件后留存下来的动物想要生存下去,要不就需要进化出鳞片来适应炎热的天气,要不就需要重新返回水里。

于是,大量的爬行动物选择了重返水域,其中,最著名的就是鱼龙目动物,它们是最成功的水生动物,在相当长的时间内稳居广阔水域霸主的宝座。

当然,鱼龙目动物最开始的时候也生活在陆地上,但是它们在形态和生活习性上都已经开始向水生动物进化。它们长有修长的身体、较长的尾巴,四肢上还长有蹼。它们一半时间生活在水中,一半时间生活在陆地上,特别是当它们要产卵的时候,一定会回到陆地上。

根据化石证据显示,南漳龙和湖北鳄都是鱼龙目的祖先。

南漳龙是已灭绝的海生爬行动物,生存于三叠纪晚期的中国。属名是以化石发现地湖北省南漳县为名。南漳龙的身长约1米,可能以鱼类为食,或是以长口鼻部搜索水生无脊椎动物为食。南漳龙的外形类似鱼龙类,可能是鱼龙类的近亲。

南漳龙的外形介于鱼龙类、鳄鱼之间。它们的体形成流线型,类似海豚或鱼龙类,四肢呈鳍状,前肢大于后肢,尾巴类似鳄鱼,适合在水中游泳。南漳龙的背部有骨质鳞甲,类似短吻鳄;口鼻部长,具有牙齿,则类似鱼龙类、江豚。

安顺龙

海龙虽然并没有成为凶猛的海洋霸主,但仍然是重要的海生爬行动物成员,与鱼龙目一起分享着美丽的海洋。

安顺龙是中国第一个命名的海龙类,这一属里的黄果树安顺龙最长可达3.5米,是目前最大的海龙类动物。

黄果树安顺龙是海龙的一种,属于海洋爬行动物。该化石长5米左右,体态修长,当年的游泳姿势一目了然。化石产于我国贵州关岭,生活在2亿年前的三叠纪晚期。从化石的长度和完整程度来说,该海龙化石在世界上位居第一。

豆齿龙

豆齿龙属于晚期楯齿龙目中的豆齿龙亚目,它们是一种较为先进的楯齿龙类成员。

豆齿龙又名海豆蜥,其化石是在19世纪初期发现于德国,由克莉斯汀·艾瑞克·赫尔曼·汪迈尔在1863年命名。化石年代在三叠纪的安尼西阶到拉丁阶时期。豆齿龙身长约1.3米。

豆齿龙是种有厚重护甲的水中动物,主要以贝类为食,并以它强壮的颌部将食物从海床上拉出，并以牙齿压碎。豆齿龙的身体，尤其是护甲，被描述成类似乌龟的板状物。身体上方的甲壳有两部分构成。较大的一半保护豆齿龙的颈部到臀部，并平展开来，几乎包围了四肢。较小的部分保护臀部到尾巴基部。甲壳本身由六角形或圆形骨板构成。头颅骨呈心形且宽广。

阿氏开普吐龙

阿氏开普吐龙是已灭绝海生爬行动物的一属，属于海龙目，生活在三叠纪中期的欧洲。它的化石在意大利、瑞士发现。其身体又瘦又长，体长约两米，可能以类似鳗鱼的方式游泳。

阿氏开普吐龙的眼睛很大,拥有很好的视力,这可以让它们在深海中自由行动。而且,阿氏开普吐龙眼睛周围有骨环,可以防止眼睛在深水中遭受巨大水压而被压碎。

阿氏开普吐龙大部分时间在海洋中度过,以鱼类为食,可能只有在产蛋时才会来到陆地上。

很多学者认为阿氏开普吐龙与安顺龙同属于阿氏开普吐龙科,也有学者认为它们很可能是同一种动物。

恐头龙

东方恐头龙是中国首次发现的原龙类,它成为研究原龙类及长颈龙科的进化和分布的新线索。其化石标本是 2002 年在中国贵州省盘县关岭层发现的,包括 3 个颈椎骨与几乎完整的头盖骨。东方恐头龙在三叠纪中期分布于古地中海东部。

恐头龙是一种非常可怕的海生爬行动物,它长长的脖子让它看上去就像一个大大的吸尘器,只要它张开大嘴,就能在瞬间吸走一切美味。

恐头龙生活在浅海,但是在产卵的时候还是会回到陆地上。

巢湖龙

巢湖龙属意为"巢湖蜥蜴",是一种已灭绝、外表类似鱼的海生爬行动物,生存于早三叠纪的中国巢湖,属于鱼龙超目。

它们也曾被称作安徽蜥、陈龙。它们在 1972 年被杨钟健、董枝明描述。它们的外形跟杯椎鱼龙、混鱼龙的关系较近,而非较先进的鱼龙。巢湖龙演化出杯椎鱼龙、混鱼龙,而且巢湖龙有着较类似蜥蜴的外表,而非较晚鱼龙目类似海豚的外形。它们拥有鳍状肢,而非蹼状脚掌,颈部非典型地长,身上没有背鳍。尾鳍短而长。它们是鱼龙类中最小的一种,身长 70 ~ 170 厘米,重量约 10 公斤。

巢湖龙生活在三叠纪早期,目前化石保存完好,清楚地显示出它还带有陆地祖先的一些关键性特征,更加有力地证明了鱼龙类是从双孔亚纲中分出来的一个特殊物种这一观点。巢湖龙在人们认清古生物分类中起到了真正举足轻重的作用。

　　巢湖龙脊椎骨比较大,像陆地动物一样,这使得它摆动起来不够灵活。

　　巢湖龙虽然拥有游泳必备的工具——鳍状肢和尾鳍,但是这些工具看上去都太小了,根本不能在它的前进中发挥很大的作用,所以巢湖龙的行动并不那么敏捷。

　　不过好在巢湖龙有一双大大的眼睛,能够及时观察到四周的状况,这样能弥补它行动缓慢的不足,帮助它躲避敌人。

湖北鳄

　　湖北鳄是一种已灭绝的海生爬行动物,化石发现于中国湖北省,年代为三叠纪早期的奥伦尼克阶。湖北鳄的身长约1米,外形类似其近亲南漳龙。湖北鳄与南漳龙有许多不同特征,例如:湖北鳄的背部真皮板较厚,神经棘分为近端单元和远端单元,因此湖北鳄的外形较类似鳄鱼。湖北鳄有细长的口鼻部,类似恒河鳄、江豚、鱼龙类,细长的口鼻部可能用来抓住鱼类或水生无脊椎动物等食物。

湖北鳄的最独特特征到 2004 年才被发现。湖北鳄的脚趾数量相当多，前脚有七趾，后脚有六趾。许多海生动物也具有这种多指型特征，包含鱼龙目。

目前仍不清楚湖北鳄的演化关系，仅知湖北鳄与南漳龙是近亲。湖北鳄的多指型特征，显示它们可能是鱼龙类的近亲，但湖北鳄的手部骨头多于鱼龙类，成为此假设的相反证据。

肿肋龙

肿肋龙是一种史前海生爬行动物，属于幻龙目的肿肋龙亚目，生存于三叠纪中期的欧洲，约 2.3 亿年前。模式种是爱氏肿肋龙，属名意为"厚肋骨的蜥蜴"。

肿肋龙属于幻龙目，是蛇颈龙目、楯齿龙目的近亲。不同于蛇颈龙类的高度特化鳍状肢，幻龙类的手掌、脚掌仍然类似陆栖四足类。它们可能借由脊柱的左右摆动，以提供在水中向前推进的力量。如同其他幻龙类，肿肋龙是一种海生爬行动物，可能以小型无脊椎动物为食。

楯齿龙

楯齿龙是地球上出现的第一批海洋爬行动物,它们那标志性的利齿使得它们能以贝壳和甲壳类动物为食,然而,它们从何时何地起源仍未可知。楯齿龙曾在开阔平坦的特提期浅海区域(现今为欧洲和中国)繁盛了大约5000万年。

2013年3月末,荷兰发现了一具2.46亿年前的幼年楯齿龙头骨化石。

它们的牙齿特征最为明显:上颚有两排平坦的牙齿,一排位于腭上,另一排位于颚骨上,而下颚则仅有一排牙齿,这样的牙齿结构极有利于咬碎壳类生物。苏黎世大学的古生物学家联合来自瑞士和德国的研究者通过研究声称,发现于荷兰的这块头骨是目前已知最早的楯齿龙化石,它大约有两厘米大小,保存极为完好,其特征与之前发现的楯齿龙存在显著差异。

研究人员说,在荷兰温特斯韦克发现的这块楯齿龙化石的牙齿呈圆锥尖状,而非平坦状,这样的话,在咬合的时候,它的下颚上的那排牙齿就正好可以完全与上颚牙契合。研究者将这块化石定义为一个新种,它们主要以软体动物为食。由此,研究者推断,该新种是处于演化早期的属种,以壳类生物为食是之后食谱和解剖特征演化的结果。同时,这块化石的发现更改了人们之前认为欧洲或中国的陆架海域是楯齿龙起源地的观点,欧洲(荷兰)目前看起来是它们最有可能的起源地。

歌津鱼龙

在鱼龙目祖先的后代还在水边嬉戏的时候,真正的鱼龙目已经出现了。它们完全进入了水中,开始了全新的生活。歌津鱼龙就是最早期的鱼龙目动物之一,存活在中三叠纪。

歌津鱼龙体长1.5~3米,是一种体形较小的海生爬行动物。它的眼睛很大,视力很好。在它的嘴巴里,长有一排小小的牙齿,这些牙齿虽然锋利,却很短,无法咬住并固定那些体形较大的猎物,所以它们通常以一些小型鱼类为食。

歌津鱼龙的身体已经进化出了很好的流线型,它们的腹部圆鼓,尾部细长。在歌津鱼龙的身体两侧,各有一对小型的鳍状肢,它们的尾巴上还生有尾鳍,这些都是它们在水中运动的有利工具。

歌津鱼龙的脊柱拥有很好的灵活性,它们在游泳的时候,身体会左右不停地摇摆,以推动自己前进。

杯椎鱼龙

当鱼龙目动物发展到杯椎鱼龙的时候,已经进化得很不错,它们在全球的海域繁衍生息,迅速占领了距今2.4亿年至2.1亿年前的三叠纪海洋。

相比早斯的鱼龙目,杯椎鱼龙的体形非常庞大,它们的体长达到了6~10米。当然,向大型化方向发展,是鱼龙目进化的一个方向。

虽然杯椎鱼龙的体形很大,但是眼睛却很小,这说明它们的视力并不好。为了弥补视力上的不足,杯椎鱼龙的听觉和嗅觉都不错。

杯椎鱼龙的牙齿很奇特,它们的上颌骨长满牙齿,下颌骨却只有前端有牙齿,后端则没有。它们的牙齿像钉子一样,很锋利。

杯椎鱼龙的身体修长,它们同样长有四个鳍状肢和一个尾鳍,这四个鳍状肢在它们游泳的时候能起到稳定和转向的作用。

杯椎鱼龙的游泳速度不快,不过相当稳定。

虽然在杯椎鱼龙的身上还存在很多原始特征,可它们已经在向先进的鱼龙目动物进化了。而它们的后代和近亲将在不远的未来成为海洋真正的统治者。

在杯椎鱼龙属下的众多种里,亚洲杯椎鱼龙尤为重要。因为人们在很长一段时间里,只有在北美洲和欧洲发现过杯椎鱼龙。亚洲杯椎鱼龙的发现说明了杯椎鱼龙属在当时是一个优势物种,分布于全世界。

目前发现的亚洲杯椎鱼龙是2001年在我国贵州关领出土的,包括两个完整的杯椎鱼龙头骨化石。

亚洲杯椎鱼龙相对来说还比较原始,它们的身体比较细长,尾巴比较直,背部没有隆起的背鳍,而它们的尾部也没有漂亮而夸张的尾鳍,只有一个小小的突起。

混鱼龙

混鱼龙的体形虽然很小,但是它们已经有了类似鱼类的外形,而不是早期鱼龙目那种细长如蜥蜴的体形。

混鱼龙长有一个大脑袋,脑袋两侧长有一双巨大的眼睛。这说明它们的视力不错,能很容易看清猎物和敌人。

混鱼龙长有四个鳍状肢,帮助它们在海里平衡身体和转向。混鱼龙的尾鳍长得非常奇怪,可能是菱形的,以属椎骨为基础向上向下长出。

混鱼龙家族非常庞大,它们与亲戚——巨大的杯椎鱼龙,共存于同一时代。不过,它们在形态上比杯椎鱼龙先进一些。混鱼龙是中三叠世至晚三叠世海洋中最为常见的动物,几乎遍布整个世界。我国也有混鱼龙化石出土,就是著名的茅台混鱼龙。

黔鱼龙

有着漂亮珊瑚和美丽礁石的大海,并不总是像我们想象的那样是美丽女神的化身。事实上,在海洋的深处,充满着凶残的杀戮和可怕的血腥气息。

一段干枯的树干重重地跌落在三叠纪中国贵州的一处海面上,水下升腾起一串串气泡。有着超大眼睛的黔鱼龙从菊石群中穿过,它张开血盆大口,追捕一条正在飞速前进的小鱼。

小鱼竭尽全力在逃命,可黔鱼龙并不想放过它。看来,就在下一秒,活力四射的小鱼就有可能成为黔鱼龙嘴巴里的美餐。

从体形上看,黔鱼龙并不大,它们的体长1.5~2.5米。不过,和小小的身体相比,它们的眼睛却很大。看上去,在它们小小的脑袋上,似乎仅存着一双大眼睛。

在发现黔鱼龙之前,古生物学家曾经认为大眼鱼龙有着鱼龙家族中最大的眼睛,同时也是脊椎动物中眼睛占身体比例最大的。但是黔鱼龙的发现却颠覆了人们的看法,中生代海洋中拥有最大眼睛的鱼龙实际上生活在中国的贵州。

黔鱼龙这双巨大的眼睛并不是用来吓唬敌人的,而是帮助黔鱼龙在漆黑的海洋中看清周围的一切,它比声呐都灵敏。

黔鱼龙并没有细长的身子,它的整个身体看上去圆鼓鼓的。在黔鱼龙的背部有一个明显隆起的脊背,不过这并不是背鳍。在它们的身体下方,一前一后长有两对窄长的鳍状肢,这是早期鱼龙目的特征。黔鱼龙的尾巴很长,不过尾鳍相对较小。

平时,黔鱼龙会生活于深海,以乌贼和鱼类为食,而当繁殖季节到来的时候,它们就会到浅海去产卵。

肖尼鱼龙

对于鱼龙目动物来说,三叠纪中晚期和侏罗纪早期曾经是它们最为鼎盛的时期,它们不仅在数量上得到了大规模的发展,而且在体形上也发生了前所未有的变化。

肖尼鱼龙就以体形庞大而闻名于海洋世界,它们是有史以来最大的海生爬行动物,同时也是曾经生存在地球上最大的动物之一。

成年的肖尼鱼龙体长15~21米,甚至更大。而它们的体重,达到50吨不成问题。

肖尼鱼龙的肚子很短,肚子很圆,看上去就像一个充满气的大篮球。它们肚子的容积相当于一个教室那么大,真难以想象。

肖尼鱼龙不仅身体大,眼睛也大,单是眼球就比成年人的脑袋大出一圈。所以,它们的视力在海洋中是超群的。

有趣的是,像肖尼鱼龙这样巨大的掠食者,嘴中竟然没有牙齿,这说明它们更喜欢捕食乌贼。通常,它们都是张大嘴巴,然后直接将乌贼吞到肚子里。

无论是体形还是身体结构,肖尼鱼龙都是一种适应了深海生活的动物。它们通常会组成群体,在海洋中游弋。

　　三叠纪晚期的肖尼鱼龙群，像无数个巨大的潜水艇，从海底掠过。它们虽然看上去相当悠闲，或许只是在集体散步，可周围的动物们早已闻风而动，飞快逃命去了。

加利福尼亚鱼龙

　　在加利福尼亚鱼龙的身上，虽然还保留着三叠纪原始鱼龙类的特征，比如尖细的脑袋、较小的眼睛、不大的鳍状肢和尾巴等，不过，它们进化出了侏罗纪先进鱼龙类的特征。它们的背部长出了小型背鳍，身体也更具流线型，很像今天的海豚。这样的体形在今天的海洋动物中已经司空见惯了，不过，在当时来说，却是海生动物家族的鼻祖。

　　加利福尼亚鱼龙的体长约 3 米，体形并不大。受到体形的限制，它们主要生活在靠近海面的水域或是浅海，以捕食小鱼、小虾为主。

　　加利福尼亚鱼龙的出现，给鱼龙家族带来了前所未有的冲击。它们改变了鱼龙目之前没有背鳍、尾鳍细小、身体更像蜥蜴的形象,而更多地向鱼类方向靠近。体形上的变化是它们为了更好地适应海洋而做出的进化。当然,在不久的将来,它们就能体会到进化带来的好处,它们将以全新的姿态进入侏罗纪,并开始统治海洋世界。

萨斯特鱼龙

同样生活于晚三叠世的萨斯特鱼龙,给我们的印象都是中等体形的鱼龙。但是,最近有消息称,古生物学家在加拿大发现了巨大的萨斯特鱼龙化石,体长可能达到23米。如果这个研究确切的话,那么和肖尼鱼龙一样,萨斯特鱼龙也凭借着自己的体形进入了最大型鱼龙行列。

萨斯特鱼龙和肖尼鱼龙是亲戚,但是它们的长相却十分不同。和肖尼鱼龙肥胖的身材比起来,萨斯特鱼龙的身体细长,有很好的流线型。

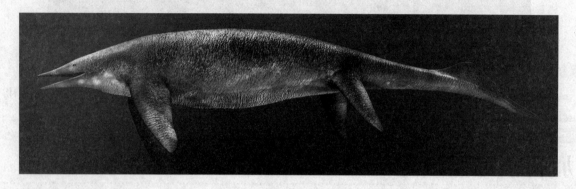

萨斯特鱼龙的脑袋大,口鼻部细长,长有一双巨大的眼睛。在它的嘴中,长有两排尖细的小牙齿,数量众多,适于咬住行动迅速的鱼虾。

萨斯特鱼龙很可能生活在浅海之中,游泳速度十分有限。

第二章
侏罗纪——
恐龙的盛世

环河翼龙

环河翼龙发现于中国甘肃省庆阳市,年代为晚侏罗纪,其翼展能够达到2.5米,是颌翼龙亚科中体形最大的成员。

从外形上看,环河翼龙最明显的特征是它修长的脖子。它的脖子非常长,甚至超过了脑袋的长度,成为整个身体中最长的一段,这点类似于后期的神龙翼龙超科成员。你可以想象,如果有幸看到它们展翅翱翔于天空时的样子,一定会觉得那是一根细细的脖子独自在天空中游荡。

在环河翼龙脖子的前端,是它那个又长又大的脑袋,它的眼睛位于膨大的后部,鼻孔位于中间,头顶有低矮的脊冠。虽然环河翼龙与颌翼龙有着比较近的亲缘关系,但是环河翼龙的脑袋前部并没有形成明显的勺状,而只是相对较宽。在环河翼龙的嘴中长有超过100颗牙齿,按照从前向后由大到小的规律生长。从牙齿的形状和结构看,它们可能具有与颌翼龙等相同的滤食性进食方式。

因为超长的脖子和脑袋,使得环河翼龙的身体看上去非常小,而且它几乎没有尾巴,要不是那宽大的双翼和强壮的后肢,我们几乎可以忽略掉它的身子。

而综合环河翼龙的归属以及身体结构来看,科学家推测它们应该是一种善于在地面上运动的翼龙目动物。

冰脊龙

南极是一个冰封的世界,那里终日都在严寒之中,是生命的禁区。不过在亿万年前的中生代,这里却是另一番景象,大片的极地森林覆盖着广袤的土地,而在这片森林中生活着一种体形中等、长相奇特的肉食性恐龙,它就是冰脊龙。

1. 外形特征

冰脊龙是一种体形中等的肉食性恐龙,体长6.5米,高约2.5米,体重约500千克。

冰脊龙的头长约65厘米,外形较高,其头骨上有很多孔洞可以帮助它们减轻脑袋的重量。在冰脊龙的嘴巴里长有锋利的牙齿,不过上颌的牙齿明显要比下颌的牙齿多而且大。在冰脊龙的眼睛上方长有一对梳子状的冠饰,这是冰脊龙最为特殊的地方,也是它们的标志。

冰脊龙的脖子较长,身体强壮,尾巴很长。与其他大型的肉食性恐龙相比,冰脊龙的前肢一点都不短,而且在指末端长有弯爪,可以帮助它们在猎食的时候固定猎物。冰脊龙的后肢很长,显示它们具有高速奔跑的能力。从外形上看,冰脊龙是一种健壮而迅速的肉食性恐龙,它们是天生的

杀手。

2. 发现和命名

1990年，来自比利时的地质学家威廉姆·哈默和戴维德·艾利奥特带领着考察队在南极横贯山脉比尔德莫尔冰川的柯克帕特里克峰进行地质考察。在硅质粉砂岩中，他们发现了动物的化石。

发现化石的地点距离南极点650千米，海拔高度在4000米以上，是生命的禁区。能在这里发现化石使得考察队非常兴奋，就如同他们创造了奇迹一般。在接下来的3个星期中，哈默带领考察队进行了艰苦的挖掘，最终挖出了重达2.3吨的岩石，而化石就包含在这些巨大的岩石之中。

巨大的岩石被装船运回了遥远的比利时，在实验室中研究人员对岩石进行了细致的检查，他们发现岩石中包含有超过100块的骨骼化石，其中有一些是来自一种未知的肉食性恐龙的。在经过研究之后，1994年哈默和威廉姆·J. 黑克逊在《科学》杂志上发表了一篇论文，正式命名了冰脊龙。

冰脊龙的学名来自于古希腊文，意思是"冰雪中长有脊冠的蜥蜴"。冰脊龙的学名来自其发现地和头上奇特的冠饰。冰脊龙的中文学名是对其学名的翻译，准确地表达了学名的意思。除了冰脊龙这个名字之外，其他的中文名还有冰棘龙和冻角龙，虽然三个名字的含义相同，但是冰脊龙这个名字更好听些。

除了正式的学名外，冰脊龙还有一个的外号——埃尔维斯，这是因为冰脊龙的冠饰非常像20世纪50年代的美国著名歌手猫王埃尔维斯·皮礼士利的高耸发型。

冰脊龙属下目前只有一个种：模式种艾氏冰脊龙，种名献给地质学家戴维德·艾利奥特，正是他在南极的考察中发现了冰脊龙的化石。

3. 生活习性

冰脊龙因为它奇特的冠饰而得名，这对小冠饰长在眼眶孔上方，也就是眼睛的上方。冠饰的表面布满褶皱，虽然像是梳子，但是更像是带有波浪纹的乐事薯片。冰脊龙的冠饰非常薄，从结构上看非常脆弱。从方向上看，冰脊龙眼睛上方的这对冠饰是横向长在脑袋上方的，而大部分恐龙的冠饰都是与身体轴线方向保持一致的。

冰脊龙的冠饰到底是做什么用的呢？由于其脆弱的结构，这对冠饰显然不可能是用于捕猎或者打斗的。古生物学家推测这对冠饰上可能具有艳丽的颜色,这种颜色非常显眼,可以用来吸引异性。此外,冰脊龙头上的冠饰还是重要的年龄标志,冠饰越大代表了恐龙的年龄也越大。

虽然冰脊龙的化石发现于南极,但是当时它们的生活并不像人们今天想象的那么艰难。在距今1亿8500万年前的早侏罗世,当时的南极与澳洲大陆、非洲大陆及南美洲大陆相连,组成了南方的冈瓦纳大陆,位置比今天要偏北大约1000千米,所以南极洲的气候比今天要温暖得多。冰脊龙生活时的南极还没有极昼和极夜现象,更看不到绚烂的极光。

4. 生存环境

外形奇特的冰脊龙又是生存在一个怎样奇特的世界里呢?我们把目光转向发现其化石的汉森组地层。汉森组地层是南极洲仅有的几个含有古生物化石的地层,属于早侏罗世。根据对地层的研究,古生物学家认为当时南极的气候属于温带气候,陆地上覆盖了大面积的森林,在森林中生活着很多动物。

5. 猎物

由于发掘环境的限制,古生物学家无法对汉森组地层进行大规模的发掘,因此得到的化石也是非常有限。目前来看,冰脊龙是当时南极洲体形最大的肉食性恐龙,位于食物链的顶层,还没有发现可以对其发起挑战的其他属种的肉食性恐龙化石。

与冰脊龙一起被发现的还有属于原蜥脚下目的冰河龙、小型的翼龙目及似哺乳爬行动物。在这些动物中,冰河龙应该是冰脊龙的主要猎物。冰河龙与发现于中国云南的禄丰龙有着很近的亲缘关系,它们长有小小的脑袋、长长的脖子,长有大爪子的前肢。不过与体长8米、体重2.5吨的禄丰龙相比,冰河龙的体形要小得多,即使在面对冰脊龙的时候也明显处于劣势。

6. 发现的意义

冰脊龙的发现有着重要的科学意义,它是南极洲发现的第一种恐龙,也是目前南极洲发现的唯一一种肉食性恐龙。它的发现改变了人们对南极洲的印象,这片白雪茫茫的大陆在亿万年前曾经是生命的天堂。

大地龙

剑龙类的骨板和尖刺,在植食性恐龙家族中独树一帜,成为少数能和食肉性恐龙对抗的植食性恐龙。不过,最早的剑龙家族成员并不是我们所熟悉的样子,那时候的它们看上去光秃秃的,谁能想到它们后来竟然能变成可怕的武士呢!

那么,剑龙家族究竟是怎么样一步一步演化到后来大家所熟知的形象呢?要解开这个疑问,我们还应该从大地龙这种剑龙类的祖先说起。

生存于距今约1.9亿年前早侏罗世中国云南的大地龙,通常被认为是剑龙类的祖先,如果这种看法确凿的话,就可以证明剑龙族群或许最早起源于亚洲。

大地龙是一种原始的鸟臀下目恐龙,它的化石被发现的时候,只有一块不太完整的左下颌。不过,这并没有阻挡人们对这种恐龙的深入探究。

大地龙并不是一种体形巨大的恐龙,它体长两米,体重只有150千克。因为它的化石被发现得很少,所以对于它的描述更多的来自古生物学家的推测。

大地龙的背上没有剑龙类恐龙常见的骨板,而是被镶嵌在皮肤上的小骨片所覆盖,这一点有些像甲龙。

大地龙的尾巴上也没有剑龙类特有的防御武器——骨质尖刺,所以,看上去它并没有后来的家族成员那么凶猛。

不过,你可不要为它们的安全太过担心。因为大地龙的体形比较小,比起其他剑龙类来说,它要灵活得多。在遇到大型肉食性恐龙时,它们会以快速的奔跑来躲避敌人的攻击。

大地龙的头骨较长,长有一双大眼睛。它的嘴前部长有尖尖的小牙齿,而面颊部的牙齿外形则像是小树叶,这种结构可以帮助它们更好地啃食植物的枝叶和根茎,那可是它们最爱吃的食物。

嗜鸟龙

嗜鸟龙是在劳亚大陆西部(约为今天的北美洲)发现的一种小型兽脚亚目恐龙,生活在侏罗纪晚期。1900 年,在美国怀俄明州的科摩崖附近找到了一个化石,包括部分头颅骨和全身骨骼。嗜鸟龙与鸟类进化有密切的联系。它已经具有腕关节,这样它会像今天的鸟类收起翅膀一样,将自己的爪子收拢起来。嗜鸟龙的骨骼很轻,而且中空。

嗜鸟龙非常小,生活在森林的深处。它吃蜥蜴、小哺乳动物和腐肉。它有两个带有爪的长长的手指和一个短的手指,它的手很有力气,以此抓住猎物。嗜鸟龙是一种用两条腿走路的食肉动物,它可能跑得比较快,它的头很小,在口鼻部有一个小的骨质的脊冠。它有很多锋利的牙齿,脖子呈 S 形,尾巴长而有尖。

嗜鸟龙的长尾巴非常可能用来平衡身体,有利于灵活运动,在追捕猎物时帮助它改变方向。嗜鸟龙的牙齿非常锋利,这表明它一定是一种食肉动物,但是考古学家们在嗜鸟龙究竟吃什么的问题上还有很多争论。

华阳龙

剑龙家族一定是一个生活节奏非常紧张的家族,因为它们从诞生到灭绝只有 5000 万年的时间,这在整个恐龙历史中都是非常罕见的。因此,它们并不像其他家族那样,要经过漫长的演化才一步一步呈现出家族的特征,它们甚至在目前被科学家确认的第一位成员身上,就迫不及待地把剑龙家族的特点完全表现了出来。

对于是否属于剑龙家族成员,最重要的判断标准是它们背上是否长有骨板,这一准则在生活于中国四川的华阳龙刚刚开启剑龙家族序幕的时候,就已经确立了下来。

华阳龙是一种存活于中侏罗纪中国的剑龙下目恐龙。华阳龙的名称来自于发现地四川省的别名"华阳"。华阳龙生存于1.65亿年前,早于它们居住于北美洲的著名近亲剑龙属约2000万年。

华阳龙的背上长有16对骨板,不过这些骨板还没有像更先进的剑龙家族成员一样,呈现出明显的三角形,它们又细又尖,特别是臀部上方最高的几块骨板,就像大钉子一般插在华阳龙的背上。华阳龙背上的骨板并不是交错排列的,而是有规律地沿着背部中线成对分布,这种骨板的排列方式存在于大部分早期剑龙类当中。

那么,剑龙类家族为什么会在脊背上长有骨板呢? 一些古生物学家认为这是剑龙类恐龙的散热器。但如果是这样,这些骨板看上去未免也有些太小了。所以,大部分古生物学家都推测它们是剑龙类恐龙的防御武器、炫耀装饰和身份证明。

除了那些骨板,在华阳龙的肩胛骨上方还长有两根大型尖刺,它可以抵挡肉食性恐龙对自己肩部和肚子的袭击。

不过,以上防御武器都没有华阳龙尾巴上四根长40厘米的骨刺具有杀伤力。想象一下,当面对危险时,它们甩动尾巴,将这些大尖刺狠狠地砸向敌人,会给敌人带来多么致命的一击。

华阳龙体长4.5米,臀高1米(如果算上骨板的高度,身高可达1.3米),体重1~2吨,在剑龙家族中它的体形并不算大。

华阳龙长了一个楔子状的小脑袋,它的头骨前部长有细密的叶片状小牙齿,而晚期的剑龙类都缺少这些牙齿。

华阳龙整体的体形看上去比较苗条,但是它的四肢粗壮,前肢与后肢的长度差不多,这样的体形让华阳龙既充满力量,又有较高的机动性和灵活性,在它们遇到非常的敌人时,便能够成功地脱逃。

沱江龙

骨板是剑龙类非常重要的装甲,它的数量常常会直接决定它们是强大还是弱小。

沱江龙非常幸运,它有17对骨板,这在剑龙家族名列前茅。这些骨板成对地排列在它的背部,从颈部一直延伸到尾部。骨板的外形也是逐渐地变高、变厚,它最大的一对骨板长在荐椎之上。

沱江龙是目前发现的化石保存最完整的剑龙类恐龙之一,通过那些化石,我们可以准确地复原出一只沱江龙,而那样子和亿万年前它活着的时候相差无几。

沱江龙的后肢远远长于前肢,这种前后肢的长度比例使得沱江龙高高地抬起了臀部,翘起了尾巴,但是却大大降低了身体的运动能力,导致它在奔跑时最快也不会超过每小时15公里。

沱江龙经常会在灌木丛中穿行,寻找茂密的蕨类和苏铁作为自己的食物。当找到食物时,它有可能会依靠后肢直立起来,把前肢搭在树干上,用嘴去获取植物。

沱江龙进食时,先用角质喙剪切下较硬的植物,将其塞进口中,之后再用小而有锯齿的颊齿将植物磨成糊状吞咽下去,由发达的肠子进行消化。沱江龙的消化系统比较发达,能很好地吸收食物中的营养成分。因为只有消耗大量的食物才能满足其庞大身体所需,所以它很大一部分时间都花在找食物、进食和消化食物上。

剑龙

几缕阳光透过高大的红衫洒向森林,叫醒了沉睡的黎明。

剑龙伸了个懒腰,慢慢向森林外的原野走去,它身上两排颜色鲜艳的高大骨板,让它看上去就像是一名身着盛装的中世纪武士。

它左右摆动着尾巴上的四根尖刺,那致命的武器在阳光下散发出恐怖的气息。

不过,在两只可爱的皮翼龙眼里,剑龙可是个温顺的家伙。它们停歇在剑龙身上,用那些高大的骨板当作遮阳伞,而剑龙温暖宽大的背,就是它们免费的交通工具了。

剑龙毫无疑问是最著名的剑龙类恐龙,它将剑龙家族的装甲系统演绎到了极致。它的形象曾经无数次出现在电影电视作品中,包括《侏罗纪公园》《与恐龙同行》《恐龙纪元》等。而美国的科罗拉多州更是在 1982 年宣布剑龙成为他们的"州恐龙"。

剑龙并不是那种只拿名气来吓唬人的家伙,否则它也不能打败那么多凶猛的肉食性恐龙。130年来,古生物学家发现了超过 80 具剑龙骨骼的化石。我们真得感谢这些科学家们,因为他们,我们才有幸对剑龙有了一个更加深入的了解。剑龙身材高大,体长 7~9 米,体重 2.5~4 吨,臀高 2.7米,如果算上骨板的高度,它的身高可以达到 3.5 米,是剑龙类中最大的成员。

剑龙尾部长有 4 根可怕的尖刺,那是它们最有效的防御武器。这 4 根尖刺长度在 0.8~1 米之间,两个为一组对称分布于尾巴的末端位置。以往人们总是认为剑龙的尾刺是与地面垂直的,但是近来的研究表明,它们是与地面保持水平的。当遇到威胁的时候,剑龙通常会把身体横过来,靠后

肢作为防御的中轴,而带刺的尾巴会在空中不停地摆动,等待着给那些不知深浅的敌人以致命一击。

和庞大的身体比起来,剑龙的脑袋非常小,差不多就像一个100克的核桃一样,整体看上去极不成比例。如果只靠这个大脑,恐怕它们很难在丛林中成功地生活下来,所以它们一定有自己的法宝——位于臀部空腔内的"第二个大脑"。这个大脑可以有效地和它真正的大脑配合起来,协调身体的运动。

关于剑龙骨板的作用真是众说纷纭,很多人认为剑龙的骨板是用于求偶或展示性特征的"装饰物",就像孔雀那样,但最新的研究表明,雄性剑龙与雌性剑龙的骨板看起来非常相似,因此作为"装饰物"的说法不太可能。也有人说剑龙的骨板实际上是一种"拟态",用于迷惑敌人。剑龙的骨板上可能带有植物枝叶般混杂的颜色,这样可以让剑龙很好地隐蔽在植物中间。不过,更主流的说法是剑龙的骨板具有强大的防御功能。它可以保护剑龙身体上除了腹部外的颈部、背部和尾部不会受到大型肉食性恐龙的攻击。并且,当剑龙与大型肉食性恐龙相遇时,它们也可能会向骨板外层丰富的毛细血管中充血,使剑龙背上通红一片,以恐吓敌人。

剑龙头骨前端的牙齿已经消失了,形成了像鸟一样的角质喙状结构,主要用于切割食物。剑龙的牙齿比较小,呈三角形,边缘有小锯齿,看上去就像是小树叶。剑龙的牙齿排列于面颊部,由于其缺乏研磨面,牙齿与牙齿之间无法闭合,下颚也无法水平运动。所以,剑龙并不具备咀嚼能力,其进食的方式仅是简单的切割与吞咽。剑龙的头部距离地面保持在1米左右,它们的食物包括了苔藓、蕨类、木贼、苏铁、松柏与一些果实。

关于剑龙的生物,古生物学家并不是一开始就如此确定。刚开始,他们认为剑龙的全身都被尖刺覆盖,看上去就像一只大号的刺猬。后来,古生物学家发现实际上那些尖刺只存在于它的背部,并且也不像刺猬那样锋利,准确地说更像是扁扁的骨板。但是随着剑龙的化石发现的越来越多,古生物学家又推测了几种不同的剑龙造型,比如背部长有一排骨板,尾部长有8根尖刺的形象,背部长有两排对称骨板,尾巴上长有4根尖刺的对象。直到后来,化石证据越来越确凿,古生物学家才最后断定,实际上剑龙的背部一共有17块呈三角形的骨板,它们都长在皮肤上而不是骨骼上。其中最大的骨板高76厘米,这些骨板沿着背部中线交错排列形成奇特的板状结构,而它的尾巴上的确分布着4根尖刺。

剑龙的颈部较短,由10块颈椎骨组成,是它最脆弱的地方。不过即使是这段脆弱的区域也得到了良好的保护,化石显示,从剑龙的下颌骨一直延伸到颈椎下方有一排骨板,它们由硬币大小的骨片紧密结合而成。这块骨板结合颈部上方的骨板完美地保护了剑龙的颈部,使其在激烈的生存斗争中脱颖而出。

西龙

剑龙家族的成员很多,但是真正和剑龙成为亲戚的却寥寥无几。绝大多数剑龙家族成员的化石都是在中国和欧洲发现的,所以,在剑龙被发现的100多年来,它都是孤零零地站在北美大陆上,隔海眺望着那些在外形上与自己差别很大的亲戚们。直到西龙被发现后,剑龙终于不再感到孤独了。

西龙是北美洲发现的第二属剑龙类(目前确定的只有两属),与同样生活于北美洲,只是时间稍晚的剑龙有着很多其他剑龙类不具备的相似性,比如交错排列的骨板等,因此有的古生物学家认为西龙实际上就是剑龙属下的一个种。从前后相继的角度上看,西龙很可能是剑龙的直系祖先。

钉状龙

剑龙类恐龙的脑袋都非常小,它们的脑容量也小,这就意味着它们并没有我们所期望的那么聪明。但是,有一些剑龙类恐龙并不愿意接受这样的现实,为了让自己聪明起来,它们在屁股上给自己装了第二个大脑,就像前面提到的剑龙。

钉状龙和剑龙一样,正在努力地弥补生理结构给自己带来的不足。

钉状龙又名肯氏龙,为剑龙科恐龙的一属。它的第二个大脑藏在钉状龙臀部的一个空腔内,事实上,它和我们所理解的大脑并不一样,它只是一个膨大的神经结。但是这个神经结能帮助钉状龙协调身体的后肢和尾巴,让远离大脑的它们能够更好地运动起来,所以它才被称为第二大脑。

钉状龙还有一个突出的特点就是它背上的骨板,因为它们和早期、晚期的剑龙类恐龙的骨板都

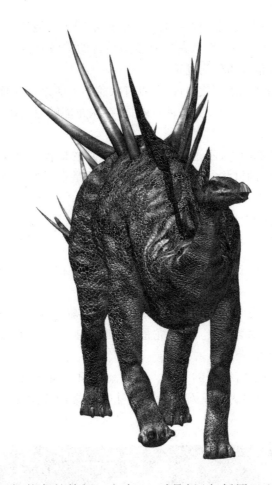

不相像,具有明显的只属于钉状龙的特征。它有 14 对骨板(包括尾巴上的骨刺),自颈部至荐部的前 9 对骨板呈不规则四边形逐渐变大变高,而从荐部到尾巴末端的第 10 ~ 14 对骨板则变成了骨刺状,又细又长又尖,这使它们看上去防御功能更强。

　　钉状龙的化石发现于坦桑尼亚的敦达古鲁组,至今已发现两个骨骼,以及零散的骨头,分别来自于成年与幼年个体。这个地层的为晚侏罗纪的启莫里阶,约 1.55 亿年到 1.50 亿年前。

如同其他剑龙类恐龙，钉状龙是一种草食性恐龙，但不同于其他鸟臀目恐龙，剑龙类的牙齿小，磨损面平坦，颌部只能做上下运动。钉状龙的颊齿呈独特的铲状，齿冠不对称，牙齿边缘只有七个小齿突起。其他剑龙类恐龙的牙齿较为复杂。

由于禾本科植物直到白垩纪才演化出现，所以钉状龙不可能以草为食。过去曾有理论认为，剑龙类是以低矮的植物叶子、水果为食。另一种可能是，钉状龙能够以后脚站立，以较高的树枝、树叶为食。

钉状龙经常吃地面低矮的灌木，不过这也是没办法，别的植食性恐龙长得太巨大了，根本就抢不过那些大家伙。但是，聪明的钉状龙很会寻找食物，即使是干旱的季节也难不倒它们，它们总有办法找到湿润土壤里的植物。

天池龙

生存于距今 1.75 亿年前至 1.65 亿年前中侏罗世中国新疆的天池龙，体长 3 米，高 0.5 米，体重约 400 千克，是一种小型的甲龙类恐龙。天池龙是目前装甲亚目在亚洲的最早成员，它的发现将甲龙的化石纪录推至了中侏罗世。

像其他甲龙一样，天池龙也有很好的装甲。不过，这里不着重介绍它的装甲系统，而是聊聊它的名字。天池龙的模式种被命名为明星天池龙，这看上去非常奇特，因为它并不像其他恐龙的名字有具体的含义。

确实，这个名字是著名古生物学家董枝明献给电影《侏罗纪公园》的。他以 1993 年的电影《侏罗纪公园》中的演员为名，包括：山姆·尼尔、劳拉·邓、杰夫·高布伦、李察·艾登保罗、鲍勃·佩克、马丁·费雷罗、阿里纳·理查德斯及约瑟夫·梅泽罗，为天池龙起了这个长长的名字。

费尔干纳头龙

人们总是喜欢用各种各样的发饰来装饰自己，而且在不同的场合还会选择不同的发饰。当人们戴着这些漂亮的发饰在照镜子的时候或许并不知道，这样细腻的心思不光存在于我们人类中间，连恐龙世界也有。只不过，恐龙的头饰是身体的一部分，并不能随着心情而变换。

我们习惯地把拥有头饰的恐龙称为头饰类恐龙，包括肿头龙类和角龙类恐龙。它们头饰形状各异，功能也各有不同。当它们骄傲地向同伴展示这些漂亮的头饰时，可真算得上是恐龙世界中的"时尚达人"！

在看到一件事物的时候，我们总是喜欢追根溯源，去看看它最早之前是什么样子，这总是能引起我们极大的好奇心，比如：最早的人类是什么样子？第一朵花开在什么时候？等等。

当然，这是一件好事，要知道我们有多少科学成果就是在这样的好奇中诞生的。所以，在欣赏头饰类恐龙之前，最好也让我们先看看它的祖先——费尔干纳头龙，虽然它根本没有长头饰。

费尔干纳头龙生存于距今约1.7亿年前中侏罗世的中亚地区，属于非常原始的肿头龙下目恐龙。它体长4米，高1.6米，体重约500千克，身材苗条。

费尔干纳头龙的脑袋虽然很大，但是它的脑袋顶却很平，并没有它的后代才有的巨大的圆形隆起。它的前后肢长度差不多，这表示它既可以双足行走，也可以四足行走。

虽然它并没有什么明显的头饰，可它确实是货真价实的头饰龙类的祖先。

浅隐龙

浅隐龙是海生爬行动物蛇颈龙类的一属，生存于中侏罗纪，是最著名的蛇颈龙类之一。它们的成年个体与幼年个体标本化石已在英格兰、法国、俄罗斯和南美等发现。属名意为"隐藏的锁骨"，指的是四肢带中的小型、难以辨认的锁骨。模式种最初被叙述为蛇颈龙的一个种。种名意为"宽股骨",指的是前肢的宽度,但在当时被误认为是后肢。

　　浅隐龙被估计身长为8米,重达8吨,是一种中等大小的蛇颈龙类。它们的头部相当平坦,眼睛朝上。头颅骨宽广而轻型,颚部拥有约100颗连锁的长、纤细牙齿,适合用来猎食鱼类、甲壳动物以及头足类。内鼻部位在前方,而鼻孔相当小。浅隐龙的颈部长达两米,似乎并不灵活。它们可能将头部前伸,以避免身体惊动猎物。

　　它们的四个宽广的鳍状肢,除了以波浪状运动方式在水中流动,另一种方式则是将前鳍状肢往上,同时将后鳍状肢往后运动,类似海豚。

　　因为它们类似海豹的身体,浅隐龙被叙述成两栖动物,而非完全海生动物。尽管浅隐龙外表看起来笨重、不灵活,但它们在水中游泳时,使用鳍状肢当桨,以游泳并寻找猎物。它们可能在海中产卵,但这是推测而来的。

浅隐龙的易脆头部与牙齿，使它们不可能咬住任何猎物，因此它们应是以小型、身体软的动物为食，例如鱿鱼与浅水鱼类。浅隐龙可能使用它们的长、啮合牙齿来过滤水中的小型猎物，或者从海底沉积物中寻找低栖动物。

禄丰龙

曾经有很长一段时间，禄丰龙都被认为是蜥脚恐龙的祖先之一，但是现在禄丰龙已经和板龙等归为了原蜥脚类。

虽然这个名字听上去似乎意味着原始的蜥脚类，但实际上它们和蜥脚类家庭并没有什么直接关系，这两个家庭很可能是平行演化的两支。原蜥脚类在生存了很短的一段时间之后就灭绝了。

和蜥脚类恐龙相比，禄丰龙的身子并不大，它的体长5～8米，站立时高约两米，比现在的马大不了多少。

禄丰龙通常以四足行走，爱吃鲜嫩多汁的植物。

在1938年的时候，中国恐龙研究之父——杨钟健先生在禄丰盆地发掘出了许氏禄丰龙，这是中国出土的第一具完整的恐龙化石标本。

原蜥脚类都有一条长长的尾巴，禄丰龙也一样。它的尾巴不仅可以平衡身体，同时也能在它站立时支撑身体，就像现在的袋鼠。

禄丰龙不仅尾巴长，肚子也很长。不过它的肚子结构简单，并不是很灵活。

禄丰龙的脑袋呈三角形，和身体比起来，它的脑袋可真是太小了！在它小小的脑袋上有一个长长的嘴巴,嘴巴里布满了带有锯齿的树叶状的牙齿,用来啃食植物。

禄丰龙的后肢要比前肢长很多,在它的后肢上长有趾,趾的末端有粗大的爪,而它的前肢则生有 5 指。

畸齿龙

1. 窥探

早侏罗世时期,在非洲最南端的南非,严酷的自然环境不能阻止生命前进的脚步。这片土地被黄沙覆盖,大片的沙丘形成了史前沙漠,只有在水源地附近才会偶尔找到小面积的森林。在沙漠中的一小片森林里,一只小恐龙叼着几根嫩叶从苏铁下匆匆经过,它身体修长,用强有力的后肢奔跑,大大的脑袋上有一双贼亮的眼睛。虽然长有典型的小型植食性恐龙的体形,但是它的嘴中却长有上下两对突出的犬齿,正是根据这个特征,古生物学家将其命名为畸齿龙。

畸齿龙又名异齿龙、奇齿龙,学名来自拉丁语,意思是"长有不同牙齿的蜥蜴",属名来自其嘴中存在的多种类型的牙齿。畸齿龙的模式种被命名为塔克畸齿龙,学名"塔克"献给英国奥斯汀公司南非地区经理塔克先生,是他慷慨赞助了对非洲内陆的探险。畸齿龙生存于距今 1.99 亿年前至 1.96 亿年前早侏罗世的非洲南部,是畸齿龙科的模式属。

从体形上看,这只嘴中叼着食物的畸齿龙已经成年,它的体长达到 1.2 米,体重约 10 千克。如果你仔细观察会发现畸齿龙走的并不是直线,它似乎在故意绕圈子。跑了一会儿,畸齿龙在一棵枯树干旁停了下来,它看到一只双节颌兽正在洞口徘徊,而这个洞就是畸齿龙的家。

2. 獠牙

鬼鬼祟祟的双节颌兽在洞口闻了闻,然后看着面前黑洞洞的洞穴却不知道自己该不该进去,正在暗自纠结的它并没有注意到洞穴的主人已经回来了。最终双节颌兽壮着胆子把脑袋伸进洞中,用一对毛茸茸的小耳朵努力收集洞里的信息。

畸齿龙看着一步步靠近洞穴的双节颌兽已经变得怒不可遏,它一下子扑了过去,狠狠地咬住对方的后腿。由于双节颌兽个头很小,体长仅有 15 厘米,一下子就被畸齿龙拽到了空中。不过双节颌兽除了尖叫并没有坐以待毙,它奋力地扭过身子,用小爪子拼命抓挠畸齿龙的脑袋。双节颌兽的小爪子虽然抓不透畸齿龙的皮肤,但是刺破了畸齿龙的鼻孔内壁。畸齿龙疼痛之下一张嘴把双节颌

兽甩了出去。挣脱的双节颌兽顾不得腿上的伤口,很快便逃得无影无踪。

畸齿龙转身寻回了刚才因为攻击双节颌兽而丢下的枝叶,它来到洞口又仔细巡查了一番才钻了进去。与外面耀眼的阳光相比,洞中的漆黑一片让畸齿龙暂时失明。它停下来待了一会儿,很快一双大眼睛就适应了洞中的黑暗。洞穴深处几只正在睡觉的小畸齿龙听到声音纷纷爬了过来,它们看到妈妈非常开心,一窝蜂地扑过来争抢食物。畸齿龙是恐龙家族中为数不多的具有洞穴生活习性的成员,它们懂得在凉爽的地下躲避外面的酷热。

3. 大椎龙

看着孩子们吃饱之后,畸齿龙趴下来开始休息,而小畸齿龙们也纷纷靠在妈妈身边,再次进入梦乡。与成年畸齿龙相比,这些小畸齿龙显得脑袋更大,前肢和尾巴更长,最重要的是它们的嘴中没有长长的犬齿,这个属种特征要等到它们进入青春期才会出现。

在安全的地下,畸齿龙一家子在睡梦中度过了整个夜晚。第二天清晨,它们被大地轻微的震动惊醒。畸齿龙妈妈让小畸齿龙待在洞中不要出来,它自己则眯着眼睛慢慢从洞中探出头来。外面的天已经大亮,畸齿龙待在靠近洞口的位置让自己的眼睛慢慢适应。突然一个巨大的身躯将洞口挡住,然后一只大脚踩在旁边,畸齿龙吓了一大跳。不过这个大家伙没有停留,一抬脚就消失了。畸齿龙定了定神才一点点将脑袋伸出洞口,原来在外面是一群大椎龙。

与畸齿龙不同,大椎龙是当时体形最大的植食性恐龙,它们体长4~6米,高约超过1.5米,体重大约在500千克。它们的特征是三角形的小脑袋、长长的脖子、粗壮的身体以及长有大爪子的四肢。大椎龙成群结队生活在这个地区,偶尔会来到这片森林进食,对畸齿龙并没有威胁。有的时候畸齿龙还会待在大椎龙旁边,捡拾它们弄掉的树叶果实,两个物种就这样互惠互利。

看着周围缓缓前移的大椎龙群,畸齿龙放下心来,它从洞中钻出来站在这些大家伙身边。一只年轻的大椎龙停下来低着脑袋靠近了仔细打量着畸齿龙,这样近距离观察一只长有犬牙的小型恐龙还是第一次。畸齿龙并没有在意一旁的大椎龙,它开始四周寻找那些大椎龙吃剩的食物,那些都是免费的午餐。

4. 危机

就在收集食物的时候,畸齿龙看到一只合踝龙正站在不远处盯着自己,这可是个不好惹的家

伙,纯粹的掠食者。合踝龙跟着大椎龙一直来到这里,面对被成年恐龙保护的幼年大椎龙它找不到机会下手,但是对付小个子的畸齿龙对它来说就简单多了。

合踝龙属于腔骨龙科,与腔骨龙的外形相似,成年的合踝龙体长3米,重约32千克。合踝龙长有尖长的脑袋、弯曲的脖子及轻巧的身体,它们行动敏捷、反应迅速,依靠嘴中弯曲锋利的牙齿捕食猎物。合踝龙常常成群出没,非常凶猛,在群体出击的时候可以杀死成年的大椎龙。

本打算袭击大椎龙的合踝龙转移了目标,这个猎手在等待大椎龙离开。只要这些碍事的大家伙一走,它就将展开对畸齿龙的猎杀。一只畸齿龙可以为合踝龙提供一个星期的能量,看来畸齿龙是在劫难逃了。

5. 拼死一搏

在发现合踝龙之后畸齿龙迅速回到洞中,它希望对方没有发现自己的藏身之所,但是幻想很快就破灭了。合踝龙尖长的脑袋伸进洞中闻了闻,然后它突然发疯似的一边狂叫着,一边用前肢扒这洞口的土,想要钻进来。

合踝龙疯狂的举动吓坏了洞中的小畸齿龙,它们都躲在妈妈身后发出惊恐的叫声。现在对于畸齿龙来说只有两条路:要么战,要么逃。可自己的孩子在这里,母性的本能告诉畸齿龙它必须为后代抗争到底。

母性大发的畸齿龙突然从洞里冲了出来,猛地将正在挖土的合踝龙顶了出去。畸齿龙的现身正是合踝龙求之不得的事情,体形上占优势的它直接扑了上去,一下子将畸齿龙撞倒在地。合踝龙不停地用牙齿撕咬着畸齿龙,在它的肩膀和脖子上留下血迹斑斑的伤口。被逼到绝路的畸齿龙除了用四肢踢合踝龙外,也开始用嘴巴猛咬对方。

占据优势的合踝龙过于得意,攻击的时候竟然被反抗的畸齿龙咬住了细长的脖子。畸齿龙的犬齿立即发挥了作用,长而尖的牙刺入了合踝龙的脖子,穿透了动脉,鲜血开始从伤口处流出来。猎杀变成了保命,合踝龙使尽全身力气挣扎着,它与紧咬着自己不放的畸齿龙一起重重地摔倒,然后开始翻滚,干燥的地表泛起阵阵黄土。

6. 红色的土壤

畸齿龙和合踝龙相互缠绕在一起,在地上扭动了很久。在这场较量中畸齿龙败下阵来,最后合踝龙挣脱了对方的犬牙,可这却是死亡的开始。合踝龙脖子上的伤口开始向外喷溅血液,它勉强站了起来,可整个身体却因为刚才的挣扎而变得虚弱无力。

合踝龙摇晃着,张着嘴巴露出锋利的牙齿,它身子下面的地面已经被鲜血染红,看样子已经支撑不了多久了。合踝龙最终重重地倒在地上,呻吟了几声便闭上了眼睛,身子下面满是红色的土壤。而对面的畸齿龙趴在地上很长时间,当它恢复体力重新站起来的时候已经不用再担心合踝龙的威胁。畸齿龙是幸运的,它靠运气以弱胜强,保住了自己和孩子们的生命。

　　拖着受伤疲惫的身子,畸齿龙回到洞中,肩膀上的伤口在隐隐作痛,但是并不会危及它的生命。惊恐的小畸齿龙们在听到外面的打斗声后再次看到妈妈都显得兴奋异常,它们高兴地迎上去,享受妈妈在身边的感觉。对于畸齿龙来说,危险只是暂时过去了,合踝龙虽然已经死了,可它的尸体会引来很多肉食性动物和食腐动物,这会给畸齿龙带来更多的威胁。畸齿龙和它的孩子们要面对的将是不确定的明天,但是它的勇敢会给后代创造很大的生存机会。

迷惑龙

　　如果我们做一个调查,让大家写出自己知道的恐龙的名字,那你一定会看到雷龙这个名字。雷龙真的很出名,它的名字霸气十足,不可一世。但是很多人不知道,雷龙还有另外一个名字,那就是

迷惑龙。其实按照先来后到的顺序,迷惑龙才是有效的名称,无奈雷龙这个名字已经深入人心了。

1. 外形特征

迷惑龙体长约 25 米,身高 4 米,是一种体形较大的恐龙。在很长的一段时间内,人们估计迷惑龙的体重在 24~32 吨,但是最新的研究显示其体重在 15~20 吨,所以虽然迷惑龙的个头不小,但是却没有与其体形相称的体重。

迷惑龙的脑袋呈三角形,在它的嘴中长有许多细长的牙齿,这些牙齿集中在嘴巴前部,主要用于啃食植物的叶子。迷惑龙的脖子很长,其长度超过 8 米,不过它的脖子并不像很多书上介绍的可以像长颈鹿那样抬起来,要不然会断掉。迷惑龙的身体强壮,依靠四肢行走,不过走路的速度并不快。它们的后肢比前肢要长,但是前肢的第一指上长有大爪子,在面临危险的时候迷惑龙会依靠后肢站立,然后用前肢的大爪子去应对敌人。

2. 发现与命名

1877 年,美国古生物学家科普根据发现的化石命名了迷惑龙。不久之后,另一位著名古生物学家奥塞内尔·查利斯·马什根据怀俄明州发现的两具缺失头骨的恐龙化石命名了雷龙,马什动用自己的关系大力宣传雷龙:"我们惊奇地发现了这种巨大的恐龙,它身体笨重、四肢发达,有长长的脖子和尾巴。这种恐龙重达 30~35 吨,而体长 21~27 米,它的脖子比身体长,竟达 6 米!它的尾巴大约长达 9 米,它可能会用后肢支撑而站立起来,那真是高耸入云……它可能生活在平原与森林中,并成群结队而行。当一大群雷龙从远处走来时,一定是尘土蔽日、响声如雷。"雷龙的名字正是由此而来。

当马什将雷龙捧出名之后,他又仔细研究发现的化石。让他惊奇的是,自己命名的雷龙好像与之前科普命名的迷惑龙是同一种动物,不过马什并不准备承认自己的错误。直到 1903 年,古生物学家埃尔默·里格斯在研究之后指出雷龙和迷惑龙非常类似,应为同种动物,于是雷龙这个名字被取消了。

迷惑龙的学名来自于拉丁文,意为"令人迷惑的蜥蜴"。迷惑龙的名字源于在其最早被发现的化石中没有头骨,这让研究者科普感到很迷惑,因为科普想要弄清楚这种恐龙到底长什么样子。迷

惑龙的中文学名是直接翻译而来的，其迷惑来自科普而非恐龙自身

目前在迷惑龙属下一共有四个种：模式种名为埃阿斯迷惑龙，来自希腊神话中的大英雄埃阿斯；秀丽迷惑龙，代表其保存很好的化石；路氏迷惑龙，献给发现者的妻子露易丝·卡内基；小迷惑龙，代表它较小的体形。

3. 生活习性

迷惑龙虽然体形很大，但是它们既没有装甲保护，也没有尖刺防御，看上去就像是一个个待宰的羔羊。如果你真这么想那就错了，迷惑龙可是有秘密武器的，这个武器就是它们身后细长的尾巴。

迷惑龙的尾巴长约10米，由超过70块尾椎骨组成，尾椎骨的末端是一个个细长的小骨棒，这些骨棒由软骨连接，坚韧而富有弹性。迷惑龙的尾巴非常灵活，就像一条长长的鞭子，快速抽动的时候会发出很响的声音。当遇到敌人的时候迷惑龙就会把身子横过来，侧着脑袋盯着敌人，同时不停地甩动灵活的尾巴，准备随时打击靠上

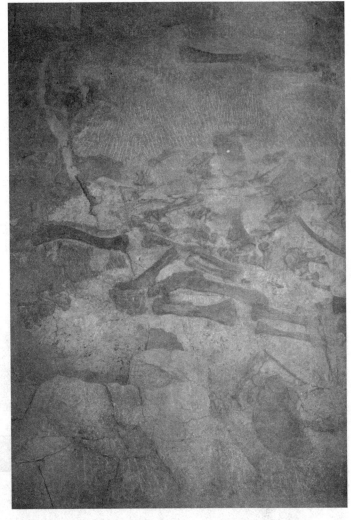

来的敌人。古生物学家曾经在迷惑龙的亲戚梁龙的骨棒上也发现了由于甩动而造成的伤痕。

4. 生存环境

依靠长尾巴保护自己的迷惑龙又是生活在一个怎样的世界里呢？一切都来自于发现其化石的

莫里森组地层。莫里森组是最著名的恐龙化石层,其中包含了很多北美洲晚侏罗世的著名恐龙。从地层所显示出的信息可知,迷惑龙生存的世界温暖湿润,地面上覆盖着大面积的森林,这些植物为迷惑龙提供了足够的食物。

5. 对手和天敌

在晚侏罗世的北美洲生活着许多不同种类的植食性恐龙,但是这些恐龙中没有一种像梁龙那样,与迷惑龙如此相似。其实梁龙和迷惑龙有着很近的亲缘关系,它们之间就像是一对表兄弟,同属于梁龙科之下。相似的体形、相似的身体结构,甚至相似的饮食结构,最终导致了梁龙成为迷惑龙最大的竞争对手。在开阔地形上梁龙和迷惑龙都很常见,它们或许会争夺着食物,努力生存。从发现的化石数量上看,似乎梁龙比迷惑龙更加常见,不过它们最终都在侏罗纪结束时从北美洲消失了。

迷惑龙有着巨大的身体和鞭子般的尾巴,但是它们依然无法阻止肉食性恐龙的袭击。成群的异特龙是迷惑龙最大的敌人,它们会跟随迷惑龙群,从中辨认出最虚弱的个体。当选定了目标,异特龙们就会将目标与群体分离,然后再一拥而上,将猎物杀死。有的时候一只异特龙就可以杀死成年的迷惑龙。当面对肉食性恐龙的时候,迷惑龙除了奋起反击,很多时候还是设法逃走。

6. 发现的意义

迷惑龙是最早发现的大型恐龙之一,当它还叫雷龙的时候,便以自己巨大的身躯征服了大众,让人们对这种大型恐龙产生了浓厚的兴趣。大量被发现的迷惑龙化石则为我们研究迷惑龙提供了重要的资料,帮助我们进一步了解大型恐龙的生活。

蝴蝶龙

古生物学家在命名恐龙的时候,经常会因为恐龙的外形与今天的某些动物相似,而在其学名中使用这些动物的名字,比如著名的似鸵龙、似鸟龙等。不过有的恐龙名字中出现的动物名字却与它们本来的样子相差非常大,比如蝴蝶龙。

1. 外形特征

蝴蝶龙是一种体形巨大的蜥脚类恐龙，体长约30米，高6米，体重约30吨。蝴蝶龙是目前中国发现的体形最大的恐龙之一，不过相比后期的泰坦龙类，它们的体重还是较轻的。

蝴蝶龙的脑袋很小，其鼻孔长在靠近头顶的位置上，它们的眼睛距离这对鼻孔并不远。在蝴蝶龙的鼻孔和眼睛下方是长有细长牙齿的嘴巴，蝴蝶龙的嘴巴并不大，其中的牙齿如同树叶一样细长。

蝴蝶龙的脖子特别长，差不多有15米，相当于身体总长度的一半，这样的比例与著名的马门溪龙相似。蝴蝶龙长长的脖子是向上抬起的，这样它们的脑袋就可以够到树冠的高度了。在长长的脖子后面，是蝴蝶龙强壮的身

体和有力的四肢。从身体和四肢结构看，蝴蝶龙显然不会走得很快，它们虽然行动缓慢，但是运动起来还是很稳健的。

2. 发现和命名

20世纪90年代，中国和日本之间的文化交流开始变得频繁，古生物方面的交流也包括在其中。日本在亚洲是研究恐龙方面比较领先的国家，但是苦于本国面积狭小，发现的化石非常稀少，于是积极谋求与中国的合作。在这种条件下，中国和日本政府积极促成了中国—日本丝绸之路联合恐龙考察项目。

从1992年开始，中国和日本两国的古生物学家沿着当年丝绸之路的路线一路向西，途经山西、陕西、甘肃，最后到达新疆的吐鲁番盆地。在这里，古生物学家们发现了一块巨大的脊椎骨和部分前肢及牙齿的化石，这些化石代表了一种体形巨大的恐龙。

新发现的化石后来被运到了北京，由中国著名的古生物学家董枝明研究。1997年，董枝明发表了一篇名为《中国吐鲁番盆地巨型蜥脚类恐龙中日蝴蝶龙》的论文，正式命名了蝴蝶龙。

蝴蝶龙的学名来自汉语拼音及拉丁文，意思为"如蝴蝶般美丽的蜥蜴"。蝴蝶龙的学名来自其化石的外形，就像蝴蝶一样。由于是中国原产的恐龙，因此其中文名具有准确性。蝴蝶龙的名字非常具有迷惑性，第一次听到这个名字还以为这种恐龙非常轻盈呢。

目前蝴蝶龙属下只有一个种：模式种中日蝴蝶龙，之所以这么取名是因为其化石是由中日丝绸之路联合考察项目组发现的。

3. 生活习性

蝴蝶龙是非常大型的恐龙，为了保持每天的活力，它们必须不停地吃东西，所以吃就成了蝴蝶

龙一生中最为重要的事情。从蝴蝶龙的身体结构来看,它身体的各个部分也是为大胃口而专门设计的。

蝴蝶龙的脖子很长,而且可以抬得很高,这大大增加了它的取食范围,它们可以吃到别的恐龙够不到的植物。既然有了高度,那么下面就需要开动嘴巴吃东西了。蝴蝶龙的嘴巴虽然小,牙齿细,但是这不影响高效的进食。蝴蝶龙会用牙齿将植物切断,然后不加咀嚼地直接吞咽下去,食物会随着长长的脖子进入它们巨大的胃中,然后在那里被消化掉。

蝴蝶龙的大部分食物都是较为坚硬的树叶,消化起来并不轻松,不过它们还是有自己的办法的。蝴蝶龙会吞下很多外形光滑的鹅卵石,然后利用这些鹅卵石的摩擦碰撞加快对食物的消化。像蝴蝶龙这样的大型恐龙如同一座食物加工厂,它们的一生都在将植物转化为能量和粪便。

4. 生存环境

体形巨大的蝴蝶龙化石发现于喀拉扎组地层。根据地层中的信息可以判断,晚侏罗世的新疆地区有着较为明显的大陆性气候,这里的降水相对较少,但是存在着大型的河流和湖泊,植物在靠近水源的地方非常繁茂,而蝴蝶龙就生活在这里。

5. 对手和天敌

如果想同蝴蝶龙这样的大家伙竞争,那么必须要长得和它们一样大才行,个头太小的植食性恐龙根本不可能与蝴蝶龙抢食物吃。在发现蝴蝶龙的喀拉扎组地层,古生物学家还真的就发现了一种大型蜥脚类恐龙——嘉峪龙。根据发现的数量有限的牙齿看,嘉裕龙的体形或许要比蝴蝶龙小一些,不过它们都靠着长脖子扩展取食的范围。

有大型的植食性恐龙存在,就一定有大型的肉食性恐龙在周围游荡。由于目前在喀拉扎组地层中找到的恐龙化石很有限,古生物学家还没有发现大型的肉食性恐龙,不过在相邻的石树沟组和五彩湾组地层中发现了凶猛的中华盗龙和单脊龙,这说明定会有类似掠食者威胁蝴蝶龙的生存,只是需要古生物学家的进一步发现和研究。

6. 发现的意义

长脖子的蝴蝶龙属于马门溪龙科,与著名的马门溪龙是亲戚。蝴蝶龙是目前中国发现的体长仅次于中加马门溪龙的大型蜥脚类恐龙,它的发现证明中国曾经有巨型恐龙生存过。蝴蝶龙是中国和日本两国的古生物学家共同发现的,它见证了两国的友谊。

巨棘龙

2009 年 9 月,对于海南省博物馆的工作人员来说是异常忙碌的,"龙行天涯"四川自贡侏罗纪恐龙(海南)展已经进入了倒计时阶段。24 日,来自四川自贡恐龙博物馆的加长大卡车到达海口,十几个厚重的大木箱被搬进展厅,自贡的恐龙专家和海南省博物馆的工作人员开始了开箱装架工作。

上午 9 点 53 分,工作人员小心翼翼地撬开装载四川巨棘龙骨骼化石的 10 号木箱顶盖,露出里面 10 厘米厚的塑料泡沫板。据博物馆的工作人员介绍,这些塑料泡沫板在运送过程中对恐龙化石起到了重要的保护作用,因为对于这些珍贵的恐龙化石而言,运送中轻微的磕碰都会对其造成不可弥补的损坏。揭开塑料泡沫板后,伴随着浓重的化石保护剂的气味,两块深褐色的庞然大物出现在大家面前,这就是四川巨棘龙的尾椎和背部脊椎的骨骼化石,距今已有近 1.6 亿年的历史了。

巨棘龙意思是"长有巨大棘板的蜥蜴"。巨棘龙的模式种被命名为"四川巨棘龙",代表化石发现地四川省,生存于距今 1.6 亿年前的晚侏罗世。

1985 年,自贡恐龙博物馆的工作人员在大山铺上沙庙组地层挖掘出了一种奇特的剑龙下目恐龙化石,正模标本包括一具部分完整的骨骼,缺少头颅骨(但有下颚)、后肢及尾巴。1992 年,古生物学家欧阳辉对发现的化石进行了描述,并将其命名为巨棘龙。4 年后,巨棘龙的化石就在自贡恐

博物馆中完成了装架并向观众展示。

　　除了发现的正模标本之外,古生物学家还发现了一块位于巨棘龙左侧"肩棘"(从肩部伸出的骨棘)上面积约 400 平方厘米的皮肤化石,它的发现填补了世界剑龙皮肤化石的空白,成为目前世界上首例也是唯一的一例剑龙皮肤化石,是十分难得的珍品与孤品,被自贡恐龙博物馆当作了镇馆之宝!

　　这块皮肤印痕化石之所以宝贵,首先是因为它记录了亿万年前恐龙的皮肤。

　　恐龙皮肤基本类似于现代爬行类动物的皮肤,它们的表皮角质化程度高,身体被角质鳞所包裹。这些角质鳞除了起保护作用之外,还有利于防止体内水分散失。恐龙皮肤化石非常珍贵,对认识恐龙体表特征、生理机能和复原恐龙有着重要的作用。

　　世界上第一件恐龙皮肤化石发现于 1852 年,此后世界各地零星有恐龙皮肤化石发现,但数量极其有限。迄今,除中国外,在美国、加拿大、英国和蒙古等地一共就发现了 20 余例恐龙皮肤化石,其中以鸭嘴龙超科居多。

　　目前,中国所发现的恐龙皮肤印痕化石仅 5 例,其中 3 例发现于四川,2 例发现于辽宁。

　　而此次由自贡恐龙博物馆副馆长彭光照、研究部副主任舒纯康等人描述的这块巨棘龙皮肤印痕化石又具有极其特殊的意义,因为这块皮肤印痕化石显示其粗糙的鳞片有助于降低巨棘龙体表的整体亮度,极有可能大大提高巨棘龙的隐蔽度,肉食性恐龙在一定距离内根本发现不了它的存在。

　　这块皮肤印痕化石最初发现于 1985 年 4 月,由自贡恐龙博物馆在沿滩区采掘而得。同年 11 月,在该标本的整理过程中,研究人员在其左侧肩棘(一块从肩部伸出的骨棘)上发现了皮肤印痕化石,并做了简单描记。

　　2007 年,在自贡恐龙博物馆恐龙复原项目的资助下,彭光照等人对巨棘龙进行精确复再工作,并重新观察研究了这块皮肤印痕化石。至此,这块特殊的皮肤印痕化石才得以和大家见面。

　　剑龙下目皮肤化石最早由美国著名古生物学家马什描述于 1881 年,而这是中国发现的首例剑龙下目皮肤印痕化石。

　　这块化石的保存相当难得,彭光照介绍说:"这头巨棘龙生前应该是一种离群或独居状态,当它正常或非正常死亡后就被迅速埋藏,身体仅仅经过了小小的移动,大部分骨骼部还关联在一起,其皮肤就保存于左肩棘背面,综合整体的鳞片大小、排列方式等要素,该皮肤印痕化石的身体位置可能为前肢的肘关节及其邻近的上臂、体侧皮肤。"

　　而据舒纯康副主任介绍,剑龙曾经发现过喉甲,这有利于保护其喉部,而这次他们在巨棘龙的

皮肤印痕化石上就发现它的鳞片形态非常接近剑龙的喉甲。而且,这些鳞片不是单调均匀地排列,而是在小鳞片之间散布有零星较大的鳞片,这种构造已经成为植食性恐龙(如蜥脚类、鸟脚类、角龙类)常见的皮肤样式,有利于防御。

而在这片约 400 平方厘米的巨棘龙皮肤印痕化石上,彭光照等人还惊奇地发现上面有破损现象。比如鳞片中存在受伤后愈合的错甲、鳞片脱落之后的皮肤印痕等。更有趣的是,在皮肤上面有两道划痕,划痕中部深入,两端较浅,极有可能是巨棘龙受创伤所致。据此,研究人员推测,它在生前一定遭到过兽脚类恐龙的攻击,这让我们仿佛触摸到远古世界恐龙生存时日常琐碎的细节。

不过,这些发现似乎都还不是最令人兴奋的。因为彭光照等人发现巨棘龙鳞片表面粗糙,一些条索状隆突在鳞片上形成若干道嵴,使鳞片表面形成明显的凹凸。这种凹凸构造将环境光线向不同方向进行漫反射,从而降低了鳞片表面整体亮度水平。如果没有这种构造,当光线照射到巨棘龙平整的鳞片表面时,会在某些方向形成比较强的散射,形成眩光,从而清楚地将自己暴露给敌人。而巨棘龙粗糙的皮肤构造,却能够在很大程度上将敌人拒之身外,这或许就是它们当时的生存之道吧!

巨棘龙被描述命名之后,一部分古生物学家认为它只不过是四川自贡地区以前发现过的剑龙下目恐龙罢了,并不具备作为一个独立属种的特征。直到 2006 年,古生物学家福特发表了一篇简短的论文对巨棘龙的属种有效性进行了确认,同时福特指出以前的巨棘龙装架将它们的副肩棘上下颠倒了,他认为应该将副肩棘稍微朝上,尾端高于巨棘龙的背部。

巨棘龙体长 5.4 米,臀高 1.7 米(如果算上骨板的高度,身高可达两米),体重约 1.5 吨,属于早期的剑龙下目恐龙,在剑龙系统中甚至比华阳龙还要原始。

巨棘龙长了一个小脑袋,但是和其他后期剑龙下目有所不同的是它的头骨比较短,眼眶孔较大。

巨棘龙四肢粗壮,后肢长于前肢,背上长有 15 对共计 30 块骨板。有趣的是巨棘龙既不像后期的剑龙下目恐龙那样长有外形基本相同只是大小有所区别的骨板,也不像早期剑龙下目成员长有外形迥异的宽大和尖细的两种骨板。巨棘龙的骨板大部分是呈规则的长三角形,从颈部开始沿着背部由小到大分布,但是长在荐部的第 11 对骨板却很特别,这对骨板又厚又高,顶部尖细,高高地耸立在巨棘龙的背上,从其他的骨板中脱颖而出。

巨棘龙的尾巴末端长有 4 根骨质尖刺,这些骨刺的长度较短,在 40 厘米左右。高速运动的尾巴配上几根骨刺具有很大的杀伤力,那样子活像是一根超大号的狼牙棒。

巨棘龙最重要的特征在于它的化石带有两个大逗号般的副肩棘,这一结构最早出现在 20 世纪初发现于英国和非洲坦桑尼亚的钉状龙身上,不过却被研究人员放在了腰带的肠骨上,称为"副荐棘"。直到 1985 年挖掘关联性极好的巨棘龙以后,才证明这对大逗号般的骨骼是长在肩部的,应该叫作副肩棘。

芒康龙

虽然芒康龙的化石标本并不完整,但仅仅是这些印迹就已经告诉了我们一个不一样的青藏高原。它们安静地在大地中为淳朴的牧民讲述着亿万年前的故事。那月亮高悬的夜晚,微风轻轻吹过耳边、青草焦急碰撞带来的细碎的声音,便是来自它们的倾诉。

芒康,一个典型的带有西藏风味的名字。在地图上,芒康作为西藏自治区的一个县级单位位于横断山脉下,地处川、滇、藏三省区公路交会处,与四川省和云南省毗邻。芒康自古就是西藏的东南大门,是"茶马古道"在西藏的第一站,具有重要的战略地位。芒康素有"歌的海洋""弦子的故乡"之美誉,以歌舞闻名。不过下面我们要介绍的不是舞蹈和山歌,而是一种叫芒康龙的奇特动物。芒康龙是西藏地区发现的为数不多的几种恐龙之一,它的发现不但证明世界屋脊——青藏高原在亿万年前曾经是恐龙的乐园,而且对于研究青藏高原的地质演变具有重要的参考价值。

芒康龙意思是"来自芒康的蜥蜴"。芒康龙的模式种被命名为拉乌拉芒康龙。芒康龙生存于距今约 1.55 亿年前至 1.5 亿年前晚侏罗世的中国西藏,是一种存在质疑的剑龙下目恐龙。

发现的芒康龙正模标本包括两块不完整的椎骨、三块骨板和完整的荐骨,目前该标本的荐骨保存于中国科学院古脊椎动物与古人类研究所中,而其他部分已经遗失。芒康龙由中国古生物学家赵喜进研究并于 1983 年命名,由于发现化石标本的不完整,芒康龙的有效性遭到了其他古生物学家的质疑。

芒康龙体长约 5 米,高约 1.7 米,体重约 1.5 吨,是一种体形中等的剑龙下目恐龙。由于发现化石的破碎性,研究人员只能大致描绘其外形:一个细长的脑袋,短短的脖子,四肢有力,后肢要长于前肢,长长的尾巴上长有坚硬的骨刺,可以打退肉食性恐龙的进攻。根据有限的化石资料,研究人员发现芒康龙的骨板宽大壁薄,其外形明显不同于四川自贡地区发现的众多骨板窄高的剑龙下目,属于较进步的特征。

1990 年,著名的古生物学家董枝明研究员翻阅了当年芒康龙的研究论文,将其与其他剑龙下目进行比较后得出以下结论:(1)芒康龙的骨板较大较薄,在外形上与剑龙的骨板相似;(2)五块荐椎骨和肋骨之间的开孔已经封闭;(3)脊椎骨上的神经棘明显低于剑龙、钉状龙及乌尔禾龙。

似花君龙

生活在那个年代对似花君龙来说,真不知道是幸运还是不幸!当它们来到这个世界上的时候,家族中的大部分同伴都已经永远地离开了这个世界,它们独自享用丰美的食物、清新的空气,看上去似乎很惬意。可是或许没人知道它们内心的苦楚,孤单和死亡迫近的气息时刻围绕在它们身边,它们知道或许下一刻,自己的生命就会像同伴那样永远地终结……

在南非开普省的一个小镇外,几个英国人正在指挥一群黑人劳工修建新的道路,虽然带着宽边帽,可汗水还是把他们的衬衫浸出一片片阴影。突然,一个黑人叫了一声并高高地举起了手,他的手里拿着一块石头。工程师安德鲁·贝恩赶忙把石头拿在手里,在阳光下细细地端详,这不是简单的石头,而是某种动物的头骨,贝恩断定。

于是他带着这块化石来到开普敦找到他的好友威廉·阿瑟斯通,他们在共同研究之后认为这块化石属于一种史前的爬行动物,很可能就是传说中的恐龙。为了弄清这种动物的属种,贝恩不远万里从南非来到了英国伦敦,他拜会了当时最具权威性的古生物学家,恐龙的命名者理查德·欧文。欧文将其与其他早期发现的化石进行比较后认为这是一种我们并不熟知的恐龙,并将其命名为花君龙,意思是"像花一样的牙齿",随后在南非发现的许多化石都被欧文归为花君龙。

1912 年,罗伯特·布鲁姆在研究欧文曾经归类于花君龙的那些在南非发现的古生物化石时发现,花君龙并不是恐龙,而是一种无孔亚纲锯齿龙科的一属爬行动物,它们生存于二叠纪时期的南非、坦桑尼亚、俄罗斯北部,分布面积非常广。化石中表现出来的特征包括头颅骨很小,颊骨像其他锯齿龙科般,没有尖刺,特别是牙齿像一朵盛开的小花一般,这正是其命名的原因。花君龙体长 1.2 ~1.5 米,体重约 100 千克,大小和狗差不多。

而罗伯特·布鲁姆发现,安德鲁·贝恩发现的化石和那些花君龙不一样,它代表了一种未被认识的恐龙。于是,他将其叙述为古蜥甲龙的一种。直到 1929 年,佛兰丝·诺普乔等重新研究了这块化石,并将其命名为似花君龙。

似花君龙,意为"类似花君龙"。似花君龙的模式种被命名为非洲似花君龙,种名代表非洲大陆。似花君龙生存于距今 1.5 亿年前至 1.32 亿年前晚侏罗世至早白垩世的非洲南部,可能是最后的剑龙下目恐龙,因为它的大部分亲戚都在白垩纪之前灭绝了。

似花君龙的化石仅仅包括安德鲁·贝恩发现的不完整的头骨标本,出产地层为南非开普省的上柯克伍德组。

似花君龙体长约 5 米,由于到目前为止只发现了它的头部化石,因此我们对它的描述更多的来自于同类的比较。根据已经发现的化石推断,似花君龙有一个小脑袋,牙齿长在面颊内,牙齿的外形有些像是盛开的小花。似花君龙的后肢应该长于前肢,尾部有 4 根骨质尖刺,不过它背上到底长有几对骨板、骨板的外形是什么样子就不确定了。到目前为止,似花君龙是已经发现的生存年代最晚的剑龙下目恐龙之一,它的生存下限已经到了早白垩世,如果可以发现更多的化石资料,将有助于古生物学家更多地了解剑龙下目的进化。

嘉陵龙

肩部向外生长的骨质尖刺、荐部到尾部的 5 对骨质尖刺,这些都是嘉陵龙上好的防御武器。如果运用得当,对付生活在它们身边的可怕的四川龙、永川龙完全不成问题! 不过,也不能说它们十全十美了,它们还有一个致命的弱点——智商不高。

一个凉爽的上午,虽然太阳无遮无拦地挂在天空中,但是山谷中吹来的凉风带走了往日的炎热。自贡的恐龙们迎来了一个难得的好天气,于是都纷纷从树林间现身,来到开阔地里活动活动筋骨。一群像刺猬一样的嘉陵龙拖家带口来到溪流边,这里生长的低矮蕨类是最可口的食物。

就在它们前面不远处,几个高高的脑袋从一片树林中抬了起来,随着一阵小小的骚动,几只巨大的马门溪龙出现在开阔地的边缘。它们伸着长而优雅的脖子,寻找树冠上新鲜的嫩叶。那些叶子就像是为它量身定做的一样,因为其他小不点儿只能站在树下望尘莫及。

嘉陵龙们有些羡慕地抬起头来,它们想看看马门溪龙惬意地享受美味的样子。可正巧,它们看到了一只巨大的沱江龙正慢慢地向这边走来。沱江龙与嘉陵龙同属于剑龙下目,两者之间有着很近的亲缘关系,而且它们的外形也极其相似,只不过沱江龙 7.5 米的体长在短小的嘉陵龙面前要算是老大哥了!

嘉陵龙并不介意与沱江龙分享食物,毕竟它是自己的大哥哥,在危险到来时还可以保护自己。

或许不该提"危险"这个词,因为一提"危险",它就真的出现了。正在津津有味地吃着嫩叶的马门溪龙突然发出了警报般的叫声,开阔地所有的动物都紧张起来,它们四处寻找,想看看是什么惊动了马门溪龙。

就在这时,只见马门溪龙眼睛注视的方向走来两只凶恶的四川龙,它们一前一后地出现在众恐龙面前,前肢上的利爪随着身体的前进左右晃动着,嘴中的两排比首形的利齿也时隐时现。

看到大敌当前,嘉陵龙和沱江龙聚集到了一起,它们把幼龙围在中间,将背上和尾巴上的骨刺都朝向外侧,如果用军事术语形容的话,可以说是一个标准的"刺猬阵地"+"环形防御"。但是令大家意外的是四川龙并没有理睬周围草木皆兵的一切,它们径直来到小溪边,低下身体喝了水后便转身消失在森林中。原来,这群凶猛的家伙今天并没有捕食的心情,它们只是想喝些水罢了!

嘉陵龙意思是"来自嘉陵江的蜥蜴"。嘉陵龙的模式种被命名为关氏嘉陵龙,是为了纪念嘉陵龙的发现者地质学家关氏。嘉陵龙生存于距今1.6亿年前晚侏罗世的中国四川,是一种比较原始的剑龙下目恐龙。

嘉陵龙的化石是中国著名的地质学家关氏在1957年发现的,化石采集点位于四川省自贡市的衢县,发现的化石包括6块破碎的脊椎骨、3根骨刺及非常不完整的头骨。中国古生物学的开山鼻祖杨钟健对发现的化石进行了研究后在1959年将其命名为嘉陵龙。其正模标本现存放于中国科学院古脊椎动物与古人类研究所内。

1978年,重庆市博物馆的赵喜进等在对衢县附近进行的考察中又发现了部分嘉陵龙的骨骼化石,该标本包括2块颈椎、6块背椎、几块尾椎、部分髋骨及左股骨。嘉陵龙的化石发现于四川上侏罗纪的上沙溪庙组地层,出土于同一地层的恐龙还包括蜥脚类的张氏大安龙、合川马门溪龙、杨氏马门溪龙、釜溪峨嵋龙和釜溪自贡龙,兽脚类的甘氏四川龙和和平永川龙,另外还有与嘉陵龙同属于剑龙下目的四川巨棘龙和多棘沱江龙。

嘉陵龙体长4米,高1.2米,体重约700千克,是一种小型的剑龙下目恐龙。嘉陵龙的外形与发现于坦桑尼亚的钉状龙非常相似,它长有一个细长的与身体不成比例的小脑袋,这证明嘉陵龙的智商较低。

嘉陵龙的整个身体比较其他高大的亲戚们显得较为苗条,其前肢长度虽然短于后肢,但是前后肢之间的长度相差并不大,表明它们是一种行动比较迅速的恐龙。目前还没有研究资料证明嘉陵龙的臀部具有空腔可以容纳辅助身体运动的神经节,不过以嘉陵龙的体形来看,它们并不需要这种结构。

嘉陵龙的肩部有向外生长的骨质尖刺,这根骨刺普遍存在于四川发现的剑龙下目当中。

嘉陵龙背上有13对共计26块骨板,它们清晰地分成两个不同的类型,从颈部到荐部的前6对骨板外形呈明显较薄的三角形,而从荐部到尾部的第7对至第13对骨板已经变成了骨质的尖刺,每对刺之间的距离沿着尾巴的方向逐渐拉大,同时与水平面的夹角却越来越小。仅仅从嘉陵龙尾巴的最后5对骨刺来看,只要使用得当,其攻击范围远远大于同类尾巴上的4根骨刺,嘉陵龙背上骨板的分类与排列和非洲的钉状龙很相似,这可能证明两者之间具有更加亲密的关系。

锐龙

这真是一个一语双关的名字,无论是它咄咄逼人的锐气,还是它锐利的尾巴,都可以让它名副其实地被称为锐龙。这个厉害的家伙进入人们视野的那天就引起了不少话题。听说有人发现了长1.5米的锐龙盆骨化石,那可真是太可怕了,因为这意味着它的身长将超过10米,比任何一种剑龙类恐龙都大！

一双杀气腾腾的大眼睛扫视着周围，伴随着胸腔的起伏，可以清晰地听到"呼呼"的喘息声。一只高大的巨齿龙正在位于英格兰南部的森林中狩猎，这里是它的地盘，所有的猎物都属于这只长达8米的肉食性恐龙。

巨齿龙的身体真是太大了，只是向前走了几步，它就擦到了一根树枝，树叶因为剧烈地晃动而发出"沙沙"的声音，在树林中很是明显。几只在附近树梢上休息的翼龙听到这声音后，纷纷飞向空中。

巨齿龙望着逃走的翼龙摇了摇头，看来在这种狭小的空间里是不可能抓到猎物的。还没等你看到它们，它们就已经听到了你制造出来的噪声，这可是寂静森林中最好的警报声。巨齿龙知道在这里乱转碰不到好机会，于是迈开大步向前走着，无所谓周围发出多大的声响。

当前面不再是幽绿色的树干和枝叶，而现出了几道明亮的颜色时，巨齿龙放慢了脚步，它知道自己已经来到了森林的边缘，这里正是猎物比较丰富的区域，如果还像刚才那样毛手毛脚，就算是有猎物也会被惊动。

巨齿龙低下头嗅了嗅空气，它似乎闻到了猎物的气味，一只动物刚刚经过这里。"猎人"循着猎物的气味来到几棵桫椤下，如果再往前走就要走出森林了，所以它停了下来，透过桫椤扇形叶子之间的空隙观察外面的动静。外面似乎没有什么，除了灼人的阳光还有没精打采的植物。不过，几棵摇摆的植物吸引了巨齿龙的目光，它睁大眼睛发现苏铁丛中有一只锐龙。

锐龙背上的骨板覆盖了带有褐色的碎条纹，配上身上的绿色，当它隐藏在灌木丛中的时候，一般"猎人"根本发现不了。不过，再好的伪装也躲不过"猎人"的火眼金睛，锐龙啃食植物的动作暴露了它的位置，但是它并不知道自己已经被盯上了。

巨齿龙盘算着应该怎样发动进攻，但是一看到锐龙身上那一排排的骨质尖刺它就头疼。巨齿龙犹豫了一会儿，巨大的饥饿还是诱使它开始了攻击行动。

只听巨齿龙怒吼一声，从森林中冲了出来，它迈着大步直奔自己的猎物而去，在松软的地面上留下一排深深的三指足迹。

正沉浸在新鲜美味的苏铁中的锐龙听到了那声巨大的吼叫声，它惊恐地转过身子，看到了一个庞然大物朝自己冲了过来。看来，躲已经来不及了，它下意识地将自己的尾巴抬得高高的，朝向危险袭来的方向。

高速奔跑的巨齿龙果然见到了自己想象中的情景，它猛然刹住了车，它可不想自己无缘无故地撞到那些锋利的尖刺上。

巨齿龙和锐龙开始对峙起来，虽然小脑袋的锐龙比较笨，但是它却占据了非常有利的地形。它躲在苏铁林里让巨齿龙根本没有办法贴近它,而它尾巴上的骨刺却能够打到来犯者。无奈之下,巨齿龙只好开始绕着锐龙兜圈子,它一边想办法一边想把锐龙逼出来。可是已经吃饱喝足的锐龙偏偏喜欢上了这个地方,动都不动。双方就这么僵持了半个多小时,最后还是巨齿龙放弃了,它恼怒地朝锐龙咆哮了几声,转身离开。饥饿的巨齿龙可不想在一棵树上吊死。

锐龙,学名来自拉丁语,意思是"非常锐利的尾巴"。锐龙的模式种被命名为装甲锐龙,种名在拉丁语中有"铁板、装甲"的意思。锐龙生存于距今1.54亿年前至1.5亿年前晚侏罗世的西欧,与它生活在同一时代的还有兽脚类的巨齿龙和同属剑龙类下目的勒苏维斯龙等。

锐龙曾经被作为是第一种发现并被命名的剑龙下目恐龙(现在认为发现最早的剑龙下目是皇家龙),它的化石发现于英格兰南部。1875年,著名的博物学家理查德·欧文根据发现的骨质尖刺和像装甲板一样的大骨板这些特征为其命名。不过,在此之前这个名字已经被另一种动物所使用,因此卢卡斯在1902年将其学名改为现在的名字。除英国之外,在法国、西班牙及葡萄牙都发现了锐龙的化石,特别是近几十年来连续发现了五具锐龙的化石标本,为我们进一步了解这种动物提供了大量的材料。由于化石发现较早,分类和研究又不科学,锐龙属下面曾出现了多个错误种。不过,它们现在一些被认为是勒苏维斯龙,而另外一些则被认为是装甲锐龙。

关于锐龙的大小一直是在讨论中的话题。大部分古生物书籍或是网站上都认为其长度在4~6米之间,按照剑龙家族的标准只能算是中等大小。不过,有数据显示曾经发现过1.5米长的锐龙盆骨化石,如果按照这块化石推算,这只锐龙的体长可能超过10米,这个长度超过了目前公认的剑龙下目中体形最大的装甲剑龙(9米),可是要想得到准确的数据,我们还需要更多的化石材料。

勒苏维斯龙

··

　　或许生活于侏罗纪欧洲的勒苏维斯龙早在亿万年前就浸染了这片土地上流淌的血液，它冷峻的外表、孤傲的气质、优雅的姿态，所有的一切，都让站在它面前的人们像个绅士般想要对它摘帽致敬。

　　古罗马时期，当伟大的恺撒带领罗马军团来到法国时，他们称这里为高卢。当时的高卢人还保持在原始的状态，人们都以部落为单位生活在一起。在高卢的众多部落中有一个部落称自己为勒苏维斯，他们并不知道在部落的领地之下埋藏着一种远古动物的骨骸——勒苏维斯龙。

　　勒苏维斯龙意思是"勒苏维斯部落的蜥蜴"。勒苏维斯龙的模式种被命名为堡垒勒苏维斯龙。勒苏维斯龙生存于距今1.65亿年前中侏罗世时期的欧洲，其主要分布于法国和英国。当时的英国和法国一带除了生活着勒苏维斯龙之外，还生活着一种大型的肉食性恐龙——巨齿龙，它因为是第一种被科学命名的恐龙而被大家所熟知，曾经有一幅古生物绘画就生动地表现了勒苏维斯龙与巨齿龙之间的战斗。

　　勒苏维斯龙的化石发现于法国北部和英格兰北部，其正模标本包括部分颈椎、背椎和尾椎，完整的四肢骨和盆骨，4块不完整的骨板以及一块尖刺和一块尾刺。除了骨骼化石之外，古生物学家还发现了一些类似于皮肤的化石，不过研究人员一直没有办法确认。

　　最初，勒苏维斯龙被认为是一种锐龙，但是经过对化石的细致研究后，古生物学家罗伯特·霍夫斯特于1957年建立了勒苏维斯龙属。勒苏维斯是古代凯尔特文化中生活在法国的一个部落的名称，勒苏维斯龙的化石便是发现在这个部落的居住地周围。然而在近些年来的研究中，部分古生物学家提出勒苏维斯龙没有明显的可以鉴定的特征，他们认为勒苏维斯龙的部分化石应该归入铠甲龙之下。

　　勒苏维斯龙体长5米，臀高2米（如果算上骨板的高度，身高可达2.5米），体重约1.5吨，是一种体形中等的剑龙下目恐龙。由于发现的标本并不完整，因此关于勒苏维斯龙的部分特征是根据其近亲推测的，不过，从发现的化石可以明显地看到勒苏维斯龙既有早期剑龙下目的特征，又有晚期剑龙下目的特征。

　　勒苏维斯龙长有一个小小的脑袋，嘴里长有两排细小脆弱的牙齿，它前肢与后肢的长度比例很明显，仅仅是后肢大腿骨的长度就相当于其前肢的长度，这种属于后期剑龙下目的特征说明勒苏维斯龙是一种行动缓慢的恐龙。

　　勒苏维斯龙背部的骨板明显地分为颈部到荐部宽大呈三角形的骨片和荐部到尾部坚硬细长的骨刺两种，同时拥有这两种不同类型的骨板结构又是早期剑龙下目的特征。但是由于发现化石材料有限,我们还不能准确地知道其背部骨板的数量。

与发现于中国和坦桑尼亚的家族成员相似,勒苏维斯龙的肩上也长有一对副肩棘,这对骨质肩棘每根长 1.2 米,可能是剑龙家族中最长的肩棘。

勒苏维斯龙背上的骨板到底是用来做什么的?这个问题一直困扰着大家。有人认为它们的骨板上带有颜色丰富的角质层,当勒苏维斯龙伏在灌木丛中时看上去就像是一株株植物,起到了良好的隐蔽作用。而美国耶鲁大学的古生物学家与技术人员合作,把勒苏维斯龙的近亲剑龙的骨板切开,用 X 光进行观测,发现骨板中间有众多可以供血管通过的洞孔。这证明剑龙在活着的时候骨板能够接受大量的血液,并能控制血液到骨板中的流量。骨板的这种结构可以很好地调节体温,就像一块块太阳能板一样。这项研究成果是骨板散热说的重要证据之一。

米拉加亚龙

无论发生任何事情,在生命演化的过程中总是要遵循优胜劣汰的原则,因此所有的生命都要练就自己独特的本领,以便让自己归入优胜者的队伍。对于米拉加亚龙来说,脊背上的背板和尾巴上的尖刺似乎还不足以让它从同伴中脱颖而出,于是它选择了加长自己的脖子。就像今天的长颈鹿一样,颈部较长的个体在竞争中更加具有优势,因为长长的颈部能够增加它们的取食范围,从而使它们更容易生存下来。

温暖的海风从大西洋刮来,其中富含的水汽形成降水,浇灌着欧洲的西部,而葡萄牙就是整个灌溉工程的第一站,就算在 1.5 亿年前的侏罗纪时期也是一样。

丰沛的雨水和一个个三角洲使得近海平原成了动物们的天堂,这里有丰富的食物和凉爽的空气,对于动物来说没有比这更好的去处了。

就在沙滩后面,一片蕨类前,两只怪模怪样的恐龙正在埋头吃着东西。

虽然这些家伙把头埋在植物中间寻找刚长出来的嫩叶,但是它们的尾巴却高高地抬向空中,4 根尖细的骨刺随着尾巴的摆动扫来扫去。再仔细看,它们的背上有两排三角形的骨板,这连同刚刚

看到的骨刺明白地告诉我们这两只恐龙属于剑龙家族,它们与在英国、法国、西班牙发现的锐龙有着很近的亲缘关系。

现在周围很安静,海风吹着沿海的植物沙沙作响,一小群翼龙从这两只恐龙的头顶飞过,一堆粪便从天而降,正打在下面一只剑龙下目恐龙的小脑袋上。突如其来的"攻击"让它下意识地抬起了头左右搜寻着,其同伴也随着抬起了头。这时候才发现,这两个家伙居然长着超长的脖子,它们就像是从蕨类丛中伸出的两根天线,向上搜寻着攻击者的踪影。

这真有些不可思议,因为它们分明是剑龙下目恐龙,却像蜥脚类一样长着长长的脖子。那超长的脖子给了这种奇怪的剑龙下目恐龙更为广阔的视野。在一番搜索之后,两个饥肠辘辘的家伙并没有发现什么危险,于是又低下头安心地享用面前的美味。

2009 年,据美国《科学》杂志在线新闻报道,古生物学家在欧洲的葡萄牙发现了一种长脖子的剑龙下目恐龙,当它以长脖子的优雅形象出现在网页中时,大家眼前一亮。因为在此之前短脖子一直是剑龙下目的标准特征,它们似乎有灵活的尾巴和长长的骨刺就足够了,而一提到长脖子恐龙,人们首先想到的一定是大型的蜥脚类恐龙。可是现在,居然有一种奇特的剑龙下目也加入了恐龙家族"长脖子俱乐部"的行列,这真令人惊叹。

米拉加亚龙,其学名的出处是其发现地葡萄牙北部地区奥波多市米拉加亚教堂区,意思是"来自米拉加亚",米拉加亚龙的模式种被命名为长颈米拉加亚龙,种名来自于其长脖子这个特征。米拉加亚龙生存于距今 1.5 亿年前晚侏罗世的西欧地区,是一种很有特点的剑龙下目恐龙。

米拉加亚龙的化石发现于葡萄牙北部奥波多市卢连雅群索布拉组地层,该地层是典型的上侏罗统沉积构造。其正模标本包括部分头骨(右前上颌骨、部分左上颌骨、左鼻骨、右眶后骨和左右隅骨),15 块颈椎(寰椎和枢椎缺失)和颈肋,2 块背椎,2 块乌喙骨,肩胛骨、肱骨、桡骨和尺骨,1 块掌骨,3 块趾骨,12 块背肋片段、1 块脉弧、1 块真皮骨和 13 块膜质骨板。在正模标本不远处发现一具未成年米拉加亚龙化石,包括 2 块背椎椎体,3 块背椎神经弓、右耻骨、左肠骨。虽然以前欧洲已经发现了大量的剑龙下目恐龙化石,但是米拉加亚龙的头骨却是欧洲发现的第一个完整剑龙下目头骨。2009 年,古生物学家奥克塔维奥·马特乌斯叙述并命名了米拉加亚龙,相关的研究论文《一个新的长颈(似蜥脚类的)剑龙类和装甲恐龙的演化》发表在同年出版的英国《皇家学会学报》上。

米拉加亚龙体长 5.5 ~ 6 米,其中脖子就长 1.8 米,臀高 0.5 米(如果算上骨板的高度,身高可达 0.6 米),重约 300 千克。

米拉加亚龙长有一个细长的小脑袋,其口鼻部前端缺乏牙齿,而细小的牙齿都长在面颊部分。

米拉加亚龙的前肢与后肢之间的长度差较小，说明它是一种行动灵活快捷的小恐龙。

米拉加亚龙的背上长有众多三角形的小骨板，一共有 21 对共计 42 块骨板，其数量远远超过了华阳龙的 16 对骨板，更是多于剑龙的 17 块骨板，是目前发现的剑龙下目家族中拥有最多骨板的成员。

米拉加亚龙后面长有一条长尾巴，尾巴末端长有 4 根骨质尖刺，这些尖刺的长度要比米拉加亚龙背上的小骨板长得多，是它们自卫的最佳武器。在米拉加亚龙身上表现出了一些后期剑龙下目的特征，马特乌斯等人同时也提出一个系统发生学研究，认为米拉加亚龙与锐龙属于一个名为锐龙亚科。

米拉加亚龙最明显的特征是它长有一条超长的脖子，这在以短脖子著称的剑龙下目家族非常奇特。

米拉加亚龙的颈部一共由 17 块颈椎骨构成，这个数量不但超过其他所有的剑龙下目恐龙，甚至比大部分的蜥脚类恐龙还多。因为一般的蜥脚类恐龙都只拥有 12～15 块颈椎骨，只有少数蜥脚类恐龙，如盘足龙、马门溪龙、峨嵋龙等恐龙的颈椎数量超过了米拉加亚龙。

与其他剑龙下目相比，米拉加亚龙的颈椎骨长度略长，不过，古生物学家推测这可能是在其死后骨骼石化的过程中遭到外力压迫变形的结果。马特乌斯等古生物学家推论米拉加亚龙的长颈部可能是由部分背椎向前移动构成颈部脊椎而形成的。

米拉加亚龙的长颈可能是选择性进化的结果，就像今天的长颈鹿一样，颈部较长的个体在竞争中更加具有优势，因为长长的颈部能够增加它们的取食范围，从而使它们更容易生存下来。所以，其长颈特征经过一代代选择、保留和继承，最后形成了米拉加亚龙。

营山龙

任何史前生物的化石都不那么容易获得，当然恐龙化石也是这样。它们似乎总是不按规律出牌，常常出现在出人意料的场景里，比如盖房子打地基的时候。营山龙就是在这样的情况下出现在人类面前的，好在那个盖房子的人懂得一些古生物常识，才使得营山龙的化石没有被当作一块普通的大石头茸到墙里。

1983 年的秋天，四川省营山县济川乡社员龙云乔在建房挖地基时发现了化石，虽然他只是一个普通农民，但是早就听说地里有一种特别的石头叫作化石，于是龙云乔向乡里汇报。济川乡发现恐龙化石的消息很快传开，在南充地区文化局王积厚和营山县文化馆刘敏的协助下，重庆自然博物馆的朱松林与邹建赴现场进行了试掘。第二年的 1 月，朱松林等再次对该化石点进行了彻底清理和挖掘。就这样，一种奇特的恐龙——营山龙出现在众人面前。

营山龙,学名来自汉语拼音及拉丁语,意思为"来自营山的蜥蜴"。营山龙的模式种被命名为济川营山龙,种名是代表其发现地济川乡。营山龙生存于距今1.5亿年前晚侏罗世的中国四川,属于剑龙下目。

营山龙发现于1983年,其正模标本包括一具不完整的骨架,保存部分脊椎、尾椎、左肩带、腰带、左前后肢及部分骨板。1984年,古生物学家赵喜进对营山龙进行了简单的描述,但是并没有正式地研究叙述。1985年,周世武在"法国恐龙学术讨论会"又一次提到了营山龙。后来重庆自然博物馆的朱松林又发表了一篇名为《记四川盆地营山县剑龙化石》的论文,对其进行了详细的描述。

营山龙体长4~5米,从外形上看营山龙长有小脑袋、短脖子、粗短的四肢和长长的尾巴,背上的骨板呈三角形,是一种过渡型的剑龙下目恐龙。

我们知道,生活在不同的时代、不同的区域、不同的环境的动物,向不同的生态领域辐射发展的过程中,其构造特征及生活习性会随之发生复杂的变化,剑龙下目也不例外。古生物学家斯太尔曾经在1969年讨论剑龙下目的进化趋势时指出,它们的躯体增大,喙状骨发育减弱,眶上骨发育,荐部变得坚固厚实,四肢骨骼变得坚固粗大,骨板的数量减少,面积却越来越大。

目前我国发现剑龙下目化石的层位有四个,从这四个层位中发现的剑龙下目恐龙化石骨骼构造特征有明显的变化。华阳龙发现于中侏罗世下沙溪庙组的中部,骨板呈刺状,荐孔开孔大,并穿透,前后肢之比为1:1.33,它代表了较为原始的剑龙类型。嘉陵龙、沱江龙、重庆龙埋藏层位为晚侏罗世上沙溪庙组地部,骨板多样化,为刺状、板状,荐孔穿透,开孔较华阳龙小,前后肢之比分别为1:1.62、1:1.57、1:1.60。营山龙埋藏层位较晚些,为上沙溪庙组顶部,其骨板为板状,荐孔几乎封闭,前后肢之比为1:1.68。董枝明在新疆白垩纪地层中发现的乌尔禾龙,骨板为板状较大,前肢明显变短,荐孔完全封闭,其骨骼构造更具进步性。如果我们以乌尔禾龙作为剑龙下目的晚期类型。那么营山龙在与以上剑龙下目的比较中显示了某些进步性,同时,和北美的钉状龙等一些进步的剑龙下目相比,它又保留了一些原始的特征,这说明营山龙属于剑龙下目中期向晚期发展过程中的一个过渡类型。

将军龙

中国新疆的石树是一个非常神奇的地方,因为在那茫茫的戈壁滩上,四处陈列着用石头做的树。那是一种树木的化石,被称为"硅化木"。令人惊讶的是,这些经过亿万年侵蚀、已经变成石头的树木竟然清晰地记载着树木的年轮,似乎时刻不忘向我们描述亿万年前的热闹景象。这真令人不可思议,不过,我们接下来要讨论的并不是这些奇特的硅化木,而是同样埋藏在这片土地之下的恐龙——将军龙。当然,你一定不会失望的,因为它会和硅化木一样带给我们很多意想不到的惊奇。

　　如果你在搜索引擎中输入"石树沟"三个字进行查询,搜索的结果肯定是铺天盖地的硅化木化石以及相关旅游景区的介绍。其实仅看"石树沟"三个字你就能明白其名字中的含义,成片的硅化木不正是石头做的树吗?石树沟硅化木景区位于新疆吉木萨尔县城以北120千米处,地理坐标东经88°53′,北纬45°04′。奇特的硅化木产于中、上侏罗统石树沟组地层中,产出层位多为紫红色泥岩。这些已经被完全石化的木头虽然经过亿万年的侵蚀,却仍旧不可思议地保存了清晰的树木年轮、树皮等结构。

　　实际上,石树沟的硅化木只是远古过客的一小部分,在以其紫红色泥岩为特征命名的石树沟组(主要包括上、中侏罗统地层)还发现了大量珍贵的恐龙化石,包括最古老的暴龙类五彩冠龙、异特龙超科的董氏中华盗龙、最古老的角龙类当氏隐龙、鳄鱼的亲戚斯氏族准噶尔鳄和剑龙下目的准噶尔将军龙。下面介绍的就是将军龙。

　　将军龙,学名来自汉语拼音及拉丁语,意思是"将军的蜥蜴"。将军龙的模式种被命名为准噶尔将军龙,代表它被发现于新疆的准噶尔盆地。将军龙生存于距今1.6亿年前晚侏罗世的中国新疆南部,是当地发现的第一种也是唯一一属剑龙下目恐龙。

　　如上所述,将军龙的化石发现于准噶尔盆地东北缘中侏罗世晚期到晚侏罗世早期沉积的石树沟组,正模标本包括完整的带有牙齿的下颌骨、一些颅骨、7块互相连接自然的颈椎以及两块位于颈椎之上的小骨板。古生物学家贾程凯和徐星等人根据头骨的愈合状况分析模式标本是一个未成年的个体,相关论文发表于2007年出版的《地质学报》第81卷英文版中。

　　将军龙体长约5米,高约2米,体重约1.5吨,是一种体形中等的剑龙下目恐龙。相关的研究论文指出准噶尔将军龙和其他剑龙下目的区别是牙齿呈比例地加宽,神经棘中轴接近直角,后部颈椎侧面有比较大的孔洞等。

　　将军龙长有一个小脑袋,从发现的下颌骨看它的头骨较厚,比起同类或许具有更强劲的咬合能力。因为只发现了颈部和下颌骨的化石,我们无法准确地知晓将军龙的模样,不过,根据同时代四川剑龙下目的体征可以推测,其四肢强壮但是长度相差不大。将军龙背上的骨板分为宽厚和尖细两种类型,肩部可能长有骨质副肩棘。徐星等人根据系统发生学认为准噶尔将军龙和在中国四川自贡中侏罗统下沙溪庙组地层发现的华阳龙比较接近,属于具有明显特征的早期剑龙下目。

昌都龙

　　中国是世界恐龙第一大国,在几乎所有的地方都发现过恐龙的痕迹,当然也包括神秘的西藏。

　　虽然到目前为止科学家在西藏挖掘出来的恐龙化石还不是很多,但这些化石依然提供了很多宝贵的信息,它们正试图为我们讲述一个更加古老而神秘的关于西藏的故事。

　　昌都在藏语里是水岔口的意思,因为扎曲、昂曲两条河流在这里交汇,成为澜沧江的源头;昌都位于西藏自治区东部,地处横断山脉中部,三江(金沙江、澜沧江、怒江)流域,众多的水系蜿蜒流淌在高山之间,形成了气势磅礴的自然画卷。昌都是青藏高原的东大门,拥有茶马古道黄金线路、三江并流世界遗产,迄今发现海拔最高、经度最西的新石器时代遗址——卡若遗址等,这一切使得昌都成为中国香格里拉核心旅游区。那独特多姿的康巴风情、博大精深的藏传佛教,对人们充满了无尽的诱惑。不过,除此之外,在这样美丽的世外桃源,还有一样东西吸引了大家的目光,那是更加原始的居民,一种以昌都为名的恐龙——昌都龙。

　　昌都龙意思为"来自昌都的蜥蜴"。昌都龙的模式种被命名为装甲盾齿昌都龙。其生存于距今约1.55亿年前至1.5亿年前晚侏罗世的中国西藏,是一种存在质疑的剑龙下目恐龙。

　　昌都龙的化石发现于西藏自治区的昌都,但是有消息称其正模标本已经遗失。中国古生物学家赵喜进在1986年建立了昌都龙属,并将其归入剑龙下目。不过,关于昌都龙的研究论文一直没有发表,因此昌都龙被认为是一个无效名。虽然昌都龙被列于剑龙下目的系统树之中,但是到目前为止昌都龙还是作为剑龙下目中的一个疑似种存在。

醒龙

醒龙是一种小恐龙,很可能是一种杂食动物,但主要还是吃植物。它生活在侏罗纪早期的非洲和南亚,距今 1.99 亿年至 1.96 亿年。这种恐龙上下颌都长有犬齿,上面的牙齿约有 10 厘米,下面的牙齿约有 18 厘米。有人提出,醒龙可能没有獠牙,所谓的獠牙只是一个原始的特征。醒龙的前肢比奇齿龙的前肢小,前肢的第四和第五指的指骨少一块。

在莱索托和南非的开普省人们找到了零散的醒龙化石。其中一个头颅骨是在 1974 年发现在,因为当时描述这个恐龙的人是理查德·苏尔伯恩,他认为该化石是狼嘴龙的一个新种,所以这种恐龙就被称为狼嘴龙。第二个恐龙头颅骨是由詹姆士·霍普森在 1975 年发现的。醒龙非常小,长 1.2 米,重 45 千克,与奇齿龙这种小型恐龙的关系很近。醒龙的最大特点是牙齿的种类很多。它的体长与火鸡(加上尾巴)相当,善于奔跑。

双腔龙

双腔龙是食草类蜥脚龙,包括目前发现的最大的恐龙之一——易碎双腔龙。这个属还包括高双腔龙,这是由考古学家爱德华·德林克·科普命名的。

双腔龙的模式种高双腔龙是 1904 年由爱德华·德林克·科普于 1877 年 12 月根据一个不完整的骨骼,包含了两节脊骨、耻骨及大腿骨所命名,但到 1878 年才公布。1921 年,亨利·费尔费尔德·奥斯本将一块肩胛骨、一块鸟喙骨、尺骨及一只牙齿编入高双腔龙。这些化石显示了双腔龙与梁龙的紧密相似性,及一些主要的分别,如双腔龙的前肢在比例上较梁龙为长。双腔龙的大腿骨亦是不正常的修长,及在横切面呈圆形,但这种曾一度是双腔龙独特的圆形特征在一些梁龙标本中亦有出现。高双腔龙在体形上与梁龙差不多,估计有 25 米长。

重龙

重龙这种恐龙体形巨大,脖子很长,只吃植物,生活在距今约 1.56 亿年至 1.45 亿年前的侏罗

纪。"重龙"这个名字的意思是"沉重的爬行动物",1890年考古学家奥塞内尔·查利斯·马什为这种巨兽命名。重龙体形巨大,但行动缓慢,头很小,大脑也小,但有长长的尾巴。这种蜥脚龙身高20~27米,重23吨。它的股骨(大腿骨)为2.5米,比人还要长。重龙防御猎食动物的最根本方法是它庞大的身躯。重龙是目前发现的最大、最重的动物。与其他几种食草蜥脚龙相比,这种巨龙还有几个方面的差别,最突出的是它的前肢比后肢长。

重龙非常大,用后腿站起来时,这种食草动物的身高能达到5层楼高。1890年,美国考古学家奥塞内尔·查利斯·马什发现了重龙,发现的地点后来成为美国犹他州的恐龙国家纪念馆,重龙长长的身体中大部分是它的脖子,它身体的长度只占1/5。

梁龙

生存于侏罗纪晚期北美洲的梁龙是最著名的蜥脚类恐龙,恐怕只要对恐龙有一点了解的人都会认识这个大家伙。

梁龙实在是太好辨认了,只要记住它那修长的肚子、超长的尾巴,还有庞大的身体,就一定不会把它和别的恐龙混淆在一起。

梁龙的体长大约有27米,比两辆公交车都要长,它是有史以来陆地上最长的动物之一。虽然有这么长的身体,但是大部分都被细长的肚子和尾巴占据着,再加上它的背部骨骼较轻,所以体重并不太重,大约只有12吨。

梁龙的肚子虽然很长,但是它的颈骨数量少,不能自由弯曲。

梁龙的尾巴也很长,像一条鞭子,这可是它为数不多的自卫武器。当有敌人靠近时,它可以用动尾巴来驱赶它们。

梁龙的四肢非常粗壮,前腿比后腿短,所以它的臀部高于前肩。在梁龙的每只脚上有五个脚趾,其中的一个脚趾长着爪子,这在敌人攻击的时候也可以作为武器使用。

梁龙的脚下生有脚掌垫,有了它,梁龙在走路时就不会因为支持沉重的身体而使肌肉感到太吃力了。

圆顶龙

圆顶龙是一种巨型的食草动物,脖子很长,尾巴很长。它的体长达 23 米,体重达 18 吨,是蜥脚龙中比较大的一种。它的头很小,口鼻较粗,脖子和尾巴相对于其他大多数的蜥脚龙要短很多。它的腿很粗,每只脚上有 5 个指头,内侧脚趾有一个长而锋利的爪子,用来防御敌人。前腿比后腿略短,所以它的后背与地面基本平行。它名字的意思是“有腔的爬行动物”,因为它的脊椎中有腔,这会减少身体的重量。圆顶龙的化石成群地存在,而且成年的与年幼的都在一起,说明它们的行动是成群进行的,而且幼年圆顶龙可能会受到照顾。

圆顶龙是北美地区最著名的恐龙之一,它们生活于晚侏罗纪时期开阔的平原上,距今约 1.55 亿至 1.45 亿年前,在 1997 年及 1998 年在美国怀俄明州发现两头成年圆顶龙及一头 12.2 米长的幼龙(约生活在 1.5 亿年前)集体死亡的化石纪录。有假设指它们在最后休息的地方被泛滥的河流所冲洗。这显示圆顶龙是以群族(或最小是以家庭)来行动的。而且,圆顶龙蛋被发现时都是一行的,并非整齐地排列在巢穴之中,可见圆顶龙并不照顾它们的幼龙。

圆顶龙是群居动物,它们不做窝,而是一边走路一边生小恐龙,生出的恐龙蛋形成一条线。圆顶龙还是草食动物,吃东西时,它们不嚼,而是将叶子整片吞下,它们吃蕨类植物的叶子以及松树。圆顶龙有个非常强壮的消化系统,它会吞下砂石来帮助消化胃里其他坚硬的植物,食植物的圆顶龙腿像树干那样粗壮,可以稳稳地支撑起它全身巨大的体重。

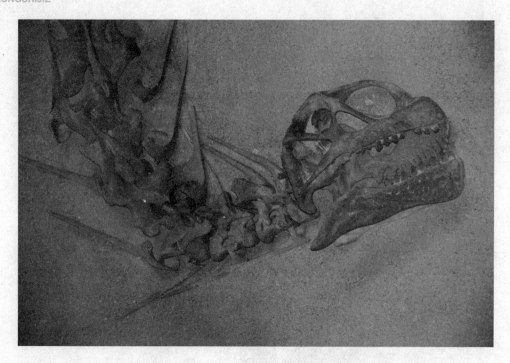

短颈潘龙

短颈潘龙是一种很特别的蜥脚龙,它的脖子很短,生活在侏罗纪晚期的阿根廷。全型标本且唯一的一个标本是从河流沙岩暴露出来的风化地质中找到的,地点是南美阿根廷中西部的丘布特省西北约 25 千米的一个山上。

尽管很不完整,但在发现时骨骼各部分仍保持着生前的样子,共有 8 个颈椎、12 个背椎、3 个荐椎,而且后颈部肋骨、左股骨远端、左腓骨远端和右髂骨保存完好。标本中的大部分可能在没有发现前很多年就已经腐蚀没了。

该模式种的名字是以丹尼尔·梅萨命名的,这个当地的牧羊人在寻找丢失的羊时发现了短颈潘龙的化石。

　　与其他的蜥脚龙一样，短颈潘龙的特殊之处是它非常娇弱，骨骼是中空的，这与当今的鸟类非常相近。

　　这种蜥脚龙一直在不断地适应采食低矮食物，可能专门吃某种特殊的食物。

瑞拖斯龙

　　瑞拖斯龙生活在1.8亿年至1.7亿年以前的侏罗纪中期，它是一种蜥脚龙，这种四足食草的恐龙有很长的尾巴、长长的脖子，头小而呈方形，体形巨大。人们在澳大利亚的昆士兰州发现了它的化石。侏罗纪中期的布朗氏瑞拖斯龙是澳大利亚发现的最完整的蜥脚龙，也是全世界发现最早的恐龙之一。

　　人们发现的化石中几乎有完整的后肢骨与盆骨以及28颗尾椎骨、7颗背椎骨和肋骨碎片，至少还有两块部分颈椎骨。澳大利亚大陆中一共发现了几种恐龙化石，瑞拖斯龙就是其中之一，它与同时代的其他蜥脚类恐龙非常相似，例如中国发现的蜀龙。1924年，希伯·朗曼在澳大利亚的昆士兰州发现了瑞拖斯龙的化石，它的腿和大象的相似，支撑起巨大的身体。瑞拖斯龙的名字取自希腊神"Rhoetos"的名字。瑞拖斯龙靠它长长的脖子够到植物，这与长颈鹿差不多。

鲸龙

鲸龙的意思是"海洋怪兽",是一种蜥脚龙,生活在侏罗纪中晚期,约 1.8 亿年至 1.69 亿年前。这种四足动物(即用四条腿走路)约 18 米长,体重达到 25 吨,它的脖子与身体一样长,尾巴更长,尾椎有 40 多节。它的股骨有 1.8 米长。

鲸龙的头很小,采食植物,脊椎是实心骨头。考古学家还认为它们成群地行走在侏罗纪平原上,速度每小时 16 千米。它的化石见于英格兰和摩洛哥等地,包括椎骨、肋骨和上肢骨。考古学家与比较解剖学家理查德·欧文爵士于 1841 年在怀特岛发现了鲸龙的化石,也就是在此前的一年他创造了恐龙纲这个词。后来的考古学家分别于 19 世纪 40 年代晚期和 1868 年发现了它的更多肢骨和另一具近乎完整的骨骼。

鲸龙的最近亲属可能是巨脚龙和南美的巴塔哥尼亚龙。

地震龙

地震龙的意思是"地震蜥蜴",是侏罗纪晚期巨型恐龙的一种,嘴很小。它生活在距今 1.5 亿年前。它的体长估计为 37～45 米,而根据吉勒特算法,则可能是 39～52 米。尽管有人推测它的体重可以达到113吨,但它的实际重量可能不到30吨。

　　1979年在美国新墨西哥州发现了它的部分化石,包括脊骨、盆骨、肋骨和胃石,1991年科学界正式承认这种恐龙。地震龙是一种双足恐龙,与梁龙关系很近,它们很可能是同一种恐龙。它的鼻孔长在头颅的上方,前腿比后腿略长一些。

小盾龙

　　小盾龙意为"有小盾的蜥蜴",是草食性恐龙的一属,生存于早侏罗纪的北美洲,约2亿年前到1.96亿年前。小盾龙被分类于装甲亚目,是该亚目最早期的物种之一。与小盾龙最亲近的物种应为腿龙,腿龙仅能以四足行走,而小盾龙是可以双足行走或奔跑。

　　小盾龙狭长的身体、纤细的四肢及延伸加长的尾部,使它极像今天的蜥蜴。小盾龙的头和其他植食性恐龙的头部有很大的不同,它的上下颌中分布着叶状的牙齿,可以用来磨碎食物,但没有大多数植食性恐龙都有的颊囊。小盾龙的身上长满了骨质棱鳞,这也是它最有效的防御武器。

　　小盾龙生活在食物丰富的丛林里,以简单的颊齿切断并咬碎柔软多汁的低矮植物。作为体形不大的植食性恐龙,小盾龙必须得随时保持警惕才能生存。稍有风吹草动,小盾龙就会急匆匆地跑过干旱的岩石,消失在矮树丛中。如果在它没有防备的情况下遇到肉食性恐龙的袭击,它的鳞甲也会让敌人无从下口。

极龙

　　极龙是一种巨型的食草恐龙,它的脖子和长颈鹿相似,它是目前发现的最大的恐龙之一。也有人认为,极龙的化石实际上来自两个不同的恐龙,一是腕龙,另一个是超龙。这两种恐龙都是巨型的、四足的食草恐龙,它们的脖子和尾巴都很长。极龙用四条腿走路,与其他极龙相似,但与大多数的恐龙不同,它的前腿比后腿长。人们推测极龙的体长可能为25~30米,高15米,体重为55~130吨。它每只前脚的第一个指上有爪子,每只后脚的前三个趾上有爪。它与其他的腕龙相似,但与大多数恐龙不同。它的牙齿与凿子相似,鼻孔在头的上方,它的鼻孔很大,说明它的嗅觉非常灵敏。

　　根据极龙的化石测定,它生活在侏罗纪晚期,这个时代有很多的巨型恐龙,例如腕龙、梁龙和超龙等,猎食恐龙则有异特龙和角鼻龙。极龙属于侏罗纪晚期蜥脚龙。

与其他的蜥脚龙相同,极龙可能会成群活动。把一个地方的食物吃光后,它们会迁徙到别的地方。极龙的寿命可能为 100 年左右。

怪嘴龙

怪嘴龙又名承溜口龙,是已发现较完整化石的甲龙科恐龙中生存年代最早的物种。它的头颅骨长约 29 厘米,身体全长估计有 3 ~ 4 米,它的体重估计约有 1 吨。

怪嘴龙的正模标本是于 1996 年挖掘的,目前在科罗拉多州丹佛的丹佛自然历史博物馆展览。除了正模标本以外,还发现两个部分骨骼,但尚未研究。这些标本包含了大部分的头颅骨及部分颅后骨。

怪嘴龙的大部分头颅骨及骨骼已被发现,头颅骨包括有明显的三角方颧骨及鳞状骨。它的特征包括有狭窄的喙嘴,在每根前上颌骨都有 7 个圆锥形牙齿、不完整的骨质鼻中隔、直线排列的鼻腔、缺乏次生腭、两组骨质的颈部甲板及一些长圆刺。

怪嘴龙被分类在甲龙下目中的甲龙科,是其他甲龙科的姐妹分类单元,与大部分种系发生学假说一致。但是这些研究只是针对头颅骨,而其他有关多刺甲龙亚科的特征都是在颅后骨骼的。

近蜥龙

　　近蜥龙是一种极为敏捷、小型、双足奔跑的原蜥脚类恐龙。1973年,贵州省108地质小队,自贵州北部大方盆地中挖掘到一具中国近蜥龙(兀龙)的不完整骨架,但是具有近乎完全的头骨部分。经过研究估算,这种恐龙大约1.7米长。

　　近蜥龙长着一个近似于三角形的脑袋,一个细长的鼻腔。它的牙齿呈钻石形,似乎很适合于取食树叶。近蜥龙的脖子、身体和尾巴都显得比较长,它那又长又窄的前肢掌上长着带有大爪子能弯曲的大拇指,其上的爪子很可能是用来挖掘植物的地下根茎的。近蜥龙的前肢长度只有后肢长度的1/3,所以,它很可能像板龙一样,平时大部分时间里用四足行走,但是能够靠后肢站立以便够着食物。

　　近蜥龙的头部跟它的颈部、背部以及尾巴的长度比起来,显得非常小。它的头部狭长,而且头顶要比板龙等恐龙的头顶扁平得多。近蜥龙的前额部分的斜面也相对较为平缓。它的上下颌长满了牙齿,这些牙齿像钻石一样,这也暗示着近蜥龙是植食性恐龙。目前,关于近蜥龙是否存在脸颊还有争议:有的古生物学家认为近蜥龙不存在脸颊,这样有利于它摄取和大口吞食食物;而认为近蜥龙存在脸颊的主要证据来源于解剖学,脸颊的存在方便近蜥龙留住食物进行咀嚼。

　　近蜥龙前端的沉重身体使得它在行走时不得不往前倾。从它的颈部、身躯以及发育良好的前肢可以看出,这种恐龙通常都是以四肢行走,短而强健的前肢会支撑着胸部、颈部和头部,而且它在四足行走时,会把前肢拇指的爪提起,以免与地面摩擦受损。有时,近蜥龙也会以双足行走。近蜥龙在吃东西时,会把身体直立起来,结构坚实的骨盆将身体前端的重量转移到后肢和尾巴部分,以三脚架的形式支撑身体。

　　在侏罗纪早期,近蜥龙生活的地区气候温暖,它在湖边活动并寻找食物。在气候较干燥时,湖的边缘会露出淤泥,近蜥龙从上面经过时就会留下足迹,这些足迹被泥沙迅速掩埋之后就可能形成足迹化石。古生物学家通过研究足迹化石可以得知,当时与近蜥龙生活在同一个区域的有不具备攻击性的鸟脚类恐龙和肉食性的兽脚类恐龙。真正对它构成威胁的便是那些大型的兽脚类恐龙。近蜥龙一旦遇到它们,它可能就会依靠后肢急忙走开,如果实在躲闪不开,它就只能依靠它的大爪奋力一搏了。

川街龙

　　生活于侏罗纪中国的川街龙也是典型的蜥脚类恐龙,它们的身长大约 27 米,是大型的植食性恐龙。

　　目前已经发现了很多具完整的川街龙骨架化石。

　　川街龙的化石发现于中国云南禄丰的川街,这里曾经发现过大量的恐龙化石。在这里的其中一个化石挖掘点,古生物学家竟然发现了西向纵卧着的 8 具较为完整的川街龙化石。据古生物学家推测,这些恐龙生前体长都在 24 米以上。

　　发现川街龙的这片土地在亿万年前曾经是潮湿的沼泽和小山,住在上游的恐龙死后被爆发的山洪冲积到这里,然后深埋于地下。直到古生物学家到来,才将它们从沉睡中唤醒。

马门溪龙

　　马门溪龙是中国发现的最大的蜥脚类恐龙,在重庆合川区太和镇古楼山(今太和镇石岭村)发现化石,经科学鉴定,属蜥脚类亚马目马门溪新种,命名"合川马门溪龙"。此属动物全长 22 米,体躯高将近 4 米。它的颈特别长,相当于体长的一半,不仅构成颈的每一颈椎长,且颈椎数亦多达 19个,是蜥脚类中最多的一种。另外,其颈肋也是所有恐龙中最长的(最长颈肋可达 2.1 米)。与颈椎相比,背椎、荐椎及尾椎相对较少。

　　合川马门溪龙是生活在 1.4 亿年前侏罗纪晚期的一种恐龙,它属于蜥脚类。这类恐龙是由禄丰龙等原蜥脚类发展起来的,是古今陆生动物中最大的动物,只有水中的鲸能超过它们,所以有"动物王国中的巨人"之称。

　　马门溪龙有世界上最长的脖子,如果让它和长颈鹿比,长颈鹿会输得很惨,它的脖子总共有 11~14 米。马门溪龙的脖子由长长的、相互迭压在一起的颈椎支撑着,因而十分僵硬,转动起来十分缓慢。它脖子上的肌肉相当强壮,支撑着像蛇一样的小脑袋。它的脊椎骨中有许多空洞,因而相对于它庞大的身躯而言,马门溪龙显得十分小巧。

　　1.45亿年前,恐龙生活的地区覆盖着广袤的、茂密的森林,到处生长着红木和红杉树。成群结队的马门溪龙穿越森林,用它们小的、钉状的牙齿啃吃树叶,以及别的恐龙够不着的树顶的嫩枝。马门溪龙四足行走,它那又细又长的尾巴拖在身后。在交配季节,雄马门溪龙在争雌的战斗中用尾巴互相抽打。其各部位的脊椎椎体构造不同:颈椎为微弱后凹型,腰椎是明显后凹型,前尾椎是前凹型,后尾椎是双平型,前部背椎神经棘顶端向两侧分叉,背椎的坑窝构造不发育,4个荐椎虽全部愈合,但最后一个神经棘部分离开。肠骨粗壮,其耻骨突位于肠骨中央;坐骨纤细;胫腓骨扁平,胫骨近端粗壮,长度相等。

文雅龙

　　文雅龙是大鼻龙类下的一个属,生活在中侏罗纪现今的亚洲,是在中国四川省的大山铺地层发现的其中一种恐龙。它的名字来自古希腊语,意即"精致的蜥蜴"。与其他蜥脚下目的恐龙一样,文雅龙是四足的草食性恐龙,但体形却略小,至多9米长。它的头呈方形,在顶上有高出的拱形物,以包含鼻孔。

　　文雅龙的名字是因其头颅骨的特征而来,它的头颅骨有以修长的骨柱支撑着很大的开口。文雅龙属下唯一的已发现的种称为"东坡文雅龙",是以 11 世纪生于四川的中国诗人苏东坡命名。

　　文雅龙的命名是一个漫长的过程。文雅龙在 1984 年被发现,并在 1986 年中国古生物学家欧阳辉的博士论文中首次提及,并进行了命名。由于这个名字并不符合国际动物命名法规,所以被指为无资格名称,但这个无资格名称却仍被错误地引用多次。欧阳辉遂于 1989 年对它进行正式命名。后来又由于拉丁语的语法规则而改为现时的正式学名。

　　文雅龙首先被分类为圆顶龙科,但最新的研究并不把它分类在特定的科上,而是种基础大鼻龙类恐龙,类似圆顶龙。可是,文雅龙的化石却没有完全被描述,使得它的分类很难得到确定。

　　文雅龙的正模标本是它那接近完整的头颅骨,并且妥当地被保存着。另一个头颅骨及骨骼的碎片亦被归类于文雅龙,但是却没有任何文献提及。所有的化石都是来自中国自贡市的大山铺,并且被保存在当地的恐龙博物馆。文雅龙与最少四种蜥脚下目恐龙都是从大山铺的下沙溪庙地层出土。这个地层估计约为中侏罗纪的巴通阶至卡洛维阶,是在 1.68 亿年至 1.61 亿年前。

切布龙

切布龙属是蜥脚下目真蜥脚类鲸龙科的一属,是一种四足的植食性恐龙。切布龙生存于侏罗纪中期的阿尔及利亚。模式种是阿尔及利亚切布龙,是由法利达·穆罕默德在2005年叙述、命名的,且是目前在阿尔及利亚发现的最完整蜥脚类化石。切布龙的身长有8~9米。

切布龙学名来自阿拉伯语口语的"青少年",是因位切布龙的化石被认为是一个幼年个体。

切布龙的头颅骨与骨骼,都是在亚特拉斯山脉发现的。

灵龙

灵龙,生活于侏罗纪中期的东亚。它的名字是来自拉丁文"灵敏"的意思,是因它轻盈的骨骼及长脚而命名。它的胫骨比股骨较长,显示它是极快的双足奔跑者,并以其长尾巴作平衡。它觅食时可能会四足行走。它是小型的植食性恐龙,约1.2米长,与其他鸟臀目恐龙一样,它的上下颌前段形成喙嘴,可以帮助切碎植物。

这个属下有一个已命名的种,称为劳氏灵龙(或译兰氏灵龙),是以美国地质学家乔治·劳德巴克博士来命名。它的化石首次于1915年在中国的四川省被发现。属及模式种都是由中国古生物学家彭光照于1990年所命名,并于1992年做出详细的描述。

劳氏灵龙的化石是一个完整的骨骼,可以说是鸟臀目所有已发现的化石中最为完整的其中之一,只有部分左前脚及后脚遗失,而可以根据余下部分来重组其体形。

该骨骼是在兴建自贡恐龙博物馆时被发现,而亦已存放在该博物馆内。这个博物馆展览了多种从自贡市以外大山铺发掘出来的恐龙化石,包括灵龙、宣汉龙、蜀龙及华阳龙。这个石矿包含了从下沙溪庙地层的岩石,地质年代被认为是侏罗纪中期的巴通阶至卡洛维阶,距今约1.68亿年至1.61亿年前。

虽然灵龙化石是这么完整,但仍然被分类在鸟臀目的不同地方。它原先被分类在法布尔龙科,但很多古生物学家都认为它不是有效的科。

几个近期的研究,包括亲缘分支分类法分析,发现灵龙是真鸟脚类中最为原始的物种。真鸟脚类包含了所有比畸齿龙科更衍化的鸟脚下目动物。

另外,畸齿龙科并非一般地被认为是鸟脚下目,而是更为接近包含角龙下目及肿头龙下目的头饰龙类。在一个近期的亲缘分支分类法分析中,灵龙被发现是在一个头饰龙类的演化支里,比畸齿龙类还原始的位置。

灵龙亦被认为是其他的分类,包括鸟臀目当中,鸟脚下目及头饰龙类的共同原始物种。

彭光照在其1992年的较详细描述中,在灵龙属中加入了另一个新种。这个种称为多齿盐都龙。由于这个种并非属于盐都龙属,于是被更名为多齿灵龙。

其他科学家却不认同这个种属于盐都龙属或灵龙属。2005年,这个种再一次被分类在只有它自己的属中,这个属被称为何信禄龙。

沟牙龙

沟牙龙,是于1973年发现的一属恐龙,生活于中侏罗纪的葡萄牙。它的名字是由两个古希腊文单词组合而成,分别指"沟"及"牙"的意思,故中文译名为沟牙龙。

它有着与鸟臀目恐龙相似的牙齿,牙齿上有垂直的沟。有关沟牙龙的资料全是由它的牙齿而来,所以一般都会认为它只是可疑名称。

沟牙龙的模式种学名是为了纪念一位德国古生物学家而起的。虽然最初它被认为是棱齿龙科的成员,但有研究指它却是鸟臀目中的未定分类。更多的研究指它有可能是属于装甲亚目。

砂龙

砂龙是近蜥龙科下的一个属,生活于侏罗纪早至中期的北美洲。它约有4米长,但较其他蜥脚形亚目的恐龙小型。它可以双足或四足行走,而且可能是杂食性的。

砂龙的属名是由古希腊文而来,意即"砂地",是指发现它的砂岩及它所生活的环境。其下有一种,学名是大砂龙,这样命名是因它较它原先被分类的近蜥龙大。著名的美国古生物学家奥塞内尔·查利斯·马什于1889年创造了这个种名,当时为近蜥龙的第二个种。1891年,马什为这种恐龙另开了一个砂龙属；而在 1892 年，他新建了一个砂龙的种，但科学家都认为这种恐龙其实是砂龙的异名。

砂龙与其他恐龙之间的关系是非常的不清楚。它是蜥脚形亚目早期的成员，并与近蜥龙最为相近，有研究指砂龙其实是近蜥龙的异名。不同的古生物学家认为近蜥龙可能是基础原蜥脚下目恐龙，或是基础蜥脚下目恐龙。

马什原先将大砂龙命名为大近蜥龙，在两年后则将它移入新创的砂龙属中。然而一些研究却指砂龙及近蜥龙是同一动物。其他科学家则建议保有这两个属，基于它们之间在骨盆及后肢的构造不同，而视它们为姊妹分类单元。

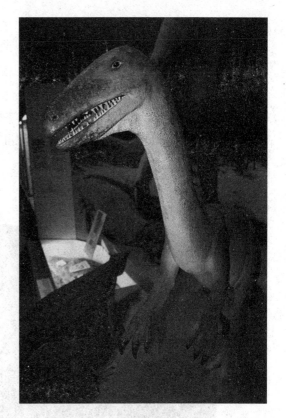

砂龙属化石亦有在北美洲的其他地方被发现，但未必一定是砂龙。

亚利桑那州的纳瓦霍砂岩是与波特兰地层同一时期的地层，当中发现了很多原蜥脚下目的化石被认为是砂龙。但是，这些化石亦有可能是属于南非的大椎龙。

在加拿大的新斯科舍省，科学家发掘出原蜥脚下目恐龙，估计是在早侏罗纪的海塔其阶，约为 2 亿至 1.97 亿年前。这个化石为这种恐龙的食性提供了线索。大量吞入肚内用作磨碎植物的胃石在下腹被发现，以及小型蜥蜴的头颅骨。这显示了这种恐龙是杂食性的，主要以植物为食，偶尔以一些肉类为食物。

砂龙的化石原先是在美国康涅狄格州的纽瓦克超群中的波特兰地层。这个地层当年是有湿润及干燥季节的不毛环境，年代为早侏罗纪的普连斯巴奇阶至托阿尔阶，距今约为 1.9 亿年到 1.76 亿年。首先发现的标本是在砂岩矿场中被发现，这些砂岩是用作建筑南曼彻斯特大桥。事实上，正模标本是由矿场工人所发现。不幸的是，它只有骨骼的后半部，而前半部的骨骼已经被用作建桥之用。三个不同时期的不完整骨骼亦在康涅狄格州被发现，但却都没有头颅骨。曾经在北美洲的巴柔阶地层发现砂龙的化石，使它们成为少数存活到侏罗纪中期的原蜥脚类恐龙。

金沙江龙

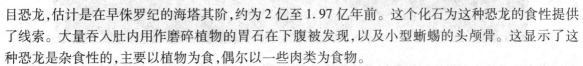

金沙江龙意为"金沙江的蜥蜴"，是早侏罗纪恐龙的一属，生存于现今的中国。金沙江龙被分类于蜥脚下目，但所知有限。金沙江龙的化石包含一个部分齿骨，可显示它们拥有颊部；除此之外还包括脊椎、肩胛骨、四肢骨头以及部分骨盆。

金沙江龙是发掘自云南省滇中盆地，是侏罗纪早期最大型的原蜥脚类恐龙。估算体长 12 ~ 13 米。它的牙齿具有原始型蜥脚类的模式，含边缘锯齿状，像是较晚期的蜥脚类——峨眉龙或圆顶龙。但是经详尽研究发现，金沙江龙应隶属原蜥脚类恐龙。它的头骨还没有特化，具较窄的上下颌，中央部位较厚重，没有侧腔室，神经弓相当低。它们或许应该归属到一群演化成较为大型而且完全四足行走的族群——黑山龙科。

南方梁龙

南方梁龙属是一种蜥脚下目恐龙,生存于晚侏罗纪的坦桑尼亚,约1.5亿年前。南方梁龙的学名意为"南方的横梁",意指它们是冈瓦纳大陆发现的梁龙科恐龙。

南方梁龙的化石发现于坦桑尼亚的敦达古鲁组,当地在侏罗纪时期存在者许多恐龙,包含数种大型蜥脚类恐龙,例如长颈巨龙(布氏腕龙)、詹尼斯龙、汤达鸠龙、拖尼龙。南方梁龙的正模标本包含两个颈椎,与其他梁龙科的颈椎相比较短,有些不同的特征。这些化石最初在1909年由沃纳·詹尼斯率领的挖掘团队所挖出,当时有四节脊椎。在第二次世界大战期间,部分化石遭到轰炸摧毁,如同德国在非洲挖出的其他化石。2007年,这些幸存的化石被建立为新属,成为坦桑尼亚第一个发现的梁龙科化石。

南方梁龙最初被归类于梁龙科,因为它们的部分脊椎具有双叉型神经棘,这是梁龙科的常见特征。近年研究发现南方梁龙属于巨龙形类,可能是腕龙的近亲。敦达古鲁组已发现多种类的大鼻龙类恐龙,而莫里逊组则发现多种类的梁龙科恐龙,这可能是因为生态环境差异,敦达古鲁组是针叶林环境,而莫里逊组则是低矮植被的开放平原。

亚特拉斯龙

亚特拉斯龙属是蜥脚下目恐龙的一个属,是一种中型蜥脚类恐龙,生存于中侏罗纪(巴通阶至卡洛维阶)的北非。

1981年,摩洛哥的塔德莱·艾济拉勒大区发现这些化石,包含一副接近完整的骨骼,以及一个头颅骨,地质年代为侏罗纪中期的巴通阶至卡洛维阶。它们的身长估计约为15米。

1999年,戴尔·罗素将这些化石正式命名。模式种意为"亚特拉斯蜥蜴",是以邻近的亚特拉斯山脉为名,相传希腊神话中的泰坦神族亚特拉斯在此支撑天空。种名则是以一个阿拉伯巨人来命名的。

1981年,亚特拉斯龙的化石刚发现时,当时被认为是一种原始的蜥脚下目恐龙,可能是鲸龙科。之后保罗·阿普彻奇根据数个脊柱与四肢的特征,提出亚特拉斯龙是腕龙的近亲,而将亚特拉斯龙归类于腕龙科。

亚特拉斯龙与腕龙的不同处在于:不同的背椎长度(假设共有12节,长3.04米)、比例较大的头颅骨、较短的颈部(至少13节颈椎)、较长的尾巴及四肢(肱骨、股骨比例为0.99;尺骨、胫骨比例为1.15)。亚特拉斯龙的下颌约69厘米长;颈部约3.86米长;肱骨长1.95米;股骨长2米;总长度及体重估计值分别为15米及22.5吨。牙齿呈匙状,牙齿边缘有小齿。

巧龙

苏氏巧龙是一种小型的勺齿型蜥脚类恐龙,推定长度约4.8米,颈项短小,颈椎中央大约是背脊椎的1.2倍长。颈椎与背椎的侧腔非常宽广,神经棘没有分支叉开。位居克拉玛依地区的恐龙沟单一个遗址就发掘到17具巧龙个体。显然,在这片充满血腥的原野上成群的巧龙争食猎物。而根据形态的进一步分析推断,这群巧龙可能是未成年的幼体族群。

巧龙生存并埋葬的地层是侏罗纪中期的五家湾组岩石,主要出露在准噶尔盆地东北方的将军庙与克拉玛依地区。地层厚度达400米,是由黄灰色及紫红色的泥岩、页岩与砂岩构成。在最底部

含有黄绿到灰色的砾石层,在顶部则盖上红色泥岩与黄绿色页岩、砂岩。1987年夏季,中加恐龙考察队重返五家湾组岩层,结果无功而返,仅仅发掘到少量的小型兽脚类恐龙残片、两颗蜥脚类恐龙牙齿,以及许多意想不到的龟鳖类化石。这些化石与早先发掘到的恐龙化石正由中加恐龙专家们进一步研究中。

柏柏尔龙

　　柏柏尔龙是种兽脚亚目阿贝力龙超科恐龙,化石发现于摩洛哥瓦尔扎扎特省亚特拉斯山脉,年代为下侏罗纪的普林斯巴赫阶到托阿尔阶。模式种是里阿斯柏柏尔龙,属名以摩洛哥的柏柏尔人为名,而种名是以地质年代的里阿斯统为名。

　　柏柏尔龙是已知最古老、最原始的阿贝力龙超科恐龙,目前只有发现部分的颅后化石。

　　2007 年,罗南·阿兰与其同事命名了柏柏尔龙,并提出一个种系发生学研究,指出柏柏尔龙是最基底的阿贝力龙超科动物,较轻巧龙、角鼻龙、棘椎龙衍化,但较怪踝龙、阿贝力龙类原始。柏柏尔龙与其他兽脚类恐龙的不同之处在于脊椎、掌骨以及四肢骨头。柏柏尔龙的发现,使得阿贝力龙超科的化石纪录更为古老,可能从早侏罗纪就已演化出现。2008 年,其他科学家认为柏柏尔龙是一种原始角鼻龙类恐龙,不属于新角鼻龙类。

　　柏柏尔龙的化石,在 2000 年就开始挖掘,经过多次挖掘才出土。正模标本来自一个亚成年个体,是一些相关联的颅后部分,包含一节颈椎、部分荐骨、一个掌骨、一个股骨、一个部分胫骨以及两个腓骨。另一个部分股骨也被归类于柏柏尔龙。它们的化石发现于泥流沉积物中的尸骨层。后来的地质构造活动影响了这些骨头。

　　如同其他阿贝力龙超科,柏柏尔龙是一种双足肉食性动物。它们的体形中等,股骨约 50.5 厘米长,而葛瑞格利·保罗估计轻巧龙的股骨长度为 52.9 厘米,双脊龙的股骨长度为 55 厘米,可见三者的体形相当。柏柏尔龙的化石与早期蜥脚类的塔邹达龙一起发现。在亚特拉斯山脉的另一个早侏罗纪地层,也发现了另一种小型兽脚类恐龙,目前正在作化石处理中。

卡洛夫龙

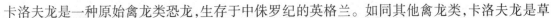

　　卡洛夫龙是一种原始禽龙类恐龙,生存于中侏罗纪的英格兰。如同其他禽龙类,卡洛夫龙是草

食性恐龙。卡洛夫龙与以下恐龙生存在同一区域:草食性的勒苏维斯龙与鲸龙、掠食动物如美扭椎龙与斑龙。

卡洛夫龙根据其他著名鸟脚下目的行为,例如禽龙,卡洛夫龙可能以群体生存,以避免遭到掠食动物攻击。卡洛夫龙是已知最早的禽龙类之一,目前的状态是个疑名。

模式种是利氏卡洛夫龙,是由理查德·莱德克在1889年所叙述,并由彼得·加尔东在1980年重新叙述。卡洛夫龙的化石并不完整,身长估计为3.5米。

朝阳龙

朝阳龙是角龙下目的恐龙,生活于晚侏罗纪的中国。朝阳龙是属于角龙下目,这是一类草食性的恐龙,有着像鹦鹉般的喙嘴,主要分布于白垩纪的北美洲与亚洲。

朝阳龙在被正式发表前,曾在很多文献中被讨论,因而有几个不同的误拼成为了无资格名称。第一份有记载朝阳龙的是一份日本博物馆展品的场刊,将它的学名写错了。赵喜进于1983年亦使用这个拼字来讨论朝阳龙,故此名成了无资格名称。两年后,他在定立模式种的名称时,再一次使用了这个拼字。

根据董枝明于1992年所述,这个拼字在赵喜进于1983年的文献中正式发表了,但这个文献却从未被正式引用过,有可能并非正式出版。而董枝明同时更正了朝阳龙的学名。但是,由于当中没有正式描述朝阳龙,这个名称也被认为是无资格名称。

直至1999年,朝阳龙才有正式的学名。保罗·塞利诺于1999年在发表角龙下目的综览分类时,使用了一个名称,而这个亦是无资格名称。但是,同年12月,赵喜进等人正式用另一名称来描述朝阳龙,而这个拼字取代了以往所用过的名称。

加尔瓦龙

加尔瓦龙是一种图里亚龙类恐龙,生存于晚侏罗纪到早白垩纪。化石发现于西班牙阿拉贡自治区特鲁埃尔省的加尔瓦村,并以此地为名。种名是以化石发现者荷西·玛莉亚·艾雷若为名。

加尔瓦龙的命名经过并不像其他恐龙一样顺利。加尔瓦龙的正模标本由两群科学家同时地研究、公布,而他们没有察觉到有另一批科学家正在做同样的研究。

　　模式种是艾氏加尔瓦龙,是由芭芭拉·赫尔南德兹根据架设于加尔瓦古生物博物馆的标本在
2005 年 8 月公布叙述。同年 7 月,巴科等人公布了一份蜥脚类恐龙研究,将同一个标本命名为艾氏
加尔瓦龙,并刊登在 12 月份的期刊上;与前者不同的是,巴科等人的命名少了一个"o"。如果这个
日期正确,加尔瓦龙应以巴科等人的名称为准。但在 2006 年,芭芭拉·赫尔南德兹根据国际动物命
名法规,指出应该以研究公布在期刊的日期为准。因此,芭芭拉·赫尔南德兹成为被采纳的有效
名称。

似鲸龙

　　似鲸龙意为"类似鲸龙",是梁龙的近亲,可能属于梁龙科。似鲸龙生活于侏罗纪中期至晚期
(卡洛维阶)的英格兰,距今约 1.7 亿年前。它是四足的草食性蜥脚下目恐龙。

　　1887 年,约翰·赫克将发现于利兹的化石命名为鸟面龙的一个种。1905 年,亚瑟·史密斯·伍
德沃德发现另一个来自利兹的化石,他听从哈利·丝莱的建议,将这两个标本都改归类于鲸龙的一
个种。

　　1927 年,德国古生物学家休尼将这两个标本描述、命名,建立为新属,利氏似鲸龙。1927 年,休
尼将发现于瑞士的格氏鲸龙改归类到似鲸龙,成为第二个种:格氏似鲸龙。

　　1980 年,艾伦·查理格提出利氏似鲸龙的两个标本缺乏可比较的部位,因此无法确定属于同种
动物。查理格将较晚发现的标本建立为新种:史氏似鲸龙,种名是以化石发现处的公司所有者为
名。此外,查理格也提出利氏似鲸龙、格氏似鲸龙是疑名。

　　1990 年,麦金托什将鲸龙属的两个种改归类到似鲸龙,查理格认为这两个都是疑名。在 1993
年的国际动物命名法规年度会议,查理格提出将似鲸龙的模式种更改,从利氏似鲸龙改为史氏似鲸
龙。1995 年,这项提议获得同意。

　　休尼在建立似鲸龙时,将其归类于鲸龙科的央齿龙亚科。1978 年,麦金托什根据尾椎的人字
骨形状、短前肢、第一掌骨的下缘平坦,将似鲸龙归类到梁龙科。这使得似鲸龙成为生存年代最
早的梁龙科恐龙。另有其他研究人员将似鲸龙归类到马门溪龙科,马门溪龙科也有类似的人字
骨形状。

腕龙

　　腕龙是蜥脚下目的一属恐龙，生活于晚侏罗纪，它和其他蜥脚类恐龙最大的不同，就是它们的肚子能高高抬起，就像现在的长颈鹿一样。它们悠闲地穿梭在充满银杏、苏铁的森林中，能够轻松地吃到树顶上最新鲜的叶子。

　　它们长有凿状牙齿，所以并不需要将食物直接吞到肚子里，而是先把它们咬碎，再咽下去。这可为它们的胃消化食物帮了很大的忙。

　　腕龙的体形很大，体长 23 米，高 12 米，体重将近 30 吨。

　　幼年的腕龙会成群地活动，而完全成年的腕龙有时候则会单独行动，因为它们体形庞大，并不十分害怕当时巨大的肉食性恐龙——异特龙和蛮龙。

藏匿龙

藏匿龙属是甲龙下目恐龙的一属,生存于晚侏罗纪的英格兰。

藏匿龙的化石是一根部分的右股骨,由地质学家卢卡斯·尤班克发现于牛津黏土组,并捐给剑桥大学博物馆。英国古动物学家哈利·丝莱当时正在整理剑桥大学博物馆的化石,并分门归类。1869 年,哈利·丝莱将这股骨叙述、命名。属名在古希腊文意为"隐藏的蜥蜴",意指它们是第一个在牛津黏土组发现的恐龙;种名意为"良好的股骨",意指股骨的保存状态。这份 1869 年的研究,包含许多剑桥大学博物馆的化石,各物种的叙述非常简短,因此藏匿龙被视为裸名。在 1875 年,哈利·丝莱才提出完整叙述研究。

正模标本是一块部分右股骨,长度约 33 厘米,骨干粗厚。化石发现于牛津黏土组,地质年代相当于牛津阶上层。这个化石属于成年或亚成年个体,因此藏匿龙是一种小型甲龙类。

丝莱最初认为这些化石是属于禽龙的近亲。1909 年,有人将这些化石归类于弯龙科。1983 年,彼得·加尔东提出藏匿龙是属于甲龙下目,但详细的分类位置不明。由于藏匿龙的化石过少,缺乏足够的鉴定特征,因此被认为是疑名。

1889 年,理查德·莱德克认为藏匿龙的属名已被另一种在 1832 年命名的恐龙使用中,于是将藏匿龙的属名进行更改。但实际上没有重新命名的必要,这个 1833 年命名的恐龙其实是误植,所以理查德·莱德克的新命名是一个不必要的代用名。

酋龙

酋龙属,又名大头龙、巴蜀龙,是蜥脚下目恐龙的一属,化石发现于中国四川省自贡市大山铺镇的下沙溪庙组,地质年代为中侏罗纪。生存于同时期、同地区的蜥脚下目有蜀龙、峨嵋龙及原颌龙,

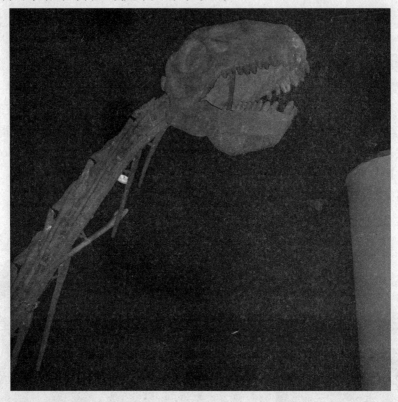

鸟脚下目的有晓龙、早期剑龙科的华阳龙,以及肉食性的气龙。它是由董枝明等人于1984年正式描述,其学名是来自马来语的"酋长"或是中文的"大头"。

模式种是巴山酋龙,是由董枝明等人在1984年所叙述、命名。目前只有发现两个部分骨骼,另有一个头颅骨被归类于酋龙属。

酋龙是身长约15米长的植食性恐龙。与其他蜥脚下目相比,酋龙的头颅骨大而且深。由于它的化石很少,所以它们被推测不像其他的蜥脚下目般群体生存;群体生存的蜥脚类恐龙,常被发现化石集中在同一地点。

酋龙及蜀龙是两类非常类似的恐龙,有着相似的特征。不过,酋龙的脊椎较长,令它可以到达更高点,而牙齿则更为匙形,显示它们虽是同一时期的动物,但偏好不同植物或不同高度的树,这样可以减低两属之间的食物竞争。在梁龙科中也有类似的模式。

德林克龙

德林克龙是相当小型的恐龙,约有两米长及10公斤重。它是双足恐龙,前肢短,头部小,脚长且强壮。

德林克龙有时被非正式地被认为是奥斯尼尔龙的异名,但最近的研究却认为它们是不同的属。德林克龙通常被分类在棱齿龙类,是一种位置不明的原始棱齿龙类。侏罗纪晚期葡萄牙的叶牙龙可能是它的近亲。

1990年,罗伯特·巴克、彼得·加尔东等人描述及命名了德林克龙的部分骨骼,但这个名字却有些讽刺。因为德林克龙是为纪念古生物学家爱德华·德林克·科普,他在著名的骨头大战中与对手奥塞内尔·查利斯·马什发现了很多恐龙的化石。德林克龙却与以马什为名的奥斯尼尔龙有可能是近亲。

德林克龙的化石发现于美国怀俄明州科摩崖的莫里逊组,正模标本是一头亚成体骨骼,包括了部分颌部、脊骨及肢骨。在同一地区发现很多同时期的标本也被归类于德林克龙,当中大部分都有脊椎、后肢遗骸以及牙齿。罗伯特·巴克等人认为德林克龙相对于棱齿龙科太过原始,尤其是它的牙齿没有明显的中央垂直棱脊,并且将它与奥斯尼尔龙一同分类在未命名的类别中。从1990年至今,只有很少的德林克龙资料出版。莫里逊组的德林克龙化石,发现于第5与第6地层带。

罗伯特·巴克描述德林克龙生活的环境是沼泽(因在该地区发现肺鱼类的牙齿及沼泽植物),并认为德林克龙的宽脚掌与长趾爪,很适合在这些环境中生活,而当地的剑龙科及蜥脚下目脚部,与身体相比则较窄。1997年,罗伯特·巴克根据一群由6~35个个体组成的化石,提出德林克龙是穴居动物,并推测这群动物是被洪水等灾害而群体死亡。

若德林克龙真的是生活在洞穴的,这可是第一次发现的穴居恐龙。目前唯一有证据支持的掘地恐龙,是新近发现的掘奔龙,它们与德林克龙关系较远。否则,德林克龙就如同其他的基底鸟脚下目,是小型的双足植食性恐龙。德林克龙是与龟、肺鱼类及早期的多瘤齿兽目生活在同一环境。

丁赫罗龙

丁赫罗龙属是梁龙科下的一属恐龙,化石发现于葡萄牙中西部劳尔哈自治市,地质年代属于晚侏罗纪的启莫里阶。丁赫罗龙是在1999年由约瑟·波拿巴与奥克塔维奥·马特乌斯所叙述、命名。该次挖掘是从1987年开始,并在1992年发现丁赫罗龙的化石。模式种是劳尔哈丁赫罗龙,种名是以劳尔哈自治市为名。

最初发现的丁赫罗龙化石,因相似较早被描述的同时代劳尔哈龙,而被归类于劳尔哈龙。之后的研究发现这些化石是属于另一类的恐龙,因而被命名为丁赫罗龙。这两类恐龙曾一度被认为是异名,但经过详细的研究后,发现它们都是独立的属。

丁赫罗龙的正模标本是一个部分的骨骼,包括关节未脱落的背椎、12根背部的肋骨及四肢骨头碎片。模式种劳尔哈丁赫罗龙的特征是,其分叉神经棘的比例与梁龙不同,脊椎之间是以下椎弓突形成的结构来连接的。

丁赫罗龙的特征显示它们是由比梁龙原始的梁龙科演化而来的,并且是在独自的岛上进行演化,因为当时的伊比利亚半岛是个独立岛屿,与北美及欧洲大陆分离。

龙胄龙

龙胄龙属是甲龙下目的一属恐龙,生存于晚侏罗纪的葡萄牙。

当彼得·加尔东在 1980 年叙述这些化石时,他将化石发现处归类于晚侏罗纪的启莫里阶。然而,化石发现处附近的埃什特雷马杜拉省有两个挖掘地点,其中一个位于马夫拉附近,年代为早白垩纪,而第二个位于劳尔哈附近,年代为晚侏罗纪。2003 年,有人认为该挖掘地点比较可能是晚侏罗纪。

龙胄龙的唯一化石标本是一个不完整的颅后骨骼,包含 13 节背椎、肋骨以及 5 个真皮鳞甲,发现于里斯本的未命名地层。

龙胄龙是首个被确认是属于晚侏罗纪的甲龙类,且是已知最为原始的甲龙下目之一。虽然龙胄龙最初是分类在结节龙科中,但有人在 2004 年将龙胄龙列为甲龙下目的分类不明物种。

因为化石的破碎状态,很难估计龙胄龙的体形,但它们很明显是一种小型恐龙,身长接近两米。如同其他甲龙类,龙胄龙应该是植食性恐龙。

蜀龙

蜀龙是一种独特的蜥脚下目恐龙,生存于中侏罗纪(巴通阶到卡洛维阶)的中国四川省,约1.7亿年前。蜀龙的属名来自于四川省的古名"蜀"。蜀龙的化石发现于自贡市大山铺的下沙溪庙组。

蜀龙是中等大小的原始蜥脚类恐龙。头骨高长适中,牙齿勺状,窄长,颈区较短,脊椎构造简单,后肢明显长于前肢,四足行走,主要生活在河畔湖滨地带,以柔嫩多汁的植物为食。

蜀龙身长约10米,相当于一个成年雌象的大小。以一个蜥脚类恐龙而言,蜀龙的颈部相当短。蜀龙拥有短而纵深的头颅骨,鼻孔位于口鼻部偏低的地方,而匙状牙齿相当结实。蜀龙有12节颈椎、13节背椎、4节荐椎、43节尾椎,有些尾椎的形状为人字形,类似较晚期的梁龙。1989年,发现蜀龙的尾巴末端拥有尾棒,可能用来击退敌人。

蜀龙是在1983年首次叙述,目前已发现超过20个蜀龙骨骸,其中数个是完整或接近完整的骨骸,以及少数保存下来的头颅骨,使蜀龙成为蜥脚下目中生理结构最清楚的恐龙之一。模式种是李氏蜀龙,是由董枝明、张奕宏、周世武等人在1983年所叙述。而第二种是自流井蜀龙,但并没有正式地叙述,状态仍是无资格名称。

李氏蜀龙为兽脚类,中型而且尚未特化的种属。牙齿具有高而细的形状,像铲子似的,总计有4颗前颌齿,17~19颗颌齿以及21颗臼齿。颈椎很短,后凹椎具有低平的神经弓与神经棘。后段的颈椎约为背脊椎的1.2倍长。根据趾的数目尚未减少推断为非常原始的形态,而在前三趾端都具有爪子构造。

糙节龙

糙节龙属是蜥脚下目恐龙的一属,它们的化石发现于美国犹他州的莫里逊组,地质年代为晚侏罗纪的启莫里阶早期,约1.55亿年前。糙节龙可能属于梁龙科。

模式种是由爱德华·德林克·科普在1877年所描述、命名。属名在古希腊文意为"粗糙的关节",意指关节表面的小凹处,生前应为软骨的附着处。种名在拉丁文意为"不好道路的",意指化石发现处难以到达。正模标本是一个尺骨、76厘米长的肱骨、肩胛骨、部分桡骨以及一些掌骨,是在

1859 年由约翰·纽伯瑞所发现。莫里逊组的糙节龙化石发现于第一地层带。另一个发现于牛津阶到卡洛维阶地层的化石,可能也属于糙节龙。糙节龙是最早被发现的北美洲蜥脚类恐龙之一。最早的是星牙龙的一些牙齿化石,发现于 1855 年。

糙节龙有非常曲折的分类历史。科普在 1877 年命名糙节龙时,提出它们是某种三叠纪恐龙。1882 年,亨利·索维奇发现糙节龙是一种蜥脚类恐龙,将其归类于载域龙科。1895 年,奥塞内尔·查利斯·马什提出不同意见,将糙节龙归类于剑龙科。1904 年,弗雷德里克·冯·休尼首次提出糙节龙是一种侏罗纪恐龙,并认为糙节龙是一种草食性兽脚亚目恐龙,同时建立糙节龙科以包含糙节龙属。1908 年,冯·休尼修正他的错误,将糙节龙改归类于蜥脚下目的鲸龙科,之后在 1927 年改归类于鲸龙科的央齿龙亚科。1966 年,阿尔弗雷德·罗默提出不同的分类法,将糙节龙归类于腕龙科的鲸龙亚科。

根据 1996 年的研究,糙节龙被归类于梁龙科。目前大部分研究人员认为糙节龙的化石过少,是个疑名。

金山龙

这是一种个体巨大原蜥脚类恐龙,骨骼重而粗壮,头骨相对较小,头长 37.5 厘米,约为第二颈椎的 2.4 倍。头长为头高的 1.7 倍,颅骨比一般的原蜥脚类要高。牙齿的齿列较长,牙齿数目较多,上下颌牙齿分别为 20 ~ 21 枚。

金山龙的发现,是禄丰盆地中恐龙研究的重大发现。禄丰县文化馆有一位馆员叫王正举,是采集化石的能手,许多外地博物馆去禄丰采集都得到了他的帮助。1988 年 10 月,他在禄丰县金山镇新洼村的小山坡上,发现了金山龙的遗骸。经过该县 1990 年新建的禄丰恐龙博物馆工作人员的努力,金山龙终于在该馆开馆时矗立在陈列大厅内。遗憾的是,王正举先生现已病故。这条恐龙是由重庆自然博物馆的恐龙专家张奕宏以及禄丰恐龙博物馆的杨兆龙先生共同研究的,他们给它定了一个新属新种。由于恐龙博物馆位于禄丰县城的金山镇,所以属名定为金山龙,又把化石发现地新洼村作为种名,因此它的学名叫新洼金山龙。

金山龙有颈椎 10 个,颈部相对较长,约占身体的 1/3。背椎有 14 个。它的骨盆是典型的原蜥脚类骨盆,肠骨相对较低,耻骨、坐骨粗壮。这种恐龙前肢短,约为后肢的3/5。研究者认为根据各方面分析,金山龙的时代应为侏罗纪早期。那时它在郁郁葱葱的禄丰盆遨游,用它那长长的脖子把头伸向上方,摘取高处的嫩枝嫩叶来充饥。有时它会在湖中抓住一尾鱼或一些软体动物来打"牙祭",但必须时刻提高警惕,以防肉食性恐龙的袭击。

峨眉龙

　　峨眉龙意为"峨眉蜥蜴",是一种蜥脚下目恐龙,生存于侏罗纪中晚期的中国。它们的属名来自于发现地四川省的峨眉山。

　　峨眉龙是生活于侏罗纪中期的一种体形较大的恐龙,体长12~14米,高5~7米,头较大,头骨高度为长度的一半多。它的颈椎很长,所以脖子显得特别长,最长的颈椎为最长的背椎的3倍,超过尾巴长度的1.5倍。峨眉龙前肢较短而粗壮,前肢第一指有爪,后肢第一、二、三趾上也有爪。它主要生活在内陆湖泊的边缘,牙齿粗大,前缘有锯齿,以植物为食。峨眉龙喜群体生活。

　　峨眉龙是一种中型长颈的蜥脚类恐龙,总计发掘有六个不同的种,分别被命名为荣县峨眉龙、常守峨眉龙、釜溪峨眉龙、天府峨眉龙、罗泉峨眉龙和帽山峨眉龙。其中较天府峨眉龙稍为小型的荣县峨眉龙发掘自荣县,是四川盆地中最早发现的蜥脚类恐龙,由杨钟健于1939年描述命名的。

角鼻龙

　　角鼻龙是一种大型恐龙,生活在约1.56亿年至1.45亿年以前的侏罗纪晚期。这种威力很大的猎食恐龙,用两条强壮而肌肉发达的后腿走路。它的脖子宽大,呈S状,口鼻部的角很短。1884年,

考古学家奥塞内尔·查利斯·马什为它命名。它的眼睛很大,视力很好。角鼻龙可以长到约 6 米长。角鼻龙为食肉动物,吃其他动物的肉。这种猎食广泛的恐龙颌骨大而有力,上面长着长而锋利的牙齿。

角鼻龙能力很强,它可以随时攻击其他动物,几乎可以杀死大型的蜥脚龙。角鼻龙可能会成群狩猎,通过合作,它们可能会抓到非常大的动物。

除了独特的角鼻外,它的另一个解剖学特征是它的大脑占身体的比重非常高,这证明角鼻龙是一种智慧动物。大多数的角鼻龙化石是在美国的犹他州、科罗拉多州和非洲的坦桑尼亚发现的。在所有的兽脚恐龙中,角鼻龙的特殊之处是它具有皮装甲,在它的背部中线上有一排皮内成骨形成的小型鳞片。

单脊龙

单脊龙,又称单棘龙或单嵴龙,是一种肉食龙下目恐龙,生存于晚侏罗纪的中国,约 1.7 亿年前。单脊龙的属名意为"有单冠饰的蜥蜴",意指它们头颅骨上的单一冠饰。单脊龙的身长可达 5 米,高度为 2 米,重量可达 700 公斤。单脊龙的发现地区,被发现出有水的迹象,所以单脊龙可能生存在湖岸或海岸地区。最初,单脊龙曾被归类于斑龙类,后被认为可能与异特龙超科有接近亲缘关系。2009 年,赵喜进等人发现单脊龙的骨骼有许多原始的特征,显示单脊龙可能是一种原始的坚尾龙类恐龙。

1984 年,发现了一个几乎完整的单脊龙骨骸,并由菲力·柯尔与赵喜进两人于 1993 年所叙述。在叙述之前,该化石被认为属于将军庙龙,将军庙龙目前状态为无资格名。单脊龙的模式种是将军单脊龙,或称江氏单脊龙。

董枝明于 1992 年描述了另一种单脊龙,即将军庙单脊龙,并已被认为是将军单脊龙的异名。

四川龙

　　四川龙是一属中华盗龙科恐龙,生存于侏罗纪晚期的亚洲。它的外表有点像小型的异特龙,体重100～150公斤,身长约8米。

　　四川龙的齿冠高约为齿冠宽度的2.5倍。前面的牙齿凸度大,前缘锯齿深,可直达齿冠基部,并强烈向舌面弯曲。其余牙齿较扁,厚度约相当于宽度的2/3。前缘锯齿向舌面弯曲的程度不等。所有牙齿前缘锯齿较后缘锯齿细而密。前部颈椎椎体相对较长,微弱后凹型,神经棘低而前后延长。后部颈椎椎体长度显著缩短,只有前部颈椎长度的2/3左右,紧接在副突之后有侧凹存在。背椎双平型,椎体侧面有粗的纵纹。长骨中空性差,甚至部分肢骨完全不中空。乌喙骨轮廓近椭圆形,外侧后方靠中部有瘤状脊。肱骨三角脊不特别发育。坐骨近端有发育的坐骨突,远端前后扩张。股骨小转节低,呈板状,斜向前外方。

　　四川龙下有两个已命名的物种:模式种甘氏四川龙及自贡四川龙。甘氏四川龙是由杨钟健于1942年根据部分骨骼及一些牙齿所命名;自贡四川龙于1993年根据几乎完整的骨骼所命名。一些古生物学家认为四川龙是疑名,原因是虽然那些牙齿很独特,但其他骨骸有可能是属于其他的属。盐都四川龙及剑阁龙也被重新归类于甘氏四川龙,但有些学者则指出剑阁龙其实是一个独立的物种。

何信禄龙

　　何信禄龙是一种原始鸟臀目恐龙,是一种小型的双足植食性恐龙,生活在侏罗纪中期,化石发现于中国四川省自贡市大山铺,由成都理工大学的何信禄和蔡开基在1983年叙述及命名。

　　何信禄龙的正模标本包含一个几乎完整的头颅骨,以及部分头颅后骨骸,发现于大山铺的下沙溪庙组陆相沙岩层,年代可能为侏罗纪的巴柔阶。副模标本是一个部分头颅骨与颅后的骨骼。

　　多齿何信禄龙原本为多齿盐都龙,保罗·巴雷特等人在2005年将它们成立独立的属,并认为它们与其他基础鸟脚类恐龙的差别在于单一独有衍征:眶后的侧面有一个明显的凹面。属名是以最初的命名者何信禄为名。

双脊龙

1. 湖边的身影

　　波光粼粼,微风轻拂,翼龙轻轻地从水面上掠过,几条靠近水面的游鱼被惊得跳了起来,激起阵阵水花。这里是一片巨大的湖泊,湖泊的面积大得让你难以想象,许多从高山上发源的河流在这里汇集。

　　这里以后会变成美国犹他州的荒漠,但是距今1.9亿年前却是另一番景象。现在是早侏罗世,对于恐龙来说中生代才刚刚开始。犹他州这时正是恐龙的栖息地之一,湖泊的存在让这片土地变得生机勃勃,水对生命是那么重要,它支撑着这里的整个生态体系,湖泊附近大片的森林供养着大量的动物。

　　现在是早晨,太阳才刚刚升起来。湖边的森林底层长着一棵棵高大的树蕨,它如扇子般的大叶子将许多矮小的植物保护在自己的"羽翼"之下,一只双脊龙现在正静静地站在树蕨的叶子下面,它就是刚才惊动翼龙的那个大家伙。

2. 两个脊的脑袋

双脊龙,又名双嵴龙、双棘龙及双冠龙,学名来自拉丁语,意思是"有一对头冠的蜥蜴"。双脊龙生存于距今 1.97 亿年至 1.83 亿年前早侏罗世的北美洲和亚洲,属于双脊龙科的模式属。

这只双脊龙身长 5 米,高约 2 米,体重 320 千克,虽然个头不小,可它还只是一只处于青春期的亚成年个体。它挑选了一个很好的观察点,透过枝叶可以清楚地看到周围的一切,不过它的注意力一直集中在湖边的滩地上。这只年轻的双脊龙不是在捕猎,它是在确定周围没有其他可能对它造成威胁的捕猎者,而它所惧怕的捕猎者并不是其他大型肉食性恐龙,恰恰是自己的同类。

没错,双脊龙像许多自然界的食肉动物一样,有着同类相残的习性,这并不奇怪,因为消灭周围的竞争者就意味着自己活下去的可能性更大。双脊龙的智商虽然不高,但是它们能记住一些事情,这只小双脊龙清楚地知道这个地区生活着几只成年的双脊龙,它们可是在食物链中占据统治地位的物种。

3. 浅水区

在确定没有危险后,双脊龙慢慢地从树木中走了出来。脚踩在松软的沙滩上,它抬起头深深地吸了口气,这个美妙的早晨让它觉得精神抖擞。双脊龙跺了跺脚,来到湖边低下头喝了几口水,在阳光的照耀下,它头上呈 V 字形的骨质嵴显露出漂亮的红色,其间还夹杂着淡绿色的条带。这种奇特的骨质嵴正是识别双脊龙的最好标志,双脊龙这个学名也正是由此得名的,通过观察骨质嵴的大小和颜色,你可以了解一只双脊龙的许多信息,比如年龄、健康状况、是否进入发情期等。

前面已经提到,这只双脊龙只有 6 岁,还处于青春期,不过用不了多久它就可以完全成熟了,看看它头的上骨质嵴可以判断它很健康,而且充满了活力。喝够了水,双脊龙并没有离开的意思,它再次转过身体仔细观察着身后的树林,树林很安静,并没有什么异样。

太阳越升越高,已经到了树木的上方,光线的变化显得湖水很清澈,在浅水区能清楚地看到湖底沙子和游来游去的鱼虾。双脊龙一脚踏进了湖水中,湖面顿时泛起一圈圈波纹,水温适宜,让它的双脚觉得很暖和。双脊龙来到一米深的浅水区,然后定定地站住,几分钟过去了,它竟然还那样

站在那里，一动不动，就像尊雕像一般。一只蜻蜓被双脊龙头上骨质脊的艳丽颜色所吸引，从远处飞过来，然后稳稳地落在上面晒起了太阳。

4. 深水区

已经临近中午了，越来越高的气温让动物们都躲在阴凉的地方休息，站在水中的双脊龙也觉得头部和背部就像被烧着了一样火辣辣的。因为它很饥饿，最后双脊龙决定用最后的一招——进深水。

很难想象恐龙是怎么在深水中活动的，它们需要不停地呼吸空气，还要获得食物。不过这只双

脊龙即将向我们展示它的游泳技巧,它的前肢平伸,后肢就像狗那样向后划水,整个头部和部分背部露出水面,而细长的尾巴不能像鳄鱼那样左右摇动帮助它向前推进,甚至连保持平衡的作用都起不到。而这只年轻的双脊龙却平稳而缓慢地向湖中心游去,当进入一定深度后,它稍稍转了个圈,然后深呼一口气,将重心转移到身体前部潜入湖中。

这里的深度是4米左右,在这个深度生活着很多大鱼,最常见的就是类似半椎鱼的古老鱼类,这些鱼的身上还长有骨甲,或许甲胄鱼这个名字让你觉得更熟悉,它们的体形够大,足够双脊龙填饱肚子。

双脊龙观察了一下湖底的情况,平缓的沙土和稀疏的水草,还有许多大鱼,这让它兴奋。不过它的身体不是为潜水设计的,有限的肺容量很快让它觉得憋闷,它双脚在湖底用力一蹬回到水面。

5. 与鲨鱼的较量

正在双脊龙呼吸空气的时候,却发现一团白色的东西从不远处向它游了过来,它将头钻入水中,白色的大鱼就在眼前。这条大鱼是湖中的掠食者,一种体形不大的鲨鱼,它经常吃漂浮在湖中的动物尸体,现在它把双脊龙当作了一块腐肉,正在试探呢。

鲨鱼并不知道眼前的猎物其实是猎人,它漫不经心地游到了双脊龙的脑袋旁边。这对于双脊龙恰恰是一个好机会,它猛然张开大嘴一口咬住了鲨鱼中间部分,两排锋利如刀般的牙齿深深刺入鲨鱼的身体。

鲨鱼没有想到会遭到攻击,拼命地摆动着大尾巴潜入水中,双脊龙被这巨大的拉力一起带入湖底。虽然鲨鱼的个头不大,但是它的力量可一点也不小。双脊龙蹬住湖底开始用力将嘴中的鲨鱼拖向湖面,而鲨鱼则拼命扭动着身体,想要摆脱。

就这样,一只恐龙和一只鲨鱼在湖面之下上演了一场生死较量,双方扭动着身体,尾巴和爪子在湖底的淤泥上留下了深深浅浅的痕迹。双脊龙感觉就要窒息一般,之所以觉得无法呼吸是因为在水下待的时间太长了,如果被鲨鱼牵着鼻子走它非得没命不可。最后双脊龙弯曲双腿,用尽力气向上一蹬,整个身体带着嘴中的鲨鱼一起跃出水面,巨大的水花高达数米。可当水花落下,它们又仿佛消失了,只留下一丝丝的血迹从水下现出。

6. 鱼翅大餐

过了几十秒,水面终于有了异动,先是红色的血迹,然后是一些波纹,最后是双脊龙头上艳丽的骨质脊一点点浮出水面。它最终战胜了鲨鱼,但是猎物还在作垂死挣扎。鲨鱼扭动着身子,大尾巴不时地拍击水面溅起水花,双脊龙也因为猎物的扭动没有办法抬起头,与其说是叼着不如说是在拖

着鲨鱼。

　　经过最后的努力，双脊龙终于将鲨鱼拖到岸上，刚才的殊死搏斗耗尽了它最后的一点儿力气，特别是颈部和下颌的肌肉，已经变得僵硬。双脊龙松开嘴扔下猎物一下子趴倒下来，它大口呼吸着，发出"呼呼"的声音，胸部也随之剧烈地起伏着。鲨鱼躺在沙滩上，面对着阳光的暴晒，它的鳃在一张一合，嘴也张得大大的，想要呼吸氧气，不过很快它就不再需要这些了。

　　恢复了部分体力的双脊龙站起身来，它低下头一口咬住鲨鱼，沉重的猎物压得它没有办法抬起头，它只能在地上拖着鲨鱼向后退，鲨鱼的血在河滩上留下了一道红色的印迹。鲨鱼再也没有了力气，尾巴只是轻轻地晃了晃就被双脊龙拖进了树林。

　　傍晚，翼龙发现了湖边沙滩上的血印，于是落了下来，循着痕迹走进树林，一条鲨鱼的残骸呈现在它的面前，几只小蜥蜴正在抢食，看到它的到来全都一下子跑进了树丛。虽然血肉模糊，但是这么多肉还是足够翼龙吃上几天，而双脊龙早已经吃饱离开了。

迪布勒伊洛龙

　　迪布勒伊洛龙是兽脚亚目斑龙科的一属，生存于侏罗纪中期的法国。

　　最初在 2002 年时，它们被归类于杂肋龙的一个新种，在 2005 年同一研究人员将它们建立为新属，模式种迪布勒伊洛龙。属名是以发现化石的迪布勒伊家庭为名。

　　迪布勒伊洛龙和它的亲戚棘龙一样，以捕鱼为生，其专长是用它那尖尖的长满尖牙的嘴巴在浅水域捕捉那些滑溜溜的鱼。

　　由于迄今只发现了一件迪布勒伊洛龙骨骼化石，因此人们对这种恐龙知之甚少。它的头骨异乎寻常的长而浅，长度是深度的 3 倍。和其他种类不同，迪布勒洛龙头骨上没有明显的长有脊冠或角的痕迹。但由于目前找到的只是一件未成年的迪布勒洛龙的化石，因此很难确认成年的迪布勒洛龙头上是否有脊冠或角。

原颌龙

原颌龙是蜥脚形亚目、蜥脚次亚目、蜀龙亚科的一属,植食性恐龙,生活在中生代的侏罗纪中期。化石被发现于中国。

大多数人认为所有的恐龙都是巨大的,但事实并非如此。事实上原颌龙是迄今被发现的最小的恐龙之一,只有 1.2 米长。原颌龙长而尖细的尾巴大约和身体的长度差不多,当原颌龙跑动时,它也许会抬起尾巴离开地面。虽然原颌龙只是微型恐龙,但却是贪婪的猎食者。原颌龙的前肢比后肢短得多,因此他走路的时候是用两条腿,而不是四条腿。与它的小身体相比,原颌龙长着相当长的腿和腿骨,而且原颌龙的骨头十分纤细,因此它的骨架一定很轻,以便于它很快地跑,这意味着它是一位成功的猎手。原颌龙的每只手长着五根手指,其中两根手指比其他的短,用来帮助原颌龙抓住史前昆虫和其他小动物供其食用。相对于它的身体而言,原颌龙的嘴也许长了些,并且长满了许多小牙。原颌龙的牙齿非常锋利,很适合吃生肉,它可能还到处觅食,去吃那些被大型动物捕杀的动物的腐肉。但由于体形小,原颌龙可能不会攻击大型动物,除非成群行动。当单独行动时,它也许更喜欢找些小动物和昆虫来填饱肚子。

虚骨龙

虚骨龙又名空尾龙,是虚骨龙科下的一属,生活于晚侏罗纪的启莫里阶至提通阶,距今约 1.5 亿年前。虚骨龙是一种小型、双足的肉食性恐龙,身长为 2.4 米,体重最大可达 20 公斤。族群从小到大皆有,包括偷蛋龙及奔龙,一般认为鸟类起源于小型的虚骨龙。另一个理论认为暴龙为虚骨龙进化而来。

按照现代新的分类观点,虚骨龙类也已列入联尾龙类,其中包括鸟的祖先。它在进化上的显著特征是:在腭部的外孔,后肢比前肢约长一半。它主要分布于亚洲及北美洲。有许多不同的分类法将虚骨龙分成各种类群,下面只介绍最重要的似鸟龙类和跑龙类。

虚骨龙是在 1879 年由美国古生物学家与自然学家奥塞内尔·查利斯·马什所命名;另外,马什同时也建立了新属,后来改名为弯龙。马什当时与爱德华·德林克·科普进行一场长时间的竞争,

名为化石战争。

马什当时只叙述了模式标本的背部到尾巴的脊椎。马什注意到脊椎的内部空腔与细的脊椎壁，因此将它们命名为脆弱虚骨龙。马什认为虚骨龙的体形接近狼，食性应为肉性。虚骨龙是莫里逊组所发现的第一个小型兽脚类恐龙，但马什当时并不确定它们是否属于恐龙。1881 年，他将虚骨龙归类于恐龙，提出更多骨头图片，并建立虚骨龙目与虚骨龙科，以包含虚骨龙属。

虚骨龙的化石散布于挖掘地点，挖掘活动自 1879 年 9 月持续到 1880 年 9 月，马什将部分化石建立为新种——敏捷虚骨龙，并从其中一对耻骨研判敏捷虚骨龙的体形大于脆弱虚骨龙的三倍。1888 年，马什将一个发现于马里兰州阿伦德尔组的趾爪归类于脆弱虚骨龙，该趾爪的年代是早白垩纪。尽管马什与科普的竞争激烈，科普却在 1887 年建立了两个新种：鲍氏虚骨龙与洛氏虚骨龙，化石都发现于新墨西哥州的晚三叠纪地层。在两年后，科普将这两个种新建立为腔骨龙。

1903 年，亨利·费尔费尔德·奥斯本命名了嗜鸟龙，是莫里逊组的第二个发现的小型兽脚类恐龙。嗜鸟龙的化石是一个部分骨骸，发现于科莫崖北方的一处采石场。1920 年，查尔斯·怀特尼·吉尔摩尔在他的重要兽脚亚目研究中，提出虚骨龙与嗜鸟龙是同一种动物。这个分类法被其他科学家沿用，并持续了数十年。但是，没有科学家将这两种动物做正式的比较，也没有人去统计哪些化石属于虚骨龙。

吉尔摩尔曾提出脆弱虚骨龙、敏捷虚骨龙是同种动物，但直到 20 世纪 80 年代，约翰·奥斯特伦姆做了相关研究，才证实这个说法。这使脆弱虚骨龙的化石增加，而奥斯特伦姆也证实嗜鸟龙与虚骨龙是不同的物种。根据当时的不完整资料，戴尔·罗素曾提出敏捷虚骨龙是轻巧龙的一个种，奥斯特伦姆也指出其错误。奥斯特伦姆另外提出，马什在 1884 年绘制的虚骨龙脊椎图中，其中一个脊椎是另两个脊椎拼合组成的；而剩下两个脊椎中，有一个脊椎其实是发现于其他地点，属于一个未命名的小型兽脚类恐龙。1995 年，怀俄明州发现的一个部分骨骸，一度被认为是个较大型的虚骨龙。数年后，这个新发现骨骸被建立为新属长臂猎龙，是虚骨龙的近亲。

虚骨龙只有一个有效种，即模式种脆弱虚骨龙，过去还有六个种被建立过。敏捷虚骨龙由马什在 1884 年建立，后来改归类于脆弱虚骨龙。1887 年，科普根据在新墨西哥州发现的晚三叠纪化石，建立了鲍氏虚骨龙与洛氏虚骨龙；科普在 1889 年将这两个种建立了新属——腔骨龙。1888 年，理查德·莱德克将哈利·丝莱建立的达氏孔椎龙改为达氏虚骨龙，该种化石发现于英格兰的早白垩纪地层；后来独立为新属——鞘虚骨龙。纤细虚骨龙由马什在 1888 年建立，化石是一些四肢骨头，年代也是早白垩纪。但吉尔摩尔在 1920 年重新检查这些骨头时，只能鉴定出一个爪子。吉尔摩尔将其归类于纤手龙，不属于虚骨龙。最近的研究多认为纤细虚骨龙不属于虚骨龙，是个疑名。但纤细虚骨龙不被认为属于虚骨龙属，也没有成立别的属。嗜鸟龙过去曾被认为是虚骨龙的异名，其模式种被改为为郝氏虚骨龙，直到奥斯特伦姆指出其错误。

对于虚骨龙的知识，多来自于其中一副骨骸化石，这个化石发现于怀俄明州的科莫崖，包含众多脊椎、部分骨盆、肩带以及四肢的大部分。但直到20世纪80年代，才将该骨骼完整地拼凑出来，而存放于皮巴第自然历史博物馆。另外，在犹他州的克利夫兰劳埃德采石场发现的两个前肢骨头，有可能属于虚骨龙。虚骨龙是一种中小型恐龙，重量被估计为13～20公斤，身长约2.4米，臀部高度为0.7米。从重建的骨架模型来看，虚骨龙的脊椎骨长，而有长的颈部与身体，蹠骨长，因此后肢修长；颅骨小而长；前掌有三指，有锐利、弯曲的爪。

虚骨龙的头部化石不多，只有挖掘地点所发现的一个骨头，可能是部分下颌。该骨头的保存状况与外表，与虚骨龙的骨骸类似，但形状较细长，可能不属于该骨骼。这个骨头的长度为7.9厘米，宽度为1.1厘米。虚骨龙的脊椎长而低矮，神经棘短，脊椎壁细。颈椎有许多空腔，但分布不平均，大小不一。颈椎修长，长度是宽度的四倍，前后端有凹面。背椎较短，表面缺乏空洞，凹处较不明显，形状为沙漏状。尾椎表面也缺乏空洞。

肩带的唯一骨头是个肩胛骨碎片。肱骨的侧面是S状弯曲，长度为11.9厘米，大于尺骨的9.6厘米。手腕有个半月形腕骨，类似恐爪龙，但跟人类的月骨不同。手指细而长。骨盆的唯一骨头是两个愈合的耻骨，尾端有明显的柄部。股骨的正面呈S状，长度约21厘米。蹠骨长，长度接近股骨。

自从20世纪80年代以来，种系发生学研究逐渐增多，而虚骨龙通常被认为是虚骨龙类的分类不明属，不属于任何一个主要演化支。虚骨龙与美颌龙科、嗜鸟龙、原角鼻龙等属，曾多次被归类为基底虚骨龙类。2007年，菲力·森特在对长臂猎龙的研究中，提出虚骨龙与长臂猎龙是原始暴龙超科动物的近亲。

虚骨龙有时被归类于虚骨龙科，但虚骨龙科的物种却不固定。2003年，奥利佛·劳赫提出虚骨龙科由虚骨龙及美颌龙科的物种所构成。相反，没有科学家曾将虚骨龙归类于美颌龙科。2007年，菲力·森特指出虚骨龙科只有虚骨龙、长臂猎龙两个物种。

在采用种系发生学之前，虚骨龙科与虚骨龙下目都曾被当成"未分类物种集中地"，许多小型兽脚类恐龙被归类于此，而且多为疑名。在20世纪80年代晚期的大众恐龙书籍中，虚骨龙科包含超过10个物种，包括西北阿根廷龙科的福左轻鳄龙、偷蛋龙下目的小猎龙，而且虚骨龙科被当作是腔骨龙科的后代。在90年代初期的一些大众读物，虚骨龙科仍被当作"未分类物种集中地"，在这之

后的物种数目就大幅缩减。

虚骨龙发现于莫里逊组的第2与第5地层带。莫里逊组被认为是个半干旱的泛滥平原，有明显的雨季与旱季。当地的植被十分多样化，有河边的走廊林、蕨类、树蕨、针叶树以及疏林莽原。

2009年国庆期间，开江县讲治中学生物组师生到讲治镇伍家寨村雷公庙一带山地实地采风，发现了很多贝壳化石和部分恐龙化石。发现这一情况后，该校立即向当地政府作了汇报。随后，达州市文管所到现场进行考察核实发现，出土的化石中有两大块恐龙脊椎化石，根据这两大块脊椎化石骨骼判定，恐龙长度应在20～30米之间，属行动敏捷、凶猛的肉食性虚骨龙。

1964年夏，开江新宁镇老三沟村发现了川东虚骨龙化石，现该化石完整地陈列在成都理工大学；1987年第二次全国文物普查时，曾在雷公庙、老三沟直线距离仅3公里左右的新宁镇陡梯子、三里桥村和讲治镇双飞村发现恐龙化石，如今再次发现的同属虚骨龙化石。初步判断该带应属川东虚骨龙的集聚地。

露丝娜龙

露丝娜龙属是蜥脚下目恐龙的一属，生存于侏罗纪至白垩纪之间。模式种是巨大露丝娜龙，是在2001年正式描述及命名。

正模标本是一个亚成年个体，包含一个部分头颅骨、完整的颈部到尾巴脊椎、肱骨、尺骨、桡骨、掌骨、胸骨、耻骨、坐骨、肠骨以及其他破碎骨头，发现于西班牙巴伦西亚的露丝娜。露丝娜龙的特征是近侧尾椎的神经棘大小与形状。露丝娜龙的肱骨相当大，长1.43米，略小于潮汐龙约20%。2007年，古生物学家估计其身长15～18米，体重约12～15吨。

露丝娜龙最初被分类在梁龙超科中，后来在2005年被重新归类于大鼻龙类。直至2006年建立新的图里亚龙类演化支后，才将露丝娜龙分类在图里亚龙类。

神鹰盗龙

神鹰盗龙是坚尾龙类斑龙超科恐龙的一属，生活于中侏罗纪的阿根廷。

模式种是克氏神鹰盗龙，是于2005年被描述、命名。标本是一个胫骨，以及一个关节相连的部分骨骼，都来自于同一个体。另一个完整的骨骼亦于2007年出土。化石都发现于阿根廷。

神鹰盗龙最初被认为是基础坚尾龙类，最新研究则认为它们属于斑龙超科，是皮亚尼兹基龙的姊妹分类单元。

龙猎龙

龙猎龙属是兽脚亚目恐龙的一属，生存于侏罗纪早期的南非，化石是一个部分头颅骨，发现于艾略特组。龙猎龙的身长估计值介于5.5～6.5米之间。

模式种是瑞氏龙猎龙，是由亚当·耶茨在2006年叙述、命名。属名在拉丁语意为"龙猎人"。根据亲缘分支分类法研究，龙猎龙是一种基础兽脚类恐龙，与双脊龙、恶灵龙属于同一演化支，名为双脊龙科。

多里亚猎龙

多里亚猎龙属是兽脚亚目恐龙的一属,属于斑龙科。化石发现于英格兰南部多赛特郡,地质年代为侏罗纪中期的巴柔阶,约1.7亿年前,使它们成为已知最古老的坚尾龙类恐龙之一。

1974年,沃尔德曼将这些化石归类于斑龙的一个新种——西方斑龙。1999年,古生物学家在奇特双脊龙的比较研究中,将西方斑龙改名为沃克龙。但是他们没有详细叙述、研究这些化石,所以沃克龙只是一个无资格名称,是个没有效力的学名。

2008年,罗杰·本森将这些化石正式叙述、命名。模式种是西方多里亚猎龙。属名在拉丁语意为"多里亚的猎人",以多赛特郡的古地名多里亚为名。

美扭椎龙

美扭椎龙又名优椎龙,是斑龙科下的一属恐龙,生活于侏罗纪中期卡洛维阶的英格兰南部,当时欧洲还是一些分散的岛屿。它是双足的肉食性恐龙,有坚实的尾巴。它是典型的兽脚亚目,有强壮的后肢、直立的姿势及小型的前肢。头颅骨有空腔,可减轻重量,手部有三根指头。美扭椎龙估计有5~7米长及约2米高。其唯一标本是个未完全成长个体,身长约4.63米。

美扭椎龙是由理查德·欧文于1841年首先描述,认为是斑龙的一个新物种,并命名为居氏斑龙。这个标本是在英格兰牛津市北部牛津黏土的一个砖窑中发现,但曾一度遗失。1964年,艾力克·沃克从找回的化石与其描述比较,发现它应该是另一个属,并将之命名为牛津美扭椎龙。在被命名为美扭椎龙前,这个标本亦被编入扭椎龙中,并命名为居氏扭椎龙。

2000年,有研究发现美扭椎龙的盆骨与大龙的只有很小差别,故它们被认为其实是属于同一属的。

目前只有发现一个美扭椎龙的化石，而且是在海相的沉积层中发现的，科学家们推论它们的尸体是从河流被冲刷到海洋中，该化石在死亡时可能还未成年。

轻巧龙

轻巧龙又名伊拉夫罗龙，意为"重量轻的蜥蜴"，是一种肉食性恐龙，生存于侏罗纪晚期的坦桑尼亚，约 1.45 亿年前。轻巧龙可能属于角鼻龙下目，身长约 6 米。有科学家提出轻巧龙是最晚期的腔骨龙超科，但此说法已被否定。

轻巧龙的化石是一副接近完整的骨骼，是于坦桑尼亚汤达鸠中被发现，当地发现的化石亦有腕龙、异特龙及钉状龙等。科学家并不肯定轻巧龙的样貌，因为从未发现它的头颅骨。在汤达鸠，只有少量的兽脚亚目化石被发现，大部分是一些骨头碎片，轻巧龙如此完整的骨骼则是很稀少的。1960 年，一个发现于尼日的化石被建立为戈氏轻巧龙，年代属于白垩纪早期；2004 年，由保罗·赛里诺将其重新命名为棘椎龙。在莫里逊组发现的一个化石，可能属于轻巧龙。

马什龙

马什龙是一种中等体形的兽脚类恐龙。身体全长估计可达 5~6 米,头骨长度 60 厘米。已知在美国犹他州和科罗拉多州的莫里逊组至少发现了该种恐龙的 3 组不同个体化石。

该物种的正模标本是一个左肠骨(或者说是骨盆上部)化石,该化石发现于犹他州中部的克里夫兰劳埃德采石场。化石标本由詹姆斯·马德森于 1976 年命名。其拉丁文属名是为了纪念美国古生物学家马什,他曾记录并描述了很多的恐龙化石材料。而种名的喻义则是为了庆祝当时美利坚合众国成立两百周年。

骨骼化石特点表明马什龙是一种鸟兽脚类恐龙。该分类单元包括一些具有较多鸟类身体特征的兽脚类恐龙,如著名的霸王龙、伶盗龙及异特龙等。本森在 2009 年通过参照一些最近发掘的巨齿龙(斑龙)化石标本中的大量新特征,发现马什龙应属于巨齿龙超科(或称棘龙超科)。其生存年代为启莫里阶(晚侏罗纪),距今大约 1.55 亿年到 1.5 亿年前。

澳洲盗龙

澳洲盗龙属是兽脚亚目阿贝力龙超科恐龙的一属,生存于侏罗纪中期的澳洲。澳洲盗龙、瑞拖斯龙是目前已知生存年代最早的澳洲恐龙,也可能是目前已知最古老的阿贝力龙超科恐龙。

1967 年,4 位 12 岁的珀斯学生在杰洛顿-格林诺夫市近郊发现一个骨头化石,他们将化石带给西澳大学的雷克斯·布赖德教授鉴定。雷克斯·布赖德教授将化石做了铸模,将铸模寄到伦敦自然史博物馆。当伦敦自然史博物馆首次研究澳洲盗龙的化石时,这些骨头被认为属于乌龟。1998 年,约翰·艾伯特·隆与拉弗·莫纳儿重新鉴定这些骨头,认为这个腿部骨头属于某种兽脚亚目恐龙。

1998 年,约翰·艾伯特·隆与拉弗·莫纳儿将这个化石进行叙述、命名,模式种是苏波塔澳洲盗龙,也是目前的唯一一个种。属名意为"澳洲盗贼",种名则是以 1982 年电影《王者之剑》的盗贼角色苏波塔为名。

正模标本是一个左胫骨的下半部,地质年代约 1.7 亿年前,相当于巴柔阶中期。

这个标本长度为 8 厘米,宽度为 4 厘米。根据估计,胫骨的完整长度为 17～20 厘米,而完整长度约为 2 米。根据这个部分胫骨,已鉴定出澳洲盗龙的三个可鉴定特征:距骨升突呈矩形且上端笔直;胫骨与距骨的接触面有垂直棱脊;胫骨的中段骨髁发展不明显。

因为目前仅发现一个部分腿部骨头,所以很难将澳洲盗龙分类。澳洲盗龙被命名时,被归类于兽脚亚目的分类未定属。2004 年,汤玛斯·荷兹提出澳洲盗龙属于鸟兽脚类。2005 年,奥利佛·劳赫的研究显示澳洲盗龙的确属于兽脚亚目,并根据胫骨与距骨接触面的明显中线垂直棱脊,提出澳洲盗龙是阿贝力龙超科的一属。如果属实,澳洲盗龙将成为已知最古老的阿贝力龙超科恐龙。

冠龙

1. 五彩湾

时间的转轮飞快地向前旋转着,直到指针停在了距今 1.6 亿年。那时中国的新疆五彩湾与现在的景象截然不同,虽然处于旱季中期,但是这里仍然可以称得上是一片世外桃源。一条正在不断变窄的小河流过此地,旁边的树木还算是郁郁葱葱,许多动物都被这片水源吸引而来,因此旱季便成了这里最热闹的季节。

一只身长两米、头上顶着精巧头饰的肉食性恐龙出现在河边,它身材匀称修长,身上长有一层软软的绒毛,一双大眼睛机敏地搜索着周围。小恐龙学名叫作五彩冠龙,学名来自汉语拼音中的"冠龙",种命取自它的发现地五彩湾。冠龙是晚侏罗世新疆地区一种常见的恐龙,它行动敏捷,食性广泛,具有很强的适应力。这只冠龙现在只有 6 岁,才刚刚进入青春期,它头上的薄冠也变得鲜艳起来。

或许你无法想象,体形轻巧的冠龙是巨大残暴的暴龙的祖先,它可是暴龙超科中最原始的成员之一。正是这些小家伙经过亿万年的进化,最终成为中生代的顶级杀手。不过在中侏罗世的新疆有许多大型的肉食性恐龙,其中包括著名的将军单脊龙和董氏中华盗龙,冠龙不得不生活在这些大家伙的阴影之下。

正是由于这个世界中充满了危险,所以小冠龙总是小心谨慎,它已经习惯于仔细观察周围的环境,当发现有危险来临的时候就会逃之夭夭。

2. 陷阱

小冠龙站在河边,两只大眼睛
死死地盯着水里,它在寻找四处闲游的鱼儿。在晚侏罗世时期这个地区河网密布,鱼也就成了五彩冠龙的重要食物。正在这时,一条小鱼出现在浅水区,心急的小冠龙并没有等待最佳时机,一下子跳进了河中,溅起一大片水花。小冠龙扑了个空,当它湿漉漉地站起来后,却发现那条小鱼就在离它不远的地方转圈,好像是在向它示威一样。小冠龙没有多想,踏着水花便追了过去,它并不知道它的猎物正在将它带入死亡。

只往前跨了三步,小冠龙便觉得脚下一沉,紧接着身体也跟着往下一陷,正在迈出的左脚停在空中,整个身体重重地趴在水中。小冠龙挣扎着想站起来,却发现两只脚都陷入了河底的淤泥中,剧烈的运动不断激起水花和黄泥,但是它的身体却一直在下陷,丝毫没有停止的迹象。最后小冠龙精疲力竭,它哀嚎了几声便软软地趴了下来。当河水漫过小冠龙的头顶后,它最终因为窒息而死,不过相对于慢慢饿死或是渴死,这种死法或许算得上是一种解脱。

3. 隐杀

当小冠龙因为自己的错误命丧水中的时候,在距离这里30千米外的树林边,它的哥哥正在准备发动一场蓄谋已久的攻击。这只冠龙体长已经达到3米,具有同样精巧的头冠、同样匀称的身体,而红色的头冠显示它已经完全成年。虽然具有血缘关系,但是它们很早就开始独立生活,所以它并没有与弟弟见过面。

冠龙的目标是一小群当氏隐龙,这种恐龙属于最原始的角龙类,它们长有短短的顶盾、并不太发育的脑袋、强壮的身体及有力的四肢,外形与著名的鹦鹉嘴龙相似。隐龙的体形很小,成年之后也仅仅只有1.2米长,所以很容易变成其他恐龙的猎物。要说隐龙的名字还有一番来头,隐龙的属名来自于汉语拼音中的"隐"和"龙"两字,并参考了电影《卧虎藏龙》,因为发现隐龙化石的地点就在《卧虎藏龙》的新疆拍摄地点附近。

冠龙早就盯上了那些没长大的小隐龙,等到时机成熟它就一下子从隐蔽处冲了上去。与矮小的隐龙相比,冠龙显得很高大。长有长腿的它轻松地就从成年隐龙身上跨了过去,一斜脑袋就咬住了一只小隐龙。捕杀的过程可以说非常轻松,冠龙几乎没费吹灰之力便置猎物于死地,只是好景不长,到嘴的食物早已被其他恐龙给盯上了。

4. 夺食

心满意足的冠龙叼着小隐龙准备回到树林中美美地享用一番,可就在转过身的一瞬间它愣住了。它并不知道就在自己进行完美猎杀的时候,一只 7 米长、3 米高的董氏中华盗龙在一旁静悄悄地观看着。现在中华盗龙就站在树林的边缘,横在冠龙与树林的中间。中华盗龙算得上是这里最大的肉食性恐龙,它身材高大,身体强壮,嘴中两排匕首状弯曲的牙齿让任何动物都不寒而栗。

局势对冠龙非常不利,如果可以进入树林,那么茂密的植被可以帮助它迅速逃脱,可现在中华盗龙像个门神一样挡在面前。如果转身逃跑,那么在开阔地面爆发力极强的中华盗龙很可能瞬间就能了结自己的性命。

正在冠龙还在纠结的时候,中华盗龙已经动了起来。现在冠龙可没有时间再思考了,它本能地转过身开始狂奔,想要争取时间尽量拉开两者的距离。因为逃命要紧,冠龙甩开了嘴中的猎物,一口气跑出了很远。跑了一会儿冠龙觉得奇怪,身后并没有中华盗龙有力的脚步声或是急促的呼吸声,难道那家伙没有追过来?

冠龙停了下来转过头,发现中华盗龙根本没有追自己,它竟然被隐龙尸体吸引住了。虽然捡回条命,可是看着到嘴边的食物被中华盗龙抢走,冠龙还是有些失落。在旱季里食物越来越少,求生对它来说会是个严峻的考验,它必须抓紧时间寻找一切可以食用的东西。

5. 致命水潭

一个月过去了,旱季还在继续,河水在炎热的天气下很快退去,露出小冠龙的尸体。虽然它的尸体已经不同程度地腐烂,在太阳的暴晒下开始干枯,但是还是引来了不少食腐动物。同时小冠龙的尸体散发出阵阵的尸臭味,在干燥的风裹挟之下飞向远方。

小冠龙的哥哥正趴在离河流不远的树荫下休息。随着呼吸,一阵熟悉的味道进入鼻腔,然后在神经的传递下进入了大脑中的嗅觉神经中枢,神经细胞告诉五彩冠龙在不远的地方有一顿饕餮大餐在等着它。

冠龙站起身来,几片干枯的银杏叶落在它的头冠上,叶面边缘的鲜红与它头冠的颜色很相似。红头冠的成年冠龙在烈日下向前快步急行,很快它就看到不远处的天空中有几只翼龙正在盘旋,这证明它的判断是正确的。冠龙走近后便看到一小群翼龙正在小冠龙的尸体上打闹,它们相互争夺着位置,然后用细长的角质喙从尸体上撕下肉块。冠龙大叫一声冲了过来,吓得翼龙纷纷四散飞走,竟然还有一只蜥蜴从尸体下突然蹿了出来,只不过它选的逃跑时机不对,被追上来的冠龙一口咬住,吞了下去。嘴角鲜红的冠龙一边舔着舌尖上鲜血的味道,一边满意地靠近小冠龙的尸体。

可就在它踏入小冠龙尸体周围的暗黄色土地时,一切就已经注定了。河水退去并没有让这个自然陷阱消失,反而变得更加危险,特别是对于大型动物来说。同样拼命地挣扎,同样无助地哀号,成年的五彩冠龙最后也只能靠在小冠龙身边,重重地呼吸着。它没有小冠龙那么幸运,短暂痛苦之后生命就结束了,成年五彩冠龙将在太阳的暴晒下渐渐脱水,最终在漫长的痛苦中死去。而刚才被它吓跑的翼龙们又飞了回来,落在旁边的树枝上等待着,就像餐桌旁饥肠辘辘的食客在等待着开吃一样。或许这就是命运的讽刺,两只冠龙葬身于同一片淤泥中,而且它们还是亲兄弟。

6. 五彩的冢

时光飞逝,沧海桑田,曾经的碧林绿水成了沙漠戈壁,五彩湾五光十色的石头成了两只五彩冠龙的铺墓石,守护着这片埋葬它们和其他众多生命的墓地。最终古生物学家来到这片土地上,试着探寻远古生命的痕迹与辉煌。

2000 年,几个身穿迷彩服的科考人员顶着烈日徒步穿行在中国新疆腹地,在阳光下他们手中的地质锤闪闪发光。突然一名科考队员停住了脚步,刚才经过的一块岩石引起了他的注意,古生物学家特有的直觉促使他转身走过去,并在这块岩石前蹲了下去。这块岩石已经在这里静静地待了亿万年,岁月的风沙将它表面松动的岩石剥离,使其淡红色的表面上露出了一块骨骼……

五彩冠龙在 2006 年被命名,研究论文发表在 2006 年 2 月 9 日出版的《自然》杂志上,它成为目前最确凿的原始暴龙类恐龙,也就是暴龙的老祖宗。它的发现引起了爱好者的广泛关注,许多人记住了这种发现于中国新疆的恐龙。

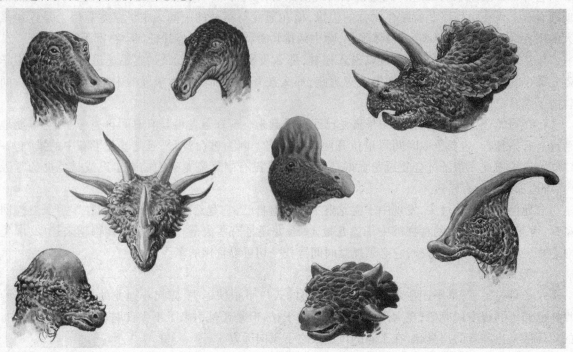

匙喙翼龙

寂静的水面上，一只匙喙翼龙将嘴巴插入水里，舞动双翅，快速地移动着。

一道亮银般的口子划开了它身后的水面，不过很快水面便又恢复了平静。

没有人知道，在水面下正在上演着一场激烈的争斗。匙喙翼龙淹没在水面下的嘴巴正不断地搅动着水藻和泥浆，逼迫那里的猎物出现。然后，它便会抓住机会，将猎物统统收入自己的嘴中。

只一瞬间的工夫，水下一大批生龙活虎的生命便成了匙喙翼龙的美餐。

生活在晚侏罗世至早白垩世欧洲西部的匙喙翼龙是体形中等的梳颌翼龙超科成员，成年的匙喙翼龙翼展能够达到 1.7～2 米。匙喙翼龙的脑袋比较狭长，不过脑袋的前部却呈扁圆状，看上去就像家里吃饭的汤勺。它们的嘴巴里长有小而锋利的牙齿，和它的嘴巴配合起来能很轻松地捕食到猎物。

匙喙翼龙的脖子较长，身体较小，几乎没有尾巴。

匙喙翼龙后肢比较粗壮，这是为了适应它奇特的捕食方式而进化出来的。就像之前介绍的，它们在捕食时需要在浅水区不断地四处移动，所以对运动能力要求很高。

皮亚尼兹基龙

皮亚尼兹基龙属是兽脚亚目恐龙的一属，生存于侏罗纪中期的南美洲。

皮亚尼兹基龙的化石是两个破碎的头颅骨以及部分颅后骨骼。化石发现于阿根廷，地质年代属于侏罗纪中期的卡洛维阶。根据不同的研究，皮亚尼兹基龙被认为属于基础肉食龙下目，或是斑龙超科动物。皮亚尼兹基龙是一种中型、双足肉食性恐龙，有粗壮的前肢，身长约 4.3 米。体重估计约 275 公斤或 450 公斤，后者是根据正模标本是亚成年体而推论的结果。肠骨长 42.3 厘米。脑壳类似其他斑龙超科、斑龙科的皮尔逊龙（发现于法国）。

　　模式种是弗氏皮亚尼兹基龙，是由约瑟·波拿巴于 1979 年描述、命名的，属名是为了纪念阿根廷地质学家皮亚尼兹。

梳颌翼龙

　　清晨的阳光透过树叶的缝隙，照射到晚侏罗世欧洲中部的大地上，清澈的湖水在阳光的照耀下

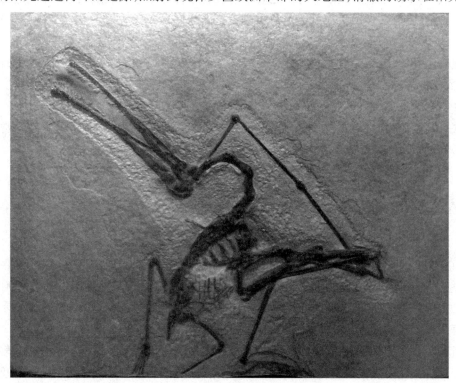

现出一片涟漪。一切都像是要追随充满生机的阳光从黑暗中苏醒一样,生命的力量在森林里渐渐升腾起来。

两只梳颌翼龙踏进池塘,将头低低地埋在冰凉的水里。它们嘴巴里接近400颗的牙齿,虽然不能强有力地撕扯猎物,却可以像漏斗一样瞬间将大量的鱼搜罗到自己嘴里,然后再慢慢地把多余的水滤出。这样独特的捕鱼方式大大提高了它们的效率和成功率,所以当那些鱼儿看到这样的"漏斗"出现在水面时,总是想方设法躲得远远的。

就像前面的情景中所提到的,梳颌翼龙最为特别的地方,就是它们嘴中的牙齿。这些牙齿小而尖,密密麻麻地排列在上下颌骨上,就像梳子齿一样,这正是它得名的原因。

梳颌翼龙的牙齿数量非常多,超过了260颗,有些个体的牙齿甚至接近400颗。很显然,这种牙齿并不坚固,不适合捕食鱼类或是其他反抗能力很强的动物。古生物学家认为这些牙齿应该具有滤食器一样的功能,它们可能会在浅水中将长长的嘴伸入水下的泥沙中,然后通过滤来摄取食物,就像刚刚所描述的那样。

梳颌翼龙长有极为细长的脑袋、细长的脖子以及很大的身体,但是它的尾巴超短。梳颌翼龙的前后肢都很强壮,上面连接着飞行用的翼膜。

诺曼底翼龙

诺曼底翼龙是翼龙目翼手龙亚目准噶尔翼龙超科的一个属,生存于侏罗纪晚期的启莫里阶。

1993年,让-雅克·佩吉在法国上诺曼底滨海塞纳省的瑟堡·奥克特维尔海岸,发现一个翼龙类的颌部化石,长约10厘米。

1998年,埃瑞克·比弗托等人将这个化石命名为新属,模式种是沃氏诺曼底翼龙。属名意为"来自诺曼底的颌部";种名则是以古生物学家彼得·沃尔赫费尔为名。

诺曼底翼龙的正模标本包含头颅骨的左前部、下颌。口鼻部低矮而尖,稍微向上弯。上颌只有鼻孔之前的段落被保存下来,后段可发现骨质冠饰。诺曼底翼龙的上颌中央线有一个骨质高冠饰,边缘有一个凹面,中间圆顶后逐渐下弯。之后段落没有被保存下来,所以无法得知头冠形状。骨质冠饰可发现纤维的结构,显示生前可能由角质覆盖。诺曼底翼龙的头冠形状类似准噶尔翼龙,而且比德国翼龙的还大。

与其他翼龙类相比,诺曼底翼龙的牙齿较粗壮。前上颌骨每边有5颗牙齿,上颌骨每边有9颗以上牙齿,而齿骨每边有至少14颗牙齿。由于颌部化石并非左右完整地保存下来,因此上颌骨、齿骨的数量并不明确。

诺曼底翼龙被命名时,被归类于德国翼龙科,因为外形类似德国翼龙,而骨质冠饰类似准噶尔翼龙。2006年,大卫·安文提出诺曼底翼龙是准噶尔翼龙超科的原始物种。

双型齿翼龙

双型齿翼龙属又译双型齿龙,是翼龙目喙嘴翼龙类的一属,是一种中型翼龙类,生存于早侏罗纪的欧洲,约2亿年前到1.8亿年前。近年在北美洲也有发现化石,但生存年代晚了3000万年。双型齿翼龙是由理查德·欧文在1859年所命名。属名在古希腊文的意思是"两种形式的牙齿",指的是它颌部有两种形式的牙齿,这种状况在爬行动物里很少见。

双型齿翼龙有大型头颅骨,长22厘米,头颅骨有大型洞孔,由纤细骨头隔开,大幅减轻头骨的重量。理查德·欧文认为头骨的结构类似拱桥的桥墩,在最轻的重量下达到最高的坚硬程度。

上颌前端有 4 ~ 5 颗长牙齿,之后则是数量不明的小牙齿。所有标本的上颌骨后段都已损毁。下颌前端有 5 颗长牙齿,之后则是 30 ~ 40 颗较小型牙齿,这些后段牙齿外形尖锐、侧面平坦,形状类似柳叶刀。双型齿翼龙的头颅骨形状、喙状嘴类似现代的海鹦鹉。

双型齿翼龙的身体仍有许多原始特征,例如在比例上较短的双翼。双翼的第一指骨略长于前臂尺骨。颈部短而强壮、灵活,两侧可能连接着翼膜。脊椎有洞孔与气腔,脊椎内部在生前可能具有气室。根据估计,双型齿翼龙的成年个体身长约为 1 米,翼展约 1.45 米。

双型齿翼龙的尾巴长,具有 13 节尾椎。前 5 或 6 节尾椎短,具可动性;后段尾椎较短,有非常长的骨突,因此尾巴后段较为坚挺,可能在飞行时有方向舵的功能。研究人员推测,双型齿翼龙的尾巴末端可能呈钻石形状,类似其近亲喙嘴翼龙。但是,目前还没有双型齿翼龙的软组织痕迹,无法证明这个推论。

关于双型齿翼龙的生活方式,目前研究不多。它们可能主要生存于海岸地区,可能有多重食物来源。威廉·巴克兰推测它们可能是以昆虫为食。之后根据大多数翼龙类的牙齿与颌部,显示它们是鱼食性动物。但是最近的研究显示,它们的颌部可以做出迅速的开合动作,颌部肌肉适合做出捕抓与固定的动作,牙齿具有刺穿的功能。因此,双型齿翼龙有可能猎食昆虫或小型陆地脊椎动物。此外,蛙嘴龙科是食虫性动物,也是双型齿翼龙的近亲,所以双型齿翼龙可能也是食虫动物。

达尔文翼龙

达尔文翼龙是既具有进步类型(翼手龙类)的头骨和颈椎特征,又有原始类群(喙嘴龙类)的特征,适逢达尔文翼龙的发表年为英国博物学家、进化论奠基者达尔文(1809—1882)诞辰 200 周年和他的《物种起源》发表 150 周年。达尔文翼龙的研究者中国地质科学院地质研究所的吕君昌博士特命名为模块达尔文翼龙以纪念这两大重要事件。

达尔文翼龙是处于长尾的原始喙嘴龙类和进步的、短尾的翼手龙类之间的过渡类型。它的头部和颈椎构造(头骨上鼻孔和眶前孔愈合一起形成大的鼻眶前孔,颈椎具有不发育的颈肋等)体现进步类群——翼手龙类的特征,而身体的其他部分与喙嘴龙的一样,比如长的尾部和第 5 脚趾具有两个长的趾节等。

达尔文翼龙发现于大约 1.6 亿年的中侏罗世地层中,尖锐而长的牙齿显示它是肉食性动物,而

其骨骼结构又显示它几乎肯定地在空中掠食(它在陆地上动作很缓慢、笨拙,表现在长的尾部和脚上第5趾有两节长的趾节等),但是其牙齿不像其他翼龙那样吃鱼或者昆虫。它们同时代的会飞行动物包括不同种类的翼龙、小的会滑翔的哺乳动物翔兽以及鸽子大小的食肉恐龙。它们与达尔文翼龙发现于同一层位,因而很可能成为达尔文翼龙的食物。达尔文翼龙可能用它长有尖锐牙齿的上下颌,在它快速掠过树枝或树叶时抓住它的食物,非常类似于现在的蝙蝠从树和灌木丛间掠食昆虫。

敦达古鲁翼龙

从1909年到1913年之间,一个德国挖掘团队前往德属东非挖掘化石,汉斯·雷克发现一些翼龙类化石。1999年,大卫·安文等人将这些翼龙类化石命名为新属,模式种是雷氏敦达古鲁翼龙。属名意为"敦达古鲁的翼";种名则是以发现化石的汉斯·雷克为名,化石发现于坦桑尼亚的姆特瓦拉区。

正模标本包括一部分带有牙齿的下颌(下颌骨头的联合部位)。牙齿位于颌部关节的后方。总体来说,敦达古鲁翼龙是一种小型翼龙,头骨估计长度为20厘米,翼展约为1米。敦达古鲁翼龙的化石也是在敦达古鲁第一次发现的翼龙类头骨化石。敦达古鲁翼龙被认为属于准噶尔翼龙超科的未定位属。有研究根据齿槽的形状,认为敦达古鲁翼龙以螃蟹或其他贝类为食。

2007年,亚历山大·克尔纳提出敦达古鲁翼龙的外表类似德国翼龙、准噶尔翼龙,但无法确定敦达古鲁翼龙是否属于翼手龙亚目或基础型翼龙类。克尔纳建立敦达古鲁翼龙科以包含此属,但没有建立演化支定义。

德国翼龙

德国翼龙又译日耳曼翼龙,意为"德国的手指",是翼龙目翼手龙亚目准噶尔翼龙超科的一属,化石发现于晚侏罗纪的德国,包含著名的索伦霍芬石灰岩。德国翼龙曾长期被归类于翼手龙属。

德国翼龙的体形大约是乌鸦的大小。脊饰德国翼龙的颅骨长度为13厘米,翼展为0.98米;杆状德国翼龙的体形较大,颅骨长度为 21 厘米,翼展为 1.08 米。

德国翼龙的颅骨中线有条低矮棱脊,由软组织覆盖。脊饰德国翼龙的头后方有突出的头冠,但是杆状德国翼龙没有。早年并没有发现德国翼龙的软组织,直到克里斯多佛·班尼特在 2002 年发现。覆盖头冠的软组织,可能是由角质的表皮所构成。德国翼龙是首次发现头冠有软组织覆盖的翼龙类,科学家认为翼龙类普遍拥有相似的结构。

与其他翼龙类相比,德国翼龙没有突出的特征,因此它们的分类关系经常变动。德国翼龙的命名者杨钟健将德国翼龙归类于德国翼龙科。克里斯多佛·班尼特则将德国翼龙归类于翼手龙科。在亚历山大·克尔纳的 2003 年的系统发生学研究中,德国翼龙则是翼手龙属的近亲。同年,大卫·安文则认为德国翼龙是一种原始的准噶尔翼龙超科,而准噶尔翼龙超科是一群以贝类为食的翼龙类。

海鳗龙

海鳗龙是生活在白垩纪晚期的一种脖子较短的蛇颈龙,身长约 6 米,身体扁平,尾短,四肢鳍状,能灵活地在海水中游泳,也能爬到岸上活动,生活方式很像今天的鳍脚动物,如海豹、海狮和海象等。

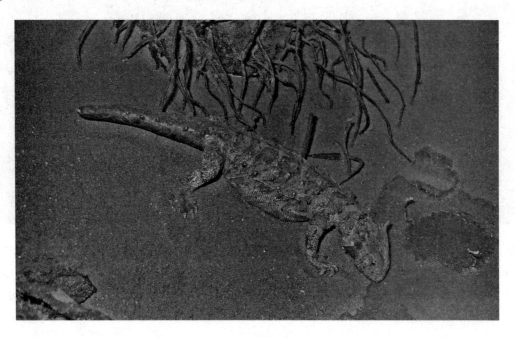

海鳗龙常游弋在离岸不远的海水中,将脖子抬起,脑袋露出水面,一旦发现鱼类或头足类等猎物,即迅速插入水中,以突然袭击的方式咬住猎物。

神剑鱼龙

光是从外形上就能做出这样的判断:神剑鱼龙也是真鼻龙类的一种。

就像真鼻鱼龙一样,神剑鱼龙的嘴喙也异常突出。而古生物学家更是用传说中亚瑟王至高无上的神剑——王者之剑,来为它命名。

神剑鱼龙全长7米,它又尖又细,向外突出的上喙几乎是下喙的4倍长。

神剑鱼龙的前鳍很大,行动并不迅速,不过这并不影响它们捕食。古生物学家推测,它们在捕食时,总是先用上喙将泥沙挑起,赶出躲避在里面的猎物,然后再用下喙将猎物衔起,吞到肚子里。

神剑鱼龙的眼睛很大,这说明它们有很好的视力,能够适应深海活动。

滑齿龙

滑齿龙意思是"平滑侧边牙齿",是一种肉食性海生爬行动物,属于蛇颈龙目里短颈部的上龙亚目。滑齿龙生存于中侏罗纪的卡洛夫阶,约1.6亿年前到1.55亿年前,平均体长6米,被誉为唯一能够秒杀巨齿鲨的动物。

滑齿龙是一种海洋爬行动物,在侏罗纪中晚期,它们粗壮的身影在四片中等大小桨鳍的驱动下四处游荡。滑齿龙的长颚里满是尖锐的牙齿。滑齿龙的鼻腔结构使得它在水中也能嗅到气味,这样滑齿龙就可以在很远的地方发现猎物行踪。除了要上浮呼吸外,滑齿龙一生都在水中度过,因此它们也是卵胎生动物,喜欢在浅海域产仔。

滑齿龙是生活在侏罗纪中晚期的动物,一些保存相当完好的滑齿龙骨骼化石,清楚显示牙齿的排列及其头部的形状。

滑齿龙的牙齿显示它们是肉食性动物,最喜欢吃的食物是大眼鱼龙。至于滑齿龙如何猎食,则要观察眼睛的所在位置以及游泳的速度。古生物学家茱蒂·玛莎研究过很多海洋爬虫类的游泳情况与方式,认为像滑齿龙这种使用四只鳍状肢来游泳的生物,速度一定不会像泰曼鱼龙(大眼鱼龙或狭鳍鱼龙)那样快。一般来说,速度比猎物缓慢的生物,经常使用突袭法来补食。有一项证据可以用来证明这个推论,就是滑齿龙的眼睛长在它们的头顶,这种生物会从下方突袭猎物。

已发现有许许多多的骨头上显示了滑齿龙的咬痕,还有局部的或被肢解的鱼类骨架看起来好像曾经是滑齿龙捕食的目标。彼得伯勒砖坑中保存的一些鱼类标本的特别之处在于,它们是完全关联在一起的,但缺失了颈和头。对此最合理的解释是,这些标本代表了被滑齿龙抓住和杀死的动物,捕食者撕下并吃掉了缺失的部位。其中描绘的滑齿龙向上猛冲的捕猎方式大部分是根据与现代海洋捕食动物的类比。当看到猎物在水面上的倒影时,大白鲨和虎鲸都用这种方法捕食。因此,推测上龙类也以这种方式捕猎似乎是合理的。

菱龙

菱龙是早期的短颈蛇颈龙之一,生存时代是早侏罗纪,距今 2 亿年至 1.75 亿年。1874 年命名,拉丁文意思是"强壮的蜥蜴"或者翻译为"彪悍蜥蜴",它的外观开始出现上龙类的特征:较大的头骨,汤勺形身体。从化石上看,菱龙长 3.5 ~ 8 米,一个脑袋占全长的 15%,脖子占全长的四分之一,远比这类巨型海生爬行动物的后期成员体形要小,分布区域主要是在欧洲。

菱龙长期以来是一种难以分类的蛇颈龙科动物,到底应该归于哪一类的问题已经争执了一百多年。早期的分类有时候说它是蛇颈龙,有时候又说它是上龙。可是从后来的研究看出,它应该和巨板龙、扁鼻强龙等分为独立的一类——菱龙类。1943 年,古生物学家建立了上龙超科,把菱龙类归于上龙超科。而且从进一步的分析来看,这种分类是有足够科学依据的。菱龙比蛇颈龙进步的地方在于它的内鼻腔已经移到外鼻孔的下前方,这样它在游泳时,水可以从嘴部流入(爬行动物没嘴唇,游泳就会漏水,它们是关闭气管口的肌肉,而鲸鱼则是关闭鼻孔的肌肉),穿过内鼻腔从外鼻孔流出,菱龙就利用水流来嗅出猎物的方位,可使菱龙以类似现代鲨鱼的方式猎食。菱龙以后的蛇颈龙和上龙都继承了这种特殊的结构。当代的主流分类观点把菱龙放在了上龙超科里。中国重庆市璧山县发现的杨氏璧山上龙2001年被归入菱龙。

菱龙类化石在世界上已经发现了不少,比较著名的有由英国著名化石发现者与古生物学家玛丽·安宁发现的化石,现藏于英国伦敦自然史博物馆。另一个著名的菱龙化石是在德国的古生物化石圣地霍斯马登发现的,可以看到它的下颌排列着30颗牙齿,嘴顶端长着一圈巨大的匕首状牙齿。这些化石的发现使古生物学家对该类古海生爬行动物的研究达到了前所未有的高度。

狭翼鱼龙

狭翼鱼龙又名狭翼龙,是双孔亚纲鱼龙目狭翼鱼龙科中的一个属,生活在英格兰、法国、德国、卢森堡,年代为侏罗纪中晚期(托阿尔阶到阿连阶)。

狭翼鱼龙与更著名的鱼龙属相当类似,不过它们拥有较小的头与较窄的鳍。德国曾经发现过保存良好的化石。狭翼鱼龙具有长口鼻部,具有许多大型牙齿,四肢呈鳍状。

狭翼鱼龙具有三角形背鳍,以及大型、半流线型、垂直面的尾鳍。

狭翼鱼龙的习性类似今日的海豚,它们的时间大部分处在开放性海洋中,以鱼类、头足类与其他动物为食。鱼龙类化石的腹部区域常发现以上动物的化石。

狭翼鱼龙并不是翼龙,而是鱼龙中的一种,身长约两米。由于狭翼鱼龙的身体光滑,形状像雷鱼一样,还长着鳍状肢和鱼一样的尾巴,因此它是快速敏捷的游泳能手。狭翼鱼龙以鱼和鱿鱼为主要食物,靠它的大眼睛和灵活的耳朵帮忙捕食这些动物。像其他鱼龙一样,狭翼鱼龙在水中繁殖后代。根据古生物学家的估计,一条2.4米长的狭翼龙的体重应该在165千克左右。

侏罗纪时期的鱼龙有四个科和许多种,包括真鼻龙、鱼龙、狭翼龙和大型的肉食性鱼龙等,所有这些动物均有海豚似的、流线型的躯体。不过其中比较原始的动物可能比后来发展出来的种类如狭翼龙或鱼龙更细长一些。

狭翼龙这种爬行动物非常适合海洋生活。它的外形很像鱼,已经不能在陆地上生活了。狭翼龙游泳的能力来自它向两边摇摆的动作。科学家们曾幸运地在狭翼龙的化石中发现幼龙,这表明此类动物可能是胎生而不是卵生的。这个极其珍贵的化石现保存于德国的博物馆中。

大眼鱼龙

经历了三叠纪和侏罗纪早期的辉煌,侏罗纪中期对于鱼龙目家族来说是个重要的黑白期。这个时期对陆地霸主恐龙以及天空霸主翼龙来说,都是异常绚烂的时期,可是对海洋统治者鱼龙家族来说却充满了黑暗,因为之前曾经辉煌一时的鱼龙在这个时期都灭绝了。

究竟是什么样的原因让它们走向了灭绝,这其中的原因我们并不知道,可是这样的生存现状却给鱼龙家族带来了很大的打击。幸好,我们还能看到大眼鱼龙——这个在当时硕果仅存的鱼龙目成员。

大眼鱼龙,希腊文意思为"眼睛蜥蜴",因为它极大的眼睛而得名,是一种生存在侏罗纪中期到晚期的鱼龙类,约1.65亿年到1.45亿年前。它拥有海豚形状的优美外形,身长6米,嘴部几乎没有牙齿,是为了捕食鱿鱼的适应结果。大眼鱼龙主要的化石发现于欧洲、北美洲与阿根廷。它是侏罗纪中晚期中等体形的肉食性鱼龙,生活在广大的海洋,可能在靠近水面的地方捕食,鱿鱼是它的美味佳肴。大眼鱼龙为胎生动物,并只有在生产时才会靠近岸边。它们的游泳速度可能相当快,并以没有牙齿的长嘴追捕乌贼和鱼类。大眼鱼龙的每个眼窝直径大约有10厘米,每个眼球周围都有眼眶,能防止眼睛在水的压力之下塌陷。

大眼鱼龙有两项特征,可以确切指出它们的习性。首先,它们的眼睛非常大,这表示它们惯于在低亮度的地方捕食,因此大眼鱼龙常在夜晚猎食。其次,大眼鱼龙光滑流线的躯体,以及强而有力的尾巴,显示它们的游泳速度相当快。大眼鱼龙与海豚不同之处在于,大眼鱼龙的尾钩如金枪鱼般垂直,而不呈水平,这表示大眼鱼龙或许不能像海豚般蹿出水面。那么它们会不会在海面跳跃?以它们游泳的速度来看,它们应该也会跳跃。海豚之所以跳跃是为了甩落身上的寄生虫,而鱼龙一定也会有同样的寄生虫问题。

大眼鱼龙聚集在岛屿周围的浅海生产,有许多化石证据可以证明这种习性。一些鱼龙高度聚集的化石发掘场,显示鱼龙会把某些特定地点年复一年地当作生产地。另一项证据来自现代的动物,有些鲨鱼会在禾本科具备环境浅海处产卵或分娩,因为浅海的珊瑚可供新生儿作为躲避掠食者的庇护所。大眼鱼龙小宝宝在被生下来以后立刻会远离成年大眼鱼龙,这来自化石证据。

真鼻鱼龙

在侏罗纪早期的海洋里出现了一种神奇的鱼龙,它们的上颌又尖又长,就像剑一般向前突出。它们被称作真鼻龙类,而真鼻鱼龙就是其中最为典型的代表。

真鼻鱼龙的长相非常奇特,关于这一点只要看看它那长长的脑袋,以及长得出奇的口鼻部就知道了。它的口鼻部占了头骨总长的75%,像锋利的剑一样指向前方。并且,真鼻鱼龙细长的口鼻部只有上颌口鼻部超长,而下颌骨却短得仅有头骨的一半。

真鼻鱼龙的身子圆鼓鼓的,很像剑鱼。它长有两对鳍状肢、一个高高的背鳍以及对称的宽大尾鳍。

真鼻鱼龙的行进速度非常快,一些科学家推测,它们会用像剑一般的嘴喙直接攻击猎物。不过,另一些科学家则认为,它们的捕食方并不这么暴力。它们会用长长的嘴喙挑动泥沙,以逼迫泥沙中的猎物出逃,然后再将它们猎入嘴中。

第四章

白垩纪——恐龙的最后王朝

阿比杜斯龙

　　阿比杜斯龙是蜥脚下目腕龙科下的一属恐龙,生存于下白垩纪的美国犹他州。阿比杜斯龙是少数发现完整头颅骨的蜥脚类恐龙之一,也是第一个被发现完整头颅骨的北美洲蜥脚类恐龙。阿比杜斯龙的牙齿狭窄,其他早期腕龙科的牙齿较宽。阿比杜斯龙是美国古生物学家发现的一种恐龙新物种,它是一种体形庞大、长脖颈的素食类恐龙,它们的独特之处在于并不会咀嚼食物,只能直接吞咽。

　　阿比杜斯龙生活在 1.05 亿年前,相比之下,腕龙体长达到 25 米,生活在 1.5 亿年前,它们属于近亲物种。

　　阿比杜斯龙的头骨比一般哺乳动物的头骨要轻。它们的头骨并不是由厚骨骼构成,而是由较薄的骨骼和软组织构成,通常当它们死亡后头骨会很快分离破碎。它们并不会咀嚼食物,仅是将树叶摘下来直接吞咽。依据头骨骨骼结构分析,它们并不具备复杂的口腔咀嚼系统。

　　依据一个幼年时期的阿比杜斯龙头骨,可推测它们的体长为 7.8 米,但是依据椎骨等其他骨骼化石,暗示着这种恐龙体形非常庞大。

雪松甲龙

　　雪松甲龙是已知最原始的甲龙科恐龙,它的头颅骨化石是在北美洲的下白垩纪地层发现。这个头颅骨缺少了被认为是甲龙科的祖征的头盖装饰物。

　　它的模式种是圣经雪松甲龙。属名意为"雪松山的装甲",是以发现化石的雪松山组为名;而种名则是按其发现者而来的。

　　2001 年,肯尼思·卡彭特等人提出雪松山龙的鉴定特征:翼骨延长,尾外侧有滑车形的骨突,前上颌骨有六颗圆锥状牙齿,笔直的坐骨。前上颌骨的牙齿是一种祖征,因为这也在其他原始的鸟臀目中发现。相反,眼窝后的侧颞孔闭合是甲龙科的衍征。

　　已发现的两个头颅骨,长度估计为 60 厘米,其中一个头颅骨是非天然状态的。这是古生物学家第一次可以研究的甲龙科头骨。

　　2001 年,肯尼思·卡彭特等人将编号为 CEUM 12360 的化石定为圣经雪松甲龙的正模标本。CEUM 12360 标本包含了一个不完整但天然状态的头颅骨,缺乏口鼻部及下颌。他们亦将其他骨头列为副模标本,即一些独立的骨头都编入圣经雪松甲龙之内。

　　圣经雪松甲龙被认为与中国的戈壁龙及蒙古的沙漠龙有着接近的亲缘关系,它们都被分类在甲龙科中。但近年有研究指雪松甲龙属是结节龙科的最原始物种,是爪爪龙、林木龙及楯甲龙的最近亲。但是新骨骼的发现确认了雪松甲龙是最原始的甲龙科。

雪松山龙

雪松山龙可能是一种基底鸭嘴龙科恐龙,生存于早白垩纪的犹他州。属名意为"雪松山脉的居民",是以化石发现地雪松山脉组为名。化石是个不完整的骨骸,年代为巴列姆阶。

雪松山龙的正模标本是一个不完整的骨骸,包含肋骨碎片、一个荐骨、左肠骨、部分右肠骨、右股骨、第三左蹠骨、骨化肌腱的碎片。正模标本发现于犹他州东南部,雪松山脉组的顶层。化石散布于钙质泥岩中,并有在泥土覆盖前因气候或践踏而破坏的迹象。

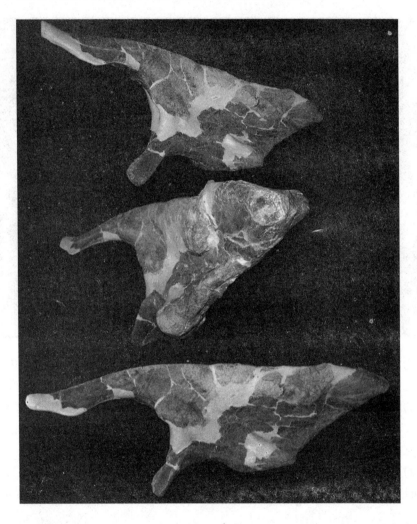

雪松山龙与其他禽龙类的差别在于,同时具有类似禽龙近亲的高肠骨,以及许多鸭嘴龙科的特征,例如髋臼上后侧以及坐骨关节表面都具有大型骨质突。大卫·吉普林与其同事在叙述雪松山龙时,根据这些鸭嘴龙科特有的骨质突,认为它们是禽龙科与鸭嘴龙科的中间型动物。大卫·吉普林与其同事将雪松山龙列为已知最早的鸭嘴龙科。

属名是以化石发现地雪松山脉组为名,种名是以科幻小说家麦可·克莱顿为名,他是小说《侏罗纪公园》与《失落的世界》的作者。

雪松山脉组因为许多的恐龙化石而著名,包含虚骨龙类的内德科尔伯特龙、驰龙科的犹他盗龙、腕龙科的雪松龙以及甲龙科的加斯顿龙。

雪松山龙可能是基底鸭嘴龙科,或是衍化的禽龙类(非鸭嘴龙科)。它们是一种大型植食性恐龙,能够以双足或四足方式行走。从雪松山龙的臀部构造,可知它们具有类似鸭嘴龙科的腿部肌肉,但是目前尚不清楚禽龙类与鸭嘴龙科间的腿部肌肉变化以及所造成的影响。需要更多的化石,才能理解雪松山龙的古生物学特征。

天宇盗龙

天宇盗龙是驰龙科下的一属恐龙,生存于下白垩纪。它们的化石是在中国辽宁西部发现的。在与其他辽宁的驰龙科比较下,它们明显较为原始。模式标本拥有一些北半球驰龙科所没有但南半球驰龙科及原始鸟类所有的特征。故此,专家认为它们就是过渡性物种,填补了北半球及南半球驰龙科之间的空隙。天宇盗龙的叉骨较其他驰龙科的细小,而前肢也较为短。

天宇盗龙的前肢与后肢相比很短,只有后肢的53%,其他驰龙科比例可以大于70%。

虽然天宇盗龙的体形较小盗龙亚科的大,但后下肢也一样相对较长,这却与驰龙科的有所不同。天宇盗龙的胫跗骨与大腿骨比例大于1.30,但蒙古伶盗龙的却小于1.10。除了较长的后肢外,天宇盗龙的前肢也较其他的短。例如差不多大小的伶盗龙,其手臂与腿的长度比例约为0.75,而天宇盗龙的却只有0.53。

天宇盗龙的手臂较短,显示了它们手臂的用途与其他驰龙科有所不同。小盗龙亚科(如小盗龙)就被指是可以滑翔的。不过,天宇盗龙较短的前肢、细小的叉骨及横向较阔的喙突,都显示它们不适合滑翔或飞行。

克柔龙

克柔龙又名克诺龙、长头龙,以希腊神话中泰坦巨神中的克罗诺斯为名。克柔龙是海生爬行动物的一种,是上龙的一个分支,而上龙又是蛇颈龙的一个分支,但是与蛇颈龙不同,克柔龙在演化过程中,颈部大幅缩短,而身长、体积也明显减少,因此与蛇颈龙相比,克柔龙运动的速度也就越来越快,运动方式也就更加复杂。

克柔龙生活在 1.2 亿年前(白垩纪早期),是一种颈部较短的蛇颈龙。颈骨只有 12 块,体长为 9~10 米。它的嘴巴几乎与脑袋一样长。其体形好像圆桶,前肢扁平(没有后肢),呈鱼鳍状,用来划水前进或控制前进方向,全身紧凑,利于快速游泳。鼻孔位于头顶上,可以在深水呼吸。

克柔龙的牙齿很大,超过 7 厘米,它们的牙齿呈圆锥状,缺乏上龙与滑齿龙的切割用边缘以及明显的三角面。

克柔龙是一种海生爬行动物,在那个时代根本没有任何生物可以与它抗衡。同时代的动物还有大量鱼类、多样性的软体动物,如鱿鱼、菊石、箭石。有些上述动物的化石、甲壳上的齿痕可能是由克柔龙造成的,它们的后齿成圆形,适合压碎有硬壳的动物。

短颈龙

短颈龙是目前为止所发现的生存年代最晚的上龙类,生存于白垩纪的美国与哥伦比亚,约 1.1 亿年前,体长约 12 米。

短颈龙最明显的特点就是非常短而粗壮的颈部以及小小的脑袋,它的脑袋只有 1.5 米长。

虽然短颈龙的脑袋很小,但它还是异常凶猛。不过,这样的威风更像是最后的灵光一现,因为短颈龙将看到整个蛇颈龙类的消亡。

短颈龙生存的时间并不是很长,当它们结束对于海洋的统治时,也意味着蛇颈龙家族走向了消亡。

短颈龙的消失多多少少让我们感到有些遗憾,它们退出了历史舞台,而只留给我们人类一些零星的化石。不过即使是这样,它们雄霸海洋的气势依然没有消退,那些似乎仍存留着生命气息的化石无时无刻不在震慑着我们,向我们讲述关于短颈龙家族的传奇。

潮汐龙

潮汐龙是一种巨型的蜥脚龙,人们在埃及的上白垩纪的沿海沉积岩中发现了这个属的恐龙,这是该地层自 1935 年以来发现的第一个四足恐龙。

它的肱骨长 1.69 米,比任何已知的白垩纪蜥脚龙都要长。在潮汐龙骨骼化石的附近,人们还发现了红树林植物的化石。潮汐龙于是成了已知的生活在红树林生物圈中的第一只恐龙。

　　潮汐龙是目前发现的最大的恐龙之一,与其他巨龙相同,它有超大的身体,体表可能有骨质的装甲,作为自卫的手段。

　　到目前为止,人们对潮汐龙的了解很少,所以很难准确估计它的体重。

帕克氏龙

　　帕克氏龙生活在白垩纪,人们对其了解得很少,它的化石只是1913年发现的部分头颅骨。科学家通过它的头颅骨推断帕克氏龙是一种小型的四足恐龙,并于1937年确认它属于一个新的恐龙。帕克氏龙的意思是"威廉公园蜥蜴",归类到了棱齿龙科。

　　关于帕克氏龙的信息是基于它的部分有联系的骨骼和部分头颅骨得来的。科学家们认为帕克氏龙生活在约7000万年以前的白垩纪,生活在今天的美国,是为数很少的已知的非鸭嘴龙类的鸟脚龙之一。

　　帕克氏龙的头与身体相比,显得略有些长,它的牙齿很钝,大部分时间都用来咀嚼新鲜的水果和厚厚的叶片。

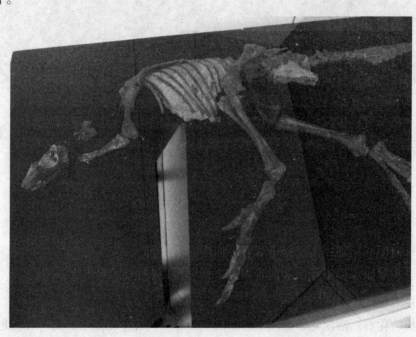

　　它的体形很奇怪,前肢很短,尾巴上布满了骨化的筋腱网状结构,用双腿走路时,尾巴起到平衡身体的作用。自帕克氏龙被描述以来,它被认为是一种棱齿龙。

　　但是,戴维·B.诺尔曼和他的同事们发现帕克氏龙在分类学上是奇异龙的姐妹。另外,理查德·巴特勒和他的同事们认为它可能与加斯帕里尼龙的南美属关系很近。

非凡龙

　　非凡龙的脖子很长,尾巴为鞭子形,采食植物,听觉很好。非凡龙的头颅骨很长,口鼻很宽,耳孔很大。牙齿适合于吃软食物,很可能是水生植物。

　　非凡龙为食草恐龙,它每天一定要吃很多东西才能维持自己的生命,它生活在约8500万年至8000万年的白垩纪晚期。人们在蒙古戈壁沙漠的西南部发现了这种恐龙的部分头颅骨。

　　非凡龙在当地食物不充足时,可能会成群地迁徙。

　　考古学家曾经认为非凡龙有第二个大脑,但现在认为它是脊索在臀部的膨大部分。这个膨大部分比这个动物的大脑还要大。

　　非凡龙是一种蜥脚龙,按照大脑与身体的比例测算,它智商很低。

萨尔塔龙

　　萨尔塔龙是一种大型的、采食植物的恐龙,脖子很长,身体上有骨质的装甲。这种蜥脚龙生活在约 8300 万年至 7900 万年以前的白垩纪晚期。

这种采食植物的恐龙体长约为 12 米,体重约 10 吨。1980 年,人们发现了它的化石并为它命名。这种恐龙非常特殊,而且也非常有趣。化石显示它有几千个棘覆盖在整个身体上,与插针包差不多。

除了棘以外,萨尔塔龙的整个后背还有很多拳头大小的隆起。它生活在白垩纪晚期,是地球上所有蜥脚龙中最后活下来的一种恐龙。但是萨尔塔龙与其他蜥脚龙不同的是后背上有骨质装甲,这种适应性的进化,让考古学家开始时错把它的化石当成了甲龙的化石。非常明显,这种身体修长的食草动物吸引了白垩纪猎食动物的注意,后背进化出甲片对于防御敌人是非常必要的。

篮尾龙

这种恐龙通常被人们称为是来自蒙古的甲龙。20 世纪 50 年代,苏联的考古学家发现了它的几块骨骼,其中的一个恐龙的骨骼已经在莫斯科考古研究所拼接起来。篮尾龙的头颅骨长 24 厘米,宽

22 厘米,它的体长有 4~6 米。篮尾龙的胸腔呈桶状,它的身体长而矮,尾巴很长,尾尖有一个骨质的骨槌。

篮尾龙头颅骨上面有骨质的甲片,但很小,形状不一。它的鼻孔在口鼻部前端合并在一起,形成一个大的开口。身体上的装甲是连在一起的成排、有隆起的甲片。尾巴的骨槌长而低,这种尾巴可能会给特暴龙重重的一击,为了更加有力,尾巴根部还连有很多的筋腱,并交织在一起。这种恐龙的名字也因这个特征而来,意思是"网状的尾巴"。

人们在蒙古戈壁沙漠的西部发现了这种恐龙的遗迹,所以考古学家认为它住在低地和冲积平原。根据对它的化石研究,科学家得出结论:篮尾龙生活在约 9800 万年至 8800 万年以前的白垩纪晚期。

篮尾龙属于甲龙科,该科的恐龙化石见于北美西部、欧洲和亚洲。

多智龙

多智龙的头颅骨很大,可容下很大的大脑,实际上它的名字在蒙古语中就是"大脑"的意思。它的头颅骨的上下都有棘样的突起,头颅骨上附着有大的、有结节的甲片装甲。

多智龙是一种食草动物,它的喙为宽大的圆形,牙齿与甲龙的牙齿相似。多智龙的装甲很薄,与大多数的甲龙相同。它生活在干燥的环境中。同时代、同一个地方生活的其他恐龙有暴龙、似鹅龙、似鸟龙、鸭嘴龙、栉龙。

因为没有找到植物的化石,所以科学家们还无法确定多智龙吃的是什么植物。多智龙与美甲龙不同,它的头盖骨基部更大一些,枕叶前突,前颌吻突更宽一些。

西风龙

西风龙是鸟脚下目棱齿龙科的一属恐龙,生活在约1.1亿年以前的白垩纪。它的头很小,颊齿扁平,后腿长,前脚短。它最突出的特征是面部陡直,上颌有一个较高的结节,在颊骨上有一个更大一些的结节,头部的一些骨头可以在头颅骨内活动。与其他棱齿龙相同,它的喙上有牙齿。

很多研究表明,西风龙与奔山龙的关系很近,最大的共同之处是它们的颊上都有饰钉。掘奔龙与它们还有很多相同的特征,其中的一些与打洞的能力有关,所以在白垩纪晚期的美国蒙大拿州可能有打洞棱齿龙的分支。

1980年,考古学家H. D. 休斯在美国的蒙大拿州发现了西风龙,并为它命了名。

祖尼角龙

祖尼角龙生活在白垩纪晚期,是已知最早有眉角的龙类恐龙,这对于考研学来说上一个非常重要的发现。

祖尼角龙的身体有 3～3.5 米长,体重有 100～150 千克,面部有一个头盾,头盾上有窗口,但是没有颈盾缘骨突。这种食草动物的口鼻部很像喙,头上长着很小的角。祖尼角龙是北美最早的角龙。现认为它的角会随着年龄而增长。

1996 年,8 岁的克里斯托弗·詹姆斯·沃尔夫(考古学家道格拉斯·G. 沃尔夫的儿子),在美国新墨西哥州中西部的麦金利山组发现了这个恐龙化石,包含一个头骨和几个恐龙的体骨。最近发现的一块骨化石被认为是鳞状骨,可能是懒爪龙的坐骨。

祖尼角龙处于早期角龙和后来的大型角龙间的进化阶段。它与其他角龙相同,都是食草动物,可能也是群居动物。

北票龙

在发现北票龙之前,人们一直以为恐龙都是些长着鳞片的家伙,可是当科学家看到北票龙的时候却惊呆了,因为它的身上居然长着毛。这可是科学家第一次发现长着毛的恐龙,真是让人意外极了,所以他们给它取名为"意外北票龙"。

意外北票龙全长 2.2 米,是一类两足行走的恐龙,它生存在大约 1.25 亿年前,也就是我们所说的早白垩世。尽管所发现的化石支离破碎,但随着专家的精心修复,化石已显示出越来越多的形态学特征,也显示出越来越大的科学价值。

意外北票龙的发现解决了恐龙研究领域的一个富有争议的问题,那就是:大多数食肉类恐龙是不是长毛的爬行动物? 一直以来,人类对于恐龙的认识是长有鳞片的庞然大物。为什么会这样认为呢? 主要有两方面的依据:一是来自现实世界中的爬行动物。传统上人们认为恐龙是一种爬行动物,所以它应该和其他爬行动物如鳄鱼、蜥蜴一样身披鳞片。二是来自化石的依据。在过去发现的恐龙化石中,人们曾经发现过它们具有鳞片的皮肤印痕。基于以上两个原因,包括科学家在内,人们相信恐龙是披着鳞片的爬行动物。

但是,1969 年,美国科学家贝克提出小型食肉类恐龙可能是温血动物,因此推论很可能小型食肉类恐龙体披毛状皮肤衍生物,也就是说它们像现在的温血动物一样是长毛的。但这一推论一直没有得到化石证据的支持。1996 年,中华龙鸟化石的发现第一次揭示出有的小型食肉类恐龙不同于其他长有鳞片的爬行动物,它们的确体披毛状皮肤衍生物。这一结论引起了世界各国科学家的巨大兴趣,同时也引发了巨大的争议。1999 年,科学家在意外北票龙的化石中发现了毛状皮肤衍生物。这一发现再次证实,绝不是所有的小型食肉类恐龙都像人们传统上认为的那样身披鳞片。

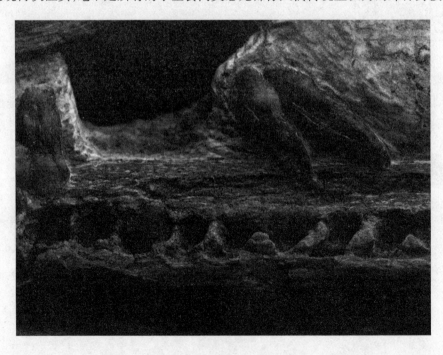

意外北票龙是人们发现的又一种长有原始羽毛的小型食肉类恐龙。由此科学家们推论,生存年代晚于意外北票龙的绝大多数食肉类恐龙都是体披原始羽毛的美丽的爬行动物。

蜥结龙

蜥结龙又名楯甲龙、蜥肋螈,意为"蜥蜴甲盾",是结节龙科恐龙的一属,生存于早白垩纪的北美洲。目前已有一个已命名种——爱氏蜥结龙,但也可能有其他种存在。

蜥结龙生活在今北美洲地区,是一种性情温和的草食性恐龙。蜥结龙的体形较大,可能不善于奔跑,不过它身上的轻型装甲、从头颅到尾尖一列锯齿般的背脊,以及整个背部的多排平行骨突为它提供了保护。在遇到天敌袭击时,它会立即蜷起身体,使骨甲朝外,像棱背龙一样,形成一个刺球。蜥结龙如同其他的甲龙类成员,都是不具备攻击性的植食性恐龙。进食时,它也习惯于用喙去切取低处的植物。

蜥结龙的尾巴相当长,占了身体长度的接近一半。一个化石上发现了 40 节尾椎,但某些已经遗失,所以实际数目应该超过 50 节。尾巴拥有骨化肌腱,可使尾巴硬挺。如同其他甲龙类,蜥结龙拥有宽广的身体、非常宽的骨盆与胸腔。前肢短于后肢,使得背部呈弓状,最高处位于臀部。它们的足部、四肢、肩膀、骨盆非常结实,可支撑巨大的体重。美国古生物学家肯尼思·卡彭特估计蜥结龙的体重为 1500 公斤。

蜥结龙是一种四足、植食性恐龙,身长接近 5 米。头颅骨呈三角形,口鼻部逐渐变尖,后段较宽,眼睛后面最宽处为 35 厘米。不像某些其他结节龙科,蜥结龙的头顶平坦,而非圆顶状。蜥结龙的头顶非常厚,由平坦的骨质骨板所覆盖,因为这些骨板紧紧地固定住,所以没有胄甲龙、爪爪龙、林木龙与其他甲龙类所拥有的颅缝。这种状态有可能是化石保存过程的后果。如同其他甲龙类,蜥结龙的眶后骨与颧骨有三角形的厚鳞甲,分别位于眼睛之上与之下。蜥结龙的上下颌拥有叶状牙齿,可用来切断植物,这是典型的结节龙科特征。直至 2013 年底,人们还不清楚其头颅骨的前端模样,但上下颌前端应有锐利的骨质喙喙,如同其他甲龙类。这些喙喙可能覆盖着角质,构成喙状嘴。

开角龙

开角龙外观和三角龙极为相似,但体形较小,可是却拥有比三角龙更夸张华丽的颈部盾板,但是其盾板是中空的,因此科学家认为其盾板不够坚固,应该是用来威吓敌人或如孔雀尾部用来求偶用的。开角龙是具有很长褶叶结构的角龙,体重可达 2 吨,大约 4.8 米体长,大约仅及三角龙的一半。但是其褶叶包围在颈上的骨质构造较三角龙更长。它同时具有直径为 5 厘米圆形的瘤状突起分布于背部。它与五角龙为亲戚,为另一种具长形褶叶的角龙类,它具有三个角状突起及两个看似角状的颊部突起。

除了头盾较大及长外,开角龙亚科的面部及嘴部通常较长,有古生物学家指出它们进食时可以有较大的植物选择权。长头盾是恐龙演化的较后阶段才出现的特征,但开角龙的生存年代却是距今 7600 万年至 7000 万年前的上白垩纪。开角龙的头盾被形容呈心形的,因它的头盾结构中央包含两块大洞孔,外形有如"循环"。

有些开角龙的头盾上有一些小型的颈盾缘骨突,自头盾边缘延伸出。头盾的颜色可能是很鲜艳的,用以吸引注意或作为求偶。但是,由于它的头盾很大且薄(因它主要是骨骼间的皮肤),故很难提供防卫的功能。它有可能是用作调节体温。当一群开角龙被捕猎时,如暴龙攻击,雄性开角龙可能会组成一个环,并以头盾向外,形成一种可怕的阵势。

如同很多的角龙科,开角龙有三只主要的角,一只在鼻端及两只在额,但不同的化石发现形成了不同的结果:一种开角龙有着长的额角;而贝氏开角龙却只有短的额角。虽然它们最初都被认为是不同的物种,但有可能长额角的是雄性,而短额角的是雌性。

野牛龙

野牛龙的化石只有在美国蒙大拿州被发现,所有已知的化石现都存放在蒙大拿州落基山博物馆。目前已发现最少有 15 头不同年龄的野牛龙化石,包含三个头颅骨,以及发现于两个低密度尸骨层的上百件骨头。这些化石都是由杰克·霍纳于 1985 年发现,并由落基山博物馆的挖掘队伍在之后 4 年间陆续挖出。这些尸骨层原先被认为包括了戟龙的新种化石。

野牛龙是于 1995 年由史考特·山普森正式描述及命名,他把相同尸骨层的其他化石命名为河神龙。

野牛龙属于角龙科,这是一群植食性恐龙,有者类似鹦鹉的喙状嘴,生存于白垩纪的北美洲与亚洲。所有的角龙类恐龙在白垩纪末期灭绝。

野牛龙在角龙科内的位置不详。它是小型的角龙科恐龙,有着实心的头盾,但没有其他角龙科的洞孔,所以它可能是三角龙的祖先,或是在尖角龙亚科及角龙亚科之间。

野牛龙是植食性恐龙,身长估计可达 6 米长。野牛龙通常被描绘成有一个低矮、大幅向前弯的

鼻角,就像一个开瓶器,不过这个角可能只在成体中才有。野牛龙与有明显额角的角龙科(如三角龙)不同,它的额角是低、圆形的。在较小型的头盾顶端有一对大的尖角伸向背部。

野牛龙及其他的尖角龙亚科(如厚鼻龙及尖角龙)都是群居的动物,就像现今的美洲野牛或角马。相反,开角龙亚科(如三角龙及牛角龙)通常被发现的是单独的化石,因此它们被认为是独居的动物,不过有足迹化石推翻这种假说。就像其他的角龙科,野牛龙有复杂的齿系,可以咬碎粗糙的植物。

野牛龙的化石发现于蒙大拿州的双麦迪逊组,地质年代为白垩纪晚期的坎潘阶中晚期,约7500万年到7000万年前。同期的恐龙包括:基础鸟脚下目的奔山龙,鸭嘴龙科的亚冠龙、慈母龙及原栉龙,甲龙科的埃德蒙顿甲龙及包头龙,暴龙科的惧龙,以及小型的兽脚亚目斑比盗龙、纤手龙及伤齿龙,反鸟亚纲的鸟龙鸟,角龙科的短角龙及河神龙。野牛龙生活于温暖及半干燥的季节性环境。其他与野牛龙一同发现的化石包括有双壳纲及腹足纲,野牛龙的骨头被认为是埋在浅湖之中。

就像其他角龙科,野牛龙是植食性恐龙。在白垩纪,开花植物的地理范围有限,所以野牛龙可能以当时的优势植物为食,如蕨类、苏铁科及松科。它是用那锋利的喙状嘴来咬断叶子的。

野牛龙在尖角龙亚科中的种系发生学位置有些争议,这是由于野牛龙头颅骨有几个过渡性的特征,它们的最近亲应为尖角龙及戟龙,或是河神龙及厚鼻龙。后来有假说指出野牛龙是厚鼻龙族演化过程中的最早期物种,其后为河神龙及厚鼻龙,鼻角逐渐演化成圆形隆起,而头盾亦发展得更为复杂。不论哪一个假说是正确的,野牛龙似乎是在尖角龙亚科演化的中间位置。

大鸭龙

大鸭龙又名大鹅龙,是鸭嘴龙科下的一个属,属于头部平坦的鸭嘴龙亚科,生活于白垩纪最末期的北美洲。大鸭龙是一种非常大的恐龙,完全成长的约有12米,头颅骨亦非常的长、低矮。与其他鸭嘴龙科恐龙一样,大鸭龙的口鼻部有着很明显的鸭嘴外形。它大部分的时光是在陆地上度过的,因此不能总是靠碰进水中逃避敌人。大鸭龙是十分机敏的动物,依靠其发达的视力、听力和嗅觉,能逃过大部分敌人的追捕。

大鸭龙的化石发现于南达科塔州与蒙大拿州的海尔河组与兰斯组,两个地层的年代为白垩纪晚期(马斯特里赫特阶晚期),大约是6800万到6500万年前。目前已发现至少六个标本,以及两个已命名种,其中包含完整的头骨与骨骼。大鸭龙有非常曲折的分类历史,其化石曾被先后被归类于双芽龙、糙齿龙、鸭龙。

大鸭龙正模标本的头骨长度约1.18米,身长约12米。但大鸭龙正模标本的尾巴末端、骨盆、股

骨、20多节脊椎被河流的侵蚀作用带走，所以当时很难准确估计大鸭龙的身长数值。根据近年的研究，大鸭龙的身长估计为接近12米，而体重大约3吨。

大鸭龙的头部长而宽、低矮，侧面类似天鹅，从上方看则类似琵鹭。在比例上，大鸭龙的头部比其他鸭嘴龙类更长、低矮，嘴部前段的无齿喙嘴也比其他鸭嘴龙类更长。大鸭龙的鼻孔大，鼻孔周围的骨头凹陷。眼眶成长方形，但这有可能是死后被挤压变形的。头顶平坦，缺乏头冠。构成额部关节的方骨明显地弯曲。下颌笔直而长，没有其他鸭嘴龙类的往下弯曲曲线。前齿骨宽，成铲状。额两侧有明显的棱脊，可能使下颌牢固。

大鸭龙具有12节颈椎、12节背椎、9节荐椎、至少30节尾椎。与其他鸭嘴龙类相比，大鸭龙的四肢比例较长、细。耻骨的外形独特。如同其他鸭嘴龙类，大鸭龙可采用双足或四足方式行走它们可能在搜寻食物时以四足方式行走，在奔跑时改用双足模式。

谭氏龙

谭氏龙是一种鸭嘴龙超科恐龙，生存于晚白垩纪的中国。它与青岛龙是好邻居，它们常常待在一起采集食物，玩耍嬉戏，就像今天非洲草原上的角马、斑马和羚羊一样。不仅如此，它们的长相也很相像，只是青岛龙比谭氏龙在脑袋上多长了一根骨棒。谭氏龙的体长为4~5米，头顶光秃秃的，没有冠饰，它们具有咀嚼能力，在吃东西的时候会先用大大的"鸭嘴"把树叶咬下来，再用数量众多的牙齿把它们咬碎，最后才会咽到肚子里。

热河龙

　　热河龙是鸟脚下目恐龙的一属,生存于白垩纪早期的中国。热河龙是小型、原始的鸟脚类下目恐龙,属于棱齿龙类(目前被视为并系群)。

　　已经发现两个标本,化石发现于辽宁省北票市上园镇的陆家屯,该地属于义县组。这些化石位于凝灰岩层,被推测遭到火山爆发的火山灰所掩埋。模式种是上园热河龙,在2000年由徐星等人根据两个部分骨骼来叙述、命名。属名意为“热河蜥蜴”,以中国的前行政区划热河省为名,化石发现处过去曾经被划分于热河省。种名则是以化石发现处的上圆镇为名。

　　热河龙的颊齿略为平坦,类似草食性动物,但具有锐利的前上颌骨牙齿,类似肉食性动物。这显示热河龙可能是一种杂食性恐龙,同时以植物、昆虫、小型动物为食。

　　热河龙是辽西发现的一类鸟臀类恐龙,个体也很小,体长不足1米,暂时被归入鸟脚亚目。很多形态特征和原始的鸟脚类恐龙很相似,但非常有趣的是,它同时还具有一些角龙类的特征。热河龙的发现对于研究鸟臀类恐龙的早期演化和系统发育都具有重要的意义。

棱齿龙

　　棱齿龙全长1.4~2.3米,臀高1米,两腿修长优美。喙嘴狭窄锐利,为咬食树的枝叶带来很大方便。手臂长,手有5指,很适合抓扯食物并能捧食。以前,有人认为棱齿龙是在树上生活的,后来才发现它们的习性很像今天的非洲瞪羚。它们可能是鸟脚类中速度最快的一群。

　　棱齿龙是一种相当小的恐龙,头部只有成人的拳头大小。虽然没有细颚龙那般小,但棱齿龙身长只有2.3米。棱齿龙的高度只达到成年人类的腰部,重达50~70公斤。

　　如同大部分小型恐龙,棱齿龙是双足恐龙,并以双足奔跑。因为棱齿龙的体形小,它们以低矮的植被为食,极可能类似现代鹿以幼枝与根部为食的行为。根据棱齿龙头颅骨的结构,以及位在颌部后方的牙齿,显示棱齿龙有颊部,这种先进结构可帮助它们咀嚼食物。棱齿龙的颌部有28~30颗棱状牙齿,上下颌的牙齿形成一个很好的咀嚼面,而且颌部铰关节低于齿列,当上颌向外移动时,下颌会反向朝内移动,上下齿列便会不断互相磨合,棱齿龙可能借由这个方法,自行轮流磨尖这些牙齿。如同所有鸟臀目,这些动物的牙齿会不停地生长出来。

棱齿龙对于后代的照顾程度还不明确,但是已经发现整齐布置的巢,显示在孵化前已有部分照顾。目前已经发现大群的棱齿龙化石,所以棱齿龙可能以群体行动。因此,棱齿龙类经常被比喻为中生代的鹿,尤其是棱齿龙。

尽管棱齿龙生存于恐龙时代最后一期白垩纪,它们仍拥有许多原始特征。例如,棱齿龙每个手掌有五个指骨,每个脚掌有四个指骨,而大部分恐龙到了白垩纪已失去了这些多余的特征。虽然棱齿龙的喙状嘴如同大部分鸟臀目的嘴部,它们的颌部前方仍拥有三角形牙齿,大部分恐龙到了这个时代都失去了前部的牙齿,但对于棱齿龙的前部牙齿,是否具有特殊功能仍在争论中。

兰州龙

兰州龙是一属于 2005 年发现的恐龙。它是生存于下白垩纪的中国甘肃省,发现时只有部分骨骼。模式种巨齿兰州龙是由尤海鲁、季强及李大庆描述的。

兰州龙的特征是它那异常巨大的牙齿,与牙齿最大的植食性生物比较,显示它是属于禽龙类。下颌骨长度多于1米,可见它是非常大型的动物。

兰州龙是目前世界上最大牙齿的植食性恐龙,是新发现的新属新种恐龙。

兰州龙最显著的特征是牙齿巨大,单个牙齿最大的7.5厘米宽、14厘米长,是世界上已知植食性恐龙中最大的。兰州龙下颌长1米,每侧有14个齿槽,单个齿槽宽约4厘米,这在已知恐龙中为首次发现。体态笨重是兰州龙的又一重要特征,根据其粗壮的下颌和肋骨,估计其生活时的体长约为10米,高约为4.2米,头骨的长度约为体长的十分之一,体重大于5500公斤,属四足行走或偶尔双足行走的恐龙。

研究发现,巨齿兰州龙和非洲早白垩纪的沙地笨龙关系密切,同属早期的斧胸龙类。兰州龙的发现,将原始斧胸龙的地理分布扩展到了亚洲地区,表明在早白垩纪欧亚大陆与非洲之间有着密切的联系。

兰州龙是新中国成立以来首次在甘肃省境内发现的完整的巨型恐龙化石,填补了恐龙学研究中的一项空白,是甘肃省地质科研取得的重大发现和重大成果。

兰州龙的发现,对于研究兰州盆地及周边地区的古地理环境与时代层位具有重要意义,具有较高的科研及科普价值。

腱龙

腱龙是一种体形为中大型的鸟脚下目恐龙。腱龙原本被认为属于棱齿龙类,但自从棱齿龙类不在被认为是个演化支后,腱龙现在被认为是一种非常原始的禽龙类。腱龙长7~10米,草食性动物,活跃于白垩纪早期的北美洲,属鸟臀目鸟脚类,发现于北美洲西部的白垩纪早期到中期(阿普第阶到阿尔比阶)沉积物中。

腱龙是一种又大又笨的恐龙,长着一条长长的特别粗的尾巴,它是食草动物。尽管它能用具爪的脚踢打对方或把尾巴当作鞭子去打敌人,但是它还是无法和像恐爪龙这样凶猛而动作迅速的食肉恐龙相比。由于目前只发现到它的前肢化石,因此对于这种恐龙的各项细节仍然不是很清楚,据科学家的研究认为,腱龙应该是一种温顺的食草恐龙。它生活在白垩纪早期的北美洲。虽然身体庞大,但缺乏自卫能力,常常会遭到比它小得多的恐爪龙的攻击。

加斯顿龙

加斯顿龙属是多刺甲龙亚科下的一属恐龙,生活于1.25亿年前下白垩纪的北美洲。加斯顿龙有着荐骨装甲及巨大的肩膀尖刺,与它的近亲多刺甲龙相似。丹佛自然历史博物馆曾同时展出加斯顿龙与怪嘴龙的骨架模型。

加斯顿龙是由詹姆士·柯克兰在1998年所命名,种名以化石搜寻者罗伯特·加斯顿为名,他同时也是古生物画家,曾做出许多博物馆的古生物绘画、古生物骨架模型。

加斯顿龙的化石是在犹他州发现的,地质年代约1.25亿年前。这是所有多刺甲龙亚科化石中最为完整的标本,与犹他盗龙发现于同一采石场,犹他盗龙是体形最大的驰龙科。不过由于许多骨头呈关节脱落状态,所以很清楚加斯顿龙有多少尖刺。

阿马加龙

阿马加龙是一种很奇怪的蜥脚类恐龙,其背上有两排鬃毛状的长棘,它的用途现在还不得而知。从中生代侏罗纪到白垩纪,在南半球曾有一块超大陆"冈瓦纳"。在代表冈瓦纳的恐龙中,有一种在脖子后方有两列长棘刺的蜥脚类,这就是阿马加龙。

蜥脚类属于四脚行走的植食性恐龙中的一类。它们体形巨大,全长有超过30米的。蜥脚类一般以长脖子和长尾巴为特征。考古人员曾发现脖子长度竟达躯干长度4倍的化石。不过,包括阿马加龙在内的叉龙类的脖子长度却约为躯干的1.3倍。与其他蜥脚类相比,脖子算是短的。

作为阿马加龙最大特征的是名叫"神经棘"的两列棘刺,从头部到背部的背骨中长出。由于棘刺细而易损,看来不宜用于防御。有一种说法认为,在各神经棘之间有皮膜的"帆","帆"中有血管通过。"帆"有可能是对着太阳来加热血液,也可能对着风来释放热量。

不过,在蜥脚类中,有比阿马加龙大很多的恐龙。大家知道,动物的躯体越大,积存在体内的热量就越难散发,因此,越是巨大的动物,体内的热量就越充沛。但在巨大的蜥脚类身上,却没有发现"帆"的痕迹。因此,有人认为,蜥脚类中属于小型的阿马加龙并无拥有起调节体温作用的"帆"的必然性。"帆"既有可能是区别同伙与其他种的标记,也有可能是雌雄差别的标记。

阿马加龙的化石是一个相对较完整的骨骼。这套骨骼包括了头颅骨的后部,及所有颈部、背部、臀部与部分尾巴的脊骨。肩带的右边、左前肢及后肢、左肠骨及盆骨的一根骨头亦被发现。

伊希斯龙

　　伊希斯龙是蜥脚下目泰坦巨龙类的一属恐龙,生存于上白垩纪的印度。

　　伊希斯龙的颈部较短而且是垂直的,前肢很长,这是与其他蜥脚下目不同的地方。伊希斯龙的化石较其他泰坦巨龙类的化石更为完整,已经发现大部分的颅后骨骼。根据估计,伊希斯龙的身长约18米,体重约14吨。

　　伊希斯龙的粪化石上有真菌,被认为是由伊希斯龙排出的。由于这些真菌已知是感染树叶的病原,所以显示伊希斯龙是吃树叶的。

　　伊希斯龙是最后的蜥脚类食草恐龙,但其尾脊椎残体多为碎片。然而它的形式似乎没变,头小、尾长,有大象般的肢,颈有点短。其最重要的区别处是尾脊椎开始处的球凸和凹窝铰合处。由于脸很长,故最完整的颅有点像梁龙。至少有一种骨质鳞甲演化为甲壳。

葬火龙

　　葬火龙是偷蛋龙科下的一属恐龙,生活于上白垩纪的蒙古,详细地点即戈壁沙漠乌哈托喀的德加多克塔组。它是最出名的偷蛋龙科恐龙之一,因为它有着几组保存完好的骨骼,包括几个在巢中孵蛋的标本。这些标本巩固了恐龙与鸟类之间的关联。葬火龙与偷蛋龙的外表类似,两者常被混淆。

　　葬火龙的学名是来自梵语,意即"火葬柴堆的主"。在藏传佛教神话中,葬火龙的学名即尸林主,是两个正在默想中被强盗斩首的僧侣。尸林主一般都会以两个被火焰包围并正在跳舞的骨骼来代表,故以此来命名骨骼保存完好的葬火龙。模式种是由詹姆斯·克拉克、马克·诺瑞尔、瑞钦·巴思钵等人所命名,为纪念著名波兰古生物学家哈斯卡,她曾对蒙古的兽脚亚目及偷蛋龙科做出极大的研究贡献。

　　最大的葬火龙有鸸鹋一般大小,约3米长;在2007年巨盗龙出土前,是目前世界上最大的偷蛋龙科恐龙。就像其他偷蛋龙科,葬火龙有着较其他兽脚亚目长的颈及短的尾巴。它的头颅骨很短,有着很多洞孔,喙嘴坚固,没有牙齿。葬火龙最特别的特征是它那高的冠状物,外表与现今的鹤鸵很相似。葬火龙的前肢长,具有三指,可抓握,上有弯曲指爪。胫骨与足部长,显示它们可以高速奔跑。

阿拉善龙

　　中加恐龙项目考察队在内蒙古阿拉善沙漠的阿乐斯台村附近发现的阿乐斯台阿拉善龙,是属于新科新属新种的兽脚类肉食龙,时代为白垩纪早期。这是一种类似缓龙(慢龙)的恐龙,具有奇特的头骨和腰带(即骨盆上三块骨头的排列方式既不像蜥臀类,也不像鸟臀类恐龙)。

　　阿拉善龙是迄今为止在亚洲发现的保存最完整的白垩纪早期兽脚类标本。它身长 3.8 米,站起来有 1.5 米高,重量估计为 380 公斤,相当于一匹现代斑马的重量。它的前肢有 1 米长,后肢长

1.5米。它与其他兽脚类的不同之处很多,例如牙齿数目超过40个,在齿骨联合部也有牙齿;肋骨与脊椎骨未愈合;韧带窝发育良好;肠骨的前后较长;爪较短等。阿乐斯台阿拉善龙的发现,使人们对兽脚类恐龙的认识又前过了一大步。

这种身材瘦长的镰刀龙类生活在植物繁茂的河谷,啃食银杏树和开花植物的叶子。它的前肢几乎和腿一样长,简直令人不可思议。它用前爪将树枝拽到嘴里。不同于食肉的兽脚类恐龙弯曲的爪子,它的长爪子太直了,不能作武器用。

慢龙

慢龙生活在距今9300万年前的晚白垩纪早期,其化石发现于蒙古南戈壁省和东戈壁省。慢龙用两条后腿行走,体形庞大,身长有六七米,和现在最大的鳄鱼差不多大,但头很小。和其他亲戚不同,它是个慢性子,不会快速奔跑,大多数时候都只是懒洋洋地慢慢踱步,所以,科学家给它取名叫"慢龙"。

1. 身世之谜

慢龙是一种非常特殊的恐龙。虽然目前被归入蜥脚恐龙家族,但它同时还具有兽脚类恐龙、原蜥脚类恐龙(如板龙)和鸟臀目恐龙(如莱索托龙)的特征。所以,对于它的真实身份,科学家们至今还没有统一的答案。

2. 饮食之谜

慢龙很可怜,不单身世没有被弄清楚,就连它的饮食习惯现在也是众说纷纭。有人认为,慢龙爱吃蚂蚁,因为它弯钩样的爪子能很轻易地挖开蚁穴,"钓"出蚂蚁。有人则认为它爱吃鱼,因为它的脚掌上可能有蹼,说明慢龙会游泳。还有人认为慢龙只吃植物,因为它的大肚子装很多食物都不成问题。

兰伯龙

迄今为止,兰伯龙是所发现的鸭嘴龙中体形最大的一种,几乎和霸王龙一样大。不过,虽然兰伯龙体形很庞大,但它却是个性情温和的植食性恐龙,不会欺负别的动物。兰伯龙喜欢有水的地方,喜欢过集体生活。

兰伯龙是鸭嘴龙科的一属,生存于晚白垩纪的北美洲,约 7600 万年前到 7500 万年前。它是植食性恐龙,可采用双足或四足方式行走,以釜头状冠饰而著名。目前已有数个可能种被命名,化石发现于加拿大埃布尔达省、美国蒙大拿州以及墨西哥下加利福尼亚州,但只有两个在加拿大发现的种较著名。在墨西哥发现的窄尾赖氏龙是最大型的鸟臀目恐龙之一,身长 15 米,其他的种则是中等大小。

1. 奇特的"手套"

和其他"戴帽子"的恐龙不同,兰伯龙的"帽子"就像一只手套——前面宽些的是连指手套,放 4 个手指的部分,后面那个细长的就是手套上的大拇指。这可不是没用的装饰物,而是它们的发声工具。如果哪只兰伯龙掉队了,它就会发出低沉的声音,来和同伴取得联系。

2. 不停地换牙

我们人类只有小时候会换一次牙,可是兰伯龙不同,它终生都在换牙。只要有旧牙被磨损掉,马上就有新牙长出,来弥补空缺。所以,即使兰伯龙已经很老了,它依然有一口锋利的牙齿,能把所有美食统统吃进肚子里。

雷巴齐斯龙

雷巴齐斯龙是一种蜥脚下目恐龙,属于梁龙超科的雷巴齐斯龙科,身长可达 20 米,生存于晚白垩纪。它是北美洲梁龙的近亲。与梁龙一样,它长着细长的脖子和尾巴,不过它生活的地方离梁龙很远,出现的时期也要晚得多。雷巴齐斯龙生活在非洲,同时期还有一种非常相似的巨型恐龙——雷尤守龙生活在南美洲。这些恐龙的相似性表明,在1亿年前的地球,南美洲和非洲这两块大陆仍然有千丝万缕的联系。

和其他的巨型植食性恐龙不同,雷巴齐斯龙的背上有一条高耸的脊。北非的其他植食性恐龙及肉食性的棘龙也都有类似的构造。

雷巴齐斯龙背部的脊,是某个帆状结构的一部分。因为这样可以让更多的皮肤暴露在空气中,所以或许能让雷巴齐斯龙更迅速地降温或升温。

弯龙

弯龙生存于白垩纪早期的欧洲和美国西部,体长6~7.9米,臀高2米,体重0.7~1吨,是早期鸟脚类中体形最大的成员。

这样大的体形为弯龙带来了很多实际的好处,其中之一便是很多小型的肉食性恐龙不敢轻易来攻击它。

弯龙的体形虽然庞大，但并不笨重。它平时主要以四足行走，当奔跑时则改用强壮的后肢，它的行走速度为每小时 25 公里，这相当于人类快跑时的速度。

弯龙的牙齿排列紧密，两侧具有锯齿边缘，从牙齿的磨损程度和范围看，它更多地以坚硬的植物为食。

弯龙的前肢较短，长有 5 指，拇指最后一节具有刺状结构。不过，与禽龙完全骨化的尖刺不同，弯龙的这个尖刺结构并不能作为强有力的武器。

很多古生物学家认为弯龙可能是禽龙超科及鸭嘴龙科的祖先，它的体形比同时代的橡树龙更大，却与禽龙更为接近。

查干诺尔龙

查干诺尔龙生存于白垩纪早期的中国，是亚洲的植食性恐龙中体形最长、体重可能也最重的恐龙之一。它的体重可达 23 吨以上。在它生活的世界中，再没有任何恐龙的身材能与它匹敌。

查干诺尔龙的化石是 20 世纪 90 年代在中国内蒙古的戈壁滩出土的。中国科学家把这种恐龙的骨骼化石进行了组合，并在世界各地展出。领导这个挖掘队伍的，是已经替数十种恐龙命名的董枝明教授。然而，董教授从未发表描述查干诺尔龙的科学论文，因而这种恐龙还不能正式算作新种的恐龙。

豪勇龙

豪勇龙又名无畏龙，是一种奇特的禽龙类，生存于早白垩纪的非洲。豪勇龙一定是一只不甘平凡的恐龙，因为它背上那道醒目的帆，让它走到哪里都能被发现，完全不会被淹没在龙群中。这或许就是它想要的效果，看上去就像今天的美洲野牛一样。

豪勇龙背上的帆实际上是脊椎骨上从颈椎后段直到尾椎中段凸起的神经棘，其高度约60厘米，看上去就像是一堵肉墙。

这道帆究竟有什么用途呢？肯定不会只是想让豪勇龙看起来更加引人注目。刚开始，人们将豪勇龙背上的帆状物与著名的大型肉食性恐龙棘龙的帆状物放在一起研究，并认为它的作用主要是用来吸收或散失热量，以达到调节体温的效果。但是，随着研究的深入，生物学家发现豪勇龙背上这些高大的神经棘与棘龙的帆状物并不相同。棘龙（包括异齿龙等）的神经棘在棘柱末端会变细，而豪勇龙的神经棘在棘柱末端则会变厚。因此，豪勇龙的背部看上去厚厚的，就像今天美洲野牛的隆肉一样。于是，古生物学家改而参考与之更相近的现代动物的隆肉结构来分析豪勇龙的神经棘，认为豪勇龙的这道帆状物除了具有调节体温的作用，可能也用来储藏脂肪或水，这样就可以对抗干旱缺水的季节。另外，它们也让豪勇龙看上去更为高大，可以对掠食者产生恐吓的效果。

豪勇龙的前肢较短,长有五指。像禽龙一样。豪勇龙的拇指也是骨质的钉指,可以作为武器使用,但比禽龙的拇指要小得多。第Ⅱ、Ⅲ、Ⅳ指指骨宽广,类似蹄状,应该是用来走路的。它的第Ⅴ指骨很长,并且较为灵活。古生物学家认为豪勇龙可以用这根指头勾住树木枝叶,方便进食。与短小的前肢相比,豪勇龙的后肢长而结实,足以支撑身体的重量。它平时主要以四足行走,只有在进食和奔跑的时候才会以后肢行动。

高吻龙

高吻龙是鸭嘴龙超科下的一个属,生活于下白垩纪的蒙古。它是双足行走的植食性恐龙,但在摄食时则可以四足站立。整个身长由鼻端至尾巴约 8 米。单是头颅骨就有 76 厘米长,有着一个辽阔的口鼻部,鼻端上有一个明显的高拱,高吻龙亦因此得名。

由于高吻龙的前肢约为后肢的一半长度,它似乎主要是双足行走的。但是它的腕骨厚而结实,手掌上的三只中间手指较宽,高度延长,末端有蹄状的骨头,可见它的前肢亦是用来支撑重量。就像其他鸟脚下目,高吻龙会有很多时间(可能是当摄食时)是保持四足姿势。

虽然高吻龙前肢的中间三只手指很厚,可能用作支援重量,而最外侧的手指却是另一种情况。就如禽龙属,第一只手指是一个简单的尖锐尖刺。除了用作防卫外,这尖刺可能用作破坏水果或种子的硬壳。第五只手指可以做出与其他手指相对的动作,可能是用作抓食物。

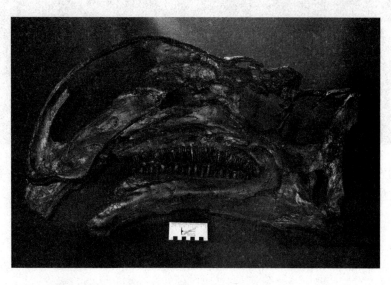

在其口部前端的角质喙嘴及口部两边的主要牙齿之间有着很大的裂口,令两个部分能分开运

作,所以高吻龙可以一边用喙嘴剪撕裂植物,一边用牙齿咀嚼。很多植食性的哺乳动物都有着相似的适应特征,利用它们的门牙来撕裂食物,而不影响臼齿咀嚼。

高吻龙是其中一种先进的禽龙类,口鼻部前端扩大。这是可能与鸭嘴龙科趋同演化的例子。这些适应特征是很多植食性哺乳动物也有的。现今的牛、马及白犀牛都有宽的口鼻部,而所有都是食草动物。草一般都是在地面上,若高吻龙的宽口鼻就如其他物种一样用作食草,这可以解释它那负载重量的前肢,是为使头部能更贴近地面。

高吻龙那个鼻拱的特征是由鼻骨形成的,而在澳大利亚的木他龙身上亦发现有类似的结构。这个鼻拱有很多不同功能的建议,它可能是用来存放冷冻血液、保存水分或提高嗅觉的组织。或者,它可以发声或影像以促成动物间的沟通。由于只有两个头颅骨被发现,有可能这个鼻拱只是存在于某一性别,但无论是哪一性别,它都可能是作为性征,就像现今的象海豹。

原巴克龙

原巴克龙体长 4 ~ 6 米,高约 2 米,重 0.5 ~ 1 吨,是生活于早白垩世中国西北地区的中型鸟脚类恐龙,它们分布广泛,是一种非常常见的恐龙。

原巴克龙有着与禽龙类似的狭窄的口鼻部,它的牙齿长在面颊部分,呈树叶状。

原巴克龙的下颌骨与头骨的结合处位于齿列之下,这种结构有利于它更有效地咀嚼树叶。

原巴克龙的前后肢都很强壮,就像大部分同类一样,它们通常以四足行走,但有时也会仅仅依靠后肢奔跑,速度很快。

原巴克龙的发现对研究鸭嘴龙的出现和进化有着重要的意义。1979 年,古生物学家布雷特·舒尔曼在其论文中首次提出鸭嘴龙类起源于亚洲地区,而他的依据就是原巴克龙。

栉龙

通常情况下,在鸭嘴龙类中,鸭嘴龙亚科成员的脑袋都是光滑的,而赖氏龙亚科成员的脑袋上才长有冠饰。可栉龙却是个例外,它虽然属于鸭嘴龙亚科,却长有漂亮的冠饰。

栉龙的冠饰又长又尖,长 15 厘米,从眼睛上方开始,以 45°角斜向上一直延伸到脑袋后面。它的冠饰中空,可能是用于呼吸、发声或是作为明显的视觉辨认物。

栉龙是一种体形较大的鸭嘴龙类恐龙,发现于北美洲的奥氏栉龙体长 9.8 米,高 3.5 米,体重 2 ~3 吨;发现于亚洲蒙古的窄吻栉龙体长达到 12 米,高 4 米,体重 3 ~4 吨。而一些化石显示,窄吻栉龙可能会长得更大。

短冠龙

2000 年夏天,美国朱迪斯河科研机构的夏季古生物考察计划已经接近尾声,像往常一样,他们挖掘到了很多化石,可是还没有一件足以让他们心动的,这不免让这些辛苦工作的古生物学家有些失望。

可是,谁都没有想到,就在最后一天最后一个小时,即将结束此次挖掘活动的时候,他们看到了一件不只是让他们心动而且震惊整个世界的宝贝。

当考察队员清理在蒙大拿州北部沙岸上找到的一些恐龙化石时,蒙大拿州菲利浦郡博物馆古生物学主任奈特·墨菲突然惊叫起来,因为眼前这个化石左前臂的部分皮肤依然保存得相当完整,这真是太难得了。要知道,皮肤化石的发现,在整个恐龙界都是一件相当震惊的事情。

古生物学家给这个化石起了一个帅气的名字——里奥纳多,与电影《泰坦尼克号》的男主角里奥纳多·迪卡普里奥有着一样的名字。

里奥纳多体长 6.7 米,生活在 7700 万年前晚白垩世的美国蒙大拿州。

它的发现轰动了整个北美古生物界,因为这是迄今保存最完整的鸭嘴龙木乃伊化石。经过古生物学家深入细致的研究发现,这个标本居然保存了为数不少的皮肤和肌肉痕迹以及它胃中那顿最后的晚餐。

里奥纳多的关部、颈部、腿部与侧腹的大部分都保存有皮肤的痕迹,上面有多边形的鳞片,最大的宽达 1 厘米。研究人员发现里奥纳多的胃中有 33 种植物的花粉化石,对这些花粉化石的分析显

示,晚白垩世北美洲的气候相当湿润,存在着大量的开花植物。而且,值得一提的是,里奥纳多凭借其不可思议的保存状态被列入了吉尼斯世界纪录大全。

短冠龙就像是被诅咒的中生代亡灵一般,古生物学家到现在已经发现了多具短冠龙的木乃伊化石,这为我们进一步了解短冠龙生前的形态提供了非常重要的线索。

短冠龙体长 9 米,高 3 米,体重约 3 吨,是一种体形较大的鸭嘴龙亚科成员。

像其他鸭嘴龙类一样,短冠龙长有一张扁平的大嘴巴,可以用于咬下叶子。

短冠龙的尾巴很长,后肢健壮,从身体结构上看,它们具有很强的运动能力。短冠龙最突出的特征是它头上的小骨冠,这个骨冠在头骨上向后形成一个小平板。对于它的作用,古生物学家众说纷纭,不过比较合理的解释是将其作为同类间的视觉辨认物。

埃德蒙顿龙

埃德蒙顿龙是鸭嘴龙科下的一属恐龙,生活于上白垩纪的麦斯特里希特阶,距今约 7100 万年至

6500 万年前。埃德蒙顿龙就像是今天北美大平原上的野牛,它们之所以能成为当时非常成功的植食性恐龙,正是得益于其高效的进食方式。

埃德蒙顿龙长有一个扁平的鸭子般的大嘴巴,它的嘴巴覆盖着 8 厘米长的角质层,很合适咬断树木的枝叶。它的嘴中长有不可思议的上千颗牙齿,是牙齿最多的恐龙之一,仅次于其近亲——鸭嘴龙。这些都为它的高效进食做好了充足的准备。于是,当食物进入埃德蒙顿龙面颊两侧后,它的上颌骨会向外侧弯曲,下颌骨则前后移动,这时上下颌骨的牙齿就开始将食物磨碎。宽阔的嘴巴开口和众多的牙齿能让它在很短的时间内就吃到足够多的食物。高效的进食大大地提高了埃德蒙顿龙的存活率,不过,它们并不是只有这一种优势生存技能。比如,埃德蒙顿龙长有一双大眼睛,它们的视力很好,能够及时观察到周围的状况;埃德蒙顿龙的体形很大,使得一些小型肉食性恐龙不敢去攻击它们;埃德蒙顿龙是群居动物,它们总是集体出动,以避免敌人的围攻等,这些都是埃德蒙顿龙生存的有利条件。

另外,埃德蒙顿龙身上还有一个有趣的地方,它的两个宽大的鼻孔存在有小气囊,当它们快速吸入气体的时候,这些小气囊会发出响亮的声音。

慈母龙

在落基山脉脚下一个叫丘窦镇的地方,有一座龙蛋山。那里是爱好恐龙的小朋友非常向往的地方,因为只要提前半年预订,就能在龙蛋山上一整套恐龙挖掘课程,那感觉简直就像 30 多年前,古生物学家杰克·霍纳和罗伯特·马凯拉在那里挖掘化石一样。

1978 年,杰克和罗伯特在龙蛋山上的重大发现,让这座山名扬天下。他们发现了一只慈母龙的胚胎化石。后来,他们历经 10 年在这座山上进行挖掘研究,发现了众多慈母龙、奔山龙及伤齿龙的巢穴,其中以慈母龙的巢穴最多,仅仅在 1 平方公里的范围内就发现了 40 多个。他们通过长时间艰苦的工作,完成了关于恐龙修筑巢穴及亲子行为的研究,其成果震惊了世界。

从杰克和罗伯特的研究中我们发现,慈母龙的巢穴很特别。这些巢穴都修筑在高地上,就像一个个直径大约为两米的大脸盆,下面垫有小石子和泥土。每当繁殖季节到来,慈母龙妈妈就会在自己的巢穴中产下大约 25 颗蛋,它们会将这些蛋排成整齐的圆形,并在上面铺上植物,以起到保温的作用。

在小慈母龙出生后,成年慈母龙会照顾它们。它们出去寻找食物,然后带回来喂养幼龙,直到幼龙有能力自己出外觅食为止。

波塞东龙

　　波塞东龙又名海神龙、蜥海神龙,食草恐龙,是一种蜥脚下目恐龙,生存于早白垩纪,与更著名的腕龙有接近亲缘关系。白垩纪的北美洲蜥脚类恐龙已出现数量衰退、体形缩小的迹象,而波塞东龙是北美洲最晚出现的大型腕龙类恐龙。波塞东龙是目前已知最高的恐龙,经估计有 17 米高;而身长接近 30 ~ 34 米,体重估计为 50 ~ 60 吨之间。

　　目前仅发现一个标本,由 4 个颈椎构成,在 1994 年发现于美国俄克拉何马州,年代属于白垩纪早期,该地过去是史前墨西哥湾的三角洲。由于之前很少发现该时代的北美洲巨型蜥脚类化石,这些化石曾一度被认为是硅化木。

满洲龙

　　1902 年,由于黑龙江的长期冲刷,使原本深埋于江岸的恐龙化石不断地暴露出来,散布在江边的泥滩上。当地的中国渔民发现了这些大的化石后非常惊奇,认为这是传说中龙的骨头.于是对其顶礼膜拜。很快,这个事情就传到了当地俄国军官的耳朵里,他们非常好奇,决定一同前往探个究竟。

当时,一位俄国上校看了渔民手中那些化石后,误认为它们属于西伯利亚猛犸象的一部分,他如获至宝,立即向阿尔穆河(今称黑龙江)地区作了汇报,并在俄国西伯利亚地方报纸上作了相关报道。这些只言片语的报道引起了俄国地质学家的注意。

1915年至1917年间,一个考察队前往发现化石的地点进行探测,并继续在同一地点进行大规模的调查与发掘。一段时间过后,考察队发现了相当数量的化石,他们依靠所采集到的化石又配上占全部骨架1/3的石膏,装成了一具平顶鸭嘴龙骨架,这具化石长约8米,高4.5米,而它就是传说中的"中华第一龙"——满洲龙。

满洲龙生活在中生代的白垩纪晚期,是一种大型的鸭嘴龙类恐龙,它的脑袋较大,长有扁扁的鸭子般的大嘴。满洲龙身体粗壮,尾巴很长,后肢明显长于前肢。它们通常会组成较大的群体,游荡在平原之上。

山东龙

在距离山东省诸城市西南约12.5千米的吕标镇库沟村,有一条非常特别的冲沟,人们叫它龙骨涧。说它特别,是因为很多年来,当地的村民都在这里疗伤治病,只要村民的身上哪里受了伤,他们就会到龙骨涧里捡一些特别的石头碾成粉末敷到伤口,然后伤口就不会流血也不会发炎了。这可不是传说,很多年来,村民们都是这么做的。村民并不知道这其中的奥秘,于是,他们把这里的石头看作是吉祥之神,每年都去膜拜。直到1964年,古生物学家来到龙骨涧之后,才解开这个秘密。

原来,那些石头并不是什么吉祥之神,而是恐龙的化石。

古生物学家耗时4年在龙骨涧进行了4次挖掘,共发现了五个大型鸭嘴龙的个体化石,采集的化石达到了30吨。当然这可不是龙骨涧化石的全部。化石采回来之后,古生物学家又经过4年多的清理及修补复原工作,终于合成了一具骨架。这具骨架长约15米,高近8米,头骨长1.65米,是当时世界上已知鸭嘴龙类中最高大的,也是鸟臀类恐龙中最高大的。这只恐龙就是著名的山东龙,它从出土到组装完毕整整耗费了8年的时间。

根据有关专家对这具山东龙的骨架进行测量,它在生前体长14.72米,重达7吨,甚至比霸王龙还要高大威猛。

扇冠大天鹅龙

　　扇冠大天鹅龙的骨质头冠非常大,这是它最显著的特征。从外形上看,它就像一把高贵的扇子,骄傲地站在了扇冠大天鹅龙的头顶上。每次看到它的时候,总会让人想到20世纪30年代的旧上海,那时候高贵优雅的夫人们也总是喜欢拿着一把漂亮的扇子。

　　扇冠大天鹅龙的头冠里面具有空腔,当气流从头冠中穿过时很可能会发出响亮的声音。不过,这并没有什么稀奇的,因为在其他的赖氏龙亚科成员中也很常见。

　　扇冠大天鹅龙体长10~12米,高约4米,体重2~3吨,几乎与一辆大型公共汽车一样长。

　　扇冠大天鹅龙长着像鸭子一样扁平的嘴,上面没有牙齿。它们的牙齿都长在嘴巴里面,位于面颊之中。虽然它们的牙齿很细小,但是却有成百上千颗之多。要是趴在它们的嘴巴里数这些牙齿,可真是一项耗时费力的大工程。扇冠大天鹅龙可以凭借它们轻易地咬碎坚硬如松叶般的食物。

　　扇冠大天鹅龙几乎需要不停地吃东西,才能维持庞大身体所需的能量。所以,它们的牙齿用不了多久就被磨没了。不过不用担心它们没有牙齿吃东西,在这些旧牙齿退役之前,会有新的牙齿长出来继续工作,它们换牙的速度是相当惊人的。

　　扇冠大天鹅龙是在北美洲之外第一种被发现的赖氏龙亚科成员,也是在苏联发掘出土的最完整的一具恐龙化石,因为它的美丽,很多恐龙爱好者都对这具化石充满了向往。

副栉龙

　　副栉龙,意为"几乎有冠饰的蜥蜴",又名副龙栉龙,是鸭嘴龙科的一属,生存于晚白垩纪的北美洲,约7600万年到7300万年前。副栉龙是一种草食性恐龙,可以双足或四足方式行走。目前已有三个被承认种:模式种沃克氏副栉龙、小号手副栉龙以及短冠饰的短冠副栉龙。

　　副栉龙的首次叙述是在1922年,由威廉·帕克斯借由在埃布尔达省发现的一个头颅骨与部分骨骼叙述。副栉龙为罕见的鸭嘴龙类,目前已知少数良好标本,化石发现于加拿大埃布尔达省、美

国的新墨西哥州与犹他州。副栉龙因它们的头盖骨上大型、修长的冠饰著名,冠饰往头后方弯曲。副栉龙的最亲近物种应是最近在中国新发现的卡戎龙,两者的颅骨类似,可能具有相似的冠饰,这种结构引起许多科学文献的讨论。现在对于该冠饰主要功能的意见包括:辨别性别与物种、共鸣器以及调节体温。

　　最初,副栉龙被认为跟栉龙有亲缘关系,因为它们的冠饰外形相似。但是不久后,副栉龙重新被归类于赖氏龙亚科。副栉龙常被认为是赖氏龙的支系,不同于有头盔状冠饰的冠龙、亚冠龙、赖氏龙。

碗状龙

剑龙家族生存的时间非常短暂，很多人推测这与新出现的植物，以及新出现的植食性恐龙有关。而也有一些古生物学家认为，剑龙并没有消亡，而是进化成了更为先进的甲龙类。

这一点在 2008 年发表的一篇名为《剑龙类性状特征及矩阵》的论文中有过论证，研究人员指出了剑龙类与甲龙类的众多相似特征。

但不管是消亡还是进化，我们总还是想知道最后一只剑龙究竟是谁？是谁看到了剑龙帝国的崩塌？

到目前为止，我们所能提供的谜底是生活于早白垩世英国南部的碗状龙，因为它是目前人类所发现的生存年代最晚的剑龙类恐龙。

多刺甲龙

甲龙类恐龙不仅发育有非常完善的装甲系统，而且为了让自己的装甲系统能够更充分地发挥作用，有些甲龙类恐龙甚至将它们很好地进行了归结，在不同的场合运用不同的装甲系统，以便达到几乎完美的防御效果。

多刺甲龙就是这样。多刺甲龙体长 4~5 米，高约 1 米，重约 1 吨，是一种体形中等的多刺甲龙亚科恐龙。多刺甲龙的防御系统很完美，它就像一只超级大号的刺猬，生活在早白垩世的欧洲西部。

多刺甲龙将自己的装甲成功地归为三类，然后分别用于不同的状况：第一类是基本防御型，包括其臀部巨大的盾牌般的骨板和颈部、背部及尾巴上的圆形骨片。当它们在遇到敌人时，往往会先采用这些部位上的武器进行防御。第二类是被动防御型，也就是其背上的两排大骨刺。这通常是它们在遭遇攻击时的反抗手段。而第三类是主动防御型，这指的是它们尾巴上的两排三角形骨刺，这些骨刺随着尾巴的摆动可以产生很大的杀伤力，如同刃部带有锯齿的大刀一样，这也是它们最具威慑力的武器。

多刺甲龙会在不同的战斗中根据不同的状况，灵活运用它们的武器，以达到制伏敌人的目的。

乌尔禾龙

绝大多数的剑龙都在侏罗纪时代灭绝了,只有一小部分顽强地生存到了白垩纪,乌尔禾龙就是其中的一员。

剑龙家族的成员在外形上都没有特别大的差异,但是乌尔禾龙却是个例外。

生活于中国新疆准噶尔盆地的乌尔禾龙有一个小脑袋,其头骨前部呈喙状,细小的树叶状牙齿长在面颊内侧。乌尔禾龙后肢明显长于前肢,长长的尾巴上长有4根骨质尖刺。最特别的是,乌尔禾龙背上长有两排几乎呈四方形的骨板,这和剑龙家族中的其他成员都不太一样,让它的外形看上去非常独特。

盘足龙

盘足龙是蜥脚下目盘足龙科的一属恐龙,化石发现于中国山东省,生存于白垩纪早期。盘足龙

最明显的特点就是它那像圆盘一样的脚,而脚上的四肢就像四根圆圆的柱子,牢牢地支撑着它庞大的身体。

盘足龙的脑袋较高,嘴中长有较大而且倾斜的牙齿。它们的脖子很长,颈椎多达17节,大大超过了蜥脚类的平均水平,目前只有峨眉龙与马门溪龙超过了这个数值。

盘足龙的身体很强壮,前肢长于后肢,因此肩膀的高度也高于臀部的高度。这样一来,它们的脚就能高高抬起,像长颈鹿一样,帮助自己吃到更高处的食物。

美甲龙

这边将腹部防御起来,那边又将脑袋包裹起来,对于甲龙类恐龙的防御系统我们只能说是一山更比一山高。

没错,当你看到美甲龙的时候,你一定会为它登峰造极的防御系统震惊得说不出话来。它的名字原本的意思为"美丽的化石",不过解释为"完美的装甲"更为贴切。

美甲龙的生存年代为白垩纪晚期,体长7米,高约1.7米,重约两吨,是一种体形较大的甲龙亚科恐龙。美甲龙的眼睛后面长有三对短而尖的骨刺,这些骨刺向两侧伸出,保护着它的颅后部分。

美甲龙的背部、臀部及尾部上方长有长圆形的、具有脊状凸起的骨板,它们按照一定顺序排列在一起,保护着它的背部、臀部和尾巴。不过与其他甲龙亚科不同的是,美甲龙的身体两边向内侧、尾巴两侧及四肢上都长有大型的、末端尖利的骨板(或骨刺)。也就是说,你几乎在美甲龙身上看不到"裸露"的地方,这简直使得它的防御结构达到了登峰造极的程度。

美甲龙的四肢很短,身体宽大粗壮,尾巴末端长有防御用的骨锤。因为身体及鳞甲的巨大重量,美甲龙的行走速度很慢。

结节龙

结节龙生存于白垩纪晚期的北美洲,体长将近 6 米,高约 1.5 米,体重约 1 吨,是一种体形中等的结节龙科恐龙。

结节龙的脑袋很小,前部尖细,具有坚硬的角质喙;而后部膨大,长有一双较小的眼睛。

结节龙的牙齿长在面颊部,它的外形与剑龙的牙齿相似,像小叶子一样。

结节龙全身上下都披覆着装甲,不过与先进的结节龙科(如埃德蒙顿甲龙)相比,结节龙的骨片较小,但是数量很多。结节龙的骨片上有小小的凸起,它们密密麻麻地排列在颈部、背部、臀部及尾部上方与两侧,可以有效地保护身体的重要部位和器官。

看起来凶猛可怕的结节龙却有一个很大的弱点,它的四肢很短,运动能力很弱,甚至没有能力奔跑,只能稳健地行走。不过,这似乎并不影响它的凶猛。

结节龙的外形与剑龙很相像,却与同类有所不同,如果在现代动物中找个与它相似的,那就要数穿山甲和犰狳了。在早期绘制的复原图中,古生物学家将结节龙画成一种四肢弯曲、尾巴拖地的大蜥蜴。不过随着古生物学的发展,人们现在对结节龙有了更深刻的认识。

甲龙

出现在所有的电影或电视形象中的甲龙,几乎都会有一个壮举,能用尾巴上的"流星锤"狠狠地打断霸王龙的腿,这让甲龙的形象看上去非常威猛。

或许,你会说这不过又是一次导演自导自拍的形象罢了,可这次还真不是。事实上,这就是甲龙最真实的形象。

它们威猛无比,如果是集体出巡,那么霸王龙根本不敢靠近。即使单打独斗,也常常会发生威猛的霸王龙被甲龙打翻在地这样的惨象。

甲龙能够战胜霸王龙,关键在于它的尾锤。甲龙的尾锤呈双蛋形,处于尾巴末端,其内部并非是实心的,而是有孔,重量在 50 千克左右。甲龙的尾锤是其重要的防御武器,它们在受到威胁时会

　　甩动具有弹性的尾巴,然后将力量传导至尾巴末端的尾锤上。当具有相当重量的尾锤加速砸在动物身体上时,后果是毁灭性的。

　　甲龙尾锤距离地面的高度1~1.5米,这个高度正好达到大型肉食性恐龙(如霸王龙)的小腿部位,正因为这个巧合的高度,甲龙在战斗中的确常常会把肉食性恐龙的腿部砸伤,所以人们才会把这一威猛的形象放到电影或电视中。

　　除了尾锤,甲龙还有很好的防御装甲,在整个恐龙家族中没有任何一种恐龙的防御结构能够超过甲龙。甲龙的装甲包括有坚实的结节和甲板,它们嵌入皮肤之中,外部覆盖有坚硬的角质层,形成皮内成骨,而这种皮肤上的骨甲结构在今天的鳄鱼和一些蜥蜴的身上也有发现。

　　甲龙的皮内成骨包括有宽而平的甲板和小而圆的结节,它们按照大小或一定的顺序排列。甲龙的颈部、背部及臀部以横列的方式整齐排列着较大的甲板,而小型的结节则保护大型甲板之间的空隙。甲龙身上较小的甲板主要分布于四肢和尾巴上,特别是其尾巴两侧长有两排扁平并且呈三角形的尖刺。除了身上的装甲,甲龙的头顶长有圆形的坚硬鳞片,眼睛后方则有四只大型的角向外伸出。最近,德国古生物学家研究甲龙的厚鳞片时发现其鳞片的显微组织异常复杂,极像现在的防弹背心,非常轻便坚韧。甲龙的装甲很强大,但是它并不聪明,因为它的“脑量商”很低。

在研究恐龙的时候，我们都习惯研究一下它的"脑量商"，因为我们凭此数据就能知道恐龙是否聪明、有多聪明。那么"脑量商"怎么算呢？这当然非常复杂，它是根据恐龙的体重、脑容量，然后与现代爬行动物的脑容量大小进行比对，并按一定公式计算出来的。不管中间运算的过程，如果知道被测的恐龙脑量商越小，它就越蠢笨；反之，脑量商越大，就越聪明。而经过测量，甲龙脑量商很低，只有 0.2～0.35，在恐龙家族中算是下等，所以甲龙并不聪明，或者用呆头呆脑来形容它更为贴切。不过，它的那些重型防御装甲会帮它弥补这个缺憾。

中原龙

2005 年，河南省汝阳市三屯和刘店一带的村民在当地的一个山坡上，发现了一些恐龙化石。那时候的他们已经知道些曾经被认为是"龙骨"的东西其实是恐龙化石，具有珍贵的科学研究价值。所以，他们自发地守护了一个多月，等待着科学家的到来。而正是因为他们的努力，才使得化石点基本没有遭到破坏。后来，经科学家证实，这些化石的主人叫中原龙。

中原龙是目前为止中国发现的唯一有确凿证据的大型结节龙科恐龙。它们体长 5 米，重约 1.5 吨。中原龙的发现填补了中国恐龙发现的空白，也为结节龙科恐龙的迁徙和演化提供了重要的材料，对研究结节龙科恐龙的古地理分布、演化具有重要意义。

包头龙

甲龙类恐龙以强大的防御系统著称，但是它们常常也有防不胜防的地方，比如它们的腹部或者脑袋。大多数甲龙类恐龙在这两个部位都没有防御系统的保护，可这显然不包括包头龙。包头龙之所以叫包头龙，并不是因为它的化石发现于内蒙古包头市，而是因为它的防御系统甚至把自己的脑袋都很好地保护了起来。

包头龙的脑袋上长有已经融合为一体的大小不一的骨质甲片,这些骨片甚至包裹住了它的眼睛,让它能够更好地抵御肉食性恐龙的进攻。这一强大的防御装置应该是上天对于包头龙的恩赐,因为包头龙的脑容量很小,它们并不聪明,所以单凭它们自己恐怕想不出这么好的防御办法。

在甲龙家族中,包头龙是第一种化石和鳞甲被一起发现的成员,其鳞甲成椭圆形,上面具有10~15厘米长的短刺。这些鳞甲沿着包头龙背部中线排成数列,嵌入结实的皮肤之中。另外,在包头龙的颈部、背部及尾巴基部上方还长有多对短而宽的骨质尖刺。不过包头龙最令人望而生畏的武器不是鳞甲,而是尾巴末端的骨质尾锤。它的尾锤重约30千克,与韧性十足、肌腱骨化的尾巴结合,可以轻松地打击任何来犯者,看上去真是太可怕了!

龙王龙

如果你看过英国的科幻剧《远古入侵》,一定会对一只经过时空之门来到中世纪英格兰的可怕的怪兽印象深刻,它在城里到处制造恐慌,甚至把那些勇敢的骑兵都推进了坟墓里。城里的人们惶恐不安,对那只怪兽毫无办法,他们甚至连门都不敢出,恐怖的气息就这样四处蔓延着……那只可怕的怪兽原型便是龙王龙。

实际上,这并不是西方人第一次接触这个怪异的形象。西方世界中关于龙的传说最早出现于中世纪的苏格兰,而传说里龙的外形,特别是头部与龙王龙非常相像。于是很多人都猜测,在一千年前的苏格兰,是否真的存在着类似于龙王龙的怪兽。

不过,这只是猜测罢了,深埋在大地中的化石除了告诉我们在白垩纪的时候出现过肿头龙类的龙王龙之外,并不能证明在一千年前还曾出现过龙王龙怪兽。

龙王龙装甲般的硬脑袋有着神奇的构造,它的脑袋外长着突起、犄角和冠顶。龙王龙的外形看上去和肿头龙有几分相像,不过它的头颅骨却并不像肿头龙那样呈圆形的隆起,而是比较平坦。

龙王龙的模式种被命名为霍格沃茨龙王龙,种名来自于畅销魔幻小说《哈利·波特》中的霍格沃茨魔法学校,这让很多小朋友都着迷不已,不过也让很多恐龙爱好者觉得惊讶。而龙王龙的命名者巴克在谈到这个问题时解释说:"把这个新种恐龙放在《哈利·波特》系列中并不显得突兀,这是一种很特别的恐龙,就仿佛生活在哈利·波特的魔法世界里。"

肿头龙

肿头龙的长相相当奇特,当人们第一次发现它的头骨时,简直惊呆了,那看起来就像欧洲中世纪神话传说中头上长满尖刺的恶龙。于是,人们给它起了一个贴切的名字——肿头龙。

肿头龙最奇特的地方当然是它的头饰。肿头龙的脑袋上和面颊上都布了密集的骨质小瘤和小棘,凹凸不平,就像因为骨骼病变而造成的畸形,一点都不漂亮。在肿头龙的头顶上,长有一个圆形的骨质隆起,这个隆起厚达25厘米,非常坚固,而这个隆起周围同样围绕着瘤刺和棘状刺。

虽然肿头龙的头饰谈不上漂亮,但是它对肿头龙来说却非常重要。肿头龙的头饰并不像我们想象中那么结实坚硬,所以它不能像大山羊用角决斗一样,用头上的这个隆起去做决斗的武器,肿头龙在与敌人对抗的时候往往只会用脑袋的侧面去撞,而不是用脑袋顶上高高隆起的部分。那么它这个巨大的隆起的头顶究竟是做什么用的呢?因为肿头龙的头骨隆起分布有血管,因此古生物学家推测它的头饰具有体温调节的作用。

另外,很多人认为肿头龙头骨上的瘤刺和棘凸是无规则分布的,只是用于装饰。不过研究表明这些奇怪的结构对肿头龙来说具有独特的意义:第一,它能让人们区分雄性肿头龙和雌性肿头龙。雄性肿头龙头部的瘤刺和棘凸比较尖锐、突兀,而雌性肿头龙的则要圆润得多。第二,它能让人们区分肿头龙的年龄。比如,年轻肿头龙的瘤刺和棘凸比较圆滑,随着年龄的增长,这些瘤刺和棘凸就会开始发生变化。第三,不同的瘤刺和棘凸代表着肿头龙不同的生活地区。第四,它们还能在肿头龙与同类争斗或是遭到肉食性恐龙袭击时,很好地保护它们头部较为重要的器官。所以,虽然这些头饰看上去并不那么好看,但是却有着很多现实的用途。

因为肿头龙头骨的特化,导致肿头龙的五官也发生了特化,所以它的五官看上去有些特别。

肿头龙头骨上有一对巨大的眼窝,这说明它们有着敏锐的视觉,可以洞察周围的蛛丝马迹。

肿头龙眼窝后面是耳孔,朝向斜后方,这样的结构可以帮助它们聆听细微的声音。

经过对肿头龙头骨的扫描,古生物学家发现其头骨内有足够的空间容纳大型的嗅叶(专门管理嗅觉的部分),所以,这证明肿头龙的嗅觉极为发达,它们能够敏锐地感觉到空气中气味细微的变化,有助于发现潜在的危险。

肿头龙的颌部前端长有坚硬的角质喙,可以用来切断植物,嘴中则长有四排又薄又细、边缘长有锯齿的小牙齿。从肿头龙的牙齿来看,它们主要吃植物的根茎和果实,但是不具备咀嚼能力。

皖南龙

皖南龙体长不足 1 米,高约 0.3 米,体重约 10 千克,是一种体形非常轻巧的恐龙。

以身体比例来看,皖南龙的头骨较大,上面有较大的眼眶前开孔,而这个特征在其他肿头龙类身上是没有的。

皖南龙的头顶比较扁平,但是骨骼很厚。像其他肿头龙类一样,皖南龙的头饰发达,头骨上长有小而密的骨质棘刺。

皖南龙的脖子不长,身体纤细,尾巴具有很强的韧性。它们的四肢长度差不多,这显示它们平时会用四肢行走,不过当这些小家伙用后肢奔跑的时候,会像风一样快。

古生物学家推测皖南龙并不是纯粹的植食性恐龙,它们除了吃植物的叶子、根茎及果实外,还会吃昆虫等富含蛋白质的食物,这么说来皖南龙有可能是杂食性的恐龙。

皖南龙是一种群体生活的动物,整个族群中有一个雄性的首领。但是这种地位并不稳定,在繁殖季节,年轻的雄性皖南龙会向首领发起挑战,用结实的脑袋侧向向它撞击。如果取得胜利,便会代替之前首领的位置,成为新首领。看来虽然皖南龙家族的身材不大,可它们的生存压力一点都不亚于那些庞大的恐龙家族。

鹦鹉嘴龙

很长一段时间,恐龙都被认为是一种不抚养幼龙、冷血无情的动物。不过通过对越来越多恐龙化石的研究,人们发现实际上恐龙有着很强的亲子行为。这当然不是凭空想象的,而是有充分的证据可以证明的。

在中国辽宁省义县组,研究人员发现了一个保存完好的标本,这个标本中央是一只成年鹦鹉嘴龙,而在它周围却有34个未成年鹦鹉嘴龙骨骸。它们的年龄非常接近,在成年个体的下方缠绕在一起。

这个标本很好地表现了当时的情景,当时的成年鹦鹉嘴龙正在和自己的孩子们嬉戏,可是因为洞穴坍塌或其他自然灾害的来临,它们还来不及挣扎就瞬间被掩埋了起来。所以,它们的化石很好地表现了它们在死亡前最真实的一瞬间。

这个化石可谓世界罕见,因为它很好地说明了鹦鹉嘴龙可是个尽职尽责的好父母,为科学家研究恐龙的亲子行动提供了不可多得的证据。

关于鹦鹉嘴龙还有另外一个有趣的话题。如果大家看过一些鹦鹉嘴龙的复原图就会发现,在一些复原图上鹦鹉嘴龙的尾部是没有尖刺的,而另外一些的尾部则是长有尖刺的,这是为什么呢?

要回答这个问题,我们必须要提到另外一块化石,那也是产于辽宁省义县组的一块鹦鹉嘴龙化石,化石清晰地显示在鹦鹉嘴龙的尾巴上方有一组印痕。一些科学家根据这组印痕推断在鹦鹉嘴龙的背部至尾巴上分布着鬃毛状的结构。他们推测这些刺毛长度接近16厘米,它的结构与同一地层发现的大量兽脚类恐龙身上的原始羽毛有所区别。他们认为这是鹦鹉嘴龙独立起源并进化出来的,它们不太可能用来调节体温,而可能用于求偶。不过,包括中国古生物学家在内的一部分人在看过化石后,却认为这种鬃毛状的结构可能只是植物化石,它是在形成化石过程中恰巧出现在鹦鹉嘴龙尾巴的位置上。所以,在复原图上才会出现两种不同体征的鹦鹉嘴龙。

鹦鹉嘴龙四肢健壮,之前它一直被认为是一种双足行走的恐龙,但是新的研究表明,它们是以双足行走为主,四足行走为辅。

鹦鹉嘴龙的前肢长有四个指骨,不同于大部分鸟臀目恐龙的前肢五指结构,其指骨相对锋利,这说明鹦鹉嘴龙可能是一种善于挖掘的动物。

鹦鹉嘴龙的头骨较短而且较高,顶部平坦,其鼻孔较小,眶前孔已经退化消失,眼眶孔大。鹦鹉嘴龙的脸很短,它的眼眶孔至嘴前端的长度只占头骨长度的40%,是已知鸟臀目恐龙中最短的。

鹦鹉嘴龙的上下颚前部都已经出现了明显的喙状嘴,其外形与鹦鹉极为相似,这也正是它得名的原因。

鹦鹉嘴龙拥有很强的咬合力,既可以切断柔软的植物,也可以压碎坚硬的果实。

冥河龙

冥河龙的头饰繁多、精巧而极具个性,这使它成为了恐龙家族中顶饰最复杂的成员之一。

冥河龙圆锥形的凸起骨瘤从鼻孔上方开始,覆盖了头骨中后部、面颊部,并环绕眼睛。这些圆锥形的凸起很多都很尖,结构与今天生活在加拉帕克斯群岛上的鬣蜥很像。

　　冥河龙的脑袋顶上长有一个厚达3厘米的坚硬圆形顶骨。在头骨后面两侧长有一对长18厘米、根部宽6厘米的长尖角。而围绕着长尖角,又长有3对短尖角,这些尖角保护着冥河龙脑袋后部和颈部,同时也可能在群体中作为展示物用于炫耀。

　　事实上,冥河龙不仅头饰复杂,那些被头饰包围的头骨也比其他的冥河龙类要结实,再加上它们每小时35公里的奔跑速度,使得它们在遇到危险时,厚重的脑袋会像致命的武器一样撞向敌人。

古角龙

天刚蒙蒙亮,古角龙就出门了。

它并不是一只幸运的恐龙,在它怀孕之后,它的丈夫便不知去向了。

于是,它得独自产卵,独自孵化,然后独自养育自己的孩子。

在它生产之后的一个星期里,它几乎没有吃过任何东西。因为原本这时候应该有雄性恐龙照看那些蛋宝宝,雌性恐龙才有机会外出觅食。可是现在,那些蛋宝宝身边只有它,它一刻都走不开。

现在,它不得不出去找点吃的了,否则孩子还没出生,它可能已经因为饥饿而毙命了。

古角龙走了很久,终于看到了新鲜的树叶。它完全尝不出食物的味道,只是匆匆忙忙地将它们吞到肚子里。它不想因为自己出外觅食而让孩子们遭遇什么不测!

可就在古角龙快要到家的时候,它突然闻到了空气中陌生的、带有血腥气息的味道。

它加快了脚步,三步并作两步走到了孩子们身边。可是,似乎已经来不及了,一只准噶尔翼龙已经叼起了一颗蛋。它的孩子,现在就在那只可怕的怪物的嘴巴里……

古角龙体长1~1.5米,体重15~25千克,大小和一只小鹿差不多,是一种小型的植食性恐龙。古角龙长有一个大脑袋,其头骨保存得相当完整,可以清楚地看到头骨和下颌骨前部有着鹦鹉般的喙嘴以及后面开始发育的头盾。

它的牙齿长在面颊部分,不再有像黎明角龙的那种尖牙。

古角龙长有一双大眼睛,具备极佳的视力,而附着在头骨与下颌骨上的咬肌,赋予了它强大的咬合力。

古角龙的脖子很短,躯干和尾巴也比较瘦,不过它们的前肢和后肢发达,特别是后肢,可以保证古角龙在遇到危险时能快速逃跑。

古角龙的发现具有非常重要的意义,因为它证明了角龙类的祖先源自白垩纪早期的亚洲。

黎明角龙

单从名字上看,就能看出黎明角龙在整个家族中的位置。它名字中的黎明,就代表着角龙家族像初升的太阳一样,才刚刚升起。

的确,黎明角龙是最原始的新角龙类恐龙之一,因此,在它的身上还保留着很多原始角龙的特征。

黎明角龙体长约 1.6 米,体重 15～30 千克。它长有一个 20 厘米长的大脑袋,头顶相对平坦而且比较宽。

作为早期的角龙类恐龙,黎明角龙虽然还没有发育出角,但是它的头骨后部已经存在开始发育的头盾,这预示着今后角龙的发展方向。

大部分的新角龙类都长有长且狭窄的嘴喙,但是黎明角龙不一样,它的嘴喙比较短,也比较宽。在黎明角龙上颌骨前部长有两对具有纹路的长牙,而其他大部分树叶状的小牙齿则长在面颊内部,这样不同的牙齿类型也是角龙类非常明显的原始特征。

黎明角龙的躯干和尾巴都比较短,前肢和后肢则较长,特别是那一对后肢,修长强健,这表明它们主要靠后肢行走。

黎明角龙与其他新角龙类最大的不同就是它头部的隆起,古生物学家推测这些隆起外可能有鲜艳的皮肤,这样它们就能尽情炫耀,对自己的爱侣表达爱意,或者当有情敌和它们争夺爱侣时,它们也以此作为武器。

纤角龙

在大部分对角龙类有所了解的人眼里,那些大型的长满角的恐龙都生活在北美洲,而那些小的还没有长出角的原始角龙类则都生活在亚洲。但是一些特别的化石告诉我们,这种观点并不是完全正确的。其实在很早之前北美就已经发现了原始的小型角龙类,只是长久以来它们被家族里的"大块头"掩盖了,纤角龙便是其中之一。

这个生长在北美洲的小可爱,体长两米,高约 0.6 米,体重约 100 千克,在那个巨物横行的年代它只能算得上是个小不点儿。

纤角龙的外形很可爱,特别是那个占了身体很大比例的大脑袋。在纤角龙的大脑袋后部,有一个开始发育延长的小头盾,虽然很小,但是很明显,这是它成为角龙家族成员的最重要的特征之一。

　　纤角龙长有一双明亮的大眼睛,它那巨大的鹦鹉嘴也格外突出。

　　与三角龙等大型角龙类相比,纤角龙的身体细长,后肢强壮,前肢和尾巴粗而短,重心较高,这些身体结构使它比大个头的亲戚们灵活敏捷得多。

斗吻角龙

　　斗吻角龙是一种小型角龙下目恐龙,生存于白垩纪时期的北美洲与亚洲,化石发现于蒙大拿州的又麦迪逊组。因为它的下巴长得像漏斗,所以古生物学家给它起了一个形象的名字——斗吻角龙。

　　斗吻角龙体长1米,体重18千克,大小与一只大火鸡差不多。它脑袋较大,身体和尾巴粗而短,后肢强健。这种小恐龙最突出的特征就是在它的角质喙中长有牙齿,这个特征普遍存在于亚洲的原始角龙类中,但在北美洲的原始角龙类中还是第一次发现,所以它从体征上证明了两大角龙族群存在着很大的关联性。

中国角龙

　　植食性恐龙总是会想尽一切办法来抵御肉食性恐龙的袭击,在一代又一代的进化中,它们的身体也正随着这个终极目的发生着剧烈的变化。

　　中国角龙是在中国发现的第一具大型角龙类化石。在它的身上,我们能清晰地看到它的族群为了抵御掠食者的进攻而发生的变化。

　　中国角龙的化石于2008年发现于中国山东诸城,是北美地区以外发现的唯一真正意义上的角龙化石。中国角龙是已知最大的尖角龙类之一,大小更接近开角龙类,这大大缩小了这两类角龙的体形差别。除此之外,中国角龙还在其他一些特征上更接近开角龙类,比如头后缘平滑。更有趣的是,它还具有一些相对原始的角龙类的特征,比如它的下颞颥孔的位置相对较高,在眶前孔前还发育有副孔等。

禽龙

19世纪初,工业革命在英国轰轰烈烈地进行着,随着生产力发展水平的飞速提高,科学技术也得到了长足进步,古生物学正是在这个时期形成的。古生物界的先驱们在那个充满怀疑和批判的年代,以他们艰苦的努力为我们揭开了这一大类史前生命的真实面目,让我们认识到在遥远的史前时代地球上曾经生存着无数巨大的生物,而应该排在第一位的便是禽龙。

1. 外形特征

禽龙是一种体形较大的植食性恐龙,体长6~12米,身高3~4米,体重3~8吨。禽龙的体形比一辆大卡车还要大,它们属于第一批大型的鸟脚类恐龙。

禽龙的脑袋较长,外形平整,上面没有任何冠饰。在禽龙的脑袋前部是角质的嘴巴,上面没有牙齿,它们的牙齿都集中在面颊部分,其牙齿外形类似于小树叶,可以磨碎食物。根据对禽龙头骨的研究,古生物学家发现禽龙具有咀嚼食物的能力,以后它们会将这个技能留给鸭嘴龙类。正是依

靠对食物的咀嚼,禽龙成为当时最为成功的植食性恐龙。

禽龙的体形很壮硕,它们的胸腔很宽,身体圆鼓鼓的。与一般的恐龙不同,禽龙的四肢比例相差不大,其前肢比后肢短不了多少。禽龙的前肢非常有力,手上长有五指,其中第一指就像是一个骨质的大钉子,这是禽龙的重要武器。禽龙的手不但是武器,同时也是取食工具,其第二指至第四指很灵活,可以弯曲并夹住树枝。相比之下,禽龙的后肢更加粗壮,末端长有蹄状的脚趾。禽龙平时会四肢行走,这样更省力,它们只有在逃跑的时候才会用后肢奔跑。

禽龙的尾巴僵直而侧扁,这有助于它们保持身体平衡。虽然禽龙的重量与一头大象差不多,但是当它们奔跑起来速度可以达到每小时 25～30 千米。

2. 发现和命名

1822 年,家住英格兰苏塞克斯郡刘易斯市的吉迪恩·曼特尔医生像往常一样出诊,而他的妻子玛丽·安独自待在家中。闲来无事的安来到房前的小池塘边,那里堆积着前几天矿工们送来的含有动物化石的矿石。突然,她发现一块岩石的断面上有几个非常圆润光滑的小东西,在阳光下闪烁着黑亮的光芒。出于女性特有的敏感,她把这些化石小心翼翼地撬了出来,一种新的动物被发现了。

看到妻子的发现,曼特尔非常开心,在仔细观察化石后,他认为这些化石属于一种生活在白垩纪、体长十几米的植食性爬行动物的牙齿。这年深秋,法国著名学者乔治·居维叶鉴定了曼特尔发现的牙齿化石,他认为化石属于一种灭绝了的大犀牛,不过他还是建议曼特尔去伦敦皇家外科学院的亨诗瑞安博物馆,那里保存着大量的动物骨骼可供对比。

化石被鉴定成犀牛,曼特尔很不满意,他坚信自己发现的是鲜为人知的动物,于是他带着化石拜访了牛津大学的威廉·巴克兰。可当巴克兰得知居维叶的鉴定结果之后立即表示赞同。不仅如此,巴克兰还好心地劝说曼特尔要小心行事,如果鉴定错误成了笑料,那么他以前好不容易积累起来的名声就毁了。

在多次碰壁之后,曼特尔也开始怀疑自己的判断,但是他还是相信自己的直觉,于是在 1825 年带着化石前往亨特瑞安博物馆。在博物馆中曼特尔遇到了古生物学家山缪·斯塔奇伯里。斯塔奇伯里在看过曼特尔发现的牙齿化石后说:"这和我正在研究的南美洲鬣蜥的牙齿好像差不多。"一语惊醒梦中人,两者竟然如此相似!

禽龙的学名意思是"鬣蜥牙齿",这是因为禽龙和鬣蜥的牙齿很像。禽龙是中国人最早认识的恐龙,但是为什么被翻译成这个名字已经不得而知。

曼特尔在命名禽龙的时候认为禽龙应该是鬣蜥已经灭绝的近亲,他打算将这种动物取名叫鬣蜥龙。但他的朋友、沧龙的命名者威廉·丹尼尔·科尼比尔认为这个名字并不准确,他提出"似鬣蜥"和"鬣蜥牙齿"两个名字。后来,曼特尔采用了"鬣蜥牙齿"这个名字(这比恐龙一词的出现还要早 16 年)。于是在 1825 年禽龙被正式命名,这仅仅比命名巨齿龙晚了一年。

禽龙属下目前只有一个确定种:模式种贝尼萨特禽龙,种名是比利时的一个地名,因为在这里曾经发现过大量的禽龙化石。曾经在禽龙属下的众多种恐龙,后来经过研究重新进行了分类和命名。

3. 生活习性

禽龙是典型的植食性恐龙,它们身体强壮、四肢发达。从发现的化石看,禽龙是群居动物,一般由 20 只组成一个群体,其中既有成年恐龙,也有幼年恐龙。成群的禽龙会沿着滨海平原前进,一路上时不时地啃食植物的枝叶,然后慢慢咀嚼。有的时候禽龙会沿着海岸线不停地向北走,甚至进入北极圈内。早白垩世的北极并不像今天这么寒冷,那里生长着大片森林,是禽龙最喜欢的生活地。

4. 生存环境

禽龙生存于早白垩世的欧洲西部,不仅仅在英国,在比利时也发现了它们的化石。当时的气候属于热带、亚热带气候,陆地上遍布湖泊和河口三角洲。

目前还不清楚禽龙以何种植物为食,但根据它们的体形与繁盛,当时应该生长着很多低矮的植

物,比如苏铁等。

5. 天敌

　　与禽龙生活在同一时期的恐龙中,新猎龙是禽龙最大的敌人,这种体长 7.5 米、长有尖牙利爪的肉食性恐龙会对禽龙构成严重威胁。不过禽龙在面对新猎龙时也不是束手无策,禽龙的爪子非常奇特,其大拇指是一个长 19 厘米、钉子状锋利的指骨。在遇到新猎龙时,禽龙会挥舞爪子上的大拇指保护自己,吓走敌人。

6. 发现的意义

禽龙的发现和研究有着跨时代的意义,直到今天人类对于它们的研究从没有停止过。禽龙是第一只走进人们视线的恐龙,它早已成为恐龙家族中最为耀眼的一颗明星。在认识禽龙的同时,我们应该铭记曼特尔,正是由于他的判断和坚持才为我们打开了一扇通向远古的大门。

河神龙

河神龙体长6米,高2米,体重约3吨,体形和一只大象差不多。

河神龙长有一个像鹦鹉一样的角质喙嘴,头骨上鼻孔和眼孔的开口较大。它们四肢强健、身体粗壮。

河神龙1.6米的巨大头骨上有着复杂的顶饰,这也成为它们最突出的特征。河神龙的鼻骨上方有一个又大又长的骨垫,从外形上看有排列紧密的骨质纹路,就像用锉刀锉过一般。

从外形和结构上看,河神龙鼻骨上的大骨垫并不像是用来与大型肉食性恐龙搏斗的,研究人员认为雄性河神龙会在交配权和统治权的争夺中使用骨垫角力,也就是谁的骨垫强壮谁就有可能成为老大。

河神龙的眼睛上方没有明显的额角,但是拥有与鼻骨上方骨垫一样的结构。它们宽大的头盾上具有两个开孔,边缘有波浪形的骨凸,中间有两个呈弧线向后的大弯角。

河神龙的头饰精美而且繁杂,像中世纪贵族武士的头盔一般。

汝阳黄河巨龙

2006年,古生物学家在河南省汝阳县发现了一具恐龙化石,它长18米,光是一根脚趾就有20厘米长,肩部高6米,头部有8米,臀宽更是达到了2.8米。

这具巨大的化石给古生物学界带来了不小的震动,经过仔细研究,它被命名为汝阳黄河巨龙。

汝阳黄河巨龙被称为"亚洲龙王",准确地说叫作亚洲体腔最大的恐龙。如果还不明白这是什么意思,那么就看看黄河巨龙的屁股吧。它的臀宽达到了 2.8 米,可想它的屁股多肥、身子多胖,这就是它被封有如此雅号的原因。

汝阳黄河巨龙的身体很壮,所以胃口也大。如果一只汝阳黄河巨龙已经将自己领地上的树木吃得光秃秃的,那么它必须再走上一段时间,才能再见到新鲜的食物了。

五角龙

一听五角龙的名字就知道它拥有五只角,这似乎比三角龙要威风多了!不过,你知道五角龙的五只角都长在哪里吗?

和三角龙一样,它在鼻子上长有一个鼻角,但比较小;在眼睛上方长有两个额角,这两个额角像两根长矛一样,非常威风;剩下的两个角,不过是拉长了的颧骨。

如果是这样,那看上去也没有比三角龙威风多少。不过,五角龙还是有它非常独特的地方。

五角龙具有一个超大的头盾,这块头盾与其头骨呈60°角,高高地耸立在头骨后面。

五角龙的头骨长2.5米,超过了三角龙,而新近的研究表明,它的头骨可能达到了3米,这一定会让它在三角龙面前扬扬得意。

五角龙高大的头盾上有两个很大的开孔,其顶部中间下陷,两侧较高。五角龙头盾中间有一对向下的小钩角,而边缘具有波浪形的小骨突,其中头盾顶部两侧的各五个小尖角尤为明显。一般我们都将这种复杂的头盾结构称为褶叶结构,而五角龙在具有褶叶结构的角龙中个头最大,也是褶叶最复杂的角龙。

戟龙

戟龙又名刺盾角龙,在希腊文意为"有尖刺的蜥蜴",是植食性角龙下目恐龙的一属,生存于白垩纪坎潘阶,约7650万年前至7500万年前。

和尖角龙一样,戟龙也拥有一对短的额角和一个巨大而锋利的鼻角。但是,这对它来说并不算什么,因为即使是在整个角龙家族中,戟龙都可以非常自豪地说,它拥有最多的角。那么,另外那些角都长在哪里呢?

首先,戟龙的头盾两侧对称地分布着2对或是3对尖角,其上面的4个尖角最长,为50~55厘米。除了这些大型尖角外,戟龙头骨上还存在许多装饰物,比如在它们头盾边缘上存在许多小型突起,我们甚至没办法确切地数清楚它们的数量,而这些像装饰物的突起全都是戟龙的尖角。

戟龙是一种大型恐龙,身长5.5米,高度约1.8米,重量约3吨。戟龙拥有较短的四肢以及笨重的身体。戟龙的尾巴相当短。它们有喙状嘴,以及平坦的颊齿,显示它们是植食性恐龙。如同其他角龙类,其生活方式为群居,多与其他角龙类及植食性恐龙共栖,以大群体方式迁徙。

戟龙主要生活于白垩纪末期加拿大的艾伯塔和美国的蒙大拿州。戟龙性格温顺却敢于和肉食性恐龙对抗,甚至敢反击霸王龙类。被戟龙的鼻角顶中将是致命伤,戟龙颈盾周围的尖刺能够有效保护颈部,而很多时候戟龙不用参战,只需要晃晃满头的尖角就能吓退多数进攻者。

三角龙

三角龙是鸟臀目角龙下目角龙科的植食性恐龙的一属,化石发现于北美洲的晚白垩纪晚马斯垂克阶地层,约6800万年前到6500万年前。三角龙是最晚出现的恐龙之一,经常被作为晚白垩纪的代表化石。

三角龙是一种中等大小的四足恐龙,全长有7.9~10米,臀部高度为2.9~3米,重达6.1~12吨。它们有非常大的头盾以及三根角状物,令人联想起现代犀牛。虽然没有发现过三角龙的完整骨骸,它们仍因从1887年起发现的大量部分骨骸标本而著名。长久以来,关于它们三根角以及头盾的功能处于争论中。传统上,这些结构被认为是用来抵抗掠食者的武器,但如今的理论认为这些结构可能用于求偶以及展示支配地位,如同现代驯鹿、山羊、独角仙的角状物。

犀牛的角是由皮肤构成的,而三角龙的角则是实心的骨头长出来的,因此可能有强大的破坏力。

如果我们能乘坐时间机器回到白垩纪的北美洲,便能经常看到这样的画面:一只霸王龙和一只三角龙正互相撕咬在一起。虽然有霸王龙的参与,但这并不是一场没有悬念的战斗,三角龙可是霸王龙最大的敌人之一。

在通常情况下,三角龙都会群居,一起觅食,一起饮食,一起散步……那时候,霸王龙是绝不会去招惹三角龙的,它可不想被那些可怕的角戳穿。

但偶尔也会有例外,比如年迈的三角龙跟不上队伍,年幼的三角龙在觅食时迷了路等。当霸王龙看到这些落单的三角龙时,便会激起杀戮之心。

不过,这样的较量对霸王龙来说也并非轻而易举就能取得胜利,它常常会在这样的战斗中受伤,毕竟那些可怕的角都是些不好惹的家伙。

原角龙

晚白垩世的蒙古戈壁曾经是恐龙的世界,一个多世纪以来,古生物学家在这里发现了大量的恐龙化石,其中既有巨大的素食者,也有强悍的肉食者。有一种笨笨的恐龙在所有的恐龙化石中占的数量比例最大,它就是原角龙。

1. 形态特征

原角龙是一种体形中等的角龙类恐龙,其体长 2 ~ 4.5 米,体重 150 ~ 800 千克,之所以原角龙的体形相差这么大,是因为其属内两个种的体形对比明显。

由于脑袋后面有一个顶盾,所以原角龙的脑袋很大,几乎占去了体长的三分之一,这个顶盾可以很好地保护它们的脖子不会遭到攻击。虽然属于角龙类,但是原角龙的脑袋上没有角。原角龙的嘴巴长在脑袋前下方,嘴巴前端已经进化成了角质的喙嘴。借助咬合肌提供的强大力量,原角龙可以轻松地咬断很粗的植物根茎,甚至原角龙还能够用它的嘴巴咬断伶盗龙的前肢。

在原角龙的大脑袋后面是圆鼓鼓的躯干和短短的尾巴,别看原角龙看上去很胖,但是借助它们有力的四肢却可以跑得很快。根据相关的研究公式,古生物学家认为原角龙爆发时候的最高时速可以达到每小时40千米。

2. 发现和命名

1922年,美国自然历史博物馆组织了一支探险队进入蒙古地区进行考察,这支队伍的领队是著名的"恐龙牛仔"安德鲁斯。这支队伍从北京出发,浩浩荡荡地进入戈壁沙漠之中,到1923年6月抵达巴音扎达盆地。

在巴音扎达盆地的红色砂岩周围,安德鲁斯和他的助手格兰杰一起对四处散落着的动物化石进行调查。起初他们只找到了许多破碎的化石,后来随着时间的继续,发现的化石越来越多。安德鲁斯发现其中一种化石很像是北美洲三角龙化石的缩小版,同样具有顶盾结构,而且在一些化石中还发现了非常罕见的巩膜环结构。

这些化石后来由格兰杰研究,1923年他描述并建立了原角龙属。

原角龙的学名意思为"第一个长有角的脸"。原角龙的学名来源于研究者认为它是原始的角龙类恐龙。原角龙的中文学名来自对其英文学名的翻译。不过实际上原角龙并不是角龙家族中的原始类群,只不过是相对于三角龙等大型角龙类恐龙较多地保持了祖先的特征罢了。

原角龙属下目前有两个种:模式种安氏原角龙,种名是为了献给原角龙的发现者之一、中亚考察探险队队长罗伊·查普曼·安德鲁斯;第二个种巨鼻原角龙由兰姆博特于2001年命名,种名来自其头骨上巨大的鼻骨。除了以上两个种,2009年在山东发现了一种确认的原角龙种,不过目前还没有命名。

3. 生活习性

恐龙是通过产卵来繁殖后代的,这在今天几乎已经成了常识,但是在1922年之前只是一个猜测,直到欧森偶然的发现。

1922年7月13日下午,安德鲁斯的助手欧森独自一人在一处悬崖边寻找化石,他在烈日下趴在岩石边,仔细地检查着岩石。过了一会儿他终于受不了天气的炎热,打算找个阴凉的地方喝口水。就在返回营地的途中,他被几块石头绊倒在地。摔倒的欧森踹了那块石头一脚,然后坐下来拿出水壶喝水。这时他突然发现这些椭圆形的石头表面有着不规则的裂纹,而且周围还有许多光滑的碎片。欧森第一反应就是这是恐龙蛋!他兴奋地找来安德鲁斯,开始仔细观察这些石头。他们通过研究发现,这的确是恐龙蛋,而且是原角龙的蛋,这说明恐龙是产卵繁殖的。他们的发现轰动了世界,这个发现是古生物研究史上的重大里程碑。

除了原角龙的蛋,古生物学家还在蒙古和中国境内发现了大量不同年龄段的原角龙化石,这不但显示原角龙是群居动物,而且还帮助我们模拟出了完整的原角龙生长曲线,这是非常重要的数据和资料。

4. 生存环境

原角龙的化石发现于德加多克塔组地层。德加多克塔组地层是亚洲最重要的白垩纪地层,代表了晚白垩世亚洲北部最繁荣的地区。当时的气候以热带沙漠气候为主,每年会有定期的降水,所以地面上也有大片的树木生长,虽然炎热,但是却比今天的蒙古更有生机。

5. 对手和天敌

原角龙生活的晚白垩世,蒙古地区虽然比今天繁荣,但是沙漠中的植物还是比较少的,而身材矮胖的原角龙主要以这些低矮的植物为食。而同样身材矮胖,属于甲龙科的绘龙与原角龙吃相同的食物,因此它们会争夺有限的资源。不过从目前发现的数量众多的原角龙化石看,它们的优势是相当明显的。

在原角龙生活的蒙古地区,有多种肉食性恐龙出没,但是对它威胁最大的就是伶盗龙了。1971年,一支考察队发现了一组名为"搏斗中的恐龙"的化石,化石奇迹地保存了一只原角龙和一只伶盗龙搏斗的状态,为这两种动物的关系提供了最为直接的资料。

6. 发现的意义

原角龙是蒙古地区发现的第一批恐龙,它的发现为人们开启了那个野性而又繁荣的世界,它的发现为人们重新理解角龙家族提供了材料。民俗学家甚至认为古代游牧民族正是因为发现了原角龙的化石才塑造了传说中的神奇动物——狮鹫。

镰刀龙

令人恐惧的死神游走于两个世界之间,它手中握着巨大的镰刀,索取着世间的生命。在恐龙的世界中,有一个家伙身材高大,手上长有镰刀般的大爪子。正是因为手握着死神的镰刀,所以几乎没有什么恐龙敢找它们的麻烦,它们就是镰刀龙。

1. 外形特征

镰刀龙是一种高大的恐龙,体长约 10 米,高约 3 米,体重 3 ~ 6 吨。镰刀龙是镰刀龙科中体形最大的成员,个头差不多有一台挖掘机那么大。

镰刀龙的脑袋很小,脖子细长,在它们的嘴中长有细长的牙齿,而且齿冠外形呈小叶子状。镰刀龙的牙齿显示它们是以植物为食的,虽然属于巨型掠食者辈出的兽脚类家族,但是镰刀龙却是这个家族中为数不多的素食者。镰刀龙没有咀嚼食物的能力,它们会简单地将植物咬下来,然后吞到肚子里面去,巨大的胃会完成消化的任务。

镰刀龙的臀高约 3 米,不过它们的高度可不止这么高,站立的时候镰刀龙抬起脖子,脑袋可以达到 6 米的高度。高高在上的脑袋不仅可以帮助镰刀龙食用高处的植物,而且还为它提供了更为开阔的视野。镰刀龙的身体强壮,外形略胖,后面的尾巴较短。其宽阔的胸部连接着长有巨爪的前肢,粗壮的后肢则长在臀部下方。镰刀龙是相当笨重的动物,它们依靠后肢行走,走起路来一点儿都不快。

2. 发现和命名

1948 年,一支由苏联和蒙古的科学家组成的联合考察队深入蒙古戈壁,来到纳摩盖吐盆地。在这里,考察队发现了一个长约 1 米的巨大爪子化石,很快这个大爪子和其他被发现的化石一同被用箱子装上火车,通过西伯利亚铁路,运往莫斯科。

1954 年,在经过长期的研究之后,苏联古生物学家叶甫根尼·马列夫根据那个巨爪命名了镰刀

龙,不过他当时认为这个巨爪属于一种体长约4.5米类似海龟的大型水生爬行动物,它们以海草为食,而巨爪就是用来切割海草的。

就在马列夫命名镰刀龙后不久,古生物学家在蒙古发现了更多的化石,其中包括有连接着巨大前肢的化石,这显示镰刀龙实际上是一种大型的恐龙。后来前苏联古生物学家罗特杰斯特文斯基发表论文正式指出,镰刀龙属于兽脚亚目恐龙。

镰刀龙的学名意思为"砍断的蜥蜴"。镰刀龙的学名来自其前肢巨大的、可以切断东西的爪子。镰刀龙的中文学名来自对其外形特征的形容,而非准确翻译学名,不过镰刀龙这个名字还是给人留下了深刻的印象。

镰刀龙属下目前只有一个种:模式种龟型镰刀龙,种名来自于发现之初研究者认为镰刀龙是一种类似于海龟的动物。

3. 生活习性

镰刀龙最突出的特征就是前肢上长有巨大的、长度超过1米的弯曲爪子,镰刀龙是人类已知的拥有最大爪子的生物,虽然已经被发现半个多世纪,但是目前镰刀龙仍然保持着这个记录。要想抬起这样的大爪子,必须要有足够强壮的前肢才行。镰刀龙的前肢长2.5~3.5米,几乎与后肢一样长,其骨骼粗壮、肌肉发达。

探寻镰刀龙巨爪的作用,我们第一个想到的便是战斗,既然镰刀龙是植食性恐龙,那么它们肯定不会用大爪子去捕猎。如果不需要猎杀,那么巨爪的防御作用就能一下子显现出来。同时,雄性的镰刀龙也可能用巨爪打斗,以此来争夺领地所有权和与雌性镰刀龙的交配权。

看看镰刀龙的巨爪,人们不禁想到了今天前肢上同样长有大爪子的食蚁兽,因此有人认为镰刀龙会用它们的巨爪挖开白蚁的巢穴,然后用舌头卷走可口的白蚁。但是以镰刀龙的体形来看,它们靠吃白蚁是无法满足生存需求的。

4. 生存环境

镰刀龙化石发现于纳摩盖吐组地层。纳摩盖吐组地层是蒙古乃至亚洲最著名的恐龙化石层,在这个地层中发现了晚白垩世的许多著名恐龙化石。从地层中所显示的信息可知,镰刀龙生存的世界明显比今天的蒙古湿润,有着周期性的降水,在陆地上有大型的河流。

5. 对手和天敌

晚白垩世的蒙古生活着种类繁多的植食性恐龙,其中包括了不同体形的恐龙。在这些以植物为食的恐龙中,体形比较大、属于鸭嘴龙类的栉龙和巴思钵氏龙可能会与镰刀龙的食物相近。从发现的化石看,鸭嘴龙类恐龙在数量上明显占有优势,不过当它们与镰刀龙争抢食物的时候,只要镰刀龙挥动一下大爪子,它们就会知趣地闪到一边了。

即使是体格强壮、长有巨爪,但还是有掠食者能够威胁到镰刀龙的生存,那就是特暴龙。特暴龙是暴龙的亚洲远亲,它们体长12米,巨大的脑袋上长有匕首一样的牙齿。当时生活在蒙古的所有动物都非常害怕特暴龙,镰刀龙也不例外。害怕归害怕,不过凭借着手上的巨爪,镰刀龙在凶暴的特暴龙面前也可以做到从容不迫。

6. 发现的意义

镰刀龙的发现显示了兽脚类恐龙在演化中出现了不同的分支和进化方向,其中的一个类群转变了食性,由肉食性恐龙变成了植食性恐龙。后来在亚洲及北美洲又发现了大量长着巨爪的恐龙,它们与镰刀龙一起组成了奇特的镰刀龙科。

雷利诺龙

人们一直认为,恐龙只能在温暖的地区生活,而寒冷的两极对于它们来说就像是禁区,是无法生存的。不过在澳大利亚发现的一种可爱的小恐龙改变了人们的看法,显示恐龙正在向寒冷的地区扩展自己的生存领域,它们就是雷利诺龙。

1. 外形特征

雷利诺龙是一种体形很小的植食性恐龙,体长0.6~0.8米,高0.3米,体重约10千克。雷利诺龙的体形比一只小狗大不了多少,它们是体形最小的恐龙之一。

虽然雷利诺龙很小,但是脑袋却出奇的大,特别是后脑部分向上突起,眼眶巨大。古生物学家认为雷利诺龙的视力非常好,而且具有夜视能力,这不仅仅可以帮助它们提早发现掠食者,还能够帮助它们适应极夜的黑暗。

虽然白垩纪许多大型的鸟臀目恐龙都具有咀嚼食物的能力,但是从雷利诺龙的牙齿结构看,它们只是简单地吞咽食物,而不会进一步地加工。当雷利诺龙将植物吞入口中后,这些植物就会沿着细而灵活的脖子进入身体中,然后在肚子里被消化,消化过程完全是由胃部承担的。

雷利诺龙的身体瘦长，前肢较短，后肢很长，它们身后的尾巴尤其长，几乎等于身体长度的三分之二，这在鸟臀目恐龙当中是独一无二的。长长的尾巴可以保持运动中的平衡，特别是在茂密的丛林中。

2. 发现和命名

1984年，为了缩短澳大利亚南部城市之间的距离，澳大利亚政府在维多利亚州靠近海边的一处海湾悬崖峭壁上修建穿山隧道。随着工程的开始，工程人员开始开凿坚硬的石头，在这一过程中他们发现了许多镶嵌在岩石中的恐龙化石。

化石的发现使得整个工程立即停了下来，政府请来了古生物学家对化石进行发掘。而在整个发掘过程中一共找到了上百块恐龙化石，不过这些化石都非常破碎。古生物学家托马斯·里奇、帕特·里奇夫妇对这些化石进行了仔细的分类和研究，并在1989年正式发表论文命名了雷利诺龙，而发现恐龙化石的海湾后来也被称为恐龙湾。

雷利诺龙的学名意思是"雷利诺的蜥蜴"。雷利诺龙的名字来自雷利诺·里奇，而她正是古生物学家托马斯·里奇与帕特·里奇的女儿。雷利诺龙的中文学名是直接的音译，因为是来自人名，所以没有太大的出入。

雷利诺龙属下目前只有一个种：模式种合作雷利诺龙，种名有"合作、友好、协作"等意思，这是为了感谢维多利亚博物馆、国家地理学会对于澳大利亚古生物研究的帮助。

3. 生活习性

发现雷利诺龙化石的澳大利亚南部虽然今天在南极圈之外，但是在距今1亿1000万年前的白垩纪却与南极大陆连在一起，并且处于南极圈之内。当时地球已经结束了侏罗纪的全球性温暖气候，两极出现了寒冷而漫长的极夜。在南极洲还发现了冰脊龙，其生存于侏罗纪时期，南极洲的气候要比白垩纪的澳大利亚温暖湿润许多。

对于雷利诺龙来说，它们必须适应极地冬季的寒冷和黑暗才能生存。当温度达到冰点，雷利诺龙需要在严寒中寻找食物，这个时候具有夜视能力的眼睛就派上了用场。雷利诺龙会用前肢扒开积雪和泥土，啃食植物的根茎，用角质喙敲开冰面饮水。成年的雷利诺龙会将多余的食物带回来喂养后代，这样小恐龙们就可以撑过漫长的冬季。古生物学家推测，在最寒冷的时候雷利诺龙会选择冬眠，它们会找一个防风的地方依偎在一起，然后用睡觉来度过寒冬。

当极夜过去，夏季重新到来的时候，极地的大片森林重新变绿，而雷利诺龙也变得活跃起来。雷利诺龙会充分利用夏季的时光，它们进食、争斗、繁殖、养育后代，然后等待下一次极夜的到来。

4. 生存环境

能够在极夜中生存的雷利诺龙，其外界环境又是怎样的呢？这些信息主要来自恐龙湾的岩层，恐龙湾的岩层属于奥特威群，属于白垩纪时期。虽然处于极地，但是当时雷利诺龙生活的世界并不荒凉，极地内生长着大片森林，而很多动物会季节性进行迁移，在夏季造访这里。

5. 对手和天敌

虽然在澳大利亚发现的恐龙并不多，但在恐龙湾的岩石中却发现了不止一种恐龙。除了雷利诺龙之外，古生物学家还在奥特威群中发现了一种体形大一些的植食性恐龙，它就是阿特拉斯科普柯龙。阿特拉斯科普柯龙与雷利诺龙的外形相似，同样以低矮的植物和果实为食。繁茂的极地森林足以供养这两种小型恐龙。

对于雷利诺龙来说，对它们威胁最大的不是大型的肉食性恐龙，而是那些小型灵活的掠食者。尽管澳大利亚缺乏这类恐龙化石，但是前不久的发现显示，在雷利诺龙生存的地区内有一种体长约

3 米的暴龙超科恐龙。虽然没有研究和命名,但是却证明了雷利诺龙生存在一个危机四伏的世界中。

6. 发现的意义

雷利诺龙的发现丰富了我们对中生代时期澳大利亚的认识,研究雷利诺龙的生活方式对古地质和古环境方面的研究有着重要意义。雷利诺龙的发现不但完全颠覆了人们对中生代极地地区的固有观念,而且还让人们了解到恐龙在恶劣的条件下仍然可以生存。

葡萄园龙

葡萄园龙是泰坦巨龙类下的一属,生活于白垩纪的欧洲。

葡萄园龙的名字起得有些奇怪,实际上这只恐龙在生前和葡萄园没有任何关系,只是它的化石在葡萄园发现,所以就被命名为葡萄园龙。

不过很多人认为,这个名字倒不如用来描述它的背上那些长得很像葡萄的鳞甲。

和其他的蜥脚类恐龙不一样,葡萄园龙的身上长有由皮内骨形成的大小不一的鳞甲,和甲龙有些类似,这让它比别的蜥脚类恐龙多了一层防护装置。

至于别的特征,葡萄园龙似乎也没什么特别另类的地方,它也拥有一条长长的脖子和长长的尾巴。

皇家龙

找到自己有时候并非一件易事,有很多人、很多事就隔在你和真正的你之间,你却无法让他们合体,哪怕你和“你”已经近在咫尺。

为了找到自己,皇家龙整整等了 147 年。这其中的缘由,或许只是误解,或许是一桩丑闻,但无论怎样,对于不能表达的皇家龙来说,它唯一能做的只有等待。

1848 年的一个夜晚,英国海滨城市布莱顿的一幢建筑物中能看到微弱的火光在晃动。从窗口向里望去可以清楚地看到一个疲惫的老人正在案头写着什么,而他旁边的桌子上杂乱地堆放着各种文件和资料,以及他为之付出了毕生心血的化石。

这位老人名叫吉迪恩·曼特尔,他虽然还不到 60 岁,但是看上去显得特别的苍老。他曾经发现了"大怪兽"禽龙,并因此而成为轰动一时的名人,但是现在曼特尔却变得孤苦伶仃、无依无靠,早在多年前他心爱的妻子就带着四个孩子离他而去。

劳累的曼特尔抬起身子想要伸个懒腰,突然一股钻心的疼痛从后背传来,那是几年前车祸留下的创伤。曾经学术上的成功已经变成了过眼云烟,虽然他勤奋地研究收藏的化石并撰写论文,但是却被大英自然历史博物馆总监欧文处处封杀。不仅如此,欧文还系统地从档案中勾除曼特尔的成果,重新命名曼特尔发现的物种(下文介绍的欧文重新命名皇家龙便是其中一例)。曼特尔现在已经到了山穷水尽的地步,但是他并没有放弃自己最为钟爱的事业——研究化石。不过,热情拼不过年龄,年老的曼特尔趴在桌子上睡着了,借着昏黄的烛光,可以看到稿纸上的一行行字母。

皇家龙学名意思是"外形如山峰的蜥蜴",可中文翻译并没有将其原意表达出来。皇家龙的模式种被命名为北安普敦皇家龙,种名则是代表其发现地北安普敦。在许多资料中都将皇家龙属名的意思解释为"苏塞克斯的蜥蜴",不过这个释义从构词法上完全说不通。皇家龙生存于距今 1.3 亿年前至 1.2 亿年前早白垩世的欧洲英国,是一种剑龙下目恐龙。

1839 年,皇家龙的化石发现于英国苏塞克斯郡的一个村,其发现者是著名的医生吉迪恩·曼特尔,他是世界上最早发现恐龙的人,曾经发现了大块头的禽龙。曼特尔在同年发表的一篇科学论文上初步描述了这种神秘莫测的动物(因为标本仅仅包括一块不完整的下颌骨),并认为发现的化石属于禽龙。后来对于这块化石主人的归属问题又进行了很多讨论,也许是看到了化石标本与禽龙化石的不同之处,9 年后的 1848 年,曼特尔将这种恐龙重新命名为皇家龙。1857 年,理查德·欧文提出皇家龙是无效种,认为它就是一只林龙而已,并将北安普敦皇家龙改名为北安普敦林龙,成为林龙属下的一个种,当时也有观点认为皇家龙是一种蜥脚类恐龙。直到 1995 年,古生物学家将皇家龙下颌骨化石与 1982 年发现的华阳龙下颌骨化石进行对比,发现两者极为相似,于是重新确认了皇家龙属的有效性。

皇家龙的正模标本仅仅包括一块残缺的右下颌骨。这块化石长 7.6 厘米、宽 4 厘米,可以看到 18 个齿槽凸起,大约只有整个下颌骨的 1/3。其前部中间的牙齿紧密相连,但是齿冠缺失,其中 14 个齿槽中存有牙根,其他 4 个齿槽内保存着排列在一起的牙齿,该化石标本保存于英国伦敦自然博物馆中。而另一块皇家龙的化石标本发现于威特岛,是一块耻骨。这块不完整的耻骨从外形上看与禽龙的耻骨相似,但是仔细观察发现其中的某些细部具有典型的剑龙下目特征。

皇家龙体长约 4 米,高约 1 米,体重约 700 千克,是一种小型的剑龙下目恐龙。由于发现的化石只包括一块下颌骨和一块耻骨,因此对其外形的推测更多的是参考了与它有着很近亲缘关系的华阳龙。皇家龙可能会长有一个小脑袋、短脖子,前后肢的长度差不多。其作为剑龙下目成员特征的骨板可能会分为两种外形沿背部中轴线成对分布,尾巴上长有 4 根骨质尖刺用于防御,另外肩部有一对向外生长的副肩棘。皇家龙的正模标本发现于英国下白垩统黑斯廷斯河组的格林斯特德黏土层。发现于同一地层的恐龙还包括禽龙、重爪龙和林龙等。

胜山龙

亿万年前的日本胜山一定是恐龙的乐园,因为迄今为止日本发现的约 80% 的恐龙化石都来自胜山,包括禽龙类、异特龙超科及巨齿龙科等 8 个属种。当然,剑龙家族当时也在胜山建立过自己的王朝,胜山龙就是其中非常典型的代表。

提到日本的胜山,大家都会感到非常陌生。也许会有人恍然大悟地说我知道,那家在上海小有名气的日本料理店,店面的装修温馨,不但中国人喜欢,就连许多日本客人来此也称赞这家小料理店有着原汁原味的日本风味。

不过,现在可不想讨论什么日本料理店,而是说胜山这个地方。

胜山是日本的一个县级市,它位于福井县的东北部,面积 250 平方千米,总人口不到 3 万人。不要看胜山面积很小,但是地下却蕴藏着丰富的恐龙化石资源。日本有句俗话叫"日本的恐龙在福井,福井的恐龙在胜山",这足以说明胜山丰富的恐龙资源。而事实上日本发现的恐龙化石确实十之七八都是产于胜山的。

在胜山的长尾山综合公园坐落着著名的福井县立恐龙博物馆,这是整个日本最好的恐龙博物馆,每年都会吸引数以十万计的游客前来参观。福井县立恐龙博物馆内陈列有 30 多具恐龙化石骨骼,常年举办特展,曾与中国的相关学术机构和博物馆展开过多次交流与合作,其研究部的恐龙研究在整个日本也属于前列。

胜山的化石点主要位于北谷町杉山,从平成二年(1990 年)开始调查和发掘后,到现在已经形成了一块 40 米宽、30 米高的发掘区域,从发掘的超过 1000 块的恐龙化石判断,这里的恐龙包括了禽龙类、异特龙超科及巨齿龙科等 8 个属种。除了恐龙化石之外,在化石点还发现了恐龙蛋壳碎片和恐龙足迹等大量的恐龙遗迹。如此丰富的化石埋藏说明亿万年前的胜山曾经是恐龙的乐园。

胜山龙学名意思为"来自胜山的蜥蜴"。胜山龙生存于距今 1.27 亿年前至 1.12 亿年前早白垩世的东亚日本,其生存年代与著名的热河生物群年代相近。

1988 年夏天,福井县立恐龙博物馆组织人员对位于北谷町杉山的化石点进行考察,发现了部分恐龙化石,其中包括一只动物的尺骨、一块脊椎骨及几颗属于肉食性恐龙的牙齿化石。起初博物馆的古生物学家在对骨骼进行研究后认为,它是一种剑龙下目恐龙,于是以其发现点作为属名将其命名为胜山龙。

不过,如果胜山龙是一种剑龙下目恐龙,就很难解释在其发现地周围还有很多肉食性恐龙的牙齿,据此许多研究人员认为胜山龙应该属于肉食龙下目。1990 年,古生物学家大卫·兰伯特正式提出了胜山龙属,但是没有进行详细的描述。后来在福井盗龙被发现后,乔治·奥利舍夫斯基提出实际上胜山龙与福井盗龙是一种恐龙。

无论胜山龙是肉食性恐龙还是植食性恐龙,它的学名目前都是无效的,因为没有相关的研究论文发表,而在此我们也只是将其作为剑龙下目的一个疑似种进行介绍。

棘甲龙

棘甲龙身上带有装甲,有四只脚,吃植物,生活在白垩纪。人们在英国已经找到部分化石,它的名字是 1865 年发现它的英国生物学家托马斯·H. 赫克斯利取的。棘甲龙的装甲由一排排椭圆形的甲片构成,这些甲片嵌入到了皮肤里面。另外,它的颈部、肩部和沿背椎的位置长有一些长钉。

棘甲龙是一种大型的食草动物,需要食入大量的低矮植物才能维持生命。它体内可能有一个发酵的体腔,这样才能消化坚硬的食物,同时也会产生大量的气体。

棘甲龙属于甲龙,它的智力(以大脑重相对于体重计算)在恐龙中是最低的,它是一种四足的食草动物。

作为结节龙科的典型代表,棘甲龙的特点是体形低矮,有坚硬的甲,甲上还有突出的长钉。这些吓人的长钉,用以防御大型的白垩纪食肉动物。它生活的白垩纪早期,距现在约有一亿年。

这种恐龙的名字取自于希腊语,意思是"棘"或"刺",这种恐龙比北美的结节龙亲戚小一些。

埃及龙

埃及龙的意思是"埃及爬行动物",由考古学家恩斯特·斯特莫于1932年命名。人们通过它的脊骨和一些股骨的化石碎片发现了这种恐龙。

埃及龙是泰坦巨龙类下的一个属,生活于白垩纪中期至末期的非洲。它是四足的蜥脚亚目食草动物,人们在埃及、尼日尔和撒哈拉沙漠的很多地方都发现了它的化石,所有的化石都保留在慕尼黑,1944年第二次世界大战中,保存埃及龙化石的博物馆被炸毁了,之后人们便渐渐把它淡忘了。这种恐龙的体重有10吨,体长15米,高5米以上,脖子很长,但头颅很小。

这种动物的长尾巴有平衡身体重量的作用,它与阿根廷龙的关系很近,后者是在南美发现的,而体形还要大一些。

阿拉摩龙

阿拉摩龙生活在约9000万年至6500万年前的白垩纪晚期,是最后灭绝的恐龙之一。这种大型

的四足食草动物,身高达到21米,体重达33吨。它可能是已知生活在北美白垩纪晚期的数量最多的巨龙,它的最近亲戚是另一种巨龙,叫萨尔塔龙。它的化石虽然都不完整,但一直能在美国的新墨西哥州、得克萨斯州和犹他州发现它的骨骼。

这种动物的脖子很长,尾巴像鞭子,可能是用来防御猎食动物的。虽然没有找到证据,但有些科学家认为它有装甲,与当时其他蜥脚龙相似。现在还没有找到阿拉摩龙的头颅骨,也没有找到装甲鳞甲,只是找到了一些很细的牙齿,而其他进化比较好的巨龙,例如萨尔塔龙的装甲鳞甲证据则是很多的。在20世纪70年代,发现阿拉摩龙的人们在国家公园找到了这种动物的两块大骨头,一个是肩胛骨,另一个是股骨。

活堡龙

活堡龙是结节龙科恐龙,它生活在北美的白垩纪,距今1.06亿年至9700万年前。它的尾巴没有骨槌,这一点与其他的结节龙科恐龙不同。它的头长25厘米,说明这个动物全长也不过3米。

它的名字来自于拉丁语,意思是"行动"和"堡垒",因为它有很多的装甲。根据《耶鲁评论》,这种恐龙是由拉梅尔·琼斯于1914年发现的,但只找到了一个活堡龙标本。标本中包括下颌、头颅骨的后半部,还有颈骨及背椎、四肢的一些骨头。

在美国犹他州东部的雪松山组中,人们碰巧找到了这种恐龙的化石,因为这里发现的所有遗迹都会有轻度的放射性,所以在探查这一地区的放射性时人们发现了埋藏在地下的它。

活堡龙的特点是其特征的独特组合方式,例如头盖骨后方是圆顶形的,框骨后面有小的角,头颅骨上有方形的颧骨,下颌只有一半的地方有装甲。

南极甲龙

南极甲龙目前只有一个种——奥氏南极甲龙,生活在白垩纪的南极地区。南极甲龙是一种中等体形的甲龙,因为它具有两个科恐龙的特征,所以很难精确地分类,现在只有1986年在詹姆斯罗斯岛发现的化石,这也是第一个在南极发现的恐龙遗迹。遗迹中有脊椎、指(趾)骨部分的肢骨和很多的装甲碎片。

这是一种非常结实的四足食草动物,全身都有甲片,镶嵌到了皮肤之中。这种恐龙的体长从鼻子到尾尖达4米长,虽然现在对于它的头颅骨所知不多,但其所有的头颅骨碎片都已经骨化,这有利于保护自己。

有一块骨头很特别,被确定为框上骨,上面有一个短钉,在眼睛的上方突出出来。它的牙齿有些像叶片,不对称,大多的牙齿长在嘴的前方。这种恐龙于2006年被阿根廷的考古学家雷奥那多·萨尔戈多和祖尔码·加斯帕里尼命名,该名字由"南极"和希腊词"盾甲"组成,包括了被发现的地点和它的装甲特点。南极甲龙与结节龙有很多共同特征,主要体现在牙齿和装甲上。

南极龙

南极龙是一种食草恐龙,生活在距今约 7500 万年的白垩纪。这种四足动物的长度可以达到 18 米,身高 6 米,体重 40~70 吨,是一种大型的南美蜥脚龙,也是最大的恐龙之一。1916 年第一次发现了它的化石,后来在印度、阿根廷、乌拉圭、智利、巴西、哈萨克斯坦和非洲都发现了它的化石,目前发现的化石有两个股骨、两个不完整的盆骨和一些碎块,其中的一个股骨长 2.2 米,基于这个股骨人们推算出了这个巨大的恐龙。

南极龙的分类,与其他恐龙的情况一样,也有很大的争议。南极龙并不是指它生活在南极洲,其名字的意思是指这种动物的爬行属性,以及它们在南部大陆的地理位置。

盐海龙

盐海龙的化石遗迹是在哈萨克斯坦找到的,这种恐龙是根据它比较完整的头颅骨推测出来的,但化石中没有口鼻的前面和整个下颌,没有全身的骨骼。这种恐龙生活在白垩纪,嘴有些像鸭子,眼睛前面有很结实的钩状弓(骨),这种钩状弓是所有鸭嘴龙中最发达的,包括它的近亲格里芬龙。鸭嘴龙口鼻部很可能也是弓形的,但遗憾的是,这块骨头没有保留下来。盐海龙的口鼻弓不仅很高,而且很宽,弓下面的鼻孔也很大,它的上颌很结实,而且也比较高。

与其他的鸭嘴恐龙相同,盐海龙有很多牙齿,用来磨碎植物食物,牙齿有三十多排,上颌的牙齿每排有几颗牙齿。这种排列方式叫作齿系。头颅骨的后面高而宽,说明它有非常发达的肌肉用来咀嚼食物。盐海龙的特点是鼻子上有一个小的骨质的突起,能够以双足或四足运动。

它的体积和大象差不多,尾巴很粗,骨骼很大,四肢强健。盐海龙在 1968 年被命名和首次描述。

阿根廷龙

在侏罗纪和白垩纪交替之际,地壳发生了非常剧烈的运动,这场运动使得很多在侏罗纪创造过无数辉煌的蜥脚恐龙消失了。然而,慢慢靠近赤道的南美洲却给存留下来的蜥脚类提供了新生的场所,那里气候温暖,非常适合它们生存。而蜥脚类的终极进化产物——阿根廷龙就是在那时候出现的。

之前提到的双腔龙被认为是最大的蜥脚类恐龙,体长能达到 50~60 米,但是这些推测仅仅来自于一块骨头,而且这块骨头现在已经遗失了,所以谁都不知道双腔龙究竟有多长。

可是阿根廷龙就不一样了,它是目前能够确定的最大的蜥脚类恐龙,体长能够达到 33~38 米,体重则可能达到 73 吨。

很长一段时间以来,人们都认为超大的蜥脚类恐龙没有天敌,但是 1995 年,英国古生物学家在一个较小的阿根廷龙的颈骨化石上发现了明显的齿痕,而经过研究发现,这个齿痕来自可怕的南方巨兽龙。南方巨兽龙是最大的肉食性恐龙之一,它的体长能够达到 12.5 米。这个齿痕说明当时年幼或年老的阿根廷龙也会遭到凶猛的肉食性恐龙的袭击。

银龙

银龙是最大的恐龙之一,身高 8 米,长 20~30 米,体重达 80 吨,其化石是首先在阿根廷发现的。它是食草恐龙,生活在 7000 年以前,即白垩纪晚期。

银龙是一种大型的巨龙,长度与迷惑龙差不多,但体重还要大,脖子与尾巴都更短一些。考古学家杰米·鲍威尔重新研究了南美的巨龙,他没有发表研究结果,但是他发现银龙的前肢与印度的巨龙和阿根廷的萨尔塔龙,还有拉布拉达龙是有区别的。假设把它划分到另一个科,那么它的生活习惯就会更像它的蜥脚龙亲属。它们成群地游荡在南美,靠着长长的脖子采食树上的叶子和树枝,银龙行走中的大部分时间都是在吃东西。

1983年,英国的考古学家理查德·莱德克首次描述了南美蜥脚龙,这种恐龙是在阿根廷的巴塔哥尼亚高原发掘出来的。莱德克命名了两个新的巨龙的南美种和一个新的巨龙种,这一次挖掘找到了长达超过2.7米的左前肢,还有其他一些骨骼化石。

阿特拉斯科普柯龙

阿特拉斯科普柯龙是一种小型的棱齿龙科恐龙,生活在白垩纪的澳大利亚的东南地区,此时澳大利亚与南极洲间刚好形成裂隙。这种恐龙是 T. 李奇和 P. 李奇于1989年命名的,它身长 2 ~ 3 米,体重125千克。

与其他的棱齿龙一样,阿特拉斯科普柯龙是一种敏捷的双足食草动物,它所起的生态学作用与今天的森林羚羊或沙袋鼠的作用相同。它的上牙与美国蒙大拿州发现的西风龙相似,但是阿特拉斯科普柯龙的牙齿上的脊状突起发育得更加明显。阿特拉斯科普柯龙用它多脊的牙齿咀嚼坚硬的蕨类和马尾草,这些植物沿着裂开的山谷,形成了森林群落的林冠层叶簇。

雷利诺龙、闪电兽龙、快达龙、阿特拉斯科普柯龙可能是以家族或是小群体生活的,往返在深深密林的休息地与开阔地之间,它们在开阔地里能吃到新长出来的植物。它的腿很长,跑得可能比很多的猎食动物都要快。

无鼻角龙

无鼻角龙是角龙下目的动物。它之所以有这个名字,是因为当初被发现时没有找到它的鼻子上的角。但今天的一些科学家认为无鼻角龙的鼻子上一定是有角的。它生活在白垩纪末期的马斯特里赫特期的早期。

1923年,多伦多大学的科考队在阿尔伯塔省红鹿河沿岸发现了它的遗迹。1925年,W. A. 帕克斯首次对它进行了描述,通过有些破碎、轻度变形的头颅骨,虽然缺少下颌骨,确认这是一种新的恐龙。无鼻角龙属于角龙下目(古希腊名字,意思是"有角的脸")角龙科,这是一群植食性恐龙,嘴与鹦鹉的喙相似,在白垩纪(约在6500年前结束)的亚洲和北美非常多见。它可能与牛角龙的关系密切,科学家们只找到了它的头骨,对它的全身骨骼不太了解,头骨的特点是头盾很宽,上面有椭圆形的开口。它的眉骨略长,但鼻骨短而钝。无鼻角龙与所有的角龙一样,都是食草动物。

在白垩纪时期,开花类植物只限于某些地理位置,这种恐龙很可能采食当时的主要植物,例如蕨类、苏铁和针叶树,它可能使用锋利的角龙喙采食宽叶或针叶植物。

爱氏角龙

爱氏角龙是1981年在美国的蒙大拿州发现的,意思是"有角的面部",这个意思与其身体特征有关。爱氏角龙体长为2.5米,体重180千克。脖子上有一个短的骨质的头盾,口鼻部有一个短的角,用四条腿走路。

爱氏角龙生活在白垩纪晚期,距今有8000万年至7500万年。爱氏角龙与所有的白垩纪恐龙一样,都是食草动物。在它生活的时代,开花植物只限于某些地理区域,所以这种恐龙很可能在盛产蕨类、苏铁和针叶树这些植物的地区采食。

爱氏角龙的第一块化石是1981年由艾迪·科尔在蒙大拿州的朱迪斯河组发现的,1986年彼德·多德森为它正式命名。

除了知道它生活在白垩纪以外,人们对于它的分类学位置知道得很少。由于它的个子不高,爱氏角龙可能主要采食低矮植物。

与爱氏角龙生活在同一时代的动物有鸭嘴龙、甲龙、鳄鱼、乌龟和其他小动物。

弱角龙

弱角龙是一种食草恐龙,用四条腿走路,是生活在蒙古的原角龙的近亲。最小的原角龙被认为是原始的角龙下目,但在头颅骨后面已经出现了纤细的头盾,口鼻部出现了一个小角,这一特征在进化程度更高一些的北美恐龙(即角龙)中更加突出。弱角龙已经失去了下颌齿,但它的颊齿和锋利的喙说明它采食坚硬的有叶植物。

罗氏弱角龙的标本是已知恐龙中最小的一种。眼眶很大表明这是一只幼年的恐龙。面部有一个骨质的结节,这在更大的角龙下目已经发育成非常明显的角,但头盾则发育不明显。所以在某一个特征方面,罗氏弱角龙发育得好一些。而另一方面,安原角龙发育得更好一些,或者说它又更原始一些。弱角龙同时具有进化和原始的特征。

与其他新角龙下目相同,弱角龙的颌前方有锋利的喙,其后有叶片状的牙齿,沿着颌骨的边缘生出,在每颗牙齿下方的"齿龈"中有一排未磨损的牙齿,排成一个等待线,所以说这种小恐龙能够采食粗糙的植物,而不会磨尽所有的牙齿。

巴克龙

巴克龙是一种食草恐龙,生活在白垩纪晚期的东亚地区,距现在有 9700 万年至 8500 万年。通过巴克龙的化石和遗迹可以看出,它们为了保护自己常成群地生活在一起,保持在植物密集的地方,以防被猎食动物发现。

巴克龙作为一种较原始的鸭嘴龙,还保持有很多原始的骨骼特征,尽管头上缺少脊冠,但分类位置为赖氏龙亚科。它用四足站立,也可以双足站立,体重约 1.5 吨,长度为 6 米。

巴克龙的背椎上有棘突出,它是赖氏龙早期的近亲,具有很多禽龙一样的特征,例如每个可见的牙齿有三个齿系,上颌骨的牙齿很小,身体非常结实。

巴克龙开始时被描述成没有脊冠,这对于禽龙来说是正常的,但对于赖氏龙来说是异常的,通过对巴克龙遗迹研究发现它可能保留着不完整的脊冠。目前还没有找到巴克龙的完整骨骼,但它仍然是早期鸭嘴龙中人们了解最多的一种。已经找到的巴克龙的化石包括它的四肢、盆骨和头颅骨的大部分骨骼。

短角龙

短角龙是角龙下目恐龙的一个头盾很短的恐龙属,生活在白垩纪晚期,它的化石可见于加拿大的阿尔伯塔省和美国的蒙大拿州。短角龙的体长为 1.5 米,它的颈部有一个骨质头盾。除眼眉上有两只角,鼻子上有弯曲的角以外,短角龙与弱角龙还是十分相像的。根据考古学家所说,它生活在约 7500 万年以前,在弱角龙以后。它用四条腿行走,而且行走时喜欢成群结队。

古希腊语称其为"面部有角的恐龙",它鹦鹉一样的喙很有名,皮肤粗糙,在北美和亚洲这种动物很多。

弱角龙为食草动物,特别喜欢开花植物,所以生活会局限在某些地理位置。短角龙则不同,它会用锋利的喙来咬下宽叶和针叶叶片。

这些恐龙的化石保存在美国华盛顿特区的史密森尼研究所。因为短角龙的标本不完全,所以还无法确定它的头盾是否会像鸟脚类恐龙一样有孔。

博妮塔龙

博妮塔龙是一种巨龙,零散地分布在地质的最上层,生活在距今约 6500 万年的白垩纪晚期。在巴塔哥尼亚高原西北部的里奥内格罗省,内乌肯研究小组发现了这种恐龙。

该恐龙的遗迹都保存在一个小的沙石地区,主要是一个不完整的接近成年的骨骼,化石包括下颌骨以及上面的牙齿,还有一些脊椎和四肢骨。

博妮塔龙长 9 米,头颅骨与其他蜥脚龙的相似,在下颌骨牙齿的后面,有一个明显的脊,这个脊在动物生前支撑着一个锋利的、喙样的角蛋白鞘,非常有可能与上颌的相近结构相对应。角蛋白鞘在消化食物中与胃石在嗉囊中起的作用非常相似。

博妮塔龙脖子很短,颈部的肌肉发达,背椎上有一个非常结实的突起。博妮塔龙的大小远不如三角龙,非常有可能采食苏铁、棕榈和其他的史前植物。

矮脚角龙

　　1990 年,塞杰·科兹安诺夫在蒙古的南戈壁发现了矮脚角龙。这种恐龙因它的体形而得名,它只有两米长,大小与今天的矮马差不多。它的口鼻上有一个小角,而且颈头盾很小。它的后腿比前腿长。

　　矮脚角龙的喙与今天的鹦鹉相似,非常锋利。它与原角龙关系很近,1975 年玛里安斯卡和奥斯莫尔斯卡最先描述了它的化石,并把它归入原角龙。1990 年,塞杰·科兹安诺夫把它调整到了一个新的属。

　　这种恐龙的一个种是科氏矮脚角龙,与食草恐龙角龙下目相近,这些恐龙都有鹦鹉一样的喙,在白垩纪时期它们一般生活在北美和亚洲。矮脚角龙与所有的白垩纪恐龙相同,也是草食动物,主要采食当时的蕨类、苏铁和针叶榈等植物。

1990年，新的化石发现后，塞杰·科兹安诺夫也将它作为原角龙，但对前后两具化石的解剖学结构进行分析后，塞杰·科兹安诺夫确定它们的头颅骨与原角龙不同，于是考古学家又发现了一个新属，叫矮脚角龙。

巨体龙

巨体龙的意思是"体形巨大的爬行动物"，可能是有史以来最大的动物，这种巨体龙估计可达到40米长，14米高，体重175～220吨。但是这种说法的精确性一直备受争议，所有的推测都是基于亚达杰里和阿亚萨米年发表的一篇论文，该论文报告了这一发现。

人们在印度的最南部地区，主要是泰米尔纳德邦的蒂鲁吉拉伯利区，发现了巨体龙的化石。后来在当地的岩石中也找到了它的化石，测定年代后认定它生活于白垩纪晚期的马斯特里赫特期。它生活到中生代，距今约7000万年。

化石遗迹中有髋骨（髂骨和坐骨），还有股骨、胫骨、前肢骨和尾骨（脊骨，特别是一块双平型尾椎椎体）。巨体龙属内只有一个种——马氏巨体龙。如果巨体龙预测的大小是精确的，只有一种动物可以与它相比，就是现在的蓝鲸。因为所有的蜥脚龙的遗迹都不是完整的，所以巨体龙的大小还没有定论，它们的体长是以找到的骨骼与同类恐龙进行比较推测出来的，即通过与更为完整的骨骼进行等比例运算。正因为如此，没有人能准确推测出恐龙的精确尺寸，特别是只有少量骨骼化石，推测就更加艰难。推测巨型动物的体积更加困难，因为在化石记录中无法找到软组织。

木他龙

语言并不是人类所独有的，很多动物可以通过气味、动作甚至是各种各样的声音来和它的同伴交流，那些气味、动作和声音便是它们的语言。能够"说话"的动物总是会在生存上占据很大的优势，因为它们能通过交流，让大家一起承担抵御敌人的压力。

木他龙就是这种可以"说话"的恐龙。

木他龙体长7.5米，臀高2.4米，体重2～4吨，是一种大型的禽龙科恐龙。木他龙的头部扁平，但是鼻子上却有一个加大的、往上突起的中空鼻部，这就是它"说话"的装置。古生物学家经过研究认为这个结构可以发出特殊的声音，也就是说木他龙可以通过不同的声音来表达不同的意思，以便

达到和同伴交流的目的。事实上,木他龙总是会利用它的发声装置来集结同伴,一起对付敌人。方便而灵活的沟通大大增加了它们在战斗中的胜算。

木他龙还有一个特殊的本领,它是第一代拥有咀嚼能力的恐龙。这在恐龙界来说可是件了不起的大事。木他龙的牙齿长在面颊部,密集地排列在一起,可以用于磨碎食物。从颈部的肌肉附着和下颌与头骨的连接上,研究人员认为木他龙具有一定的咀嚼食物的能力。这有效地减轻了木他龙胃部的负担,从而加快了食物的消化和吸收,也成为它们生存中的一大优势。

另外,木他龙的前肢长有五指,中间三个指骨连接在一起,形成类似蹄的部分,可用来行走;第Ⅳ指退化,而第Ⅰ指则进化成为骨质的尖状拇指,长约15厘米。这个尖状拇指可是木他龙很好的防御武器,在遇到危险的时候,它们就会站起来,挥舞着钉子一般的拇指刺向敌人。

木他龙是澳大利亚最有名气的恐龙,它的复原化石曾经在昆士兰州布里斯班的昆士兰博物馆、休恩顿的弗林斯德发现中心、澳大利亚首都特区堪培拉的国立恐龙博物馆、福井县的福井县恐龙博物馆展出。而在昆士兰州休恩顿市中心外面的草坪上还矗立着一个木他龙塑像,使得它成了当地最具特色的景观和路标之一。

卡戎龙

卡戎龙是一个在中国最新发现的鸭嘴龙,以卡戎命名,卡戎在希腊罗马神话中是冥河的摆渡

者,他把死者的灵魂摆渡过河到达阴间。卡戎龙属于赖氏龙亚科,体形很大,它的股骨有 1.4 米长,从口鼻到尾端的长度至少有 13 米,比雷克斯暴龙最大的个体还要长,比副栉龙的体积大一半。它的前肢长而结实,说明它是一种威力很大的动物,习惯于四脚着地,但是与其他赖氏龙一样,必要时也能用它更加强健的后肢行走或奔跑。

考古学家通过出土的部分头颅骨,确立了卡戎龙的新物种身份。在同一地区同一地层发现的成年及未成年的卡戎龙的遗迹,又提供了大部分有关颅后骨骼的信息。卡戎龙是目前亚洲发现的最大的鸭嘴龙,它一直生活到白垩纪晚期。

卡戎龙长有鸭子一样的嘴,属于亚洲恐龙,与北美副栉龙非常相像,只是略大一些,头上长有一个长长的脊冠,可用来向远处发出警告。

纤手龙

纤手龙与成年人大小相当,但要轻得多。因为它很苗条,皮毛光亮,四肢很长、很细,所以才有这样的名字,即"细长的手的恐龙"。除身体苗条以外,纤手龙还有很多特点,如它的动作非常快,常在猎物没有弄清情况前就发起攻击。

这是一种原始的食肉动物,但非常可能有一定程度的杂食性。它的食物主要是蜥蜴和鱼,也可能吃不同的蛋。它是用后肢直立行走的。它的口鼻部长而有尖,头的上方是高而阔的脊冠。纤手龙的手有三个带有爪的指头,中指最长,这样的三指手非常适合于抓鱼。每节椎骨两侧有通往腹腔的开口,椎骨上的开口至侧腹腔,颌骨上有一条联合脊,可能是起到鸟类气囊的作用,与现代的鸟类的气囊具有同样的作用。

尖角龙

尖角龙是一种四足食草恐龙,头上有很多的角。它们成群地生活在一起,距现在约有 8500 万年,即白垩纪晚期。这种角龙下目恐龙的鼻角大而朝向前方,呈锥状,长度为 45 厘米。它的头颅骨约 3 米长,它的头盾边缘是锯齿状的,中间部分有两个钩状的长钉。

角龙下目恐龙的鼻角很大,是它们最明显的特征。一般的理论认为,角龙下目恐龙的头盾和角的功能是用来防御猎食动物,还可以用来与同类打斗。

　　化石的迹象表明,尖角龙大群地从一个地方迁徙到另一个地方寻找食物和水源。它的口鼻部顶端有一个大的角,刚好位于嘴的上方,头骨在眼睛的上方更厚一些,沿着颈头盾有很多的角。

　　尖角龙的很多化石都显示有压迹,颌骨的结构有利于撕碎粗糙的植物食物。

铸镰龙

　　铸镰龙是镰刀龙科的一个成员,这种有羽毛的恐龙的臀部与鸟相似,被认为是所发现的恐龙中最奇怪的一种。到目前为止,考古学家们仍对镰刀龙在进化树中的位置有很大的争议。开始时,科学家们认为它是巨型海龟,后来很多年里科学家认为它是长颈蜥脚龙,过去十多年里科学家们逐渐认识到镰刀龙是从与盗龙相似的一类恐龙进化而来的。

铸镰龙是所发现的恐龙中最原始的镰刀龙，但是毫无例外地表明，这一类动物由手盗龙类的祖先进化而来。2005 年在美国的犹他州的中东部发现了这种恐龙，它的名字取自于"镰刀"，考古学家们用这个词表示它锋利的爪。发现的这个恐龙，以及在中国发现的北票龙，可能会帮助人们理清镰刀龙科恐龙与其他兽脚亚目恐龙的关系。

这种恐龙是在一个古墓泥岩中挖掘出来的，在这个古墓群中，科学家们发现了几百只恐龙的化石。

平头龙

平头龙生活在 8000 万年至 7000 万年前的白垩纪晚期，即中生代晚期的爬行时代。它之所以叫作"平头龙"，是因为它的头颅骨是扁平的，这样的厚厚的头颅骨有利于抵挡竞争对手，或者用于抵撞猎食动物或防御其他的威胁。

平头龙的大脑很小，眼睛很大，头颅骨上有很多孔，骨骼不是十分致密，有血管分布。它的嗅觉可能非常好，牙齿呈叶片状，前臂很短。1974 年，特莱萨·玛里安斯卡和阿尔扎卡·奥斯莫斯卡在蒙古发现了平头龙的化石。这种小恐龙的尾巴很硬，看起来会有骨质的杆状结构支撑着。它的头颅骨比厚头龙更扁平一些，上面有很多隆起或钉饰，这可能是头上的装饰，可以吸引配偶。

人们一直认为肿头龙类的厚厚头颅骨，在争夺交配权或统治地位时，用来抵撞对手，也可以吸引配偶，在关键时还可以防御猎食动物。

亚冠龙

亚冠龙是一种大型的食草动物,嘴是鸭嘴状的,与冠龙相似。它长9米,有一排长在脊椎上的棘,在后背形成了一个小的鳍。在它长长的头顶上有一个中空的骨质脊冠,形状像一个头盔,两侧扁平。亚冠龙的鼻孔向上,穿过脊冠。脊冠可能是用来发声或增强气味感受的,也可能是一种降温器官,还可能用于求偶展示。雄性恐龙的脊冠比雌性或是未成年的大。亚冠龙喙上没有牙齿,有几百颗颊齿,用于磨碎食物。它用两条腿走路,前臂很短,尾巴很长,身体笨重。亚冠龙生活在距今7200万年至7000万年的白垩纪,接近中生代晚期。

亚冠龙是鸟脚亚目恐龙,它的智力在恐龙中属于中等。它可能成群地生活在温度很高的林地,可能是从海岸线迁徙到高地繁殖。人们在加拿大阿尔伯塔省附近发现一个巢穴化石,可能是亚冠龙的巢,上面还盖有沙子和植物,里面有鸭嘴胚胎的骨骼,还有恐龙蛋。

厚鼻龙

厚鼻龙是一种大型食草恐龙,它的头盾是骨质的,头盾的四周有很多小角,上面还有长钉。它的口鼻部也可能有角,鼻子上有一个大的骨质隆起。厚鼻龙的身体长 5.5~7 米。厚鼻龙生活在 7200 万年至 6800 万年前的白垩纪晚期。

与其他的角龙相同,厚鼻龙群居生活。在遇到猎食动物威胁时,它会像今天的犀牛一样冲向敌人,这是对抗猎食动物的最有效方式。

厚鼻龙的智力在恐龙中处于中等水平。它用喙采吃苏铁树、棕榈和其他史前植物,坚硬的颊齿可将食物充分咀嚼。

懒爪龙

懒爪龙被分类到镰刀龙科,该科包括很多奇怪的兽脚亚目恐龙。懒爪龙的意思是指它"像树懒一样的爪子"。它是在美国找到的第一个镰刀龙科标本。

此前在中国和蒙古都发现了镰刀龙科恐龙的化石,如死神龙、慢龙,但在某种程度上懒爪龙比这些亚洲的亲属们还要古老一些。这种有"树懒一样爪子"的恐龙生活在约 9000 万年以前,即中生代的白垩纪中期,居住在沼泽的森林中,与现在美国的路易斯安那相似。当时地球非常暖和,海平面比现在高 300 米,干燥的陆地非常少。

这个时代的恐龙很少见,发现主要在北美,所以这个发现及相关的发现显得非常重要。懒爪龙虽然属于食肉兽脚类恐龙,但它和它的近亲都进化成了食草动物。它是一种双足直立行走的动物。

牙克煞龙

牙克煞龙为食草动物,与冠龙相似。它的化石是在中国发现的。它的脊冠很大,与头盔很像,雌性的脊冠很小,未成年恐龙没有脊冠。这种恐龙有 9 米长,属于鸭嘴龙,嘴与鸭子的相同,在哈萨克斯坦的贾克撒特斯河附近还发现了它的一些零散的化石(主要是头颅骨顶部和脑壳)。它的头颅骨宽大,牙齿扁平。

牙克煞龙生活在 9100 万年至 8300 万年以前的白垩纪晚期。它与鸭嘴龙科内的其他成员赖氏龙、冠龙、亚冠龙和谭氏龙很像,但也有明显的不同。它们的脊冠的形状和结构差别很大。

牙克煞龙为智慧恐龙。考古学家虽然只找到了头颅骨顶和骨壳,但根据头顶的大小推断出它的智商很高。

胄甲龙

1917 年,劳伦斯·赖博在加拿大的阿尔伯塔省发现了胄甲龙的化石,它是全身装甲恐龙的最佳代表,它的化石完整,其中头颅骨最完整,可见很多的细微结构,所以科学家们以它作为模板,推测其他尚未发现的恐龙头颅骨的形状。胄甲龙的体形很大,从装甲上突出很多的棘和角。它的头颅骨上可以找到颊囊的痕迹。胄甲龙咀嚼得很慢,而且会不停地咀嚼,颊囊用来储存这些食物。

胄甲龙是结节龙科中发现最晚的恐龙,该科存在了约2000万年的时间,均为食草动物,属于甲龙类。最早的结节龙出现在约1.85亿年前的侏罗纪中期,生活在今天的北美洲。第一个胄甲龙化石是在朱迪斯河组发现的,目前加拿大的阿尔伯塔省和美国蒙大拿州都有发现。

按照其他恐龙的标准,这种恐龙的装甲很重,背部和尾部镶嵌有一排甲片。但它的尾巴上没有后来甲龙一样的骨槌,它的肩部有方形的骨质装甲。头部的装甲融合成一个完整的头盔样的甲盾。胄甲龙的口鼻部非常窄,这种形状的鼻骨有利于挖出植物的根。

锦州龙

除了木他龙,曾经生活于中国辽宁的锦州龙也拥有类似的发声装置。

锦州龙体长7米,臀高2.8米,体重1~1.5吨,是一种体形中等的鸭嘴龙超科恐龙。锦州龙是热河生物群发现的第一种大型恐龙,也是目前辽宁发现的最大的鸟脚类恐龙。

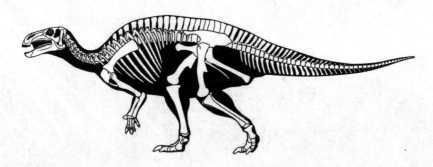

锦州龙的头骨长0.5米,脑袋前部已经进化成了角质喙,上下颌前部的牙齿完全消失了。

与木他龙一样,锦州龙前肢的拇指也形成了骨质的钉状指,成为了它最有力的武器。它的后肢健壮,让它能够灵活而快速地在丛林里行动。

羽王龙

恐龙长有羽毛已经不再是一个新奇的话题,不过在很长一段时间内,长羽毛的恐龙的体形都局限在3米之内,似乎只有体形较小的恐龙才会长羽毛。但是2012年古生物学家发现了一种大型的肉食性恐龙,这个大家伙的身上竟然也长有羽毛,它就是羽王龙。

1. 外形特征

羽王龙是一种体形较大的肉食性恐龙,体长 9 米,高约 3 米,体重约 1.4 吨。虽然羽王龙的体长达到了 9 米,但是它们的体形较为瘦长,所以体重很轻。

羽王龙的脑袋较大,长度约 1 米。从整体外形上看,羽王龙的头较高,在头顶中间有一道从鼻子一直到眼睛上方隆起的脊冠,而且这道脊冠表面满是褶皱,并不光滑。除了头顶上的脊冠,在羽王龙的眼睛后面还有一对向上突起的小尖角,不过这对尖角太小,无法作为武器使用。

羽王龙外形最大的特征是全身几乎覆盖羽毛。从化石保存中看,羽王龙脖子上的羽毛长 20 厘米;前肢上的羽毛长 16 厘米;尾巴上羽毛的长度虽然不能确定,但是可以肯定的是,羽毛与尾巴之间有 30 度的夹角。由于羽毛痕迹的保存状态差,目前无法确定羽王龙身上的羽毛结构是简单还是复杂,也无法确定羽毛的粗细程度。

虽然说羽王龙身上长有羽毛,但是这里的羽毛与我们印象中鸟类身上的羽毛还是有区别的。羽王龙身上的羽毛是一根一根丝状的,并没有形成类似于鸟类那样的羽片。

2. 发现和命名

羽王龙的化石发现于中国辽宁西部北票市巴图营子附近,一共包括三具化石,其中一具为成年个体,而另外两具为未成年个体。这些化石中的两具保存在同一块岩板上,后来由山东诸城恐龙博物馆征集,而另一个未成年化石则由内蒙古二连浩特恐龙博物馆征集。

2009 年,山东诸城博物馆的工作人员请来中国科学院古脊椎动物与古人类研究所的著名古生物学家徐星共同研究从辽宁省征集来的化石。当岩层被揭开,徐星发现这是一种之前从未被发现的恐龙,有着重要的研究价值。于是博物馆跟古脊椎动物与古人类研究所达成了意向,共同研究这些化石。

经过 3 年多的研究,2012 年 4 月 5 日,徐星等研究人员在国际著名杂志《自然》上发表了论文,正式描述和命名了羽王龙。

羽王龙的学名意思是"羽毛暴君"。羽王龙的学名来自它身上长有的羽毛及其与暴龙的亲缘关系。由于是中国原产恐龙,而非从拉丁学名翻译而来,因此其中文名具有准确性。除了羽王龙,一些资料中还有羽暴龙这个中文名,两者的意思是相同的。

目前羽王龙属下只有一个种:模式种华丽羽王龙,种名来自中文中的"华丽",指它们身上华丽的羽毛。

3. 生活习性

在羽王龙被发现之前,已知体形最大的长羽毛的恐龙是体长不足 3 米的北票龙,虽然在辽宁西部的热河生物群中发现了大量长羽毛的恐龙,但是像羽王龙这种大体形的长羽毛的恐龙还是第一次被发现。羽王龙的羽毛类似于小鸡身上的绒毛,与鸟类的体羽不同,再加上羽王龙的庞大体形,所以它不具备飞行能力。羽毛的主要作用应该是保温。

羽王龙的嘴中长有锋利的牙齿,这些牙齿与其前肢上的爪子一起组成了猎杀工具。当羽王龙捕猎的时候,它们会用前肢抓住猎物,然后用牙齿进行撕咬。羽王龙的前肢较短,后肢则很长,再考虑到它们的身体和尾巴都很瘦长,可以判断羽王龙是一种奔跑速度很快的动物。

4. 生存环境

羽王龙的化石发现于热河群义县组地层。从地层中的信息看,羽王龙生存地区的地形主要以山区丘陵为主,地面上生长着繁茂的植物,而在绿色的森林中分布了很多池塘湖泊。森林是动植物最好的生存之地,化石显示当时的植被主要是苏铁和松柏,而早期的被子植物也已经出现,在树木间生活着包括恐龙、翼龙、原始鸟类及哺乳动物在内的各种动物。而在湖泊沼泽中则生存着蝾、蟾、龟、鳄等两栖类和爬行类动物。羽王龙生存于早白垩世的亚洲东部,当时这里属于亚热带气候,有着明显的四季交替,到了冬天的时候温度比较低,御寒可能是羽王龙身上毛发的主要作用。

5. 猎物

羽王龙在其化石的发现地层(义县组地层)中是体形最大的肉食性恐龙,而其他肉食性恐龙的体形都不超过 3 米,所以羽王龙有没有天敌目前还是未知的。除了肉食性恐龙,义县组地层中还发现了大量的植食性恐龙,其中包括小型的鹦鹉嘴龙、中等个头的锦州龙及大个体的东北巨龙,而这些恐龙都是羽王龙的猎物。

从猎物的体形上看,7 米长的锦州龙应该是羽王龙最喜欢的猎物,一只成年的羽王龙就可以将其杀死。体形较小的鹦鹉嘴龙等动物行动很敏捷,这样的小家伙并不好捕捉,除非采用偷袭的战术。而体长超过 15 米的东北巨龙对于羽王龙来说过于巨大,不过从化石上看,羽王龙可能具有成群活动的习性,如果真是那样的话,即使是大个子的东北巨龙也难逃羽王龙的魔爪。

6. 发现的意义

羽王龙属于暴龙超科,也就是说它们与凶悍的暴龙是远亲,很多人认为既然羽王龙身上长有羽毛,那么暴龙身上是不是也会长羽毛呢?答案是否定的,目前古生物学家已经发现了暴龙皮肤的痕迹,显示暴龙的皮肤表层是鳞片,而非羽毛。不过刚刚出生的小暴龙身体上很可能长有羽毛,就像小鸡那样。

羽王龙的发现同样对于研究辽西中生代时期的气候有着重要意义。如此大型的动物身上覆盖有厚厚的毛发,说明当时的气候是比较凉爽,甚至是寒冷的,这也很好地解释了为什么辽西发现的动物身上普遍长有毛发。

窃蛋龙

有一种恐龙,由于其化石与很多蛋在一起被发现,被认定为偷蛋贼,并且背负这个恶名直到今天。但是当我们拨开迷雾后才发现,它们是最尽职尽责的父母,甚至宁愿为保护自己的孩子献出生命,这种恐龙就是窃蛋龙。

1. 外形特征

窃蛋龙是一种体形较小的恐龙,体长 2 米,高约 1 米,体重约 30 千克。窃蛋龙的外形就像一只食火鸡,身上长着漂亮的羽毛。

窃蛋龙的头很高,而且头顶上长有一个半圆形的骨质冠饰。窃蛋龙的嘴长有类似鹦鹉的角质喙,表面非常光滑,它们的嘴巴中没有牙齿,显示了其独特的食物选择。窃蛋龙的脖子较长,呈 S 形的弯曲,可以灵活地将脑袋转来转去。

窃蛋龙的身体较为健壮,身后的尾巴较短,这与大部分兽脚类恐龙不同。从身体组成部分看,窃蛋龙的身体占去了体长的相当一部分。与身体和尾巴相比,窃蛋龙的四肢很长,其前肢上长有三指,末端有锋利的弯爪,后肢比前肢更长、更强壮,脚趾上同样有弯爪。窃蛋龙靠后肢站立,当它们站立的时候身高超过1.5米,姿势就像今天的鸵鸟一样。虽然古生物学家没有在窃蛋龙化石中发现羽毛的痕迹,但是根据在辽宁发现的窃蛋龙科化石判断,它们的身上很可能长有羽毛。

2. 发现和命名

1922年,美国自然历史博物馆组织了一支探险队进入蒙古进行考察,这支队伍的领队是著名的"恐龙牛仔"安德鲁斯。这支队伍从北京出发,浩浩荡荡地进入今内蒙古的戈壁沙漠之中,到1923年6月抵达巴音扎达盆地。

在对巴音扎达盆地的考察中,考察队的欧森发现了一些恐龙蛋化石,随着对恐龙蛋化石的进一步清理,许多化石碎片出现在周围,包括一只恐龙的头骨和四肢骨骼。这具化石代表了一个未知的恐龙属种,考察队在做了详细记录之后将化石打包装箱。

1924年,在美国自然历史博物馆中,古生物学家奥斯本在阅读了发现记录后,推测这种恐龙当时是在偷窃原角龙窝中的蛋,结果被原角龙撞上了,然后被愤怒的原角龙踩碎了脑袋。根据自己的推测,奥斯本将这种恐龙命名为窃蛋龙。

窃蛋龙的学名意思为"偷蛋的盗贼"。窃蛋龙的名字来自奥斯本推测的它们具有偷蛋的习性。窃蛋龙的中文学名来自对其学名的翻译。除了这个名字,窃蛋龙的中文名字还有偷蛋龙,两者明显是一个意思。

窃蛋龙属目前只有一个种:模式种嗜角偷蛋龙,种名意思是"喜欢原角龙",因为研究者当时认为窃蛋龙很喜欢偷原角龙的蛋。

3. 生活习性

窃蛋龙的发现和命名显示了在恐龙世界中有这么一种专门以蛋为食的动物,但是这一切都是真的吗?1993年,古生物学家马克·罗维尔来到了当年首次发现窃蛋龙的地点,这一次他找到了更多的窃蛋龙化石。罗维尔发现在化石周围同样有很多蛋,但是这些蛋里保存着窃蛋龙的胚胎,一切终于真相大白,原来70年前发现的那具化石中,窃蛋龙是为了保护自己的蛋而惨遭毒手的。

根据命名法则,窃蛋龙的名字无法更改了,但是它们的冤屈已经被洗清。从化石中可以看到,窃蛋龙是细心的父母,它们会用泥土筑成直径约两米的圆锥形巢穴,然后用大量的叶子覆盖在巢穴

中。窃蛋龙会将蛋整齐地排列在巢穴中,然后像今天的鸟类一样轻轻地趴在巢穴上面孵蛋。窃蛋龙为了保护自己的蛋宁愿献出自己的生命,古生物学家已经发现了很多因为保护蛋而死去的窃蛋龙化石,它们诠释了母爱的伟大。

4. 生存环境

窃蛋龙的化石发现于德加多克塔组地层。德加多克塔组地层是亚洲最重要的白垩纪地层,代表了晚白垩世亚洲最繁荣的地区。当时的气候以热带沙漠气候为主,但是每年都会有定期的降水,地面上也有大片的树木生长。虽然同样炎热,但是当时的蒙古地区比今天要有生机。

5. 猎物和天敌

既然窃蛋龙不偷蛋,那么它们吃什么呢? 前面提到,窃蛋龙长有鹦鹉嘴般的角质喙,这种角质喙非常坚硬,可以压碎长有硬壳的食物。古生物学家曾经在窃蛋龙的体内找到了淡水蛤蚌,这很可能是它们的主要食物。不过窃蛋龙并不仅仅以蛤蚌为食,它们也吃蜥蜴、刚出生的小恐龙以及某些植物,因此我们有理由相信窃蛋龙是一种杂食性恐龙。

在窃蛋龙生存的同一时期,有一种幽灵般的掠食者在四处游荡,它们就是大名鼎鼎的伶盗龙。伶盗龙是灵敏而且机智的杀手,虽然它们在体积和力量上不如窃蛋龙,但是它们更聪明,懂得用大脑去解决问题。伶盗龙不但威胁了窃蛋龙的生存,而且还会在窃蛋龙不注意的时候偷走巢穴中的蛋,它们才是不折不扣的偷蛋贼。

6. 发现的意义

窃蛋龙是窃蛋龙科中第一种被发现的恐龙,它的发现显示了有一种恐龙在很多身体结构和习性上已经与今天的鸟类非常相似,其中就包括孵蛋。窃蛋龙的发现为我们探究恐龙的产卵和亲子行为提供了重要的材料,虽然它们的名字与习性完全相反,但是却无法遮盖窃蛋龙作为好父母的事实。

蛇发女怪龙

戈耳工在希腊神话中是蛇发女怪的代名词,而著名的美杜莎是三个戈耳工中最出名的一个。戈耳工头上的每一根头发都是一条毒蛇,它的嘴中长着野猪的獠牙,它的目光可以瞬间将与它对视的人变成石头,因此戈耳工成为了魔鬼的代名词。在恐龙家族中,有一种恐龙借用了戈耳工的名字,它就是蛇发女怪龙。

1. 外形特征

蛇发女怪龙是一种体形较大的肉食性恐龙,体长 8 ~ 9 米,高约 2.5 米,体重约 2.5 吨。蛇发女怪龙是一种凶猛的肉食性恐龙,属于著名的暴龙科。

蛇发女怪龙脑袋很大,长度近 1 米,在它的头骨上有很多大孔洞,这既可以减轻重量,又可以附着肌肉。与著名的暴龙相比,蛇发女怪龙的头骨矮而长,从正面看比较窄。在蛇发女怪龙的大嘴巴中长有超过 60 颗锋利的牙齿,这些牙齿能够给它们的猎物造成毁灭性的伤害。依靠头部和颈部的肌肉群,蛇发女怪龙具有很大的咬合力,而这股力量正是通过成排的长牙释放出来。

蛇发女怪龙的身体强壮,在结实的臀部后面有一条长长的尾巴。蛇发女怪龙长尾巴的作用是平衡身体前部脑袋和胸部的重量,将身体的重心保持在臀部上,避免出现头重脚轻的状况。蛇发女怪龙的前肢很短,手上只有两个小指,相比之下它们的后肢长而强壮,保证它们有较高的奔跑速度。根据四肢和身体比例,古生物学家认为蛇发女怪龙是大型肉食性恐龙中最善于奔跑的种类之一。

从目前发现的化石数量判断,蛇发女怪龙是群体生活的掠食者,它们会成群出没,攻击其他大型的植食性恐龙。

2. 发现与命名

1856 年,美国著名古生物学家约瑟夫·莱迪将根据两颗发现于蒙大拿州的暴龙科前上颌骨牙齿,将此恐龙命名为恐齿龙。半个多世纪后的 1913 年,古生物学家查尔斯·斯腾伯格在加拿大南部的艾伯塔省发现了一具几乎完整的大型肉食性恐龙化石。

1914 年,古生物学家劳伦斯·赖博根据发现的化石描述并命名了蛇发女怪龙。而在前一年,由美国自然历史博物馆派出的考察队在加拿大红鹿河附近发现了四具完整的蛇发女怪龙头骨,其中三具与身体相连接。后来古生物学家又重新研究了莱迪之前描述的上颌齿,指出这两颗牙齿很可能属于蛇发女怪龙,如果属实的话,蛇发女怪龙将成为被发现的最早的暴龙科恐龙。

蛇发女怪龙的学名意思为"凶猛的蜥蜴"。蛇发女怪龙的名字来自它作为掠食者的习性。蛇发女怪龙的中文名来自对其英文学名的翻译,因为这个单词来自于希腊神话中的蛇发女怪戈耳工。中文名除了蛇发女怪龙外,还有魔鬼龙和戈尔冈龙等,按照原意,魔鬼龙是较为准确的翻译。

蛇发女怪龙属下目前只有一个种:模式种平衡蛇发女怪龙,种名意为"平衡",来自于保持平衡的长尾巴。

3. 生活习性

由于发现了大量的蛇发女怪龙化石,特别是还有未成年个体的化石,因此古生物学家根据这些材料推测出了蛇发女怪龙的成长模式。

古生物学家格里高利·艾利克森和他的同事们根据 5 个不同体形的蛇发女怪龙化石,使用骨骼组织学的分析,绘制出了蛇发女怪龙的生长曲线。研究显示,蛇发女怪龙的幼年期几乎占去了整个生命周期的一半,即使它们到了成年,身体仍然在生长。

研究还显示,蛇发女怪龙幼年期的最后 4 年内会出现急速生长的现象,平均一年可以增重 100 千克。成年之后,蛇发女怪龙的生长率会逐渐变慢,但是不会停止生长。由于蛇发女怪龙的生长时间很长,所以在个体还很小的时候它们采取与成年恐龙不同的生活方式,占据着不同的生态位置。

4. 生存环境

许多处于未成年状态的蛇发女怪龙化石发现于恐龙公园组地层。研究恐龙公园组地层可知,当时属于亚热带季风气候,具有季节性的强降水。晚白垩世时期,北美洲中部存在着西部内陆海,而恐龙公园组就位于这片内陆海的西岸,是一大片海岸平原。

5. 对手和猎物

在发现蛇发女怪龙的恐龙公园组地层中,古生物学家还发现了同属于暴龙科的惧龙。与蛇发女怪龙相比,惧龙更加高大强壮。如果是面对面的竞争,蛇发女怪龙明显不是惧龙的对手,因此蛇发女怪龙有可能选择在美洲的北方地区活动,而将更温暖的南方让给了惧龙。不过从发现的化石数量看,蛇发女怪龙是当时最繁盛的大型肉食性恐龙。

在蛇发女怪龙生存的地区有大量的赖氏龙亚科与尖角龙亚科存在,这些恐龙是蛇发女怪龙的主要食物。相对于长有尖角和头盾的尖角龙亚科,没有多少反抗能力的赖氏龙亚科便成为蛇发女怪龙们的首选,它们会以群体为单位,对猎物进行有计划的围猎。

6. 发现的意义

到目前为止,古生物学家发现的蛇发女怪龙化石已经超过了 20 具,其中还包括有未成年的个体。大量不同年龄段的化石记录使蛇发女怪龙成为暴龙科中化石记录最完整的成员。根据这些化石,古生物学家对蛇发女怪龙的个体发生学、生长模式、病理学等方面进行了深入研究,帮助我们更进一步地了解暴龙科恐龙的生存信息。

寐龙

人们对恐龙的研究到今天已经快两个世纪了,已经知道恐龙怎样站立、怎么行走、怎样捕猎,但是却不知道恐龙是怎样睡觉的。在中国辽宁省发现的一具恐龙化石终于让我们知道了它们是如何睡觉的,这种恐龙的名字非常形象,叫作寐龙。

1. 外形特征

寐龙是一种体形很小的恐龙,很多资料中记录其体长仅有 53 厘米,实际上那是根据未成年的化石标本测量而来的,成年的寐龙体长不到 1 米,体重约 1 千克。寐龙的身上长有羽毛,所以它们看上去很像一只小鸟。

寐龙的脑袋相对较短,在它们的嘴巴上面有一对很大的鼻孔,在眼眶孔中长有一对又圆又大的眼睛。作为肉食性恐龙,在寐龙的嘴巴中长有两排小而锋利的牙齿,这些牙齿向后弯曲,末端非常尖锐。

寐龙的前肢较长,有三指,可以用来抓握食物。它的后肢健壮,脚上的第二趾有一个抬起的弯爪,而第三、第四趾着地。寐龙的身体重量很轻,所以非常灵活敏捷。寐龙不但在地面上活动,当它们遇到危险的时候还能够爬到树上去。

从骨骼结构上看,寐龙与现在鸟类共同的特征有:小嘴、长前额、大眼眶孔、长而瘦的前肢、肩关节上 L 形的骨头、脊骨靠近的肩胛等,这些特征也显示出恐龙与鸟类的亲缘关系。

2. 发现和命名

寐龙的化石发现于中国辽宁省西部,这具化石不但保存完整,而且还保持了睡觉的姿势,在世界上属于第一例。该化石后来由古生物学家徐星研究,其研究成果发表在 2004 年 10 月 14 日出版的《自然》杂志上。徐星在论文中指出,寐龙属于以聪明闻名于世的伤齿龙科,是该科中比较原始的成员。

寐龙的学名意思就是"睡觉",因为发现的化石保存了它们睡觉的姿势。由于寐龙是中国原产恐龙,因此其中文名具有准确性。寐龙是目前学名最短的恐龙,它的属名仅仅只有三个字母。

目前寐龙属下只有一个种:模式种龙寐龙,种名同样来自于汉语拼音中的"龙"。实际上寐龙的中文学名应该是"寐",但是为了照顾读者的思维习惯,所以叫作"寐龙",而模式种名应该读为"龙寐",不过我们称其为"龙寐龙"。

3. 生活习性

既然寐龙的化石保存了睡觉的姿态,那它们睡觉是什么样子呢?寐龙睡觉的时候会将脑袋藏在前肢下面,而后肢蜷缩在身下,长尾巴绕在身边。仅仅从寐龙睡觉的姿势看,你肯定觉得那是一只鸟,这也为我们研究恐龙与鸟之间的关系提供了更多行为学上的依据。

寐龙的命名者徐星称:"这只恐龙的体态和睡眠状态都与现代鸟类相似,都是团着身体睡觉,既减少了表面积,也有利于抵御体温下降。这说明两种动物有共同的祖先。"而研究论文的另一位作者,美国自然历史博物馆的马克·诺雷尔则表示:"推测这只恐龙的死因,有可能是在它熟睡时,附近的火山爆发,将其埋在火山灰下导致其窒息而死。"

4. 生存环境

睡觉像鸟一样的寐龙发现于热河群义县组地层。寐龙生存于早白垩世的亚洲东部,其生存环境中丘陵起伏,树林茂盛,湖泊散布其中。

5. 对手和猎物

在义县组地层中发现的众多恐龙中,中国龙鸟是与寐龙体形相似的动物,所以两者在食物的选择上应该相近。寐龙不仅仅与中华龙鸟存在着竞争关系,与体形更大的中国鸟龙也可能存在竞争,不过有时候这些大家伙可能会以它为食,所以最好还是敬而远之。

寐龙是一种食性很杂的小型掠食者,它们不但能猎捕像张和兽、热河兽这样的哺乳动物,还会吃蜥蜴、昆虫甚至是植物的果实。树木繁茂的森林对于它来说就是一座巨大的食物仓库,里面有着吃不完的食物。

6. 发现的意义

寐龙是一种神奇的恐龙,它的发现帮助我们解开了恐龙的一些睡眠之谜;而作为原始的伤齿龙科成员,寐龙的身上已经表现出了许多相当进步的特征,对于研究伤齿龙科的进化和恐龙的行为习惯都具有重要的意义。

斑比盗龙

小鹿斑比是迪士尼公司最著名的卡通形象之一,它以可爱的外形、活泼的性格博得了大家的喜爱,成为孩子们的最爱。在恐龙家族中也有很多小恐龙很可爱,就像斑比一样,所以古生物学家以它的名字命名了一种恐龙——斑比盗龙。

1. 外形特征

斑比盗龙是一种小巧可爱的恐龙,体长约1.3米,高约0.5米,体重约5千克。斑比盗龙属于著名的驰龙科,是该科中体形较小的成员。

别看斑比盗龙的体形很小,但是它的脑袋却出奇的大,大概等于体长的六分之一。在斑比盗龙的大脑袋上长有一对大眼睛,这可以帮助它们在夜里看清周围的一切。除了拥有良好的视力之外,斑比盗龙还有非常敏锐的嗅觉,它们很多时候都是靠嗅觉追踪猎物的。

斑比盗龙的脖子灵活,身体较小,但是圆鼓鼓的。其胸前长有一对长长的前肢,根据其骨骼结构,古生物学家发现它们的前肢很灵活,可以抓起食物放到自己的嘴中。除了抓握东西,斑比盗龙的前肢还能够像鸟类一样收拢在身体两侧,而不是垂在胸前,这完全得益于其类似于鸟类的腕关节。斑比盗龙不但有长而灵活的前肢,还有健壮的后肢,在后肢的第二趾上长有驰龙科标志性的弯爪。斑比盗龙有力的后肢与骨化的尾巴配合,可以保证它们在森林中奔跑如飞。

虽然在化石中没有发现任何羽毛的痕迹,不过古生物学家还是认为斑比盗龙身上长满了羽毛,而且前肢上还长有长长的飞羽,可能它们看上去更像是可爱的鸟类,而不是冰冷的蜥蜴。

2. 发现和命名

1993年,14岁的维斯·林斯特和家人一起来到美国蒙大拿州的冰川国家公园,他们来这里不是为了观光,而是为了寻找恐龙化石。当时林斯特一家来到一片山坡上采集化石,地面上一块颜色特别的岩石吸引了他的注意。林斯特俯下身子,用地质锤清理周围的泥土,一块细长的化石就这样出现在他的面前。

14岁的孩子在蒙大拿州发现恐龙化石的消息很快传遍了美国,就连著名的《时代》杂志都采访了林斯特。很快一支由堪萨斯大学、耶鲁大学及新奥尔良大学的古生物学家组成的联合考察队就来到了冰川国家公园,他们很快就在林斯特发现化石的地方找到了一具完整度95%的恐龙化石,这让大家兴奋不已。

当化石被发现之后,古生物学家认为它属于蜥鸟盗龙的幼年个体。到了1997年,其他古生物学家将这个化石归类于伶盗龙的未命名种。2000年,古生物学家大卫·伯纳姆在仔细对比研究了化石之后才正式命名了斑比盗龙。

斑比盗龙的学名意思为"像小鹿斑比的盗贼"。斑比盗龙的名字来自于其如同小鹿斑比一样可爱的外形及小型掠食者的习性。斑比盗龙的中文名来自对其学名的翻译,意思还是很准确的。

斑比盗龙属下目前只有一个种:模式种费堡氏斑比盗龙,种名是以捐赠出标本的家族姓氏来命名的。

3. 生活习性

别看斑比盗龙个头很小,但它们是不折不扣的掠食者。根据其巨大的脑袋和眼睛来看,斑比盗龙不但在白天活动,就算是在漆黑的夜晚也会外出觅食。在黑夜里,斑比盗龙的眼睛具有相当好的夜视能力,可以准确地锁定目标。

夜晚出动的斑比盗龙首先会使用听觉和嗅觉感知猎物的大体方向,然后再使用视觉发现猎物。当斑比盗龙选定目标后就会悄悄地靠过去,然后突然冲上去,用嘴中成排的弯曲牙齿杀死猎物。

古生物学家在研究斑比盗龙骨骼的时候发现,在其骨头间存在着很多空腔,而且这些空腔都与肺部相连。因此,古生物学家认为斑比盗龙的身体内有气囊结构。气囊结构普遍存在于今天的鸟类身体中,这种结构的优点非常多,不但可以提高呼吸的效率,减轻身体的重量,还能减少器官之间的摩擦。气囊结构的存在更加证明了斑比盗龙是一种行动敏捷的温血恐龙。

4. 生存环境

斑比盗龙的化石发现于冰川国家公园内的岩层。根据岩层判断,斑比盗龙应该属于双麦迪逊组。当时这里位于西部内陆海西岸,是一片广阔而肥沃的滨海平原,生长着大量的植物,生活着许多种类的恐龙。

5. 对手和猎物

斑比盗龙是一种小型的肉食性恐龙,它的对手应该与它具有相似的体形和食性,而蜥鸟盗龙恰恰符合这一标准。斑比盗龙与蜥鸟盗龙同属于驰龙科,两者的外形相似,古生物学家曾经误以为它们是同一种动物。从外形上看,蜥鸟盗龙比斑比盗龙更大,也更强壮;从数量上看,蜥鸟盗龙比斑比盗龙更多,所以在竞争中斑比盗龙明显处于劣势。

由于斑比盗龙的体形小,就算是成群出动也没有能力猎杀大型的植食性恐龙,所以它们的食物主要是些小动物,其中既有昆虫,也有蜥蜴和哺乳动物。根据斑比盗龙的四肢形态,它们应该具有爬树的能力,所以有的时候这些聪明的小家伙也许会爬到树顶上偷鸟蛋吃。

6. 发现的意义

斑比盗龙可能是目前为止发现的最聪明的恐龙,有材料显示它们的脑容量大于以智慧闻名的伤齿龙。而其前肢骨骼结构也很特别,古生物学家奥斯特伦姆认为,斑比盗龙化石的发现可以帮助古生物学家了解鸟类与恐龙之间的关系。

棘龙

1. 红树林中的巨怪

带着淡淡咸味的海风吹过红树林,大片枝叶随之晃动起来。此时是距今1亿年前的早白垩世至晚白垩世的交接时期,这里是一片沿海的红树林。这片红树林位于今天撒哈拉沙漠中的拜哈里耶绿洲附近,属于埃及境内。远古的埃及曾经是巨兽的世界,滋养着史无前例的巨型掠食者——棘龙。

棘龙又名棘背龙、似棘龙等,学名来自拉丁语,意思是"有棘的蜥蜴"。棘龙的模式种被命名为埃及棘龙,种名代表化石的出产国埃及。棘龙生存于距今1亿600万年前至9350万年前早白垩世晚期至晚白垩世早期的非洲广大地区,是棘龙科、棘龙亚科的模式属。

　　在这片看似平静的红树林中,就隐藏着一只巨大的棘龙,它正趴在下面柔软的沙滩上休息。从远处隐约传来一阵打斗的声音,这引起了棘龙的兴趣,它慢慢地站了起来,身体的高度甚至高过了周围红树林的树冠。这只棘龙已经完全成年,体长达到了史无前例的18米,加上背上的背帆,整个身躯高约8米,体重更是达到了14吨。在恐龙家族中,还没有一种肉食性恐龙的体形能够超过棘龙,而它的威猛并不仅仅来自其高大的体形。棘龙的脑袋如同鳄鱼,细长的嘴中长有70颗牙齿,其中最长的牙齿有22厘米长,而其2米长的前肢上更是长有40厘米长的巨爪。

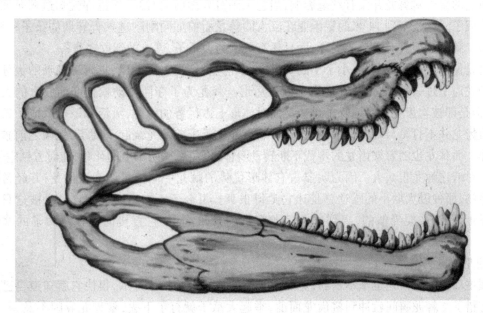

2. 坐享其成

　　棘龙抬起长约1.8米的脑袋,眼睛望向声音传来的方向。在金黄色的地平线上,它隐约看到了两个身影正在相互缠绕着,好像是一场厮杀正在进行。贪婪的棘龙转了转眼睛,然后迈开步子向前走去。棘龙主要依靠一对强健的后肢行走,长有巨爪的前肢主要用于捕猎和打斗。

随着距离的拉近,棘龙渐渐看清了那两个身影,那是一只未成年的潮汐龙和一只成熟的鲨齿龙。鲨齿龙与南美洲著名的南方巨兽龙有着很近的亲缘关系,是当时北非地区生物中的狠角色,其巨大的脑袋上长有成排如同匕首的牙齿。因为鲨齿龙这副牙口让人不由想起鲨鱼那恐怖的嘴巴,所以得到了鲨齿龙这个形象的名字。

鲨齿龙的牙齿非常适用于快速切割,它的攻击方式简单而有效,那就是不断地从猎物身上撕下皮肉,直到对方精疲力竭、失血过多而死。眼前的小潮汐龙在鲨齿龙的攻击下已经遍体鳞伤,肩膀和臀部更是血肉模糊,果然没一会儿它便支撑不住,重重地倒在地上。结束猎杀的鲨齿龙早已等不及,开始吞食还带着体温的小潮汐龙。

脑袋上沾满鲜血的鲨齿龙吃得很是投入,不经意地一抬眼却看到了远处正在靠近的棘龙。它并不确定对手的体形,但是为了保护自己的胜利果实,鲨齿龙打算拼一拼。它几步跳到小潮汐龙的尸体前面,朝越来越近的棘龙发出威胁性的吼叫。

3. 两强相争

鲨齿龙的警告对棘龙并没有丝毫影响,当它来到对方面前的时候,你也许就知道棘龙如此不以为然的原因了。体长不到14米的鲨齿龙在巨大的棘龙面前如同刚刚进入青春期的孩子一样,灵活但是急躁。棘龙不但具有满口的尖牙,而且还有灵活的大爪子,可以做到攻守兼备。

因为是保护自己的战利品,小个子的鲨齿龙在气势上稍稍占了上风,它露出满嘴的尖牙气势汹汹地向棘龙逼了过去,竟然把对方逼得不断往后退。棘龙为了夺回主动权抬起前肢上的大爪子打向对方,但是都被鲨齿龙灵活地躲了过去。面对体形上占优势的棘龙,灵活和敏捷就成了鲨齿龙的长处。鲨齿龙并不打算与棘龙针锋相对,它开始迈开步子围着棘龙绕起了圈子,就像之前猎杀小潮汐龙那样。而棘龙也随着鲨齿龙的步伐不断转动身体,以免暴露防御上的死角,让对方钻空子。

这种对峙让棘龙很恼火。因为明显占有体形优势的棘龙一向都是俯视鲨齿龙,并经常抢夺鲨齿龙的猎物,那种以大欺小的感觉总是让它觉得很爽。可今天不知道为什么自己竟被这只鲨齿龙牵着鼻子走,好像被耍弄似的,想到这些棘龙突然间暴跳如雷,它直接向还在绕圈子的鲨齿龙扑过去。

4. 巨爪的威力

手握主动权的鲨齿龙也毫不示弱,竟然对着扑过来的棘龙张牙舞爪,很快它就知道自己这么做是大错特错了。棘龙瞬间就冲到鲨齿龙面前,举起大爪子就打了下去,鲨齿龙躲闪不及,一下子被打倒在地。

鲨齿龙咬着牙站起来,与大地的碰撞让它全身发麻,它可不是要进行反击,而是要在对方第二次打击到来之前逃得远远的。鲨齿龙扔下战利品,带着受伤的肩膀甩开步伐仓皇而逃。肩膀上三道巨大的伤口还不至于要了鲨齿龙的命,但是这就像是记号一样,提醒它永远不要再招惹这些巨爪的主人。

　　刚才的一掌让棘龙觉得痛快至极,它并不打算追击受伤的鲨齿龙,它已经非常好地展示了自己的威力。现在它正在忙着用大爪子撕开小潮汐龙的肚皮,然后用长长的嘴巴撕扯已经与骨骼肌腱分离的肌肉。在早期的研究中,人们认为长有鳄鱼嘴巴的棘龙是以鱼类为食的,它们会站在河中甚至是潜入水中,抓捕大型的鱼类。但是越来越多的证据显示仅仅靠吃鱼是无法满足这些大家伙的需要的,实际上棘龙是一种食性十分广泛的掠食者,鱼类、恐龙、翼龙都在它的菜单之中。

　　就在棘龙享受这顿免费的午餐之时,一群三角洲奔龙循着血腥味道朝这里奔来,它们是一群典型的机会主义者,虽然体形较小,不过却比鲨齿龙难缠得多。

5. 搅扰

　　说三角洲奔龙的体形较小,那也是与棘龙相比较。实际上三角洲奔龙体长 7～8 米,高 3～3.5 米,体重约 500 千克,是一种可以与异特龙媲美的敏捷杀手。但是三角洲奔龙生活的那个世界巨怪横行,在巨爪利齿的阴影下,它们只能选择集群生存方式才能在当时的食物链中占有一席之地。这群三角洲奔龙有 5 只成员,它们在一只雄性首领的带领下向潮汐龙的尸体快速逼近。当距离潮汐龙还有 20 米的时候,它们停了下来,然后发出"咔咔"短促的叫声。

　　进食中的棘龙抬起脑袋看了看面前这些小家伙,并没有把它们当回事儿,仍然忙于口中的美味。看到棘龙没有什么反应,三角洲奔龙首领壮着胆子凑上前来,并开始撕咬小潮汐龙的尾巴。

　　棘龙不驱赶三角洲奔龙并不代表它允许别的恐龙分享自己的食物。看到偷偷摸摸的三角洲奔龙居然敢当着自己的面动自己的战利品,棘龙一下子抬起脑袋,张开大嘴巴朝三角洲奔龙吼叫,把对方吓得转头就跑。

　　从巨型掠食者嘴中弄到食物对三角洲奔龙来说是经常的事情,它们不会因为棘龙的吼叫就被吓退。很快首领故技重施,又跑到另一边去撕咬小潮汐龙的脖子。而这次棘龙的回应也不再客气,它猛地迈了几步,打算用大爪子拍死这讨厌的家伙。

6. 无奈地共享

　　就在棘龙追击三角洲奔龙首领而暂时离开小潮汐龙尸体的时候,其他三角洲奔龙一拥而上,抓紧时间抢夺食物。棘龙这才发现自己上当了,当它返回来的时候,每只三角洲奔龙嘴中都叼着大小不一的肉块躲到了一边。

很快三角洲奔龙们又凑了上来,它们再次使用声东击西的战术,将棘龙搞得团团转。单打独斗地对付其他对手的时候,棘龙很轻易就获得了优势,但是面对无赖般的三角渊奔龙,它却一点办法都没有了。整整半个小时过去了,棘龙一直没有办法安心吃东西,反而因为追逐三角洲奔龙而消耗了大量体力,而食物也随着几个回合下来越来越少。

最后棘龙妥协了,它不再去追打三角洲奔龙,而是专心致志地切割和吞食小潮汐龙的内脏和肌肉。棘龙的胃口和其巨大的体形是成正比的,它们一次可以吃掉1吨以上的食物,这些食物除了提供身体短时间内所需要的能量之外,还会被储藏在其高大的背帆中。棘龙的背帆并不是由骨骼和皮膜组成的,它是厚实的肉质结构,因此背帆的散热功能也有待商榷。

棘龙作为当时北非的顶级掠食者可以说是无"人"能敌,巨帆所到之处,所向披靡。而今天,它只能选择无奈地与其他恐龙共享食物了。

驰龙

1. 西部弯爪

美国蒙大拿州西部,来自山里的溪水汇集成河流在这里形成了大片的湿地。事实上,这里离海洋很近。7400万年前的北美洲和今天大不相同,大陆板块进一步分裂,北美洲形成了与蒙古干燥环境明显不同的气候类型,沿着西部内陆海形成了一些新的山脉。受海洋的影响,这里分布着大片森林,而驰龙就像今天的狼一样生活在这里。

驰龙又名奔龙、飞驰龙,它的学名来自古希腊文,意思是"敏捷奔跑的蜥蜴"。驰龙的模式种被命名为阿尔伯塔驰龙,种名来自发现其化石的加拿大阿尔伯塔省。驰龙是最早被发现的拥有较完整头骨的小型兽脚类恐龙,它生存于距今约7600万年至7200万年前晚白垩世的北美洲,是著名的驰龙科的模式属。

驰龙是小型的肉食性恐龙,体长1.8米,高0.6米,体重约15千克。驰龙在驰龙家族中算是中等体形,它的头骨与大部分驰龙类恐龙相比短而且大,下颌较深,有一双视力极佳的大眼睛。驰龙口中长有剃刀般的锋利牙齿,研究人员在对比了驰龙化石与其近亲化石后发现,驰龙的牙齿有很明显的磨损,这证明它的颌部是用来压碎和撕开猎物,而并不是单纯地撕开尸体。

2. 寂静杀机

金色的太阳照射到湿地中的每一个池塘上,一群慈母龙经过长途跋涉来到池塘边,它们对面有一群副栉龙正卧在岸边的树荫下休息。干渴让刚刚到达这里的慈母龙顾不上观察四周的环境,纷纷低下头享用甘甜的淡水。

就在池塘边的松树后,一只体长约两米的雌性驰龙正在窥视着这群刚到来的慈母龙。这只驰龙身体强健,身上长满了细密的羽毛,使它看上去就像一只火鸡。长有锋利爪子的前肢卷了起来,紧紧地贴在身体两侧,细长的尾巴后端已经骨化,高高地翘在空中,羽毛上类似豹斑的纹路给了它很好的伪装。

驰龙站在那里一动不动,当确定没有被猎物注意到后就借着树木的掩护向前跨一小步,缩短与其中慈母龙的距离。在它身后有另外6只雌性驰龙,它们在这头驰龙的带领下慢慢地散开,向猎物靠近。猎人们每向前一步都会停下来,它们脚步很轻,几乎不发出任何声响。在接近目标的过程中,猎人们通过眼睛相互交流。

带头的那只雌性驰龙是这次猎杀的组织者,作为组织者需要有丰富的经验,而且在群落中要有相当高的地位。它已经选定了目标——一只离树林最近的成年雄性慈母龙。本来驰龙群是来此猎杀副栉龙的,但是慈母龙的出现让它们改变了目标,这些体形较小的鸭嘴类恐龙都疲惫不堪,并且放松了警惕,对猎人来说真是再好不过的机会。

3. 围攻

驰龙们已经来到了树林的边缘,它们都在等待发起攻击的信号。领头的雌龙向其他伙伴使了个眼色然后冲出树林,它飞快地奔向猎物,其他驰龙也跟着从四周冲了上来。被盯上的那头慈母龙站起身来准备逃跑,但被一只驰龙挡住了去路,它本能地转过身,另一只高高跃起的驰龙向它迎面扑来。驰龙在空中会将身体后仰,腿向前伸,致命的镰刀状第二趾在接触的瞬间深深地刺入猎物的身体,将驰龙牢牢地固定在猎物身上。

慈母龙感到一阵刺痛,身体下沉,它大声叫着低下头,前腿蹬在地上,趁着这个机会,其他驰龙也纷纷跃起,钩抓在慈母龙身体两侧。慈母龙绝望地发出撕心裂肺的嚎叫,喇叭一样的声音立刻传遍了方圆两千米的地方,它拼命摇晃身体想把驰龙甩下去,但一切都徒劳无功,鲜血不断地从它身上的伤口处流出来。

驰龙只是牢牢地钩在慈母龙身上,并不去咬它,因为它们的牙齿咬不穿大型的鸭嘴龙类恐龙背部的厚皮。在这次袭击的震惊中回过神来的其他慈母龙和副栉龙发出惊叫向原野跑去。五分钟后,慈母龙还在扭动着身子,但是动作越来越慢,它因为流血、疼痛和承受不住身上六只驰龙的重量,重重地倒在地上。驰龙跳过来狠狠地向慈母龙的脖子一踢,弯曲的钩爪像刀子一样刺穿了猎物的动脉,鲜血如喷泉般溅得四处都是。慈母龙最后呻吟了一声后便慢慢停止了活动。

4. 与巨翼分享

就在驰龙猎杀慈母龙后不久,大批的鸭嘴龙开始向北迁徙。秋天已经来临了,在一个晴朗的日子里,几只风神翼龙在天边盘旋,死亡的气味吸引它们来到平原上。一只年老的戟龙虽然逃过了惧龙的致命一击,但流血的伤口和极度的恐惧还是要了它的命。远道而来的风神翼龙就像今天的秃鹫一样,它们通常单独旅行,以动物尸体为食,戟龙的尸体使它们聚集在一起。

生存经验丰富的驰龙明白,有风神翼龙盘旋的地方一定有食物。它们跟着天空中的滑翔者来到抢食现场,三只风神翼龙正在仰着脖子吞下大块的肉。驰龙们被食物吸引跑上前来,一只风神翼龙转过身来挡住了它们的去路,驰龙张开前爪在空中不断挥舞,并发出"呲呲"的威胁声。风神翼龙也毫不示弱,发出乌鸦般的恐怖叫声,巨大的喙一直对着面前这些长毛的恐龙。

虽然风神翼龙在陆地上很笨拙,但是它巨大的身体和长长的脖子使它即使站在地面上也有5米高,再加上像刀子一样锋利的角质喙,就算是体形中等的肉食性恐龙也不敢与其正面交锋。就在希

望即将破灭之际，其他驰龙从后面蹿了出来，从不同的方向逼向风神翼龙。风神翼龙虽然高大凶悍，但是没法同时对付一群驰龙，最后它知趣地闪到了一边。其实像这样的争斗一般不会造成伤害，最终驰龙和风神翼龙会共同享用这堆新鲜的食物。

5. 惧龙警报

驰龙和风神翼龙围在戟龙身边，两者的吃相差别非常大。风神翼龙就像是中世纪法国的贵妇人，它们优雅地用长喙撕下肉块，然后一仰脖子吞了下去。驰龙更像是饿死鬼，它们用灵活的前肢抓住戟龙的身体，然后野蛮地啃食着食物。别看驰龙不大，但是却有着三倍于伶盗龙的咬合力，它们就像今天的鬣狗，会耐心而仔细地吃光猎物身上所有的肉。

就在驰龙们吃得不亦乐乎的时候，高大的风神翼龙突然间叫了几声，然后转身在开阔地上跳了几下后张开宽大的双翼飞走了。风神翼龙这种受到威胁而逃跑的举动让驰龙非常不解，不过它们只是看了看风神翼龙远去的身影，然后又继续忙自己的事情。站在地上高达5米的风神翼龙视野比驰龙开阔得多，所以当看到一只惧龙正在靠近的时候，这些大家伙毫不犹豫地选择离开，而驰龙们对正在靠近的危险还全然不知。

当惧龙强壮的身影突然出现的时候，所有的驰龙都吓了一跳，纷纷远离戟龙的尸体。驰龙们当然不会知道戟龙的死正是惧龙一手造成的，它在与戟龙们的搏斗中重创了这只戟龙，但是却让它逃了。受了一点儿皮外伤的惧龙追寻着踪迹找到了自己的战利品，却发现驰龙已经捷足先登了。惧龙发现面前的这些驰龙并不打算离开，它们也认为这只戟龙属于自己，看来必须用力量说话了。

6. 以退为进

惧龙走上前来,长有三个脚趾的大脚一下子踩在戟龙尸体上,它在表明自己对猎物的占有权。不过驰龙们不这么认为,它们聚在一起向惧龙吼叫着。驰龙的反抗激怒了惧龙,它跺着脚发出极有震撼力的叫声。驰龙们开始后退,但是一只年轻雄性驰龙突然一个加速绕到惧龙的侧面,然后一跃而起,脚上的弯爪帮它钩在了惧龙的大腿上。

受到攻击的惧龙狂暴了,它疯狂地扭动着身子,由于离心力太大自己都差一点儿摔倒。惧龙如此幅度的扭动一下子将驰龙甩了出去,驰龙被重重地摔在地上,肺部由于震动几乎喘不过气来。但是当抬眼看到惧龙越来越近的利齿时,驰龙还是拼尽全力站了起来,然后头也不回地逃走了。驰龙四两拨千斤的努力最后还是失败了,其他同伴见识了惧龙的厉害也都只能选择离开,它们回头看看戟龙的尸体,只得强忍住了进食的欲望。

在晚白垩世的北美洲,驰龙是非常聪明的掠食者,它们看似是在放弃食物,实际上却是以退为进。当惧龙填饱肚子离开之后,驰龙们还会再回来,到那个时候整只戟龙都供驰龙们享用了。

阿基里斯龙

阿基里斯龙是白垩纪晚期兽脚亚目驰龙科的恐龙,距今约9000万年,生活在现在的蒙古。这个属的名字由两部分组成:一是"阿基里斯",他是特洛伊战争中的希腊武士;另一部分是"巴托",在蒙古语中是"武士"或"英雄"的意思。

阿基里斯龙极可能是一种活动性很强的双足猎食动物,后脚的第二个脚趾上有镰刀一样的爪,它用这样的爪子捕猎。

阿基里斯龙很可能是一种驰龙,该科的恐龙科现时被认为与鸟类关系最近。阿基里斯龙很大,从鼻子到尾尖,有4.6~6.6米长。

最近的分析表明,阿基里斯龙是驰龙科的一个亚科成员,与北美的犹他盗龙和驰龙关系很近。

非洲猎龙

非洲猎龙的意思是"非洲猎人",这个名字来自于拉丁语。它生活在1.35亿年至1.25亿年以前,即白垩纪早期,人们发现,这种恐龙与1.5亿年前住在北美的异特龙很像。但是比起异特龙,非洲猎龙的骨骼更细、体重更轻、脚更平一些。非洲猎龙之所以重要有两个原因:第一,它是在北非发现的骨骼化石最完整的兽脚亚目恐龙;第二,它与北美的斑龙关系非常近。

对于考古学家保罗·塞利诺来说,非洲猎龙就像一张名片,他于20世纪90年代初期发现了非洲猎龙的化石,并把这些骨头运回到芝加哥大学的基地,现在这些骨化石还保存在那里。

非洲猎龙是一种双足猎食动物,嘴里长满了尖尖的牙齿,每只手上有三个爪。这种恐龙从鼻子到尾尖长约9米。人们找到了非洲猎龙比较完整的化石,里面有大部分的头颅骨,部分的脊柱、手和前肢以及几乎完整的盆骨和完整的后肢。

似鹅龙

似鹅龙属于似鹅龙科,是从似鸟龙下目分出来的一群动物,它的近亲是似鸡龙,似鹅龙和似鸡龙都是在蒙古的纳摩盖吐地层中发现的,但不在一个地区。20世纪70年代,苏联与蒙古联合勘探戈壁沙漠,在蒙古的库苏古尔省(或者叫巴颜洪格尔),人们发现了它的化石(纳摩盖吐被认为是可以代表河流冲积形成的平原)。似鹅龙生活在白垩纪晚期,距现在有7400万年至6500万年,除了似鸡龙以外,这一地点和这一时期的兽脚亚目恐龙还有巨大的特暴龙、恐手龙和小的驰龙、窃蛋龙、伤齿龙等。

似鹅龙用四条短腿走路,身体很长,尾巴很长,嘴巴很长,这种恐龙有些瘦长难看,但跑得很快。这是一种食肉的恐龙,前肢短,爪子长,牙齿不多。似鹅龙于1988年由巴斯博尔德命名。

极鳄龙

极鳄龙是一种双足肉食性蜥臀目恐龙,前肢的爪子很大。人们认为这种猎食动物有两米长,预测体重为30千克,生活在约1.25亿年以前,即白垩纪早期的英国,因为人们是在怀特岛发现它的化石的。

极鳄龙与它的近亲腔骨龙的外形和体积非常相似,所以有人认为它们是同一个属的动物。极鳄龙有时也会与簧椎龙相混淆,但从坐骨上看,它还是合格的美颌龙。一些骨骼碎片可以代表一个物种,但这种讨论在考古学界很不常见。

极鳄龙是一种小型的虚骨形恐龙,与鸟有很多的共性。理查德·欧文于1876年首次对它进行描述并命名为小杂肋龙。哈利·G. 丝莱于1887年将它重新定名为极鳄龙。

人们通过它的荐骨、坐骨、股骨和一些脊椎骨认定了这种恐龙,另外还有一对爪子也可能是极鳄龙的骨化石。因为极鳄龙的肱骨有一种类似翅膀上的前转节,已经明显退化为第四转节,所以这两个爪指(趾)骨,很可能与前面的骨骼都来自于同一个动物。

伶盗龙

1. 沙丘伶羽

蒙古戈壁,裸露的岩石和连绵不断的沙丘构成了单调的景色。8000万年前的蒙古与今天很相似,大部分地区都被沙漠覆盖,只有沿着河流的很小区域有繁茂的森林存在。在一个沙丘后面,一只长有黄色毛发的伶盗龙慢慢地探出脑袋,它们正在观察周围的环境,一次精彩的狩猎马上就要开始了。

成年的伶盗龙体长1.8米,高0.7米,重20千克,比一只食火鸡大不了多少。伶盗龙长有在驰龙家族中比较细长的脑袋,嘴中长有两排锋利的小牙齿,它的眼睛很大,可以捕捉到视野中一丝一毫的变化。伶盗龙的前肢很长,长有像鸟类一样的长羽毛,它的手掌灵活,可以做出简单的抓握动作。与前肢相比,伶盗龙的后肢更长、更强壮,其巨大弯曲的第二趾是它的撒手锏。伶盗龙的身上长有一层短短的黄色绒毛,背上有很多白色的长条纹,这种颜色搭配可以帮它在沙漠中很好地将自己隐蔽起来。

2. 追击鸟面龙

　　隐蔽的伶盗龙瞪着一双大眼睛,目不转睛地盯着沙丘下面的几只鸟面龙。顾名思义,鸟面龙长有类似鸟的脸,它们的前肢超短,而且只有一根指头,在恐龙家族中属于非常特别的一类。鸟面龙体长只有60厘米,浑身长有羽毛,比伶盗龙小很多。别看鸟面龙个子小,但是它们跑得很快,很难被抓到。

　　正是因为考虑到猎物比自己敏捷,伶盗龙才如此小心,它必须尽可能地靠近猎物,然后发起出其不意的攻击。就在它看着下面的猎物时,一不小心碰到了沙丘顶部的沙子,而不听话的沙子开始沿着坡面向下滑。这一细微的变动立即引起了鸟面龙的注意,它们不约而同地将目光投向沙丘方向。伶盗龙不知道自己有没有被发现,但是被这么多双眼睛盯着实有些不自在。它决定不再藏着,一下子跳到沙丘顶部,张牙舞爪地向下冲去。

　　看到伶盗龙突然出现,鸟面龙立即沿着沙丘边缘开始奔逃。伶盗龙见猎物开始逃跑,也马上转了转身子,斜向下冲去。借着沙丘的坡度,伶盗龙快速向下跑去,它现在与鸟面龙的距离在不断拉近,这次捕猎似乎会很轻松。但是下了沙丘之后,伶盗龙发现自己错了,腿长身轻的鸟面龙跑得更快。看着前面快速奔跑的鸟面龙,伶盗龙并不打算放弃,它将前肢贴在胸腔两侧,然后加快了脚步。

3. 护巢的母亲

逃跑的鸟面龙飞奔着从一片灌木旁经过,它们没有注意到那里有一个巢穴,一只窃蛋龙正在孵蛋。受到惊吓的窃蛋龙一下子站起来,遇到了迎面追过来的伶盗龙。伶盗龙看到从灌木丛中突然跳出来的窃蛋龙吓得一个急刹车,它与窃蛋龙太近了,伶盗龙不得不往后退了几步。

伶盗龙想要绕过窃蛋龙继续追击它的猎物,但是无论它怎么左右移动,窃蛋龙都会挡住它的去路。窃蛋龙以为伶盗龙的目标是自己巢穴中的蛋,打算与伶盗龙决一死战。窃蛋龙的体形比伶盗龙大,它们体长 2 米,高约 1 米,由于尾巴很短,所以身体比较大。当窃蛋龙挺胸站立的时候要比伶盗龙高很多,它的嘴中没有锋利的牙齿,脚上也没有巨大的爪子,但是前肢上的利爪却成为致命的武器。

窃蛋龙挺立着身子,不断地挥舞着前肢上的爪子,然后发出响亮的叫声。伶盗龙很恼火,它只不过想借路过去,却莫名其妙地被面前这个愤怒的家伙挡住了去路。面对威胁,伶盗龙也示威性地向窃蛋龙露出嘴中的牙齿,然后发出吼叫声。不仅仅从体形上,窃蛋龙从气势上也真正盖过了伶盗龙。最后伶盗龙退缩了,它转过脑袋垂头丧气地离开了,而获得胜利的窃蛋龙也没有追过去,它现在的首要任务是保护好自己的蛋。

4. 聚集地

饥肠辘辘的伶盗龙在沙漠中游荡,虽然它明知道自己抓不到鸟面龙,但还是将原因归咎于窃蛋龙的出现。白天的烈日将地面的沙子晒得很热,伶盗龙不得不加快步伐,避免脚长时间地踩在滚烫的沙子上。

一股热风迎面吹来,其中带着臭臭的植物味道,伶盗龙一闻就知道那是植食性恐龙粪便的气味,看来又有食物送上门来了。伶盗龙循着猎物一路追踪,很快就在一块洼地中发现了一大群原角龙。这群原角龙的数量是如此之多,以至于伶盗龙都没有办法计算准确的数目。洼地里不仅有原角龙,还有上百个如同火山口一样的巢穴,每一个巢穴上面都铺着已经干枯的树叶。

在伶盗龙看来这就是一个聚宝盆,数以百计的原角龙和数以千计的恐龙蛋正在下面等着它。不过要获得食物需要一定的策略,这些原角龙看似不大,但是四肢行走的它们非常强壮,就像小犀牛一样。原角龙没有尖角和厚甲,它们唯一的武器就是一张大嘴巴,这张大嘴巴是由坚硬的角质构成,外形如同今天鹦鹉的嘴巴。借助面部强大的咬合力,原角龙可以迅速合上嘴,伴随着下颌与头骨的碰撞,发出响亮的"咔咔"声。

原角龙的嘴巴可以有效地杀伤敌人,就连伶盗龙也不例外。伶盗龙非常清楚这一点,但是身经百战的它早就学会了怎样快速、安全地杀伤这些嘴巴坚硬的猎物。

5. 偷蛋贼

伶盗龙沿着起伏的沙丘边缘慢慢地向原角龙群靠近,这个时候它已经顾不得脚下滚烫的沙子,所有的注意力都集中在猎物身上。看到这些巢穴不禁让伶盗龙想起了鲜美多汁的蛋,在这样的鬼天气里吃上一个绝对是顶级的享受。

伶盗龙现在已经来到距离原角龙群不到20米的地方,一个个巢穴就在眼前,它甚至能够看到最近的巢穴中白色的蛋尖在叶子间若隐若现。不过伶盗龙已经无法再靠近了,这20米的距离是毫无遮拦的开阔地,只要它一抬身体就会被发现,然后遭到许多原角龙的围攻。伶盗龙在盘算着,它在计算如果就这么突然冲过去安全抢到恐龙蛋的机会有多大。似乎怎么计算,它都没有办法全身而退。

就在伶盗龙思考时,一只原角龙离开了群体要去觅食,这让思索中的伶盗龙一下子转变了目标,既然蛋吃不上,那还是吃肉吧。伶盗龙悄悄地转过身,然后随着原角龙离开的方向跟了过去。

觅食途中的原角龙不急不慢地走着,它今天心情很好,根本就没想到会有危险。正因如此,它放松了警惕,没有感知到身后的伶盗龙。当听到身后的奔跑声和呼吸声,一切都已经来不及了,阵阵疼痛迅速从背部传来,然后就是脖子开始被伶盗龙撕咬。受到攻击的原角龙扭头看到了伶盗龙凶神恶煞的面孔,这家伙现在正骑在自己的背上。

6. 割喉弯爪

原角龙拼命地扭动着身体,一下子将背上没有抓牢的伶盗龙甩了下去,趁着这个机会开始逃命。它四腿并用,掀起一阵阵沙尘。看着逃跑的原角龙,摔落在地的伶盗龙一下子跳了起来,然后迅速地追了上去。

吃了亏的原角龙这下子知道伶盗龙在身后了,四肢奔跑的它开始不停地变换脚步,以S形路线向前奔逃。对于后肢行走的伶盗龙来说,想要灵活地转向并没有那么容易,这个时候前肢上的羽毛就起作用了。当伶盗龙快速奔跑的时候,它们会像鸟类张开翅膀一样伸展前肢,而前肢上的羽毛可以帮助调节奔跑中的重心,以此来帮助伶盗龙快速转向。

靠着这个本领,伶盗龙又一次追上了原角龙。这次它没有再跳到猎物的背上,而是从侧面将猎物撞倒。就在原角龙倒地的瞬间,伶盗龙跳了过来,用脚上的大弯爪朝着原角龙的脖子狠狠踢了一脚。弯爪穿透了皮肤,直接割开了原角龙脖子上的动脉,鲜红的血液瞬间喷溅而出。惊慌的原角龙奋力站了起来,但是它突然感觉浑身的力气就像被抽空了一样,腿一软倒在了血泊中。

伶盗龙之所以能够干掉冲力十足的原角龙,除了尖牙利爪,更多的是依靠自己的智慧。在白垩纪凶险的戈壁中,伶盗龙正是靠着高人一等的智商才能生存下来,它们总是能想出办法抓住猎物。

后弯齿龙

后弯齿龙是一种食肉恐龙,1868年杰瑟夫·莱迪为它命名。后弯齿龙的意思是"向后的牙齿",

这是一个让人怀疑的名字,但在白垩纪晚期的地质层中发现了典型的标本———一颗前颌骨牙齿。原来的标本已经丢失,但后来在美国的很多州、加拿大西部和亚洲的很多地方都能找到相同的牙齿。

这些牙齿几乎都属于年轻的暴龙科恐龙,但无法进一步鉴定,莱迪于1868年将没有锯齿的前颌骨牙齿命名为后弯齿龙。这个标本是在美国蒙大拿州的朱迪斯河荒原找到的。

基于牙齿命名一直是一个难解的谜,因为没有找到其他的与其对应的骨骼部分。第一块可能是后弯齿龙的骨骼是在20世纪80年代挖掘出来的。

拜伦龙

拜伦龙是一种伤齿龙,生活在1亿4550万年至6550万年以前,相当于整个白垩纪。它的名字是为了纪念拜伦·贾菲而起的,以纪念贾菲一家对蒙古科学院和美国"博物教研科考团博物馆"的支持。拜伦龙是一种很小很机敏的恐龙,体长约1.5米,身高约0.5米,体重约4千克。与其他伤齿龙不同,它的牙齿上没有锯齿,而是呈锥子状,与鸟相似。目前找到了两个拜伦龙的遗迹,包括两个头颅骨,其中一个为23厘米长。

它的口鼻部有一个腔,通过这个腔空气可以进入鼻孔,然后才能进入到口腔,这是与鸟类相似的另一特点。考古学家测量出其体重和大脑的体积后,认为拜伦龙的智商比其他恐龙高得多。

拜伦龙虽然体积小,但是属于食肉类最聪明的兽脚亚目,尖锐的爪、长而呈U形的颌骨和敏捷性让它成为最好的猎手,全年都能吃到好东西。

恶龙

马达加斯加岛位于非洲东南部,以其动物奇特而闻名。大约7000万年以前,马达加斯加住着各种奇怪的恐龙,恶龙就是其中之一。这种奇怪的小恐龙除了牙齿外,表面上与迅猛龙相似。它上下颌上最前面的牙齿向前突出,这种样子让人们感到它最需要看牙医。

这种恐龙的名字来源在马达加斯加文字中表示"邪恶"的意思。它的前肢比后肢略短。化石标本中有两块最重要的头颅骨,所以我们依此能够推测出它的形状和长度,但总的说来标本中只有它40%的骨骼。

恶龙的种名为诺富勒,这是为马克·诺富勒起的,诺富勒是摇滚乐队"恐怖海峡"的吉他手和歌手。发现这种恐龙的考古学家在他们发现和挖掘马达加斯加龙化石时,正在听诺富勒的音乐。

似鸟龙

似鸟龙很像鸵鸟,没有牙齿,只有骨质的喙,头小,眼睛大,大脑相对很大。它的脖子长,尾巴长,腿长,骨中空。似鸟龙体长4.5~6米,身高为2.7米。它身体约一半的长度是脖子和尾巴。前肢很短,手上有三个指头,指头有爪;腿很长,脚上有三个脚趾,脚趾上有爪。长尾巴起到平衡作用,快速转弯时起到稳定作用。

似鸟龙生活在7600万年至6500万年前的白垩纪晚期,与它同时代的恐龙还有阿尔伯特龙、副栉龙、优头甲龙、小贵族龙和矮暴龙。

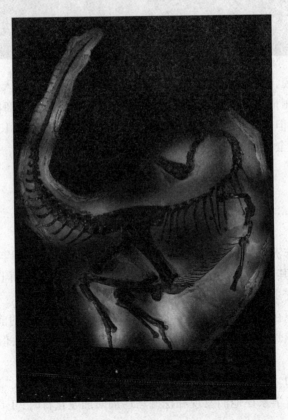

似鸟龙为杂食动物,吃动物和植物,例如昆虫、小的爬行动物、哺乳动物、蛋、水果、叶子等。它用两条后脚走路,速度很快、很敏捷,跑起来的速度能达到每小时 43 千米,与鸵鸟的速度相当。似鸟龙是恐龙中智慧最高的一种。

原始祖鸟

原始祖鸟的化石是在中国发现的,这个属的恐龙大小如同火鸡,是有羽毛的兽脚亚目恐龙,生活在 1.35 亿年至 1.2 亿年前,即白垩纪早期。在中国辽宁的义县附近,考古学家在古河床的沉积岩中发现了这种恐龙的化石。

始祖鸟是人类知道的最古老的鸟类,而原始祖鸟比始祖鸟更加古老。它身长 1 米左右,可能比始祖鸟更大一些,尾巴上的羽毛进化得很好。它的手细长,上面有三个手指,指尖上长着弯曲而锋利的爪子。它的骨骼是空心的。虽然与鸟类十分相似,但它不会飞翔。原始祖鸟的羽毛可能只是用来防寒的,即在寒冷的天气里保持体温。

原始祖鸟是偷蛋龙中最原始的成员之一,它的切齿很大,表明它与切齿龙的关系很近。它的化石很像鸟类的骨骼,说明它在进化中处于一个过渡阶段。

蜥鸟龙

蜥鸟龙是一种双足恐龙,跑得很快,生活在 8500 万年至 7700 万年以前的白垩纪晚期。与伤齿

龙科的其他成员一样,蜥鸟龙很可能是以肉食为主的。它的眼眶很大,具有双视觉,有很好的景深感,所以它在白天和夜晚的视觉都非常好。

　　蜥鸟龙的头很长、很低,口鼻部很扁,牙齿锋利,大脑相对很大。科学家们认为,它的手臂很长,具有抓握能力,所以能抓住猎物——一些小的动物。和其他的恐龙相比,蜥鸟龙的每只脚的第二趾上有特别大的爪子。

　　在蒙古人们发现了它的化石,1924 年,亨利·F. 奥斯本为它命名。

　　蒙古蜥鸟龙是该属的模式种和唯一种。

伤齿龙

　　伤齿龙是一种双足恐龙,跑得很快,脚很长,它喜欢吃肉,牙齿有锯齿。颌骨以 U 形联合在一

起,与鬣蜥相似。伤齿龙非常聪明,大脑与身体的比例最高。这种恐龙约 3.5 米长,高 1 米,重 50 千克。它体态轻盈,后腿很长,尾巴坚硬。伤齿龙的眼睛很大,而且可能听觉也很好。它的手指很长,上面有爪,这很利于抓住猎物,它的脚上也有爪。

伤齿龙生活在 7600 万年至 6000 万年以前的白垩纪晚期。作为食肉动物,伤齿龙可能采食各种能够用牙齿或爪子切开或撕开的东西。伤齿龙的后腿细长,与鸟的腿相似。在奔跑时,它会向上收起中间的指头,用其他的几个指头着地。

半鸟

目前发现的最像鸟类的恐龙生活在约 9000 万年以前,它叫作半鸟。这种食肉动物不会飞,有 1.2 米高,2.5 米长,与今天的鸵鸟大小相当,但外形像迅猛龙。它的前肢结构很像鸟的翅膀,可以拍动。它的坐骨明显朝向后方。从它的肩部结构看,它很适合于飞行运动。它的肩部结构适应前肢向前、向后、向内、向上和向下运动(这是拍打翅膀的动作)。这些说明它与飞行的起源有关。

布宜诺斯艾利斯的自然博物馆的奥尼拉斯·诺瓦斯在阿根廷巴塔哥尼亚高原(阿根廷南部地区)的河床上找到了半鸟的 20 块化石,他将这种恐龙命名为科阿韦拉半鸟,意思是“来自巴塔哥尼亚高原西北的半个鸟”,这是用拉丁语和当地的马普切语共同组合而成的词。

暴龙

肉食性恐龙是中生代陆地上的霸主,特别是那些体形巨大的家伙,它们一直占据着顶级掠食者的位置。如果将恐龙家族比喻成一个王国,那么这个王国的国王一定是最为强大的掠食者,它有着不可侵犯的威严,而暴龙就是最具备这种威严的家伙。

1. 外形特征

暴龙是一种体形巨大的肉食性恐龙,体长超过 13 米,高约 5 米,体重近 10 吨。一只成年暴龙比今天最大的陆生动物非洲象还要大很多。

　　暴龙的脑袋很大,长度超过 1.5 米,看上去结实而沉重。与其他肉食性恐龙不同,暴龙的头骨不仅长,而且又宽又高,一改以往肉食性恐龙窄脸的特征。宽脸的暴龙长有一对向前的大眼睛,这对眼睛的视野范围重叠,能够形成很好的立体视觉。

　　暴龙的嘴中长满了巨大的牙齿,其中最长的牙齿近 18 厘米,这些牙齿的形状如同香蕉,可以刺穿甚至咬碎猎物的骨头。在暴龙的大嘴巴中一共长有超过 60 颗牙齿,它们具有惊人的杀伤力!

　　在暴龙的身体比例中,不仅脑袋占了相当大部分,它的脖子也较为粗壮。暴龙不仅身体强壮,尾巴也是又长又有肉,这样可以平衡整个身体的重心。值得一提的是,暴龙的前肢却出奇地短小,已经成了它们的特色了。虽然暴龙前肢相对很短,但是长度也差不多与成年人的手臂一样长,毕竟体形在那里。与前肢的短小不同,暴龙的后肢长而健壮,在大型肉食性恐龙中也是名列前茅的。暴龙的后肢能够为其提供强大的动力,暴龙在短距上的爆发速度可以达到每小时 20 千米。

　　2. 发现和命名

　　早在 1874 年,古生物学家就在科罗拉多州发现了暴龙的牙齿。之后的 20 多年里,在北美洲又相继发现了很多属于暴龙的化石。但是由于研究的局限,这些化石都被认定属于不同种类的恐龙。

直到1900年,美国自然历史博物馆副馆长巴纳姆·布朗在怀俄明州东部发现一些化石。1902年,他又在蒙大拿州的海尔河组地层发现了相似的骨骼。这些化石后来被运回美国自然历史博物馆,1905年博物馆馆长奥斯本将1900年发现的化石命名为野蛮龙,而将1902年发现的化石命名为暴龙。这两具化石的研究被公布在同一份文章中,因为研究目录先提到了暴龙,因此暴龙具备了优先命名权。

暴龙的学名意思是"残暴的蜥蜴"。暴龙的名字来自其巨大的体形和由此而来的凶猛掠食行为。暴龙的中文名来自对其学名的翻译,简洁而准确。除了暴龙,它的中文名还有霸王龙、暴君龙等,其中霸王龙更响亮,也更霸气。

暴龙属下目前只有一个种:模式种雷克斯暴龙,学名来自拉丁文,意为"君王、皇帝",代表了它在恐龙世界中的统治地位。因为其名字在发音上极具特色,因此它们成为唯一一种以完整学名(属名＋种名)被称呼的恐龙。

3. 生活习性

暴龙是恐龙家族中体形最大的掠食者,也是最后的掠食者,它们又是怎样猎杀其他恐龙的呢?

古生物学家通过对暴龙头骨进行研究,发现在其鼻腔内有一个空腔,这个空腔可以容纳大型的嗅觉神经球。正是这个神经球给予了暴龙超强的嗅觉,它们可以通过神经球识别空气中猎物的气味,然后循着气味追踪并发现远处的猎物。

当暴龙看到猎物的时候,它们的双目可以立体成像并锁定猎物的位置,然后根据不同的地形选择伏击还是追击。暴龙虽然不聪明,但是它却具有大型肉食性恐龙中最高的智商,会简单地思考。

当暴龙决定开始猎杀的时候,它们会突然间冲出来,然后在短时间内将自己的速度提到最高。差不多10吨的体重限制了暴龙的机动性,它们无法长时间保持高速,所以必须在短时间内追上或是截住猎物。

暴龙的攻击无异于来自地狱的召唤,它强大的咬合力和锋利的牙齿是绝佳的组合。依靠头部和颈部肌肉群提供的巨大力量,暴龙拥有高达5吨的咬合力,它们在撕咬猎物的时候不仅会将猎物的皮肉切碎,甚至能咬断对方的骨头。

一些古生物学家认为暴龙的身体过重,根本无法追上它的猎物,所以是食腐动物。这个观点未免过于主观,暴龙肯定不会错过动物的尸体,但它们主要还是主动掠食者。

4. 生存环境

拥有强大咬合力的暴龙,其化石主要被发现于兰斯组和海尔河组地层。暴龙生存于中生代最末期的北美洲,其生存范围非常广阔,从北方的加拿大直到南方的墨西哥湾都有它们的足迹。暴龙的生存环境既有平坦的河口三角洲,又有起伏的丘陵,它们是北美洲最后的国王。

5. 猎物

暴龙是其生存环境中的顶级掠食者,当时没有任何一种肉食性恐龙能够挑战它的霸主地位。目前古生物学家已经在北美洲发现了大量的暴龙化石,这充分显示了暴龙在当时的兴盛。

在暴龙的统治下,几乎所有的恐龙都是它的猎物,其中最常见的就是三角龙和鸭嘴龙。鸭嘴龙是一种体形较大、没有太多防御能力的恐龙,不过其数量比较少,因此暴龙捕捉它们的机会并不多。相反,当时三角龙的数量非常多,是暴龙的主要猎物。古生物学家在许多三角龙化石上都发现了暴龙的咬痕。

6. 发现的意义

暴龙的发现将我们对肉食性恐龙的认识推向了一个新的高度,在它被发现之前,人们从来都不知道陆生食肉动物可以长得如此之大。暴龙的发现对研究肉食性恐龙的进化及了解它们的生活提供了宝贵的资料。

皱褶龙

对于自己的长相,皱褶龙一定觉得非常无奈,因为在它还非常年轻的时候,它的脸上就已经出现了象征老去的皱纹。所以,它或许很不喜欢在白天的时候到湖边喝水,因为湖水能清晰地映出它的模样。

皱褶龙来到这个世界的时候,时间已经走完了侏罗纪,来到了白垩纪早期,这正是恐龙的鼎盛时期。

除了那张爬满皱纹的脸,皱褶龙还有长得更加奇特的地方。在它的头顶两侧各有 7 个洞孔,孔洞上长有肉质的冠。这些冠可能拥有绚丽的色彩,可以在异性面前炫耀,也可能只是用来调节体

温,不同的温度会在肉质冠上显示出不同的颜色。不过,虽然我们还并不十分清楚它的用途,但单单是从样貌上来看,它们的确非常奇特。

当然,除去这些有趣的特点之外,皱褶龙也和普通的肉食性恐龙没有多大区别,它们的身体结实,脑袋厚重,具有坚硬的头骨,是攻击敌人的好武器;它们前肢短小而后肢修长,虽然体形庞大,但善于奔跑,这是典型的阿贝力龙科恐龙的特征。

皱褶龙的体长7~9米,臀高2.5米,体重约1吨,是一种中等大小的肉食性恐龙。

激龙

激龙之所以被命名为激龙,是因为只有这个名字才能准确地形容出当时科学家们见到它时的心情。

激龙唯一的化石是一个长80厘米的头颅骨,发现于巴西,生存于下白垩纪。不过,这个化石刚开始并不是由古生物学家发现的,而是被一个业余化石挖掘者挖掘出来的。这个业余挖掘者为了能让头骨看起来更完整,然后卖个好价钱,就在头骨上涂上了大量的石膏。而古生物学家得到这个化石后,经过了大量的工作才发现了其中人工修改的部分,并花了很多时间与金钱重建了它的原貌。

所以,当真正的激龙头骨展现在古生物学家面前时,他们异常激动,从而决定为这只恐龙起名激龙。这个化石目前存放在斯图加特自然历史博物馆。

激龙的头骨化石相当完整,只缺少上下颌前段,是目前最完整的棘龙科头骨化石。

激龙具有矢状头冠,从口鼻部延伸至头顶。激龙的牙齿直而长,是圆锥状。与棘龙相比,激龙的上颌牙齿较少。

南方猎龙

在谈到恐龙的时候,我们往往集中于亚洲、北美洲和欧洲等地,很少会提及澳大利亚,但这很大程度上和古生物学家的挖掘有关,而不代表中生代的澳大利亚没有恐龙出没。

下面介绍一种生活在澳大利亚的肉食性恐龙,它叫南方猎龙,是白垩时期澳大利亚的最高统治者。

和之前提到的大型肉食性恐龙比起来,南方猎龙实在是有些袖珍,它的体长只有5米,臀高2米,体重约500千克。但是,这并不能阻止南方猎龙成为凶猛的国王。

南方猎龙同样长有锋利的牙齿,那些是它们非常重要的捕食工具。不过,对于南方猎龙来说,或许它们并不需要经常用到这些牙齿,因为它们有更加强大的武器。

在南方猎龙的两个前肢上长有两个大弯爪,每一个都有20厘米长。它们就像两把锋利的弯刀一样,可以在猎物身上划开深深的伤口。

撕咬猎物时,它们会用这两把弯刀打头阵,等猎物感觉到身体的疼痛而丧失体力的时候,再用锋利的牙齿撕咬对方。

除此之外,南方猎龙的尾巴很长,身材苗条,在强壮后肢的支撑下,能够快速运动。

中华丽羽龙

中华丽羽龙又名中国美羽龙、中华美羽龙,意为"中国的美丽羽毛",是美颌龙科恐龙的一属,化石发现于中国的义县组尖山沟层,年代为下白垩纪,约1亿2460万年前。中华丽羽龙与近亲华夏颌龙相似,但它们的体形较大,身长2.37米,是已知最大的美颌龙科物种,也是已知最大型的有羽毛恐龙,稍微大于镰刀龙类的北票龙。中华丽羽龙的种名意指它们为巨大的美颌龙科恐龙。中华丽羽龙与华夏颌龙、其他美颌龙科的差异在于它们手部与手臂相较,比例相当长,而且比大部分美颌龙科还长,这个特征可能与它们的体形相关。

如同其他在义县组所发现的兽脚亚目恐龙,中华丽羽龙也保存了简易的似羽毛覆盖物,非常类似中华龙鸟身上的覆盖物。中华丽羽龙的最长羽毛位于臀部、尾巴基部以及大腿后侧,各部位的羽毛长度不同。这些最长羽毛的长度为10厘米。有趣的是,蹠骨部位也发现了羽毛。但与小盗龙、足羽龙的足部羽毛相比,中华丽羽龙的足部羽毛并没有那么长、先进。这个发现显示,足部羽毛的演化出现于比目前所知更为原始的恐龙。

中华丽羽龙的骨骸保存良好,腹部区域有一个驰龙科的部分腿部,这个部分腿部包括一个完整的小腿、足部、趾爪,并处于生前的关节未脱落状态。相对于中华丽羽龙的腹部而言,这个部分腿部相当大,几乎占满整个腹部区域,并位于肋骨之下。2007年,中华丽羽龙的叙述者姬书安等人认为这个化石显示中华丽羽龙以较小、类似鸟类的恐龙为食。这个发现也显示中华丽羽龙可能是一种敏捷、活跃、残酷的掠食动物,而其他美颌龙科化石的腹部区域则是发现了蜥蜴与小型哺乳类动物。

除了驰龙科的腿部以外,腹部区域也发现了四个不规则形状的石头,而骨骸的其他部位与周遭岩石并没有发现类似形状的石头。研究人员认为这些石头是胃石,恩霹渥巴龙与拜伦龙也有类似的发现。其他的兽脚类恐龙也发现有胃石,例如尾羽龙与一种蒙古似鸟龙科,但它们体内的胃石数量较多、较小。姬书安等人推测后两者恐龙可能主要为植食性,而且胃石的数量与大小也符合它们的食性;他们假设植食性动物吞下许多小型石头,而肉食性动物则吞下少量较大的石头以协助消化。

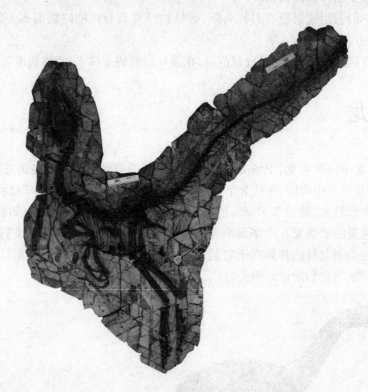

相较于它们的近亲,中华丽羽龙的体形较大,显示美颌龙科有体形加大的演化趋势,类似其他的恐龙支系。

纤细盗龙

当时间进入白垩纪的时候,我们不得不提到一类恐龙。它们有着超高的智慧、温柔的性情和漂亮的外表,不过在它们温顺的外表下,却隐藏着极度凶残的本性。它们以近乎完美的生存技能,驰骋中生代将近一亿年。它们就是驰龙科恐龙,以后肢上像镰刀一样的弯爪为标志性特征。

如此鼎鼎有名的驰龙家族的序幕是被出生在中国辽西的一只不起眼的小恐龙拉开的，人们叫它纤细盗龙。

纤细盗龙是一属下白垩纪的恐龙。它是属于驰龙科小盗龙亚科，是在2004年首次被描述。它的化石在中国辽宁省的北票市发现，包括了部分上颌骨、接近完整的前后肢、部分脊椎及一些牙齿。

纤细盗龙的体长为1.5米，高0.5米，重约10千克，是目前发现的热河生物群中体形最大的驰龙科恐龙。

临河盗龙

我们对于恐龙的了解几乎全部来自化石，但是大部分化石只能为我们提供只言片语，这让科学家们很头疼。

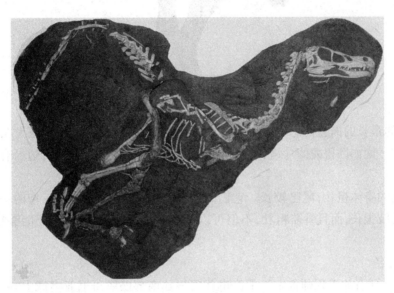

不过，临河盗龙的化石却是个意外。它保存得相当完整，甚至保存了临河盗龙死亡的姿势，这异常难得！从临河盗龙的化石标本上，古生物学家发现了过渡的特征，它代表了后肢细长的原始驰龙科向相对粗壮的进步驰龙科进化的过渡环节。

临河盗龙是白垩纪晚期小型肉食龙类的一种猎食性恐龙，属驰龙类，生活在大约8000万年前的中国内蒙古巴音满都呼地区。临河盗龙体长大约2.5米，体重约25公斤，奔跑能力很强，非常敏捷。

南方巨兽龙

一直以来，暴龙都是恐龙世界中的绝对王者，被称为"中生代的皇帝"。在暴龙被发现后近100年的时间里，人们再也没有发现比它个头更大的肉食性恐龙，似乎暴龙已经稳坐皇帝的宝座。但是到了20世纪90年代，来自南美洲的发现第一次向暴龙发起了挑战，一种巨型的肉食性恐龙赫然出现在人们面前，它就是南方巨兽龙。

1. 外形特征

虽然根据一些零碎的骨骼，有的古生物学家推测南方巨兽龙的体长超过15米。但是根据目前比较确凿的资料显示，南方巨兽龙体长约13.5米，身高4.5米，体重不超过11吨。拥有如此巨大体形的南方巨兽龙是目前发现的体形最大的肉食性恐龙之一。

南方巨兽龙脑袋巨大，已经发现的最大的头骨长达1.92米，超过了棘龙1.8米的最大头骨长

度,是目前发现的最长的肉食性恐龙头骨。南方巨兽龙嘴也很大,在这样一张大嘴中,成排的牙齿变成了最好搭配。南方巨兽龙的牙齿长约 20 厘米,外形呈现很薄的匕首状,边缘有锯齿结构,适合切割。

南方巨兽龙的身体粗壮,尾巴较长。它们的前肢较短,末端长有一个三指的手。相比较而言,南方巨兽龙的后肢很长,而且骨骼粗壮,不但可以轻松支撑起沉重的身体,还能够在短时间内快速行动。

2. 发现与命名

1993 年,阿根廷石油工程师鲁本·卡洛琳在阿根廷南部巴塔哥尼亚高原上寻找矿产资源。卡洛琳开着他租来的破车行至利迈河下游一带的沙丘附近时,车突然抛锚了。卡洛琳没有办法,只好下车看看能不能将车修好。就在这时,路边的一块石头吸引了他的目光。根据经验,卡洛琳觉得那块石头可能是某种动物的化石,于是他将化石挖了出来,并且带着它去拜访了科马约国立大学的古生物学家罗多尔夫·科里亚和利安纳度·萨尔加多。

看到化石的科里亚和萨尔加多简直不敢相信自己的眼睛,这是一块大型兽脚类的胫骨。循着卡洛琳的指引,科里亚等人很快来到了化石发现地进行发掘。经过发掘和研究,科里亚最终在1995年出版的《自然》杂志上发表了这一惊人的发现——巨大的南方巨兽龙。

南方巨兽龙的学名意思为"来自南方的巨大蜥蜴"。南方巨兽龙的名字来自于它巨大的体形及在白垩世南美洲食物链中的顶级位置。南方巨兽龙的中文学名直接来自对其学名的翻译。除了这个名字,它的中文名称还包括南巨龙、巨兽龙、超帝龙、巨型南美龙,这些名字大部分是对其学名不同形式的翻译和引申。

南方巨兽龙属下目前只有一个种:模式种卡洛琳南方巨兽龙,种名则是献给化石的发现者鲁本·卡洛琳,以纪念他在南方巨兽龙发现过程中做出的重要贡献。

3. 生活习性

南方巨兽龙是巨大的猎人,在捕猎中主要依靠嘴中锋利的牙齿。南方巨兽龙的牙齿虽然很大,但是很薄,与暴龙香蕉状的牙齿不同。牙齿决定了南方巨兽龙无法一口咬死猎物,所以它在对付大型猎物的时候会不停地撕咬猎物,在猎物身上造成很多的伤口,最后等待猎物因为失血过多而死。

通过对南方巨兽龙的祖先马普龙的研究,我们了解到南方巨兽龙很可能具有群居的习惯。只有共同捕猎,南方巨兽龙才有机会杀死体长超过30米的巨型蜥脚类恐龙。想象一下,一群体长超过13米的巨型肉食性恐龙共同扑向你时,将是一件多么可怕的事情。

4. 生存环境

发现南方巨兽龙化石的地层叫利迈河组地层。利迈河组地层是白垩纪南美洲重要的地层,这里发现了包括南方巨兽龙在内的多种著名的恐龙。从地层中获取的信息来推断,南方巨兽龙生活的世界放眼望去既有稀疏的森林,同时也有大块的开阔地。

5. 对手和猎物

南方巨兽龙在其生存环境中是绝对的顶级掠食者,它的体形明显超过其他肉食性恐龙,所以那些肉食性恐龙不得不生活在它的阴影之下。

从目前发现的化石看,南方巨兽龙的主要猎物包括安第斯龙和利迈河龙。这两种恐龙都属于长脖子、小脑袋的蜥脚类,不过体形上相差很大。安第斯龙的体形巨大,体长近40米,体重可能达到

80 吨,对付这样的大家伙南方巨兽龙必须要成群出动。利迈河龙的体形中等,体长 15 米,体重约 8 吨,一只南方巨兽龙就可以轻松将其杀死。南方巨兽龙更喜欢捕食利迈河龙,一般只有在食物短缺的时候才会捕猎巨大的安第斯龙。

6. 发现的意义

在南方巨兽龙被发现后的一段时间内,大家都认为它比暴龙更大,不过现在看来,它只是在长度上略微胜过暴龙,而在身高、体重等很多方面都在暴龙之下。不过南方巨兽龙的发现并不是创造什么纪录,它的发现让人们眼前一亮,动摇了暴龙在恐龙世界中的绝对王者地位,告诉人们在白垩纪的南方大陆上曾经生存着一群强大的肉食性恐龙。在南方巨兽龙之后,同属于鲨齿龙亚科的鲨齿龙、马普龙纷纷登场,显示了这个家族的强大实力。

似驰龙

因为一颗仅存的牙齿化石,在亿万年后的一天,似驰龙以骄傲的姿态进入了人类的视野。不过,让它们家族有点郁闷的恐怕是发现它们的人类为它们起的名字,一群真正的驰类科恐龙却被叫成了似驰龙。

这是目前为止发现的化石证据最少的一种恐龙,根据在丹麦北部的一个不岛——博恩霍尔姆,发现的那颗长约 2.1 厘米、形状向后弯曲的侧扁圆锥形牙齿,似驰龙将真面目暴露在了人类面前。

不过,由于发现的地层并不清晰,化石证据也太少了,古生物学家只能大概判断,似驰龙生活在白垩世的欧洲,体长2.5~3米,是欧洲已知早白垩世唯一确认的驰龙科恐龙。

这颗被发现的断齿,并不像人们所想象的那样,是在与其他恐龙的对决中被敌人打断的,因为依照它磨损的程度看,这颗牙齿更像是用久了而松落的。不过,倒极有可能是因为某次袭击,加速了这颗老化牙齿的脱落,从而为整个似驰龙家族保存了其原始的生命证据。

栾川盗龙

栾川盗龙体长2.6米,高约0.8米,体重大约30千克,全身覆盖着松软的毛发状皮肤衍生物和原始羽毛。

身体上的优势让它们行动非常迅捷,在捕猎时轻盈的身体和飞快的速度是它们最大的优势。

亚洲是个盛产恐龙的地区,但分布得并不广,大多数驰龙科恐龙化石集中发现于蒙古和中国东北部。而生活在河南的栾川盗龙的发现,成为除上述地区外,在亚洲发现的第一件驰龙化石标本。

栾川盗龙是在中国中部发现的一属驰龙科恐龙,地质年代为晚白垩世早期。它的化石标本是在河南省栾川秋扒组发现的部分骨骼,包括有四颗牙齿、一根额骨、一节颈椎、一或两节背椎、17节尾巴脊骨、肋骨、人字骨、肱骨、指骨及爪、部分肩胛骨及骨盆,并有其他零碎的骨头,都是来自中等身形的驰龙科。

中国猎龙

中国猎龙属于原始伤齿龙科,是该科目前年代最古老、最原始的物种。中国猎龙身形很小,就像一只鸡那么大。它的嘴里长着细小的牙齿,每只脚上有三趾,都长着长而锋利的弯指甲,像鸟一样,非常凶猛。而它的前脚已经演化成像鸟一样可以向两侧伸展的翅膀,身上具有从恐龙向鸟类演化的过渡特征。科学家们发现它们与最原始的驰龙科、鸟翼类有共同特征,显示这三个近鸟类支系有相近亲缘关系。

中国猎龙化石全称应该是"张氏中国猎龙"，之所以这样命名，主要是为了纪念牵头进行"热河生物群综合研究"的中科院院士张弥曼女士。这个项目从 1997 年开始启动，十几位中国科学家每年都要在辽西、冀北地区进行为期 2～4 个月的野外发掘。仅恐龙化石就发现了十几种，包括鹦鹉嘴龙、小盗龙、热河龙、尾羽龙等。这些恐龙都生存在 1.1 亿年前到 1.3 亿年前之间。

而"张氏中国猎龙"化石的发现也很偶然。在 2001 年的六七月间，包括徐星在内的十几位中外科学家在辽宁省北票市一个名为上园的小镇上发掘出了一些与众不同的恐龙骨骼化石。其中的两具"张氏中国猎龙"令科学家们尤为惊喜，一块保留了相对完整的头骨构造和不太完整的头后骨构造，另一块则恰好保留了完整的头后骨构造。

瓦尔盗龙

极高的智慧、强壮的带有极强攻击力的前肢以及可怕的镰刀状钩爪，这些驰类科恐龙赖以生存的绝技，幸运的瓦尔盗龙都具备。

而更让其他恐龙羡慕的是，瓦尔盗龙那一双超大的眼睛拥有立体视觉。当它聚焦到某个点时，重叠的视角便形成了立体视觉，这不仅能让它看清楚这个点，而且连这个点与周围物体间的距离、深度、凹度都能判断出来。

除此之外，它还拥有极强的夜视能力。这一极其特别的能力，让它能自由地在黑暗中驰骋，从而成为晚白垩世最优秀的杀手之一，虽然它的体形还不如一只狗大。

所以，狡猾的瓦尔盗龙最喜欢在夜晚奔走于灌木丛中，猎杀那些美味的哺乳动物。在寂静的夜晚，很少会有别的恐龙来和它争食，它真算得上是最幸运的恐龙了！

古似鸟龙

要想还原恐龙的原貌，就需要有相当完整的化石，可这往往是在研究中最困难的一个环节，因为大多数被发现的恐龙化石都残缺不全。但是,这对于古似鸟龙来说并不算是什么大问题,因为它留下了相当多的化石。这也从另一方面证明这种动物在生前是一种演化得非常成功的物种。

古似鸟龙是一种小型的食肉类恐龙,这个族群遗留下相当多的化石,有时候保存了极为精致的牙齿与肢骨。最初,曾经被描述鉴定成似鸟龙属下的一个新种。经过研究,现在已经认定为亚洲似鸟龙科中最原始古老的一个代表成员。

古似鸟龙是恐龙家族中的一种十分奇特的成员。它是一种身高像大鸵鸟一样,双足行走的虚骨龙类恐龙,体长约2.5米,有着轻巧、苗条的体形和与鸟相像的外貌。它的头很小,眼大,上下颌没有牙齿(可能有角质喙),脖子细,尾巴长,有细长、顶端有爪的前肢和强有力的三趾式脚。古似鸟龙善于奔跑,主要捕食昆虫和其他一些小动物,也吃果子。亚洲古似鸟龙及其亲属在7500万年前的白垩纪晚期广泛地分布在北美和中亚等地区。

帝龙

帝龙是一种小型、具有羽毛的暴龙超科恐龙,化石从中国辽宁省北票市的义县组陆家屯发现,年代为下白垩纪,约为1亿3000万年前。

帝龙是最早、最原始的暴龙超科之一,且有着简易的原始羽毛。羽毛痕迹可在帝龙的下颌及尾

巴看到。这些羽毛并不类似现今的鸟类羽毛,缺少了中央的羽轴,用作保暖而不是飞行。在加拿大艾伯塔省及蒙古发现的成年暴龙类,其皮肤上有一般恐龙的鳞片。2004年,徐星等人认为暴龙超科的身体不同部分皮肤,分别覆盖着鳞片或羽毛。他们并认为有可能幼龙是有羽毛,但成长后会脱落,因为不需要羽毛保暖。

模式标本是一个几乎完整、部分关节仍连接的头骨与骨骼,身长约1.6米长,被认为是幼年个体,成个年个体身长可能有两米。其他化石包含一个几乎完整的头骨与前段荐椎、一个头骨,以及一个可能属于帝龙或其他属的头骨。

帝龙保存极好,头骨基本是完整的,这是极为难得的,因为恐龙的头骨骨骼相当薄,难以完整地保存。古生物学家在帝龙的下颌和尾巴尖端周边还发现有纤维构造物,其尾骨化石上的羽毛长约两厘米,并且向30~40度的方向展开,研究人员推测它可能存在羽毛,并起着保温的作用。

帝龙的发现,首先证明了霸王龙类早期的祖先类型是小型的,其后慢慢演化为巨大的霸王龙。后来出现的霸王龙,随着体形的增大和长出鳞片,羽毛就逐渐消失了;其次,帝龙覆盖着羽毛的事实再一次证明了兽脚类恐龙和鸟类有着共同的祖先。

似鸡龙

似鸡龙意为"鸡模仿者",是似鸟龙科下的一属恐龙,于上白垩纪(马斯特里赫特阶)蒙古耐梅盖特地层中被发现。似鸡龙最长可达4~6米,体重440公斤,是最大的似鸟龙科。似鸡龙的化石有很多个体,包括有臀部0.5米高的幼体至2米高的成体。

似鸡龙的拉丁文意为"小鸡仿制品,善于模仿鸡的恐龙"。似鸡龙也许是最大型的似鸟龙,它身材短小、轻盈而且后腿很长,模样略似空彩龙。它身上长满了鸟类一样的羽毛,是奔跑迅速的一种恐龙。它跨步很大,能逃脱多数追捕者的追捕。它看起来像一只大鸵鸟,长着长脖子和没有牙齿的嘴。它的尾巴僵硬挺直,这有助于它在奔跑时保持平衡。似鸡龙的胳膊很短,手上长着三个爪。爪非常锋利,但它们并不能使似鸡龙很好地抓取东西。似鸡龙也不吃肉,因为它撕不开肉。尽管如此,似鸡龙的爪还是很有用处的,因为它可以用爪拨开泥土,挖出蛋来做食物。多数情况下,它以植物为食,但也吃小昆虫,用喙抓来,它甚至还能捕食蜥蜴。

似鸵龙

似鸵龙是一种类似鸵鸟的长腿恐龙,属于兽脚亚目似鸟龙下目,它们生存于晚白垩纪的加拿大亚伯达省,约 7600 万年到 7000 万年前。

很多科普书籍都称似鸟龙与似鸵龙是同一种恐龙,其实是误解了。似鸵龙的拉丁文意为"模仿鸵鸟的恐龙",而似鸟龙的拉丁文意为"像鸟似的恐龙"。

似鸵龙又不很像鸵鸟,它长着一条长长的尾巴,其长度占了整个身体的一半还多。这条长尾巴不像它那条可自由弯曲的脖子那样灵活。当似鸵龙飞跑的时候,它就把尾巴僵直地伸在后面。如果它要飞快地越过一段崎岖不平的坡地,那么似鸵龙的尾巴会起到保持平衡的作用。似鸵龙脚上长着平直的、狭窄的爪子。这些爪子把在地上就好像跑鞋上的钉子,可防止这类恐龙全速追赶它们的猎物时脚下打滑。

似鸵龙的属名衍化自希腊文,意为"鸵鸟模仿者",而种名在拉丁语中意为"高耸的"或"高尚的"。似鸵龙是一种双足动物,身长约 4.3 米,臀部高度为 1.4 米,重量约 150 公斤。似鸵龙是省立恐龙公园中最常见的小型恐龙之一。似鸵龙的繁盛显示它们应为植食性或杂食性,而非肉食性。如同许多 19 世纪发现的恐龙,似鸵龙的分类历史非常曲折。似鸵龙的第一个化石,在 1892年由奥塞内尔·查利斯·马什归类于似鸟龙的一个种。1902 年,劳伦斯·赖博命名了高似鸟龙。1917 年,亨利·费尔费尔德·奥斯本将一个发现于加拿大亚伯达省红鹿河的化石,建立为似鸵龙属。

似鸵龙的手臂长而强壮,但前臂骨头不灵活,而手部的第一指可做出与其他两指相对的有限动作。似鸵龙的手部是似鸟龙科中最长的,具有长的指爪。似鸵龙的三根手指长度相当,指爪微弯;

亨利·费尔费尔德·奥斯本在1917年命名此种动物时,将其手部比喻为树懒的手部。似鸵龙的胫骨长于股骨,显示它们善于奔跑,可能用来逃离掠食动物。在似鸟龙科中,似鸵龙的腿部算是中等修长。脚部修长,蹠骨相当窄、长,具有三个脚趾,上有大幅弯曲的趾爪。

似鸵龙具有典型似鸟龙科的体形与骨骼架构,与似鸟龙、似鸸鹋龙的差别则在于身体比例与细部生理特征。目前已发现数个骨骼与颅骨。似鸵龙的头部小而修长,颈部长度则占了身长的40%。似鸵龙的眼睛相当大,颌部缺乏牙齿,口鼻部前端为喙状嘴。下颌有两对低矮的洞孔。具有10节颈椎、16节背椎、6节荐椎,尾椎数目则不清楚。尾部硬挺,可能具有平衡功能。

目前已发现不同个体的集体化石,使某些科学家认为似鸵龙是群居动物。从系统发生学来看,似鸵龙属于虚骨龙类,因此可能具有羽毛,但没有相关的化石可以证明。如果似鸟龙下目与阿瓦拉慈龙科属于同一演化支,鸟面龙将成为其有羽毛的近亲。

高棘龙

高棘龙,又名高脊龙、多脊龙或阿克罗肯龙,意为"有高棘的蜥蜴",是肉食龙下目异特龙超科鲨齿龙科的一个属,生活在白垩纪早期到中期北美洲的美国,约1.2亿年至1.08亿年前。

如同大部分恐龙的属,高棘龙只有单一种:阿托卡高棘龙。它们的化石发现于美国的俄克拉何马州与得克萨斯州、怀俄明州等州,在马里兰州也发现了属于高棘龙的牙齿。最大高棘龙的标本可长11.8米,体重达到7吨。

高棘龙是最大的肉食性恐龙之一,也是美国南部发现的恐龙中最大的一种。它的棘可以高达0.6米,从颈脖一直延伸到背上,支撑着一个作用不明的肌肉脊。但它并不是所有杀手恐龙中最可怕的一种。和胫骨(小腿骨)相比,它的股骨(大腿骨)很长,显示高棘龙跑得很慢。高棘龙的尾巴粗大,也让它难以灵活转动身体。

不过话说回来,高棘龙是有本事猎杀当时世界上任何一种植食性恐龙的。它常捕食的猎物可能包括帕拉克西龙、腱龙,甚至最高大的波塞东龙。

恐爪龙

在恐龙被发现之后的相当一段时间里,人们认为恐龙分为两类:一类是体形巨大、行动缓慢的大蜥蜴,如梁龙、腕龙;另一类是体形细小、行动敏捷的小精灵,如美颌龙、伶盗龙。不过有一种恐龙的发现完全颠覆了之前人们对恐龙分类的看法,它就是恐爪龙。

1. 外形特征

恐爪龙是一种体形较小但是非常强悍的掠食者,体长 3 米,身高不足 1 米,体重约 75 千克。恐爪龙在其所在的驰龙科中属于体形较大的成员,但是与暴龙等巨型掠食者相比就显得很小了。

恐爪龙长有一个类似于三角形的脑袋,整个脑袋的长度超过 40 厘米。在恐爪龙的脑袋上长有一对巨大的眼睛,而且这对眼睛的视线是重叠的,就像我们人类一样。在它们的嘴中长有 60 颗向后弯曲的小牙齿,这些牙齿就像小刀一样锋利,可以轻易撕裂动物的皮肤。除了感觉器官和猎杀器官,恐爪龙脑袋里最重要的就是大脑了,它们的脑容量在恐龙中相对较大,所以是很聪明的家伙。

与大部分肉食性恐龙不同,恐爪龙的前肢很长,每个手长有三指,在指的末端有弯曲的尖爪。恐爪龙的后肢比前肢更长,而且更健壮,其第二趾上长有一个长达 15 厘米的大爪子,这是恐爪龙的绝杀利器,它可怕的名字正是因为这个爪子而获得的。恐爪龙在捕猎的时候会使用后肢上的大爪子使劲地踢向对方,这一踢的力量非常之大,甚至有可能伤到自己的骨头。

2. 发现和命名

1931 年,美国著名古生物学家巴纳姆·布朗在蒙大拿州发现了一些化石。因为这些化石都保

存在石灰中,无法进一步研究,所以布朗只是指出这些化石属于一种小型的肉食性恐龙。后来这些化石被保存到美国自然历史博物馆的库房中,一放就是30年。

1964年,古生物学家约翰·奥斯特伦姆及格兰特·迈耶重新研究了布朗当年发现的化石,他们发现这些化石非常特别,可能是一种奇特的恐龙。后来奥斯特伦姆和迈耶来到蒙大拿州进行发掘,在这里他们找到了更多、更完整的化石。经过对新发现的化石进行研究,并与之前布朗发现的化石进行对比,1969年奥斯特伦姆等人发表了论文,正式命名了恐爪龙。到目前为止,古生物学家不仅在美国的蒙大拿州、怀俄明州及俄克拉何马州发现了恐爪龙的化石,而且在大西洋沿岸平原也找到了可能属于恐爪龙的牙齿化石。

恐爪龙的学名意思为"恐怖的爪"。恐爪龙的名字来自它后肢第二趾上呈镰刀状的大弯爪。恐爪龙的中文名字来自对其学名的翻译,意思很准确。

恐爪龙属下目前只有一种:模式种平衡恐爪龙,种名意为"平衡",这是因为奥斯特伦姆在研究恐爪龙尾椎骨的时候发现它的尾巴坚韧,尾部结构可以为恐爪龙提供更好的平衡及转弯能力。

3. 生活习性

恐爪龙是一种可怕的掠食者,它们通常都是成群生活的。作为猎人,恐龙不但要具备可怕的武器,同时还要具备灵活性,脚上只有两趾着地的恐爪龙又是怎么做到的呢?

首先,恐爪龙的身体重量很轻,它们体长约3米,重量却不足80千克,而且体重中相当一部分是腿部的肌肉。较轻的体重使得恐爪龙没有那么多的负担,对于腿脚形成的压力也要小很多。

其次,恐爪龙的蹠骨较短,而且很粗壮,可以附着更多的肌肉。短而结实的蹠骨既可以承受身体带来的压力,又可以减少脚骨在攻击时的整体压力,而强大的肌肉群又可以提高大爪子在攻击时发出的力量。较短的蹠骨带来的缺点就是恐爪龙无法像猎豹那样高速奔跑,不过它们跑起来依然很快。

恐爪龙的尾巴很特别,这条尾巴由独特的棒状尾椎骨组成,并得到了加固。恐爪龙的尾巴不仅坚挺,而且灵活。这条尾巴就像平衡舵一样,即使是在崎岖的山路上飞奔,也可以保持身体的整体平衡。

4. 生存环境

恐爪龙的化石被发现于三叶草组和鹿角组地层。恐爪龙生存于早白垩世的北美洲,其生存的地区属于热带、亚热带气候,周围的环境有森林、河口三角洲及湖泊。

5. 猎物和天敌

在三叶草组和鹿角组地层中,古生物学家发现了大量的恐龙化石,其中一组化石却清楚地表明了恐爪龙的猎物是腱龙。腱龙是一种体形较大的植食性恐龙,它们身上缺乏有效的防御结构,因此很容易成为肉食性恐龙的猎物。恐爪龙一般会成群结队地来猎杀腱龙,但是也有一定的风险,拼死反抗的腱龙偶尔会给恐爪龙带来意想不到的麻烦。

恐爪龙虽然凶猛,但是无奈自己体形却并不大,无法与同一时代的高棘龙对抗。高棘龙是北美洲侏罗纪之后体形最大的掠食者之一,处于当时食物链的最顶端。恐爪龙在遇到高棘龙的时候都会躲起来,就算是组成群体也不会与高棘龙发生激烈冲突,毕竟高棘龙的凶暴不是一般恐龙敢面对的。

6. 发现的意义

恐爪龙的发现不仅仅让人们认识了一个全新的恐龙属种,而且还深刻改变了人们对恐龙的看法。恐爪龙的出现一改之前恐龙在人们印象中笨重愚蠢的形象,证明这群史前巨兽行动迅速、反应灵敏。奥斯特伦姆更是根据对恐爪龙的研究提出了"恐龙温血论",这一切成为20世纪古生物学最重大的变革,被称为"恐龙文艺复兴"。

特暴龙

　　特暴龙意为"令人害怕的蜥蜴"，是一种兽脚亚目恐龙，属于暴龙科。特暴龙生存于晚白垩纪的亚洲地区，约7000万年前到6500万年前。特暴龙的化石是在蒙古发现，而在中国发现了更多破碎骨头。过去曾经有过许多的种，但目前唯一的有效种为勇士特暴龙，又译勇猛特暴龙。

　　特暴龙在暴龙科中的分类位置仍未确定。有些科学家认为勇士特暴龙其实是北美洲暴龙的亚洲种。如果属实，将使特暴龙成为无效的分类。即使特暴龙与暴龙不是同种动物，它们被认为有接近的亲缘关系。有些科学家认为，同样发现于蒙古的分支龙，是特暴龙的近亲。如同大部分已知的暴龙科恐龙，特暴龙是一种大型的双足掠食动物，重达数吨，拥有数十颗大型、锐利的牙齿。特暴龙的下颌有特殊的接合构造。另外，就前肢与身体比例而言，特暴龙拥有暴龙科中最小型的前肢。

特暴龙过去生存于潮湿的泛滥平原,布满着河道。特暴龙位于食物链的顶端,是一种顶级掠食动物。

特暴龙是最大型的暴龙科动物之一,但略小于暴龙。已知最大型的个体身长 10～12 米,头部离地面约 5 米。截至 2012 年,还没有完全成长个体的体重数值,但它们一般被认为略轻于暴龙。

特暴龙的化石纪录保存良好,已有数十个标本,包含数个完整的头颅骨与骨骸。这些化石让科学家得以研究它们的种系发生学、头部力学以及脑部结构。

艾伯塔龙

艾伯塔龙身长约 9 米,身高 3 米左右,体重 3.5 吨,属蜥臀目兽脚亚目的暴龙科恐龙。化石发现于北美晚白垩纪地层,因出土于加拿大的艾伯塔省而得名。

艾伯塔龙是一种早期霸王龙类,生活在距今约 7100 万年至 6700 万年前,比我们熟悉的霸王龙要早 300 万年横行于天下。由于它体重较轻,腿部又长,因此是已知暴龙类恐龙中跑得最快的品种。

艾伯塔龙是双足捕食性恐龙,有典型暴龙科恐龙的特征。头部很大,成年艾伯塔龙的头骨长约

1.1米,拥有强壮的S形颈部及两只手指的细小前肢。牙齿分布紧密并呈D字形。它是其所在的生态系统中的顶级掠食者。虽然在兽脚亚目中体形较大,艾伯塔龙比其著名的亲属暴龙细小很多,体重与现今的非洲森林象差不多。

　　1884年首次发现化石以来,目前已发现超过30头的艾伯塔龙化石,并提供很多研究资料。曾在同一地点发现26头艾伯塔龙化石,可见它们有着群体活动,这些化石并能允许科学家研究它们的发育生物学与人口生物学。

窃螺龙

　　窃螺龙是没有牙齿的小型恐龙,就像近亲窃蛋龙一样。这个类群的其他种类可以长到6.5米以上,但窃螺龙还不到这长度的三分之一。不过窃螺龙倒也不是完全像窃蛋龙,它没有头冠,前爪也比窃蛋龙更原始。

第一批窃螺龙骨骼是在 30 多年前于蒙古国的戈壁滩发现的。当时还以为是未成年的窃蛋龙。科学家后来才明白,这是一个全新物种的成年个体。

窃螺龙与众不同的特征之一就是强有力的喙。窃螺龙之名就源于它的喙。而且根据科学家推测,窃螺龙可以用喙夹开螺贝、蜗牛或其他有壳动物,例如寄居蟹。窃螺龙栖息在海滨附近,那里的壳类动物很常见。

擅攀鸟龙

以小型肉食性恐龙来说,擅攀鸟龙有一些奇怪的特征,而这些特征全都显示这种动物会爬树。它的前肢很长,第三指比第二指大两倍(通常肉食性恐龙的第二指是最大的)。而足趾上的爪也特别发达。

为什么会有恐龙想要生活在树上呢? 因为树顶是躲避大型动物的安全藏身处,而且擅攀鸟龙还能在树上找虫子吃。虽然擅攀鸟龙不会飞,但它身上也和当时其他许多小型恐龙一样被羽毛覆盖。

一头年轻的擅攀鸟龙(这也是我们仅知唯一的一种擅攀鸟龙)可以借助自己修长带钩的第三指爬上树。它第一趾趾尖向后弯的特征也是攀爬鸟类所具备的特征。尽管长着长长的羽毛,擅攀鸟龙却不会飞,但或许能够从树上向地面滑翔。

食肉牛龙

脑袋两侧的一对犄角是牧场中公牛的标志,这样的角长在一种吃草的动物头上似乎是合情合理的。在恐龙家族中也有一种恐龙,脑袋上长有公牛一样的角。不过这种恐龙可不是温顺的素食者,而是凶猛的掠食者,它就是食肉牛龙。

1. 外形特征

食肉牛龙是一种体形较大的肉食性恐龙,体长 9 米,高约 3 米,体重 1.5 吨。食肉牛龙的长度与

一辆公共汽车差不多,仅仅是尾巴就占去了体长的相当一部分。

食肉牛龙的头很小,相对于9米的体长,头却只有60厘米。食肉牛龙的头不但小,而且较高,在眼睛上方长有一对标志性的短角。关于这对角的作用,古生物学家只是猜测:有人认为这对角是一种武器,可以用来撞击敌人或是猎物;有人认为这对角是一种标志,用来在交配季节显示自己的实力。虽然我们无法准确知道食肉牛龙头上的这对角是做什么用的,不过这对角的确让它们看上去很有气势。

相对于食肉牛龙的小脑袋,其嘴巴却一点儿也不小,上面整齐地长着两排弯曲的牙齿。作为掠食者,食肉牛龙的牙齿有些过于纤弱,细长而且弯曲,边缘也没有锯齿。

食肉牛龙的脖子较长,可以灵活地将脑袋转来转去。脖子后面的身体修长,胸腔部分倒是很宽阔。古生物学家曾经发现一块食肉牛龙的皮肤化石,里面保存了直径5厘米的骨片,这说明在食肉牛龙的背部长有很多类似于今天鳄鱼的骨片。

食肉牛龙的脑袋已经很特别了,而它们的前肢同样特别。食肉牛龙的前肢非常短,比暴龙还要短,长度甚至没有一个人的胳膊长。与出奇短小的前肢相比,食肉牛龙的后肢超长,等于前肢长度的7倍,如此悬殊比例的前后肢搭配起来,真的是很有意思。

2. 发现和命名

1985年,古生物学家何塞·波拿巴在阿根廷巴塔哥尼亚高原丘布特省的一个牧场中发现了部分化石,这些化石相当完整,只有尾巴末端和部分四肢骨骼丢失了。最令古生物学家兴奋的是,在旁边的岩石中还保存了恐龙皮肤的痕迹。

化石很快被运到位于布宜诺斯艾利斯的阿根廷自然历史博物馆中,古生物学家何塞·波拿巴在对化石进行了详细的对比研究之后,在同一年正式命名了这种恐龙。

食肉牛龙的学名来自于拉丁文,意思为"食肉的牛"。食肉牛龙的名字来自它眼睛上方那一对角,这个结构让研究者想起了牛角。食肉牛龙的中文名字来自对其学名的翻译,意思很准确。中文名字除了食肉牛龙外,还有牛龙,不过这个名字太过简单,明显没有表达出学名的意思。

食肉牛龙属下目前只有一个种:模式种萨氏食肉牛龙,种名是用来献给安塞莫·萨斯特罗,因为食肉牛龙的化石就是在他的牧场上被发现的。

3. 生活习性

虽然食肉牛龙的脑袋很小，牙齿也很弱，但是却有着强大的攻击力，而这种攻击力体现在它们撕咬猎物的速度上。通过对食肉牛龙头部和颈部肌肉的还原，古生物学家发现食肉牛龙的咬合力虽然没有暴龙、异特龙的咬合力那样巨大，但是咬合速度却异常迅捷。看来食肉牛龙在攻击猎物的时候不会咬住不放，而是不停地撕咬，直到把猎物杀死。

在描述食肉牛龙外形的时候已经提到食肉牛龙的后肢长而健壮，再考虑到它瘦长的身体和尾巴，可以推断出食肉牛龙有着高速奔跑的能力。那么食肉牛龙到底能跑多快呢？一份最新的研究成果给了我们答案：食肉牛龙的尾骨肌肉附在腿骨上面，尾骨肌肉向后弯曲拉伸腿部，这样腿部就可以获得更多的力量和更快的速度。经过推算，食肉牛龙的最高速度可以达到每小时 56 千米，这种速度在大型肉食性恐龙中绝对是空前绝后的了。

4. 生存环境

脑袋上长角的食肉牛龙又是生活在一个怎样的世界里呢？这些信息主要来自于发现其化石的拉克罗尼亚组地层。食肉牛龙生存于晚白垩世的南美洲南部，是南美洲最后的一批恐龙，其生存环境主要是海岸平原，平原上生长着繁茂的植物，许多河流经由此地注入大海。

5. 猎物和天敌

在食肉牛龙的世界中生存着很多植食性恐龙，但是那些并不都是它的猎物。许多大型的依靠四肢行走的蜥脚类恐龙对于食肉牛龙来说过于巨大，很难捕食。所以食肉牛龙将目标锁定到像加斯帕里尼龙和南方小贵族龙这样的体形中等的植食性恐龙身上。食肉牛龙在捕猎中通常会发挥它

的速度优势,快速发起进攻后不断地撕咬猎物,直到对方因为失血过多或是筋疲力尽倒在地上。相比较同时期北美洲的暴龙亚科,食肉牛龙的捕猎方式并不凶悍,但是同样有效。

在拉克罗尼亚组地层发现的恐龙化石中,食肉牛龙是最为强悍的掠食者,它们占据着食物链的顶端。不过即使是顶级掠食者也会被挑战,而发起挑战的正是同族兄弟奥卡龙。相比较而言,奥卡龙的体形比食肉牛龙的体形小,不过身体却更结实,有时候可能与食肉牛龙争抢食物。

6. 发现的意义

食肉牛龙的发现让人们看到了南美洲中生代最后的统治者的真实面目,它们代表了阿贝力龙类最终极的进化方向。由于外形独特,食肉牛龙在大众文化中具有特殊的地位,在迪士尼的动画片《恐龙》和美剧《史前新纪元》中它们都以凶悍掠食者的形象出现。

重爪龙

自古以来,鱼类就是动物们的主要食物,恐龙也不例外。在恐龙家族中就有这么一群恐龙,它们高大健壮,脑袋类似鳄鱼,前肢上长着弯曲的大爪子,不喜欢猎杀其他恐龙,而是钟爱鲜美的鱼肉。重爪龙就是它们中的一员。

1. 外形特征

重爪龙是一种体形较大的恐龙,体长 10～12 米,高约 3 米,体重约 2 吨,其中体长甚至超过一辆大型公共汽车的长度。重爪龙是一种非常特别的恐龙,它们的身上具有独一无二的结构。

重爪龙长有一个类似于鳄鱼的头,它们的头细长,一双眼睛长在头靠后的位置上。重爪龙的嘴巴也很长,而且嘴巴表面凹凸不平,特别是在上颌前部有一个向上凹陷的口裂,这种结构是为了在咬合中更好地固定猎物,防止猎物从嘴中逃脱。

重爪龙的嘴中长有 96 颗牙齿,其中上颌 64 颗,下颌 32 颗,这些牙齿的外形与常见的肉食性恐龙的牙齿截然不同。从外形上看,重爪龙的牙齿呈圆锥形,表面布满了纵向的纹路,这样的牙齿结构同样与鳄鱼相似,属于穿透固定型的牙齿。

与细长的头相比,重爪龙的身体强壮,尾巴很长。重爪龙的前肢较长,手掌上有三指,每个指末端都具有弯曲的爪子,其中第一指上的爪子最大。古生物学家认为重爪龙的大爪子是捕鱼利器,当然也可以对付其他恐龙。重爪龙的后肢相当粗壮,它们依靠后肢站立和行走,不过考虑到沉重的身体,重爪龙可能无法快速奔跑。

2. 发现和命名

1983 年 1 月,在英格兰冬季的阴雨中,化石猎人威廉·沃克在萨里多尔金附近的奥克利黏土坑边寻找化石。沃克拿着工具不停地翻着土,一块石头的一角露了出来,不过弯曲的外形说明这不是一块普通的石头。沃克轻轻地拨开泥土,一个巨大的爪子化石出现在他的面前。

沃克发现大爪子的消息很快就传开了,当地的媒体纷纷找到沃克,并拍下了那张著名的照片:一个两侧鬓毛茂密的中年男子,裹着一件旧薄毛衣,站在一堆废石料旁,小心翼翼又极为骄傲地举着一个超过 30 厘米长的大爪子。

媒体的报道引起了伦敦自然历史博物馆的注意,博物馆马上组织了一些考察队来到奥克利黏土坑,他们在系统发掘之后发现了一些完整度超过 70% 的恐龙化石。这些化石被装箱运回了伦敦自然历史博物馆的实验室,然后由古生物学家艾伦·查理格及安吉拉·米尔纳研究。1986 年,查理格和米尔纳发表论文正式命名了重爪龙。

重爪龙的学名来自拉丁文,意思是"沉重的爪"。重爪龙的名字来自其巨大的爪子化石。重爪龙的中文名字来自对其学名的翻译。除了重爪龙这个中文学名外,还有坚爪龙这个名字,不过两个名字的意思差不多。

重爪龙属下目前只有一个种:模式种沃克氏重爪龙,种名为了献给化石的发现者威廉·沃克。

3. 生活习性

重爪龙是古生物学家发现的第一种确定吃鱼的恐龙,在其化石的胃部曾经找到了大型鳞齿鱼的鳞片化石。那么重爪龙是怎么抓鱼的呢?

虽然长有类似于鳄鱼的脑袋,但是重爪龙却不像鳄鱼那样把身体完全潜入水中来追逐鱼类。

重爪龙一般都是在浅水中行走,边走边寻找鱼类。重爪龙捕鱼的时候可能像今天的某些水鸟一样,站在那里不动,等着鱼靠近之后,以迅雷不及掩耳的速度咬住鱼或是用大爪子将鱼拍到岸上;有时也会像今天的棕熊一样,在水中追逐鱼类,然后抓住它们。

重爪龙的捕鱼利器是它们前肢上的大爪子,这些大爪子最长可以达到30厘米,这也使得重爪龙成为当时拥有爪子最大的恐龙。重爪龙的爪子不但大,而且整个前肢也是粗壮有力,重爪龙捕鱼的时候会举起大爪子拍向水中的鱼,就算是抓不住,也可以把鱼打出很远。

除了鱼类之外,重爪龙也会吃一些恐龙的尸体,在重爪龙的化石中发现过幼年禽龙的残骸化石。古生物学家猜测这是重爪龙碰到了一具幼年禽龙的尸体,于是就来者不拒把它吃掉了。

4. 生存环境

重爪龙的化石发现于奥克利黏土坑。通过研究得知,重爪龙生存于早白垩世的欧洲西部,不仅仅在英国,在西班牙古生物学家也发现了它们的化石。当时的气候属于热带、亚热带气候,陆地上遍布湖泊和河口三角洲,这些地方为重爪龙提供了大量的食物。

5. 猎物和天敌

前面提到,重爪龙是典型的食鱼动物,它们主要以淡水中的大型鱼类为食。不过拥有尖牙利爪

的重爪龙也可能会捕食其他动物,包括恐龙。或许在重爪龙肚子中的幼年禽龙的残骸并不是偶然发现的尸体,而是被重爪龙猎杀的。

到目前为止,重爪龙是英国早白垩世发现的体形最大的肉食性恐龙,体长超过 10 米的它是没有天敌的。而另一种与重爪龙生活在同一时代的肉食性恐龙始暴龙仅有 4 米,根本无法对重爪龙构成威胁。

6. 发现的意义

今天我们已经认识了棘龙、似鳄龙等大型食鱼恐龙,不过重爪龙却是人类认识的第一种专门吃鱼的恐龙。重爪龙的发现丰富了早白垩世欧洲的生态多样性,同时作为重爪龙亚科的代表,重爪龙也显示了棘龙科在北方大陆上的生存与进化。

朝阳翼龙

朝阳翼龙生活在早白垩世的中国东北部,它们的体形比较大,翼展约有 1.85 米。

朝阳翼龙之所以起这个名字是因为它是在中国辽宁朝阳市被发现的,而不像黎明角龙那样,用寓意如此深刻的名字来表明它们在家族中的位置。

因为朝阳翼龙的化石缺失了头骨的后半部分,所以我们只知道它们长有一个前部尖细的脑袋,嘴中没有牙齿,而不知道它们的脑袋上是否长有脊冠。

朝阳翼龙的脖子较长,身体则要瘦小一些。它们的前后肢长度接近,后肢强壮,这说明它们并不像自己的亲戚那样在陆地上寸步难行,而是有更多的时间待在地面上,并且能在陆地上轻松行走。

由此推断,朝阳翼龙的所有捕食行为或许并不全是在天空中完成的,它们也可能依靠其强壮的四肢在陆上捕猎。

宁城翼龙

宁城翼龙也生活在早白垩世中国东北部,和朝阳翼龙比起来它可是个小个子,即使是成年的宁城翼龙的翼展也才刚刚超过 50 厘米,和森林翼龙差不多大。

长相可爱的宁城翼龙有一个最为特别的地方,那就是它头顶上的脊冠。

宁城翼龙的脑袋又尖又长,脑袋后部膨大,眼睛位于有膨大的后方。

宁城翼龙的脖子较长,大约与脑袋的长度相等。它们的身体很细瘦,四肢则较为发达。它们很可能生活在沼泽湖泊地区,以小鱼为食。

在谈到宁城翼龙的时候,还有一个不得不说的地方,它的化石是一个几乎完整的幼年个体骨骼,包括难以保存的罕见的翼膜和毛的软组织。这样的化石非常可贵,因为人们可以很明确地根据化石中保存的毛发软组织进行这样的判断:宁城翼龙的身上披着一层细密的绒毛。因此,它的样子便成了毛茸茸的,可爱极了!

格格翼龙

格格翼龙是翼龙目梳颌翼龙超科的一属,化石发现于中国辽宁省北票市的义县组,年代为白垩纪早期。它的名字并不是为了纪念哪位格格,说起来它的命名有些好笑,因为发现格格翼龙化石的科考队员中有一位女队员长得很像格格,所以研究人员就给格格翼龙起了这么一个带有皇亲国戚色彩的名字。

和这么有派头的名字比起来,格格翼龙的外形特征要显得朴实多了!格格翼龙长有一个超过15厘米的长长的脑袋和一双大大的眼睛,脑袋前部延伸的嘴喙向上微微弯曲。它们的嘴中布满尖细的牙齿,这样的牙齿能让它们很容易抓到鱼儿。

在捕鱼前,格格翼龙会在水面上滑翔,寻找猎物。当那双大眼睛看到靠近水面的鱼儿时,就猛地将脑袋扎到水里,这时候它们嘴巴里尖细的牙齿就能派上用场了,这些密集的牙齿能轻易地刺穿猎物并将其牢牢固定住。

抓到鱼之后,格格翼龙不会在水面上停留,它会凭借有力的颈部,挥动长翼向高空飞去。

猎空翼龙

澳大利亚的翼龙资源并不是很丰富,不过古生物学家还是陆续发现了一些,猎空翼龙就是其中之一。

猎空翼龙的命名时间虽然很晚,在 2008 年的时候,它才和人们见面,但是它的发现时间却远在1991 年。在猎空翼龙发现之前,科学家在澳大利亚发现的翼龙化石多是一些破碎的残片,直到猎空翼龙横空出世,才成为澳大利亚最重要的翼龙发现事件。

猎空翼龙的化石发现于澳大利亚昆士兰州北部的休恩登镇附近,它名字中的"猎空"来源于昆士兰土著语,意思是"空中的猎手与明星"。

猎空翼龙的化石发现得并不多,只有一个残缺的头骨,所以我们对于它的了解也不多。

不过,通过有限的化石我们依然能够确定猎空翼龙的嘴巴里布满空腔,这可能是为了给它减重,从而更利于它飞行。

华夏翼龙

华夏翼龙是翼龙目翼手龙亚目古神翼龙科的一属,化石发现于中国辽宁省朝阳市的九佛堂组,年代为下白垩纪的巴列姆阶到阿普第阶。华夏翼龙是继中国翼龙之后该地区所发现的第二种古神翼龙科。

华夏翼龙最有特色的地方就是它头上的脊冠,这是辨识它时最明显的特征。

华夏翼龙的脊冠分为两部分,在它的嘴巴前端一直到鼻孔处,有一个明显的斧状脊,从侧面看就像是断了尖的犀牛角。而在这个斧状脊之后,还有一个尖长的骨质顶脊,它一直延伸到脑袋后面,高高耸起直指天空。

华夏翼龙没有牙齿,它的脖子很长。

为了适应长时间的飞行,华夏翼龙的后肢逐渐退化,长度还不到前肢的一半。它们的尾巴超短,两腿之间也连有翼膜。而它们的双翼很大,能够让它们在空中平稳地飞行。

神州翼龙

生活在早白垩世中国东北的神州翼龙,属于朝阳翼龙科。在整个朝阳翼龙科内,它是最小的属之一,翼展在 1.4 米左右。

不过,虽然神州翼龙的身体娇小,但是它却长了一个很不相称的大脑袋。从化石上看,它的头骨大约有 25 厘米长,看上去似乎超过了整个身体。

神州翼龙的脑袋长而高,造型奇特的巨大的鼻眶前孔几乎占去了头骨面积的一半。说造型奇特,是因为这个鼻眶前孔的外形很像鲨鱼的背鳍,只是和鲨鱼背鳍的位置不一样,它是高高地耸立在头顶上的。

神州翼龙有一个又尖又长的嘴巴,嘴巴没有牙齿。脑袋后面的身体较小,四肢很长。

人们在谈到朝阳翼龙、吉大翼龙等时,都感觉有些遗憾,因为科学家至今都没有发现它们完整的头骨,以至于我们不得不根据别的线索来对它们脑袋的样子进行推测。而现在,我们却可以准确地描绘出神州翼龙脑袋的样子,这不能不说神州翼龙非常幸运。作为目前发现的最新的朝阳翼龙科动物,它的化石中保存了完整的头骨,这对翼龙的研究来说弥足珍贵。

郝氏翼龙

郝氏翼龙不喜欢在陆地上行走,因为那不是它的强项。它更喜欢飞翔,或者像蝙蝠一样倒挂在树上休息。

郝氏翼龙生活于白垩纪早期的中国辽宁西部,属于翼手龙亚目中的鸟掌龙科,和它的亲戚比起来,它的体形很小,翼展只有1.35米。

虽然郝氏翼龙的体形很小,但它却长着一个又尖又长的脑袋。它的脑袋呈现出漂亮的流线型,并没有明显的脊冠。

郝氏翼龙的嘴里长有锋利的、圆锥形的牙齿,非常适于捕鱼。

在郝氏翼龙的脑袋后部长有一双大大的眼睛,它们具有非常敏锐的视力,可以看清很远的东西。因此,当翱翔在天空中的郝氏翼龙不小心将嘴巴里那条小鱼掉到地面时,它们一点都不担心找不到它。

郝氏翼龙的脖子强而有力,它们拥有发达的胸部和前肢,上面附着着强壮的肌肉群,为它们的飞行提供足够的动力。不过,与长而有力的前肢相比,郝氏翼龙的后肢明显短了很多,所以它们更适合在天空中自由翱翔,一旦落到地面上,它们顿时便失去了王者的风范。

森林翼龙

在翼龙家族中,森林翼龙一定是一个特立独行的家伙,因为大部分翼龙都生活在大海和湖泊边,以鱼为生,但是森林翼龙却生活在茂密的森林中,以昆虫为食。

实际上,森林翼龙并不是不合群的家伙,它和团队的疏离仅仅是因为它独特的身体结构。森林翼龙的后肢特别强壮,而且还具有弯曲的爪子,这样可以让它牢牢地抓住树干,轻松地在树枝间攀爬。所以,森林翼龙并不喜欢抓鱼,在森林中飞舞的昆虫才是它最喜欢的食物。

森林翼龙的化石来自辽西葫芦岛市建昌县要路沟下白垩纪九佛堂组湖泊沉积的地层中。它的体形很小,它的翼展约25厘米,体长约9厘米,和今天的麻雀差不多大,是目前发现的体形最小的翼手龙亚目动物。

虽然体形很小,可森林翼龙却长有一个尖长的大脑袋。它的脑袋呈三角形,前上颌和前下颌非常尖。而后部的头颅比较膨大,长着一双超大的眼睛。森林翼龙具有非常好的视力。不过,森林翼龙的脑袋看上去平平的,没有任何脊冠。

森林翼龙没有牙齿,它们四肢强壮,几乎没有尾巴。

森林翼龙看上去非常漂亮,如果翼龙家族举行选美比赛,娇小可爱的森林翼龙一定会名列三甲。

小盗龙

1. 雾中天堂

天还没有亮,淡淡的雾气弥漫在空中,使森林变得非常朦胧,周围很是寂静,万物都还处在睡梦之中。渐渐地,深蓝色的东方有了光亮,天空就像一幅巨大的画布,由近及远,颜色从浅到深,变化是那样自然而流畅。

太阳慢慢地露出头来,温暖的阳光驱散了日出前的寒意,撩开了湖面上的雾气,露出没有一丝波澜的湖水。伴随着太阳的升起,在树林间涌动的雾气渐渐散去,整个谷地沐浴在晨光之中。现在是白垩纪早期,气候比刚刚过去的侏罗纪要温暖湿润得多。长期剧烈的地质运动不断改变着地球的面貌,使得这块位于中国辽西的土地遍布丘陵和活火山。在这一大片丘陵之中存在着很多湖泊和池塘,从空中望去就像一枚枚珍珠点缀在绿色的大地上。由于地理、气候、生物等多种因素的共同作用,这个地区形成了许多独特的小环境,并演化出许多奇特的生物类群,奇异的生命之花在这里绽放。

2. 溪猎

潺潺的溪水从树林中流过,溪边的木贼丛里,蜘蛛正在爬上爬下编织着陷阱。一只老鼠模样的尖嘴兽东寻寻、西嗅嗅地来到木贼丛里,粗心的它并没有注意到一双眼睛正从背后盯着它。这条小溪是森林中唯一的水源,聪明的猎手明白这一点,它们常常埋伏在附近等待猎物自投罗网。

距离木贼丛不远处的桫椤树下,小盗龙"彼得"正静静地潜伏在那里,胸部随着呼吸微微起伏,宽大翠绿的桫椤枝叶如扇子般将它的身体掩盖在阴影之中。小盗龙属于兽脚类下的驰龙科,是体形非常小的掠食性恐龙,与著名的恐爪龙、伶盗龙属同个家族。如果单单从长相上看,小盗龙一点也不像是一只恐龙,更像是一只喜鹊,浑身上下长满了灰黑色的羽毛,在光线下还会泛出蓝绿金属质感的色彩。

别看小盗龙个头不大,却非常敏捷聪明。它们生活在茂密的森林中,常常成群出没,是鸟类和小型哺乳类动物的致命天敌。

尖嘴兽还在木贼丛中寻找美味的昆虫,丝毫没有注意到身后慢慢靠近的小盗龙"彼得"。"彼得"目不转睛地盯着猎物,身体压得低低的,嘴巴微张,锋利的前爪伸展开来,看样子已经做好准备随时发起攻击。它的动作很轻很慢,几乎没有一点声响。突然,"彼得"拍动翅膀从桫椤树下飞了出来,胆小的尖嘴兽一听到身后有声音,回头一看,立刻吓得蹿出木贼丛就向森林逃去,它疯狂地舞动着四肢,朝前面的树洞奔去。而身轻腿长的"彼得"紧随其后,细长的尾巴在空中划出美丽的弧线,高速运动使得它身上的羽毛密密地贴在身上。

3. 低空飞行

再有几十米尖嘴兽就要钻进树洞中了,看来"彼得"是没有希望了。但是就在这一瞬间神奇的

事情发生了,只见"彼得"借着向前飞奔的速度后腿用力一蹬,长满羽毛的前肢顺势张开,整个身体停留在空中。没错,"彼得"飞了起来,它拍打着翅膀瞬间就来到了尖嘴兽上方。

尖嘴兽感觉到了头顶上的杀气,还没等它做出反应身上就传来刺痛。"彼得"空降在尖嘴兽身上,它用四肢上的弯爪刺穿了猎物毛茸茸的表皮,嘴中的牙齿则咬住了尖嘴兽的脖子。与猎物相比,"彼得"并不占绝对优势,只见它们抱成一团在地上翻滚着,不时发出厮打的声音。

过了好一阵子,尖嘴兽终于"安静"了下来。"彼得"放开已经死去了的尖嘴兽,站起来拍打着前后肢,灰黑色的羽毛上沾满了绿色的植物碎屑。它低下脑袋,一双大眼睛打量着战利品,就好像这家伙随时都会活过来一样。"彼得"用后脚上的大弯爪撕开了尖嘴兽的腹部,然后扯出内脏。虽然食物并不好找,但还是改不了"彼得"挑食的毛病,它非常钟爱食用内脏,总是等到最后才吃肉。

小盗龙"彼得",森林中的精灵,一种长着两对翅膀的兽脚类恐龙,虽然身长只有半米,可灵巧的身体结构却可以让它在森林中自由地短距离飞行。小盗龙的发现有着重要的意义,其身体结构有力地支持了鸟类树栖起源的假说,并为鸟类由恐龙进化而来提供了更充分的证据,说明亿万年之前一群恐龙就向另一个生存空间——天空发起了挑战。

4. 树冠猎人

金色的阳光穿过树梢和枝叶的缝隙,一束束、一缕缕地投射在平静的湖面上。现在正是繁殖季节,一群群史前昆虫聚集在湖边寻找适合产卵的水域,就像一团团嗡嗡作响的"黑球"。几只金色的飞鸟穿行于天空之中,它们上下翻飞不时冲散昆虫的队形,或攻击那些处于群体边缘的个体。

这些小鸟叫波罗赤鸟,是生活在这个地区众多原始鸟类中的一种,因为发现于波罗赤而得名。波罗赤鸟身材娇小,只有麻雀大小,翅膀虽然得到了较好的进化,但是仍然保留着早期鸟类常见的翼端指爪。此外,波罗赤鸟还有个突出的特征:长有老鹰般前端带钩的角质喙,而且与同时代满口尖牙的同类相比,波罗赤鸟只有下颌后部长有牙齿。别看波罗赤鸟体形小,但它们却是典型的猛禽,吃的食物包括昆虫、鱼类甚至是小型蜥蜴。

不过谁也没有注意到在湖边一棵高大的银杏树上,"彼得"又在注视着这场野餐会。"彼得"属于机会主义者,它们不但吃其他动物的尸体,还会主动攻击动物。当面对在空中飞行自如的鸟类时,"彼得"也有自己的办法:它们总会躲在高高的树冠上,一动不动,以免猎物察觉到周围危险的存在;待时机成熟,"彼得"就会一跃而起,快速向下俯冲,在鸟儿没有反应过来之前抓住它们。面对下面的波罗赤鸟,这只"彼得"也准备采用同样的战术,它四肢的钩爪抓住粗大的树干悄悄向树顶爬去,而那些波罗赤鸟还在忙着享用美味,根本没有发现树木阴影中的杀手。

5. 羽翼杀手

阳光已经完全淹没在繁茂的绿色海洋之中。"彼得"的眼睛紧紧地盯着下面,眼球随着猎物的移动也慢慢转动。它轻盈的身体攀附在一根并不是很粗的树枝上,身上灰黑色的羽毛与背景颜色融为一体。渐渐地,随着蚊虫移动的波罗赤鸟已经到了银杏树下,"彼得"抓住机会轻轻一跃,迅速脱离了树木的掩护向猎物扑去。

"彼得"就像一颗从高空下坠的黑色流星,悄无声息。它并没有完全张开翅膀,而是前肢微张、后肢紧紧地贴在身体两侧,这样做是为了减小空气阻力,以最快的速度逼向猎物。整个下坠过程,它只是偶尔微微震动一下翅膀来保持身体的稳定和运动方向的准确。这一系列动作必须连贯精准,否则今晚它就要饿肚子了。

一只波罗赤鸟就在面前,黄色的羽毛在阴暗的森林中异常醒目。"彼得"突然张开翅膀,用一对翅膀挡住了波罗赤鸟的去路。与此同时,正要逃跑的波罗赤鸟突然感觉到翅膀上一阵刺骨的疼痛,原来是被"彼得"咬住了!在猎物惊慌失措的尖叫声中,"彼得"狠狠地晃动着脑袋,而它口中的猎物就像一个小木偶毫无反抗之力,只能随着翅膀上传来的刺痛左右摇晃。

突然"咔"的一声,波罗赤鸟的翅膀骨折了!痛苦的惊慌变成了疯狂,它猛然回过头狠狠地啄着"彼得"的脑袋,"彼得"根本没有料到猎物会反抗,突如其来的攻击使它松开了嘴,头顶上被鹰钩嘴啄得火辣辣的疼。不过"彼得"并不担心,因为波罗赤鸟的一只翅膀已经断了,也就意味着它已经失去了飞行的能力。就这样,"彼得"优雅地张开两对翅膀向猎物下落的方向飞去……

6. 小盗龙之夜

深夜,一轮圆月高高地挂在夜空中,安静的夜空中传来拍打翅膀的声音。一个影子正好飞过月亮,月光勾勒出它的模样:长长的、毛茸茸的尾巴,长着两对翅膀,前面的一对翅膀不断拍打着,后面的翅膀平伸着为身体提供足够的升力,嘴里仿佛还叼着一个小动物,一闪而过。

古魔翼龙

古魔翼龙是翼手龙类的一属,发现于巴西下白垩纪(阿普第阶)的桑那组地层。

古魔翼龙的化石刚刚被挖掘出来的时候,研究人员发现它的头骨化石非常恐怖,因此,他们给这个翼龙起名为古魔翼龙,取自当地图皮南巴人土著语中的"魔王"。

不过当我们今天看到古魔翼龙的复原图时,并没有觉得它长得多么恐怖。只是,它的脑袋确实大得吓人。

古魔翼龙的脑袋长度几乎相当于它身体长度的两倍，而且在脑袋上还长着一个很特别的脊冠，这或许就是研究人员当时觉得恐怖的原因吧！

与瘦小的身体相比，古魔翼龙的双翼宽大，这让它们可以在天空自由地飞翔。

妖精翼龙

在影视作品或者书籍中，所有的妖精都拥有异常美丽的容颜，而当科学家发现妖精翼龙的时候，完全被它漂亮的头冠吸引了，所以为它起了妖精翼龙这个贴切的名字。

成年的雄性妖精翼龙和雌性妖精翼龙都长有大型的头冠，上面覆盖着角质层，并且有着艳丽的颜色。不过，雌性头冠后部会比较圆。

有些科学家认为，成年个体的脊冠是一个整体，由一块骨骼构成，而幼年妖精翼龙的脊冠是由两块骨骼构成的。当有一天这两个脊冠连接在了一起，小妖精翼龙就算是真正长大了。而当脊冠最终生长成大型艳丽的头冠时,它们就要开始自己的爱情之旅了。

妖精翼龙没有牙齿,它们有着长长的脖子和宽大的双翼,它们和其他发现于巴西的翼龙目动物一样,主要以捕食鱼类为生。

玩具翼龙

玩具翼龙的名字听上去太特别了,一只翼龙怎么会和玩具联系在一起呢?

事实上,是因为玩具翼龙的头部外形融合了翼手龙亚目下两大翼科的头部特征,具体地说就是鸟掌龙科长满钉子般牙齿的特征,以及翼手龙科长有脊冠的特征。在玩具翼龙之前,没有一个物种可以同时具备这两种特征,这只在孩子们手里的翼龙玩具中出现过,所以才取名为玩具翼龙。

玩具翼龙的名字听上去小巧可爱,不过,真正的玩具翼龙却并不像它的名字那样。

玩具翼龙的体形很大,翼展能达到 5 米。它们长有异常狭长的脑袋、短而有力的脖子以及巨大而宽阔的双翼。不过,它们的尾巴很短。

除了保存很好的骨骼化石,在玩具翼龙的嘴巴之间,竟然保存有一片丝兰,也就是凤尾竹的叶子。这有些奇怪,因为我们实在无法想象满嘴尖牙的玩具翼龙会吃那些叶子。所以,最大的可能性就是,死后的玩具翼龙与这片丝兰叠压在了一起,而后恰巧被人类发现了。

帆翼龙

从帆翼龙我们就能看出翼龙家族在白垩纪的飞速发展,因为帆翼龙的翼展已经达到了 5 米,这是之前那些体形"巨大"的翼龙无法企及的!

帆翼龙长有一个巨大而细长的脑袋,它的嘴巴前端呈半圆形,就像鸭子的嘴巴一样,所以它还有另外一个名字——鸭嘴翼龙。不过,和光溜溜的鸭嘴不一样,帆翼龙嘴巴的前边还有向外突出的牙齿,这是它们捕食的好工具。

帆翼龙常常会在低空滑翔,寻找靠近水面的鱼,然后趁其不备,用那些锋利的牙齿把鱼儿叼到

嘴巴里。

与脑袋相比,帆翼龙的身体并不长,不过其双翼较长,翼幅面积较大,尾巴很短。

掠海翼龙

或许你根本无法想象这样惊险的画面:在波涛汹涌的海面上,一只庞大的翼龙在几十米高的海浪中穿过,它准确地叼起被浪花卷起的一条小鱼,仰头把它吞到了肚子里!

这就是掠海翼龙的生存景象。因为庞大的体形,它无畏地对抗着恶劣的生存环境。

掠海翼龙真的很大,仅仅是它的头骨就长达 1.42 米,高 1.4 米。

在掠海翼龙巨大的脑袋上,有一个恐怖的头冠,它几乎占去了脑袋面积的 3/4,它从吻端出现,一直向后上方延伸,而在整个冠状突起的后面还有一个明显的 V 形凹口。它就像一个超大号的公鸡鸡冠,高高地耸立在掠海翼龙的头上。

掠海翼龙这个大型的头冠可不只是吓人的"花瓶",它有利于掠海翼龙在飞行或追逐猎物时控制或改变方向,能起到舵的作用。当然,它也能作为雄性掠海翼龙有力的炫耀工具,为它们赢得异性的欢心。

掠海翼龙的头冠不仅以巨大而闻名,更重要的是,它为证明翼龙是温血动物提供了一个新的有力证据。因为古生物学家在掠海翼龙的骨质脊冠上面,发现了很多纵横交错的沟沟槽槽,他们认为这种构造可能是翼龙的血管。基于这一点,古生物学家认为翼龙的体温有可能是相对恒定的。

掠海翼龙体长约 1.8 米,翼展约 4.5 米,为了支撑它巨大的脑袋,它们的脖子非常粗壮。

包科尼翼龙

包科尼翼龙是翼龙目神龙翼龙科的一属,化石发现于匈牙利维斯普雷姆州,位于包科尼山脉附近,年代为白垩纪晚期的桑托阶。

　　下颌是包科尼翼龙身上最明显的部位,它异常锋利,没有牙齿,从侧面看,就像一个锋利的矛头。

　　很多古生物学家依据包科尼翼龙下颌的形状推测它们以鱼为食,因为它们锋利的下颌有助于减少捕鱼时水面带来的阻力。

　　但是后来的研究则显示,因为它们的脑袋过窄,脖子也过于细长,它们实际上无法像科学家先前推测的那样划过水面捕鱼。而根据包科尼翼龙与古神翼龙头骨的相似性,研究人员推测它们是以树木的果实为食的。

　　这也就解释了为什么包科尼翼龙是神龙翼龙科中体形较小的成员,因为它们必须有一个灵巧的身体,才能轻松地在树林间窜来窜去,寻找可口的果子。

　　包科尼翼龙的脑袋很大,头上有小型的头冠。因为目前仅仅发现了很少量的包科尼翼龙化石,所以我们对它们的了解并不多。

惊恐翼龙

　　惊恐翼龙的名字是古生物学家依据希腊神话中的梦魇神佛贝特为它命名的,意思是翱翔在天空中的惊恐翼龙,会让地面上的居民感到惊恐。

　　虽然这个名字听上去既神秘又霸气,但却是个无效名,因为在古生物学家为惊恐翼龙定下这个名字之前,已经有一种鱼类使用了这个名字。按照国际物种命名法,惊恐翼龙需要换一个名字。

　　惊恐翼龙属于翼龙目翼手龙亚目准噶尔翼龙科中体形较小的成员,生存于白垩纪早期。它的翼展约为1.58米,体重大约只有0.5千克。

　　惊恐翼龙的头冠与准噶尔翼龙很像,从鼻眶前孔到眼睛上方有一道狭长的脊冠,而在脑袋后方还有一道向斜后方伸出的骨棒。

　　它们的脖子很粗,以鱼或地面上的其他小动物为食。

夜翼龙

　　夜翼龙是翼手龙科目的一属,它们的化石在美国中西部发现,这个地区在白垩纪时是广阔的浅海。

　　在西部内陆海道称王称霸的夜翼龙也不总是胜利者。当它们在面对海洋霸主沧龙的时候,往往显得有些无能为力。那巨大的脊冠并不能给它们带来多少好运,相反,会成为它们逃生时的累赘。

　　夜翼龙虽然是很成功的族群,但是它们最终还是没能逃脱灭亡的厄运。这其中,强者的猎杀是一个原因,而另一个重要原因就是它们的头冠。夜翼龙如此特别的脊冠高度适应了西部内陆海道环境,但是一旦环境发生了变化,它们的头冠便表现出了强大的不适应性,这也就导致它们迅速被环境淘汰了。

中华龙鸟

　　恐龙曾经在人们眼中等同于史前的大蜥蜴,它们身披光滑冰凉的鳞片,冰冷而残忍。现在人们已经普遍接受了很多恐龙长有羽毛的观点,但是你知道古生物学家发现的第一种长毛的恐龙叫什么名字吗? 答案就是中华龙鸟。

1. 外形特征

中华龙鸟是一种体形很小的肉食性恐龙,体长约 1 米,高约 0.4 米,体重约 3 千克。中华龙鸟的样子并不像传统意义上的恐龙,它的样子更像是一只长有毛茸茸长尾巴的鸟。

中华龙鸟的脑袋较小,外形较为细长。在它们的小脑袋上却长有一双大眼睛,这样的大眼睛可以帮助中华龙鸟在幽暗的森林中发现猎物和危险。中华龙鸟的眼睛下面是长满牙齿的嘴巴,虽然它们的牙齿很小,但是这些牙齿外形如同小刀,边缘带着锯齿,是切割的最佳利器。

中华龙鸟的前肢很短,手上有三指,末端有小钩爪。相比前肢,中华龙鸟的后肢就要长得多,长度等于前肢长度的三倍。中华龙鸟的背后是一条由 64 块尾椎骨组成的超长的尾巴,这条尾巴的作用是在它高速奔跑的时候保持身体的平衡。研究显示,中华龙鸟的奔跑速度非常快,最高速度超过每小时 60 千米,真的可以算是来去如风。

2. 发现和命名

1995 年,中国辽宁省北票市上园镇四合屯村的农民李荫芳在开垦一片山坡时偶然发现了一块含化石的石板,因为石板从中间分开,所以化石分成了正反面一模一样的两块。1996 年,李荫芳来到北京,他将化石交给了中国地质博物馆馆长季强博士。季强在看到这具化石后完全震惊了,石板中竟然保存了动物体内内脏的印痕。

季强当即以 6000 元的价格收购了这具标本,并且与姬书安开始对化石进行研究。在研究中,季强注意到化石中的动物身体周围还有一层类似绒毛的印痕,当时他认为这是一种原始的鸟类,于是在 1996 年出版的《中国地质》杂志上,季强等人将这种动物正式命名为中华龙鸟。因为中华龙鸟的独特性,季强将中华龙鸟分类于一个新目——中华龙鸟形目的中华龙鸟科,而中华龙鸟形目属于蜥鸟亚纲。

中华龙鸟的学名来自拉丁文,意思是"来自中国长有翅膀的蜥蜴"。中华龙鸟的学名来自于其化石出产国及身上的羽毛特征。中华龙鸟是中国原产恐龙,因此其中文名更具有标志性。

目前中华龙鸟属下只有一个种:模式种原始中华龙鸟,种名来自其身上表现出来的原始特征。

虽然季强认为中华龙鸟是一种原始鸟类,但是后来根据古生物学家陈丕基等人的研究,中华龙鸟实际上是小型兽脚类恐龙,相关研究论文发表在 1998 年 1 月 8 日出版的英国《自然》杂志上。根据生物命名法则,季强最初使用的名字"中华龙鸟"依然有效,所以中华龙鸟虽然有鸟之名,但是却是一种恐龙。

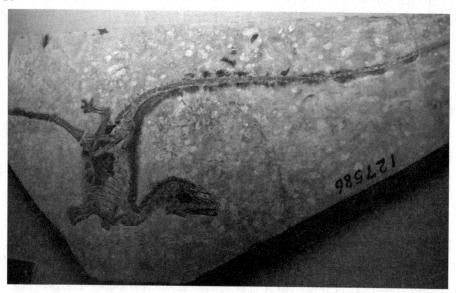

3. 生活习性

中华龙鸟是人们发现的第一种身上长有毛发的恐龙,它又一次彻底改变了我们对恐龙的传统看法。

中华龙鸟身上的毛发为丝状结构,其长度并不都是一样的。其中眼睛前方的毛发最短,只有1.3厘米长;肩部的毛发长3.5厘米;前肢的毛发长约1.4厘米;臀部至尾巴的毛发较长,可达4厘米;尾巴下侧的毛发较短,只有3.5厘米。

古生物学家根据中华龙鸟身上丝状结构的分布与波浪般的整体外廓,指出这些原始羽毛相当柔软,类似现代鸟类身上的羽毛。中华龙鸟的羽毛具有保温隔潮的作用,这使得中华龙鸟可以舒舒服服地度过寒冷的夜晚和清晨,而不需要用晒太阳的方式补充身体的热量。

古生物学家不但准确分析了中华龙鸟的毛发结构,还通过研究其毛发中黑色素体的大小和分布形态还原了中华龙鸟的颜色。研究指出,中华龙鸟身上的毛发色彩呈现栗色或红棕色,而尾巴则是橙白两色相间的。如此看来,中华龙鸟的毛色是很漂亮的,类似小熊猫的颜色,它们会以此来吸引异性的关注,就像今天的鸟类那样。

4. 生存环境

身上长有漂亮毛发的中华龙鸟,其化石发现于热河群义县组地层,也是热河生物群的一员。中

华龙鸟生存于早白垩世的亚洲东部,其生存环境中丘陵起伏,树林茂盛,湖泊分布其中。不过,中华龙鸟更喜欢在森林间追逐猎物,它身上的毛发不仅可以帮助它隐蔽行踪,而且还能起到保温的作用。

5. 天敌和猎物

中华龙鸟穿梭的辽西森林中生存着很多可怕的掠食者,它们的体形虽然比中华龙鸟大不了多少,但却是敏捷聪明的杀手。中国鸟龙就是这样的危险杀手,长有羽毛的中国鸟龙不但奔跑如飞,而且还能在空中滑翔,它们静悄悄地在森林中潜行,随时准备扑向猎物。所以在森林中生活的中华龙鸟要倍加小心,因为危险可能就在咫尺之间。

虽然中华龙鸟的个头不大,但是却是相当积极的掠食者。通过对中华龙鸟化石的分析研究,古生物学家在它们的肚子里不仅发现了属于哺乳类的张和兽和中国俊兽的化石,还有一些小型蜥蜴的化石。中华龙鸟喜欢捕猎,尤其喜欢捕猎小型哺乳动物。

6. 发现的意义

中华龙鸟的发现具有重要的意义,它是辽西发现的第一种恐龙,也是世界上发现的第一种身上长有原始羽毛结构的恐龙,在世界范围内具有很高的知名度。美国前总统克林顿曾经在《国家地理》杂志创刊110周年庆祝大会上,手持封面印有尾羽鸟复原图的最新一期《国家地理》杂志,称赞中华龙鸟、原始祖鸟和尾羽鸟是最重要的古生物发现之一。

无齿翼龙

无齿翼龙在希腊文的意思是"没有牙的翅膀",生存于白垩纪晚期,属于神龙翼龙科,在风神翼龙发现之前,它们一直被认为是最大的翼龙目成员。成年的雄性无齿翼龙翼展能达到5.6米,雌性翼龙的翼展也能达到3.8米。

无齿翼龙属下有两个种:斯氏无齿翼龙和长头无齿翼龙。

这两个物种极其相似,它们的身体和双翼骨骼结构几乎都一样,区别只在于它们的头冠外形。

斯氏无齿翼龙的脊冠很高,而且很宽大;而长头无齿翼龙的头冠则比较窄,并且更加向后延伸。

从名字上看我们就知道,无齿翼龙的嘴巴里没有牙齿,就像今天的鸟类一样。

无齿翼龙的翼展宽大有力,加上它们强壮有力的背阔肌,可谓是优秀的飞行家。和翼展相比,无齿翼龙的身体娇小,尾巴也很短。

另外,无齿翼龙的骨头是中空的,上面有很多小气孔,这可以帮助它们在飞行时减轻重量。

湖翼龙

单单从湖翼龙的名字就知道,这种翼龙是生活在湖泊附近的。

湖翼龙生存在早白垩世的中国新疆,它的外形与准噶尔翼龙很相似,不过,体形就赶不上准噶尔翼龙了,它的翼展大约只有两米。

湖翼龙长有一个又尖又长的大脑袋,在脑袋上长有狭长的骨质脊冠。它的脑袋和脊冠的形状都和准噶尔翼龙很相像,唯一不同的地方就是湖翼龙的口鼻部比较平直,不像准噶尔翼龙那样微微向上翘起,而湖翼龙的脊冠也没有准噶尔翼龙那样起伏很大,它几乎在同一条水平线上。在湖翼龙的嘴中长有两排锋利的牙齿,这些牙齿是它们捕食的利器,结合强大的咬肌,能让它们咬碎猎物坚硬的甲壳。

在体形上,湖翼龙除了比准噶尔翼龙小一号之外,再没有什么更为明显的差别了。因此,有学者推测,湖翼龙可能是准噶尔翼龙的幼年个体,不过中科院地质研究所的吕君昌研究员在研究湖翼龙的正模标本时发现它本身是成年个体,从而证明了湖翼龙属的有效性。

乌鸦翼龙

乌鸦翼龙是中生代爬行动物的一属,生存于白垩纪晚期的北美洲西部,最初被认为属于翼龙目的帆翼龙科,近年研究显示它们可能是不属于翼龙类的其他爬行动物。

乌鸦翼龙目前只有一个化石,只有头颅骨的前半段。口鼻部的前端尖,上下距离高,高度约9.5厘米。口鼻部上端与头颅骨洞孔之间,距离6.5厘米;头颅骨洞孔与上颌下缘之间,距离则约2.1厘米。前上颌骨与上颌骨之间愈合,因此上颌可能没有缝隙。根据被保存成化石的部分,上颌每边有至少26颗牙齿,其中有11或12颗牙齿是位于头颅骨洞孔的正下方。上颌的最前段没有被保存下来,因此无法得知上颌前端的牙齿状态。牙齿之间紧密地排列。牙齿的齿冠小而平坦,略成三角形,高度约 4 厘米,宽度约 2.75 厘米。牙齿边缘较钝,没有锯齿状边缘。牙齿的形状笔直,前后缘没有弯曲。牙齿只有单一齿根,齿根长而狭窄,长度为 10 ~ 12 厘米。整体而言,牙齿的长度约 14 厘米。

在菲力·柯尔等人的命名研究里,列出乌鸦翼龙的两个自衍征:上颌有超过 25 颗牙齿;齿根长度是齿冠长度的两倍以上。

神龙翼龙

生活在晚白垩世亚洲中部的神龙翼龙,是神龙翼龙家族中的典型代表,它们的体形很大,翼展可以达到 6 米,几乎发展到了翼龙家族的顶峰。

神龙翼龙长有一个细长而巨大的脑袋,脑袋上方长有低矮的骨质脊冠。

神龙翼龙的嘴里没有牙齿,但是锋利的上下颌具有强大的破坏力。

神龙翼龙的脖子特别细长,这是后期大型翼龙类所共有的特征。

和它巨大的脑袋相比,神龙翼龙的身体较为细瘦,看上去和那个大脑袋有点不太相称。

神龙翼龙曾经被认为是一个不合格的飞行员,因为它的体质看上去太瘦弱了。为它命名的耐索夫甚至认为,它们只能在天气好的时候才能在天空中翱翔,并且必须栖息在气候温和的地区。

不过,这可真是为神龙翼龙多虑了。事实上,它们完全不像我们想象得那么脆弱,它们是卓越的飞行者,甚至是冷酷的空中杀手,可以从高处出击,猎食水中、陆地上和天空中的动物。

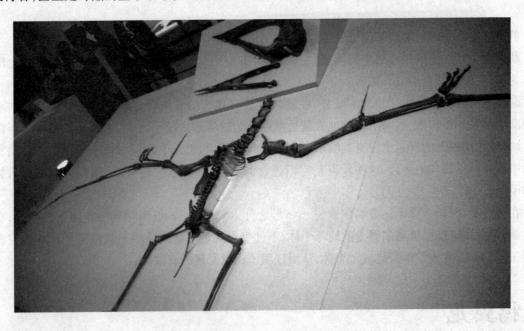

巴西翼龙

巴西翼龙是一种中型翼龙类,翼展估计接近 4 米。巴西翼龙具有长而间状的口鼻部,嘴部前段具有圆锥状牙齿,牙齿长而细,向前倾斜。巴西翼龙的口鼻部、下颌没有冠饰,这点不同于巴西的其他翼龙类。

巴西翼龙意为“来自巴西的翼手龙”,属于鸟掌翼龙科,化石发现于巴西塞阿腊州,年代为早白垩纪的阿普第阶。模式种为阿拉利坡巴西翼龙,化石只有一个部分下颚。其他的巴西翼龙化石还没有被归类于任何种。巴西翼龙拥有往前指的长、细、尖状牙齿，以及短冠饰，如同鸟掌翼龙科的其他成员。

准噶尔翼龙

准噶尔翼龙是一种翼龙，其皮膜翅膀展开宽约为3米。在它的口鼻部上面有一个特殊的骨质脊冠，它的颌骨细长而且弯曲，前面部分是尖尖的。脊冠在飞行时可能起着船舵的作用，或者可能是性别的一个特征。它的颌骨后面的牙齿是扁平的，脖子是弯曲的，头颅骨很长，身体很小。它的大脑很大，而且视力很好。

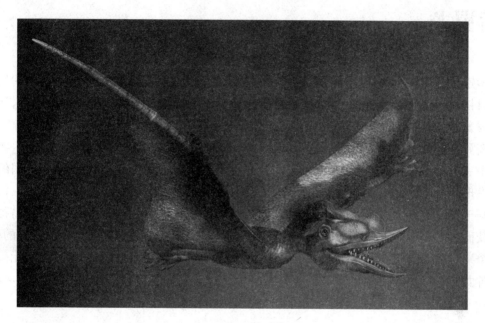

准噶尔翼龙生活在白垩纪早期，生活在中国的准噶尔盆地，也就是在这里人们发现了这种恐龙，后来人们又找到了更多的遗迹。

准噶尔翼龙的翅膀上有皮膜，这种薄而结实的膜在身体两侧、腿和长长的四指（趾）间张开，形成了翅膀一样的结构。手指上长着爪。

它的头颅骨后上方有两个空腔，眼睛后面也有两个空腔，这一点非常特殊。它是一种中型翼龙，它的颌骨也很特殊，上颌骨向上翻，非常适合于打开蛤类动物。嘴的前方没有牙齿，但后面的牙齿是宽而钝的，会帮助它嚼碎甲壳类动物，而这些甲壳类动物也正是它的食物。

哈特兹哥翼龙

哈特兹哥翼龙是一种最近发现的大型神龙翼龙科动物。化石发现于罗马尼亚特兰西瓦尼亚，包含头颅骨碎片、左肱骨以及其他部分，这些化石显示它们是一种大型动物，翼展可达12米，甚至更大。

哈特兹哥翼龙的化石发现于罗马尼亚西部，年代为白垩纪晚期的马斯特里赫特阶晚期，约6500万年前。在该地区发现的一个股骨，长度为38.5厘米，可能属于哈特兹哥翼龙。

哈特兹哥翼龙拥有宽广、坚固的口鼻部，以及大型的下颌。哈特兹哥翼龙的颌关节有独特的沟槽,部分翼龙类也具有这种特征,允许它们将嘴巴张得更开。哈特兹哥翼龙的许多特征类似其近亲风神翼龙,但哈特兹哥翼龙的头骨较大,颌关节较类似无齿翼龙。科学家将它们的化石与其他翼龙类相比,估计哈特兹哥翼龙的头骨约3米长,这个长度可能大于风神翼龙,它们的头颅骨可能是非海生动物中最长的。

哈特兹哥翼龙的头骨相当重、结实,可容纳大型的肌肉,而大部分翼龙类的头骨是由轻型骨头构成。在2002年的研究中,研究人员认为这些大型翼龙类必须有某种特别方式降低重量才能够飞行,例如:骨头内部的空洞,这些空洞由极薄的骨梁支撑;哈特兹哥翼龙的部分翼部骨头也有这种特征。研究人员指出这种类似聚苯乙烯的结构,与其他翼龙类的头骨不同,能使哈特兹哥翼龙的头骨保持轻的重量,允许它们飞行。

鸟嘴翼龙

科学家对鸟嘴翼龙的研究非常早,它所在的家族在19世纪就已经正式建立了。因为家族建立得很早,科学家未经鸟嘴翼龙同意,曾一度把很多研究不明确的种类都归到了它的家族,让鸟嘴翼龙成了翼龙家族最委屈的"垃圾箱"。

鸟嘴翼龙意为"鸟的颚部",是由丝莱博士根据许多骨骸碎片在1871年所建立。

其中一个碎片是由理察·欧文所叙述。模式种是塞氏鸟嘴翼龙,是根据一个在英国的上白垩纪地层发现的肩带所命名。有些科学家认为鸟嘴翼龙是无齿翼龙的一个异名,而也有人认为鸟嘴翼龙不同于无齿翼龙。但是,鸟嘴翼龙曾被当作"未分类物种集中地",有许多没有特殊特征的物种为求方便而被列入鸟嘴翼龙属,如同恐龙总目中的斑龙。最近许多曾被列入鸟嘴翼龙属的标本,改被列入个别的新属,或是已命名的属。东方鸟嘴翼龙被重新命名为东方波氏翼龙,并从无齿翼龙科转移到神龙翼龙科。

北票翼龙

北票翼龙意为"北票的翼龙",是翼龙目梳颌翼龙超科的一属,发现于中国辽宁省北票市的义县组,年代为下白垩纪的巴列姆阶。模式种为陈氏北票翼龙,也是唯一的种,化石仅包含大部分的脊椎、完整的翼以及两个后肢。北票翼龙的翼展为1米,身长为55厘米。北票翼龙的外表可能与梳颌翼龙类似。

由于翼龙的骨骼纤细,它的化石非常难保存。但是,科学家在寻找北票翼龙的化石时,不仅找到了骨骼化石,更发现了含胚胎的蛋化石,这在全世界尚属首次。从这个化石看,北票翼龙的蛋不具有坚硬的外壳,而是由一层革质的软壳包裹。

西阿翼龙

西阿翼龙是一种大型翼龙类,生存于中白垩纪阿普第阶。西阿翼龙拥有长尾巴与短颈部,翼展为4~5.5米。它们的重量可能为15公斤。

不像其他大型翼龙类(例如无齿翼龙),西阿翼龙可能推动它们的翼以推动飞行,类似现代鸟类的行为,而非单靠滑翔。西阿翼龙的变形上颚与互相连锁的牙齿显示它们以海生动物为食,这些特征可协助它们咬住光滑的鱼类。

西阿翼龙的全名叫残忍西阿翼龙，那是因为科学家在发现它的化石时，看到了它那些恐怖的牙齿。西阿翼龙的牙齿长而锐利，就像钢钉一样，而且它的嘴部结构和一些肉食性恐龙非常相似，科学家推测西阿翼龙可能是残忍的捕食者，它不光能轻松地吃掉鱼，还会吃一些小恐龙。

都迷科翼龙

都迷科翼龙意为"多梅伊科科迪勒拉的手指",为翼龙目翼手龙亚目准噶尔翼龙科的一个属,生活于白垩纪早期,化石发现于智利安多法加斯大。

根据一部分的下颚与上颚骨附近的化石,都迷科翼龙刚开始被误认为是南翼龙。都迷科翼龙在上颚骨的顶端拥有头冠,估计翼展为1米。都迷科翼龙也是第一次在南美洲发现的准噶尔翼龙类,其他的准噶尔翼龙类都是在亚洲发现的。

南翼龙

南翼龙是一种生存于南美洲的白垩纪翼龙类,生存于1亿4000万年前。南翼龙翼展长达132厘米,拥有大约1000颗长而狭窄的鬃毛形状牙齿,被推测以过滤方式捕食猎物,类似现代红鹤。它颚部里的鬃毛状结构可能用来过滤水中的甲壳动物、浮游生物、藻类以及其他小型水中动物。它可能在浅水中涉水而行过滤食物,类似红鹤,或飞行时可能掠过水面,用喙状嘴捞起食物。南翼龙一旦抓到食物,它可能用它上颚小型球状牙齿将食物捣碎。

南翼龙的饮食可能导致它呈粉红色泽,如同红鹤。所以,南翼龙常被称为"红鹤翼龙"。

南翼龙是在 1970 年被约瑟·波拿巴发现于阿根廷巴塔哥尼亚圣路易斯省。它的化石在智利被发现。

沧龙

在亿万年的时间里,浩瀚的大海用博大的胸襟接纳着一批又一批强大的掠食者,它们来去匆匆,留下了难心历数的辉煌,也留下了无数遗憾。

其中很多过客的身影在大海的记忆中或许都已经模糊了,但是大海绝对不会忘记那群可怕怪兽——沧龙科家庭。

它们是有史以来最强大的海洋掠食者,直到现在,都没有谁能打破它们的纪录;它们在短短的几百万年时间里,从小小的蜥蜴进化成可怕的怪兽,让整个海洋变成了它们的私人泳池;它们毫无疑问是海洋的霸主,它们的身体堪称完美。

沧龙生活于白垩纪的马斯特里赫特阶(约 7000 万年至 6500 万年前)的海洋中,分布于世界各地。它是沧龙科家族中最大的明星,它几乎可以代表整个家族的荣耀。

沧龙的种类很多,不同种之间在体形上有很大差异。沧龙的平均体长在 10 米左右,但是最大的个体能达到 17.6 米。

沧龙不仅身体巨大,而且它身体上的零件也都非常大。

沧龙的头骨有 1.5 米长,而它的下颌骨竟然达到了 1.6 米。

沧龙的眼睛和鼻孔都很大,这说明它们有很好的视力和非常敏锐的嗅觉。

沧龙的嘴巴也很巨大,嘴巴里长有弯曲、锐利、呈圆锥状的牙齿。这种牙齿结构非常适合捕猎光溜溜的鱼儿,因为它能轻松地穿透并固定住它们。不过,对于可怕的沧龙来说,它们并不会只满足于吃那些没什么战斗力的鱼儿,它们是凶猛的猎手,海洋中所有的家伙,包括鱼类、菊石、海龟,甚至是其他小型沧龙动物都是它们的美食。

为了适应海中生活,沧龙的四肢进化成了扁平的鳍状肢,就像鲸一样,它们的前肢比后肢大,是灵活的转向工具。

沧龙还有一条巨大的尾巴,正是这条大尾巴左右摆动产生的巨大能量,才帮助沧龙在海洋横冲直撞,所向披靡。

连椎龙

连椎龙是较早期的沧龙科成员，就像它的名字描述的那样，连椎龙的脊柱连在一起，不过它并不是像蛇那样弯来弯去。

连椎龙的体长 2~6 米，虽然这个体形在现代的海生动物中并不小，但是在沧龙家族中，它就像个没成年的小不点儿。不过，虽然身体很小，但它扁平的尾巴占身体的比例是沧龙家族中最大的。

这条尾巴能为连椎龙提供足够的动力，所以，它们极有可能是整个家族中游得最快的家伙。这很好地解释了为什么这么小的家伙居然能在巨兽横行的时代顽强地生存，因为当它们面临危险的时候，可以动用最有效的手段——尾巴逃跑，来保护自己。

连椎龙是完全的海生动物，不过它生活在近海还是深海目前还没有定论。它们以鱼类甚至是飞鸟为食。

始无齿翼龙

始无齿翼龙是翼龙目翼手龙亚目神龙翼龙超科的一属，化石发现于中国辽宁省北票市的义县组，年代为下白垩纪的阿普第阶。正模标本是一个不完整的颅骨与骨骼。颅骨的长度小于 20 厘米，具有大型头冠，缺乏牙齿。始无齿翼龙的翼展为 1.1 米。

始无齿翼龙与无齿翼龙类似，但研究人员将始无齿翼龙归类于无齿翼龙类的未定位属。一个针对义县组翼龙类的系统发生学研究发现，始无齿翼龙是神龙翼龙超科的近亲，尤其是古神翼龙、妖精翼龙与风神翼龙。

2008 年，大卫·安文等人将这个原始的神龙翼龙类归类于新设立的朝阳翼龙科。

扁掌龙

与早期的沧龙科成员相比,扁掌龙的身体明显有了很多进步的特征。

扁掌龙生存于白垩纪晚期,约 8350 万年前,其头骨是一个漂亮的锐角三角形,没有任何突起,这样可以为它在水中的前进减少阻力。

扁掌龙的眼睛很大,可以让它在黑暗的海中清楚地看到食物和敌人。

在扁掌龙的上下颌之间有一个特殊的关节,这个关节普遍地存在于沧龙科中。这个关节能让它们的下巴掉下来,让嘴巴变得很大。这样,当它们要吃比自己的脑袋还要宽的猎物时,就能轻松地吞到肚子里了。

扁掌龙的牙齿虽然较少,但却都坚固结实。

扁掌龙有一条粗大的尾巴,几乎占据了身体一半的长度。当它的尾巴灵活地在水中以 S 形运动的时候,能够为它提供极大的动力。

扁掌龙在沧龙家族中很有名,很大程度上是因为古生物学家发现了怀有宝宝的扁掌龙化石。

在 1996 年发现于美国南达科他州的一块扁掌龙化石中,古生物学家发现化石中的结晶体正是保存下来的胚胎。

这是目前唯一发现了胎儿材料的沧龙科化石,这一发现提供了非常重要的沧龙科生育后代的信息。

海王龙

海王龙是沧龙家族中非常有名的成员。

把海王龙的学名直接翻译过来应该叫作瘤龙,这是因为在海王龙上颌前齿外端有个伸长的球突,看上去像个瘤子。这个球突结构与古希腊和古罗马战船船头下面安装的用于冲撞的铜质锤很相似,而海王龙可能也会使用这一结构来攻击敌人或是猎物,这是海王龙最有特色的地方。

海王龙嘴中长有大约 50 颗锋利的牙齿,这些牙齿就像一把把巨大的锥子,深深地插入齿槽之中,结实而坚固。

古生物学家曾经在海王龙的胃部发现了古海龟的化石,这说明即使是那些体长 5 米、体重达到 4 吨的大家伙也经受不住海王龙的攻击,足见海王龙牙齿的穿透力以及优秀的捕食能力是多么令人难以想象。

为了适应水中的生活,海王龙的四肢已经完全进化,形成四个宽大的鳍。而它的尾巴也非常长,几乎占去了身体长度的一半,是它前进时重要的推动器。

虽然海王龙的体形巨大,但是它们的体重并没有人们想象得那么重,一只体长 15 米的海王龙体重约 1.3 吨,而要是换作相同体重的沧龙,它的体长可能就要多出一倍。古生物学家推测,在海王龙的骨头中可能充满了脂肪细胞,这样就可以在不增加体重的情况下增加它的浮力。

海诺龙

海诺龙与海王龙有一定的亲缘关系,不过在海诺龙身上有着更多体现进化的特征。
海诺龙是目前已知最大的沧龙科动物,体长有可能达到 18 米。
海诺龙处于晚白垩世海洋中食物链的最顶端,是有史以来最大的捕食者之一。

为了支撑它们庞大的体形,它们几乎碰到什么就吃什么,古生物学家曾经在它们的腹化石中发现过蛇颈龙类、古海龟和其他沧龙科恐龙的残骸。

浮龙

浮龙生活在白垩纪最晚期,是沧龙科家族中的最后成员之一。

浮龙的体长 9 ~ 13 米,是最大型的沧龙之一,不过它们最引人注目的不是它们的体长,而是先进的结构。

浮龙是沧龙科中高度适应海洋生活的属种之一,其身体上的许多结构和特征都代表了沧龙科的进化方向。

浮龙的头骨外形不是沧龙科传统上呈锐角三角形的尖细形,而是更扁平细长一些。

浮龙的四肢不像其他沧龙那样宽大,而像鸭子的脚蹼。它的鳍状肢很狭长,就像今天的海豚。在它的尾部,还出现了一片由神经隆起而形成的扁平肉质鳍。

在浮龙的嘴里,长有密密麻麻的两排牙齿,不过它们的牙齿可不是端端正正地长在一条直线上,而是东倒西歪、参差不齐。如此不美观的牙齿实际上是为捕鱼而专门设计的,滑溜溜的鱼类一旦被这些前后交错的圆锥形尖齿咬住,就再也没有逃生的机会了。

浮龙身体上先进的特征表明沧龙科成员已经更加适应水生生活了,或许用不了多久,它们就将像鱼龙一样,遍布全球各地。但是大自然没有给它们这样的机会,一场突如其来的灾难让它们和陆地上的霸主——恐龙一起灭绝了,它们的消亡也结束了整个水生爬行动物的辉煌时代。

扁鳍鱼龙

时间到了白垩纪时,鱼龙目家族开始从顶峰走向没落。鱼龙目的种类和数量不断锐减,它们不再是遍布整个世界的霸主。

生存于白垩纪早期的扁鳍鱼龙是鱼龙目家族的最后成员,它们继承了最优秀的基因,将自己的身型进化到了极致。

扁鳍鱼龙的体形中等偏大，它们的身型与今天的海豚很像，是非常优美的流线型。

扁鳍鱼龙的眼睛并不是很大，所以它们生活在浅海，那里不需要用敏锐的视力在黑暗的海中辨识一切。

在扁鳍鱼龙的嘴里长满了锋利的牙齿，适合捕捉鱼类和乌贼，不过更多的化石显示，它们的食谱远比亲戚们要丰富得多，比如成年的海龟以及水鸟就是它们喜爱的食物之一。

虽然扁鳍鱼龙的身体进化得非常适合海洋生活，但是它们终究没能挽救鱼龙目家族。它们生存了长达 3500 万年的时间，创造了家族最后的辉煌，也见证了整个家族的消亡。

当它们完成自己在演化过程中的使命时，鱼龙目家族也退出了历史舞台。

球齿龙

球齿龙很特别，因为它并不像海王龙等大型的沧龙科动物长有一个尖长的脑袋，它的脑袋短而粗。而且，它的下颌骨粗壮，几乎与头骨一样宽。

球齿龙的牙齿也很特别，它嘴巴前部的牙齿呈圆锥形，后部则是球状的。它的牙齿齿根圆长，深深嵌入上下颌的牙槽中，十分结实。

球齿龙这样的牙齿组合和排列向我们揭示了它们的食物选择性，它们前列牙齿能刺穿甲壳类，而后列牙齿则可以压碎硬壳。古生物学家曾经在舒氏球齿龙的胃部发现了许多甲壳类的残骸，这说明它们更喜欢吃可口鲜美的海贝。

或许正因为猎物都是些行动缓慢的家伙，球齿龙的身体结构也向着慢速游泳者的方向进化。球齿龙虽然长有流线型的身体，但是相对较胖，长长的尾巴末端也没有它们的亲戚们那么宽，这阻碍了它们行进的速度。

板果龙

板果龙是一种巨大的海生蜥蜴,它凭借长身体和纤细的尾巴能像蛇一样在水中游泳,长有宽大有蹼的脚掌。它尖利的牙齿可以用来捉鱼和鱿鱼吃。

板果龙是一种中型沧龙,有着长而窄的下巴和尖锐锋利的牙齿。这种水生蜥蜴能长到 7 米长,在白垩纪晚期,它们漫游在浅海里寻找小鱼和鱿鱼。在食物方面,板果龙比它们更大更凶残的亲戚海王龙更挑剔,后者是一种终极杀手,见什么吃什么。

虽然板果龙不是最大的沧龙,但它们是最多的沧龙之一,它的化石在北美洲、欧洲和非洲的海底均有发现。长而有力的垂直扁平的尾巴推动板果龙在水中像蛇一样游动,鳍状肢控制游泳方向。一些化石标本有较厚的耳膜,它可能允许这种海中怪物进入深水追逐鱼类。

白垩龙

白垩龙属于蛇颈龙家族中的白垩龙科,这个科很奇特,只包括寥寥无几的几个品种,白垩龙就是其中最为典型的代表。

白垩龙是蛇颈龙亚目的一属,生存于白垩纪早期(阿普第阶)到晚期(马斯特里赫特阶)的新泽西州和新西兰、英格兰、法国。白垩龙的身长为 13~25 米。

白垩龙的外观与薄片龙有一点类似,但却是一类完全不同的蛇颈龙。它们的眼睛很大,脖子的长度介于白垩纪晚期的薄片龙和上龙之间。

凌源潜龙

除了鸥龙、幻龙,在水世界中,还有一种比较原始的水生爬行动物——潜龙类,而凌源潜龙就是其中的代表,虽然它生活的时间比较晚,已经到了白垩纪。

潜龙属于多样化且原始的水生爬行动物——离龙目,包含凌源潜龙和白台沟潜龙两个种。

凌源潜龙化石发现于辽宁省凌源市,为热河生物群的一分子,化石以产地凌源命名。凌源潜龙是长颈双弓类水生爬行动物中的一种,生活在距今1.25亿前的早白垩纪。根据生物形态,古生物学家指出,凌源潜龙的长颈反映该动物适应湖泊环境,以食鱼虾等动物为生。同时,凌源潜龙也是中国发现的第一个来自中生代湖泊沉积中的长颈水生爬行动物。

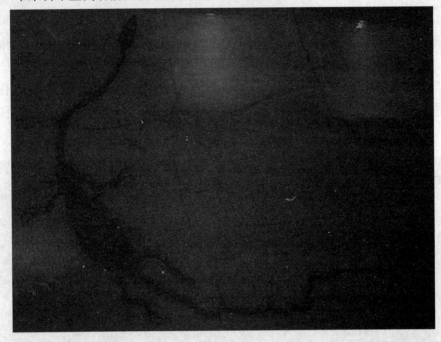

凌源潜龙为长颈双弓类水生爬行动物。相对于身体比例,头骨小,双弓形,吻部尖,似针状牙齿,颈部大大加长。椎体为平凹型,颈椎19个,背椎16~17个,荐椎3个,尾椎55~62个;前部尾椎有发育的肋横突。背肋肿大,呈S形;背肋至少13对;腹肋超过20组,每组由3段组成,每一椎体对应2~3组腹肋,第三、第四蹠骨长度基本相等,第五蹠骨不为钩状。没有锁骨,间锁骨T字形;尺骨长度不到肱骨的四分之三,胫骨长度在股骨的三分之一到三分之二;腕骨和跗骨未完全骨化;第三和第四跖骨长度相当,第五跖骨无钩;前后足均五指(趾),第三趾长。

双臼椎龙

和我们之前看到的蛇颈龙成员有些不同,双臼椎龙的身体看上去不再那么修长,而是圆鼓鼓的。因此,它不属于之前介绍的任何一科,而是自成一科。

双臼椎龙的外形很像上龙,不过,它并没有上龙所拥有的向外突出的尖牙利齿。它们圆锥形的牙齿老老实实地长在嘴巴里面。

双臼椎龙的肚子很短,脑袋很大,背部也很圆。虽然没有了长肚子,不过双臼椎龙的行动速度倒是快了很多,它们是海里迅捷的掠夺者,以鱼类、头足类动物等为食。

双臼椎龙生存于白垩纪末期的北美洲、俄罗斯、澳洲海洋。有一个双臼椎龙的成年个体化石,其体内保存一个大型胎儿化石,这显示双臼椎龙是卵胎生动物,此繁衍模式在爬行类中相当独特。

模式种是宽鳍双臼椎龙,是由美国古生物学家爱德华·德林克·科普在1869年命名,除此之外还有11个已命名种。属名意为"多凹处的脊椎",意指其脊椎形状。

薄片龙

薄片龙是白垩纪晚期最为著名的蛇颈龙,同时也是这个种类最后的君主。

薄片龙的体形非常长,体长能达到14米,仅脖子就有6米长,在蛇颈龙类中位居第一。

薄片龙的脑袋非常小,和它细长的脖子组合在一起,看上去奇怪极了!

正因为这个超小的脑袋,所以薄片龙根本不能与凶猛的猎物正面对抗。它们在捕食时,经常悄无声息地躲在离岸边不远的海水里,抬起高高的脖子,将脑袋露在外面。一旦发现猎物,就突然压低脑袋,插入水中,把猎物牢牢压住。

薄片龙的脖子虽然很长,却不灵活,因此它们在水中的游动很缓慢,这样不免会给一些凶猛的掠食者造成可乘之机。

薄片龙终生生活在水里,靠捕鱼为生。它们常常去海床底部吞食小鹅卵石,以帮助研磨消化食物。

薄片龙的化石广泛地分布于各个地域,不过它们生前更喜欢生活在冰冷的北美洲海域。

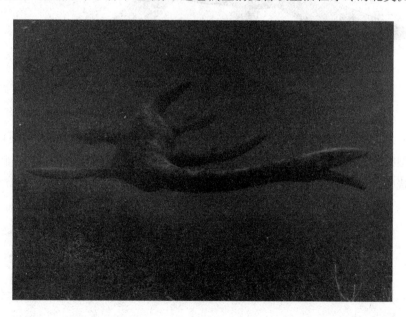

猎章龙

猎章龙和白垩龙一样,同属于白垩龙科。它于2002年才被命名,是近年来发现的很重要的蛇颈龙家族成员。

猎章龙的体形比较大,体长达到了7米,肚子很大。它的脑袋从侧面看呈三角形,眼睛很大,能够看见立体的图像,所以常常在光线微弱的深海活动。

猎章龙有大概 170 颗牙齿,虽然牙齿数量众多,但是又细又小,并不适合攻击猎物,只适合吃些小鱼和软体动物。

长锁龙

长锁龙在希腊文中意为"修长的锁骨",是蛇颈龙目上龙亚目长锁龙科的一属,是一种掠食爬行动物。长锁龙是威特岛沉积层所发现的唯一上龙类。

长锁龙拥有大型锁骨、间锁骨以及小型肩胛骨,外形类似早侏罗纪的菱龙以及白垩纪的双臼椎龙科。上颌骨两侧各有 21 颗牙齿,下颌的齿骨两侧各有接近 35 颗牙齿。头颅骨呈三角形,鼻孔末端到鼻部拥有矢状脊。长锁龙与上龙科的差异包含:颈部肋骨为单头,颈椎中心有个深凹处。长锁龙的身长平均为 3 米。

不像许多蛇颈龙类,长锁龙生存于浅潟湖与盐水与淡水间的环境,例如大型河口,有人推论这是为了远离大型蛇颈龙类与上龙类。大部分的长锁龙都发现于不列颠群岛,而南非长锁龙则被发现于南非的开普省。

第五章

探寻恐龙的故乡

伯尼萨特——比利时禽龙的出生地

比利时伯尼萨特有个煤矿,1877—1878年,矿工在地层深处挖掘坑道时,发现了一些巨大的动物骨骼化石。经比利时皇家自然历史博物馆的古生物学家鉴定,属植食性恐龙——禽龙的化石。在煤矿里发现恐龙化石已经是一件令人惊奇的事情了,更令人惊奇的是,这些禽龙的数量很多,竟有39只,其中有许多骨架保存得相当完整。人们花了三年的工夫,费了很大的劲才把这些化石从地下挖出,然后送到博物馆进行研究。后经科学家研究,推测禽龙墓是这样形成的:1亿4000万年前,伯尼萨特地方曾经有一个又深又陡的峡谷,生活在附近的禽龙有时会被突发的山洪冲下深谷摔死并被沉积物掩盖,然后变成化石。这些禽龙不是在同一时间跌进峡谷的,所以它们死亡的时间不同。整个"公墓"是经过较长的时间逐渐形成的。

在恐龙化石中,人们最早发现的恐龙化石便是禽龙化石。但是,发现禽龙化石的人并不是一位专业人员,而是一位英国普通的乡村医生,叫曼特尔,他的业余爱好是采集化石。1822年,曼特尔夫妇发现了一种不寻常的牙齿和骨骼化石,他们把标本寄给法国古生物学家居维叶。居维叶认为寄来的牙齿是大型哺乳动物的,可能是绝灭了的犀牛一类;而骨骼可能是一种河马化石,因而断定化石生存的年代不会太古老。曼特尔怀疑居维叶的鉴定,又把标本邮给英国古生物学家巴克兰,巴克兰听说居维叶已看过了,又从经验主义出发,不假思索地同意了居维叶的鉴定。

但是小人物曼特尔并没有相信居维叶所作的鉴定,在无法得到专家帮助的情况下,他决心自己动手研究。首先他访问了许多有鉴定化石经验的人,并刻苦地查阅文献,对照了许多标本,经过三年多的学习和实践,终于从大量可靠的资料中得出结论,认为这不是任何哺乳动物化石,而是一种年代久远、早已绝灭了的爬行动物,是过去从未发现过的,于是给它起名叫"禽龙"。后来,禽龙化石在英国、比利时等地大量发现,证实了曼特尔的正确鉴定。

禽龙化石是最早发现的恐龙化石之一,禽龙化石的发现为探索爬行动物的进化揭开了新的一页。而发现禽龙的过程,也向人们展示了一个道理,即权威人士所说的话也不一定是正确的,应该多用自己的脑子去思考问题,这样才能有收获,才能有新的发现。

合川马门溪龙——中国巨大的恐龙

在成都理工大学的博物馆里,什么展品最抢眼?合川马门溪龙!此龙体长22米,抬起头来,可达三四层楼高。马门溪龙生活于侏罗纪的晚期,它的化石是1957年在四川省合川县(现划归重庆市辖区)被发现的。

合川马门溪龙属蜥脚类恐龙,它们是恐龙家族的巨人,著名的梁龙、腕龙、阿普吐龙(雷龙)均为这个家族的成员。在相当长的时间里,合川马门溪龙都被誉为是亚洲最大的恐龙,不过这已经是老皇历了。

自20世纪80年代以后,我国又陆续发现了更大的蜥脚类恐龙。先是在内蒙古出土了查干诺尔龙,它体长26米,生活于白垩纪的早期。与合川马门溪龙相比,查干诺尔龙大了许多,但在辈分上它却是小字辈。

在新疆还出土了中加马门溪龙的化石,可惜只有十几节颈椎骨,依颈椎的尺寸按比例推算,这条龙活着时,体长应在50米以上,它是与合川马门溪龙同时代、同类型的恐龙大汉。

在广东南雄白垩纪末期的地层里,也发现了一条恐龙巨人的化石,不过仅有一根肋骨,按比例计算,它的长度不小于50米。南雄的这一恐龙大汉是时代最晚的蜥脚类恐龙,一般来说,在白垩纪的晚期,这类恐龙在世界大多数地方已经非常稀少了。

目前在亚洲,中加马门溪龙当然就可以称老大了!

这类恐龙在我国的土地上曾生活过很久,从侏罗纪早期到白垩纪晚期都有,人称"五世同堂",这是中国恐龙的一大特色,为别国所没有。

至于在我国生活过的蜥脚类恐龙,个体最大的有多大,还不清楚。今后,我国可能还会发现更大的这类恐龙。

河西走廊——恐龙的故乡

一批史前生物化石的出土,昭示着河西走廊这块广袤的土地上,有着无数的未解之谜,而这些谜底都与一种庞然大物有关系,它就是恐龙。

在河西走廊地区发现了十几种恐龙化石,其中绝大部分在酒泉地区,越来越多的证据表明——远古的河西走廊曾经是恐龙的故乡。

研究人员对酒泉市境内的30多处古生物化石发现点进行了科学调查,不仅发现了一批古生物化石,而且发现了3具恐龙化石,还发现了禽龙类和鹦鹉嘴龙类化石,共发掘出禽龙类的脊椎骨、尾椎骨、臀骨、肋骨28块,还从该龙的腹腔中发现了保存完整的胃石20多枚,从而进一步确认了酒泉市在远古时期是恐龙生活的重要地区之一。

曾经出土的史前生物的化石,无言地诉说着当时的气候状况:温暖适宜的气候,相对稳定的地质环境,导致大量的植被繁茂地生长在各个角落,从通渭到嘉峪关,从嘉峪关到肃北,整个甘肃大地上生活着十几种恐龙,而这十几种恐龙绝大部分生活在今天的肃北地区。

整个肃北马鬃山地区几十年来先后发现了大量的恐龙化石,最著名的就是马鬃山鹦鹉嘴龙。

20世纪90年代初期,中国和加拿大科学考察团在肃北地区采集到一个化石,1997年被专家们认定为这是一个新的鹦鹉嘴龙化石。这是鸟脚类恐龙中的一支比较特殊的小型恐龙,它们用两只脚行走,体长大约1米,属于鸟龙。

除了这些以外,马鬃山地区还出土了兽脚类、鸟类恐龙化石。除了鹦鹉嘴龙化石外,还出土了棱齿龙、禽龙、新角龙、南雄龙等恐龙化石。

在白垩纪早期,河西走廊西部地区,气候湿热,湖水荡漾,尤其是在岸边生长着大量的植物,水中各种鱼类、甲壳动物非常多,在湖边上的草丛中,还活跃着一些不知名的小鸟。

人们基本上能够得出这样一个结论:在新生代时期,河西走廊西部地区适合恐龙等多种生物生存,繁茂的植被,密布的河湖,为恐龙的生长提供了非常好的生活环境,壮大了恐龙家族,可以说,河西走廊就是恐龙的故乡。

南极洲——恐龙的原生地

在今天澳大利亚的这个区域,下雪和结冰已非常罕见。但从平岩和附近其他地方得到的证据证实,100多万年前,这里曾寒冷刺骨,紧挨着南极洲。

最令人惊奇的是,当时恐龙在这里繁衍生息。想到恐龙,你可能会情不自禁地联想到这些庞然大物在闷热的沼泽或茂密的热带雨林里跋涉的情形。但科学家们在南极洲山顶都发掘出了恐龙化石。这些极地恐龙不仅要忍受酷烈的寒冷,而且要忍受漫长的黑暗——每个冬天至少有6个月。约翰·霍普金斯大学古生物学者威尚佩尔认为它们"生存肯定异常艰难"。

证据表明,这些恐龙与寒冷进行了勇敢的搏斗,它们可能嘎吱作响地踩过雪地,滑过坚冰。科学家们面临的挑战性问题是:这些动物是如何生存的?科学家里奇和另外几位古生物学家正在努力填补这方面的空白。近来的研究可能解决古生物学界两个最具争议的问题:恐龙是温血动物吗?

是什么促使它们灭绝的?

　　极地恐龙的眼睛超乎寻常的大,使它们在漫长的黑暗里能捕捉到更多的光。在恐龙全盛时代,太阳在澳大利亚南部升起的日子每年只有一个半月到四个半月。在南极和北极,黑暗持续半年,植物在这些地区生长必定非常缓慢甚或趋于停滞,会给任何生活在该地区的恐龙带来食物危机。但在 20 多年的发掘中,里奇及其同事已发现了至少 15 种恐龙的化石。

　　不仅如此,恐龙在更南的地方也繁衍生息。南极洲在过去的 1 亿年里移动不多,停留在南极附近。今天,对寒冷抵御良好的动物和耐寒的植物能够在这个酷寒的大陆生存。

　　然而,树叶和其他植物的化石表明,在恐龙时代,南极洲气温相当温和。华盛顿大学的卡西说,生活在约 7000 万年前白垩纪晚期的南极恐龙,颇类似于 6000 万年前生活在世界其他地方的恐龙。科学家说,恐龙在其他地方灭绝后,它们中的一些在南极洲上还存续很久。这或许是因为当世界其他地方的植物纷纷开花,让热带气候地区的恐龙无以为食时,南极为这里的恐龙提供了一片绿洲。

　　冬天来临的时候,恐龙有两种选择——硬扛或力图逃离。恐龙如何在极地寒冷中生存的问题,与恐龙这种古老动物究竟是温血动物(像现在的鸟类和哺乳动物)还是冷血动物(像现在的爬行类动物)这个更大的问题纠缠在一起。在寒冷的环境中,温血动物通过新陈代谢制造热量,保持身体温暖;相反,冷血动物则通过从周边环境吸取热量温暖身体,比如蜥蜴爬在石头上晒太阳。罗德岛大学的法斯托夫斯基强调说,温血动物不一定比冷血动物更优越,温血动物耐力更持久,但冷血动物需要的食物要少得多。

　　科学家里奇说,极地恐龙的生活有助于帮助研究人员理解恐龙是如何灭绝的。他认为,那场灾难一定足够漫长和残酷,可以灭绝适应黑暗和寒冷的动物,因为在长期完全的黑暗下,你不能想象它们还能照常捕猎。

山东——"巨型恐龙"鸭嘴龙的诞生地

恐龙,一种极具传奇色彩的史前动物,它的脚步曾踏遍地球的每个角落,它的吼叫声曾回荡在1.8亿年前的中生代上空……由于时代太久远,古生物学家对于它们的研究,最主要的依据就是它们的化石。

"巨型恐龙"化石骨架是目前世界上最完整、最高大的鸭嘴龙化石骨架。

前不久,中国古生物学家李凤麟教授与美国、日本科学家在位于山东半岛东部——烟台地区的莱阳市柏林庄镇孙家夼村旁的紫红色山岭上,发现并发掘出一件长度约40厘米的完整鹦鹉嘴恐龙化石。这一重要发现又为山东恐龙家族增添了一个种类新成员。

从20世纪50年代初开始,中国古生物学家、考古学家和地质工作者在山东省烟台地区、潍坊地区这条长约600千米、宽约50千米狭长地带的中生代白垩纪晚期地层中,先后发掘出中国第一具最早、最完整的棘鼻恐龙骨架化石,是中国唯一的一具头顶长有顶饰的棘鼻鸭嘴恐龙骨架化石,也是迄今世界上最大的巨型鸭嘴恐龙骨架化石,共发掘出土原角恐龙、金岗谭氏龙、中国谭氏龙、霸王龙等7种食草类、食肉类恐龙骨骼化石、牙齿化石及恐龙蛋化石、恐龙脚印化石3万多件。目前已有5具栩栩如生的青岛棘鼻龙、诸城巨型鸭嘴龙、巨型山东鸭嘴龙骨架化石在北京、天津、济南和恐龙化石产地诸城市陈列并对外展出,还有6具完整或零散的恐龙化石被珍藏在各地的博物馆中。

在被人们称为"龙城"的诸城市博物馆内有两种恐龙蛋,它的外形、大小以及蛋壳的厚薄、构造等很不相同,属不同种类的恐龙所产,像诸城这样发掘出土两种恐龙蛋的情况在中国还不多见。

山东恐龙遗迹的发现往往给人以惊喜。2004年,山东地质工作者在位于鲁中南地区的莒南县岭泉镇后左山村一处废弃采石场,发现了裸露在沙泥岩石上的数百个大小不一、形态各异、纹理清晰的鸟脚类、兽脚类两种不同类型的恐龙脚印化石,中国科学院古脊椎动物与古人类研究所所长赵喜进教授现场考察后说道:"这是中生代白垩纪沙泥岩中的恐龙脚印化石,像这样数量之多、类型之全的恐龙脚印化石在国内外极为罕见。"

山东省成为中国发现恐龙化石遗迹规模最大、品种最多、最为集中的省份,"有望成为中国恐龙遗迹化石宝库"。多姿多彩的恐龙生态遗迹向人们展现了距今7000万年前的中生代白垩纪时期,山东半岛气候曾经温暖湿润,有着许许多多的湖泊和沼泽,生长着茂密的森林与郁郁葱葱的植物,庞大的恐龙家族在这个变化莫测、魅力无穷的自然王国里漫游并繁衍生息……这对于研究山东地区中生代地层确切的地质年代和古地理、古气候、古生物进化及地球变迁史,提供了重要的实物依据。

英国——侏罗纪恐龙的乐园

最新研究显示,英国曾是一个真正的侏罗纪公园。距今2亿年至6500万年前,英国是一个恐龙天堂,至少有108种恐龙游荡在这片土地上。

英国境内之所以存在如此多的恐龙种类,是因为在1.4亿年前的白垩纪,英国生物处在北美和欧亚大陆之间迁移的重要"十字路口"。在6500万年前北美和欧亚大陆板块分离之前,英国在这两块大陆之间充当了最后的"陆地桥梁"的作用。

英国是世界上最早发现恐龙化石的地区。17世纪,就有人挖掘出恐龙骨。直到19世纪,科学界对恐龙化石的研究才正式展开。

1824 年,科学家在英国牛津郡发现了世界上第一块恐龙化石,经鉴定,这是斑龙的化石。从此,成千上万的生物化石在英国境内被发现,其中尤以东苏塞克斯海岸、怀特岛、布利斯托尔附近以及牛津郡最为集中。迄今为止,人类所发现的最为完整的恐龙化石,包括 1860 年在英国多塞特郡黑崖地区发现的踝龙化石,如今黑崖地区被称作"侏罗纪海岸"。

英国朴次茅斯大学的研究者花费 3 年的时间,首次在英国境内进行了一次恐龙大普查——对英国的化石记录进行了最为详尽的考察,共发现了 108 个恐龙种类。研究者相信,还有更多的恐龙种类等待着被发现。

研究者认为,英国是地球上来自两块大陆的恐龙能同时生存的极少数地区之一。他们还发现,有许多恐龙种类起源于英国,这令英国成为恐龙进化史的关键地区。

英国朴次茅斯大学的研究人员根据所发现的化石,第一次完整地记录了距今 2 亿年至 6500 万年前英国大陆上生活的每一个恐龙种类。研究人员比较了来自英国和亚洲、美洲、非洲的化石,发现了共通之处,足以支持自己的论断:英国既是一个恐龙物种的发源地,也是在大陆间迁移的恐龙的重要通道。

英国自然历史博物馆副馆长、古生物学家安吉拉·米尔纳表示:"恐龙并不像一些人所想的那样起源于美洲,恐龙的历史始自英国。"

不过,布利斯托尔大学的古生物学家迈克·本顿对于英国在恐龙进化史上的地位有所保留:"英国保存着几种恐龙的最古老的化石……不过谁知道未来几十年在中国或非洲将会发现什么呢?"

郧县——恐龙蛋的集结地

　　湖北郧县是恐龙的故乡,在郧县不仅出土了恐龙蛋化石,而且发现了恐龙骨骼化石,这种龙蛋化石共生现象,属于国内稀有,世界罕见。据资料介绍,1992 年前,全世界仅出土恐龙蛋化石五百多枚,而郧县出土和埋藏的恐龙蛋就有数万枚,恐龙作为一种曾经统治地球达近两亿年的大型爬行动物,它的生存环境如何? 为什么会灭绝?

　　青龙山恐龙蛋化石是 1995 年发现的,当地农民称作"金鸡蛋",后被鉴定为恐龙蛋,它分布在汉江中上游郧县县城以西 8 千米的柳陂青龙山一带 4 平方千米范围内,其中以红寨子和土庙岭西一带恐龙蛋化石最为丰富,有 1 ~ 6 个产蛋层位。据专家初步估算,青龙山恐龙蛋不下一万枚,它的外部形态有卵形、球形、扁球形,蛋的直径一般在 10 厘米左右,少数达 17 厘米,颜色有浅褐色、暗褐色和

灰白色三种,以浅褐色居多,分属 5 个恐龙蛋科:树枝蛋科、蜂窝蛋科、网状蛋科、棱柱蛋科、圆形蛋科,具有分布广、数量多、埋藏浅、原始状态保存完好的特点,这为研究生物起源、恐龙的演变和灭绝提供了有力的证据。

现在恐龙蛋的出土地青龙山,已于 2001 年 6 月被国务院批准为国家级地质遗迹自然保护区,最近又被中国联合国教科文组织全国委员会和国家文物局列入世界文化自然遗产预备名单。目前,那里已建有恐龙蛋及恐龙模型展馆和国家恐龙地质公园。

自贡大山铺——恐龙的伊甸园

1977 年,在自贡市郊的大山铺发现了一个化石点,面积约 17000 平方米,出土了大量的侏罗纪中期的恐龙类及其他共生的脊椎动物化石,因而大山铺就有了"恐龙墓"之称。

据不完全统计,在这个被誉为"世界奇观"的恐龙"公墓"里,已发掘出大型恐龙个体化石近 200 个,其中有不少是完整或比较完整的化石标本。

恐龙的化石以蜥脚类最多,其次为鸟脚类、剑龙类和肉食类。此外,还有大量鱼类、龟鳖类、蛇颈龙类、翼龙类、鳄类和两栖类等。

1.6 亿年前,自贡一带湖泊与河流广布,湖滨与河岸上到处长着茂密的蕨类、银杏、松柏及其他裸子植物。当时的湖滨平原上,栖息着庞大的蜥脚类恐龙动物群(专家称其为蜀龙—峨眉龙动物群)。此时为侏罗纪四川恐龙的第一个繁盛期,是侏罗纪中恐龙种类最为众多的时期。

据研究,当年大山铺的恐龙尸骨多属异地埋藏(即动物在甲地死亡,后被流水搬到乙地埋藏),但搬运距离不远;也有少数是原地埋藏。

专家们认为,这些恐龙的死亡大多是不正常的。

研究者曾对含恐龙化石的围岩进行了分析,发现当时这里曾出现过一段时间的干燥炎热的天气过程,地面上的植被大面积缩小,水源几近枯竭,致使大量恐龙因饥渴而死。然而祸不单行,久旱之后又发生了大洪水,许多恐龙来不及逃避,被洪水夺去了生命。后来洪水把恐龙的尸骨连同泥沙、砾石等一起冲到大山铺这一带沉积了下来。千百万年后,动物的骸骨变成了化石。

大山铺恐龙"公墓"大体上就是这样形成的。

现在,大山铺恐龙遗址上已建起了我国第一座恐龙博物馆——自贡恐龙博物馆。大山铺已成了世界著名的旅游胜地。

阿勒莱皮盆地——巴西肉食性恐龙的栖息地

在巴西的阿勒莱皮盆地,人们挖掘出了大约1亿年前早白垩纪的恐龙化石。

当时的南美洲和非洲相距很近,但随着两块大陆的漂移,一片内陆海形成了。在大陆的边缘生活着一些小型肉食性恐龙,如小坐骨龙和桑塔纳盗龙等,除此之外,还有类似激龙这样有着古怪名字的大型肉食性恐龙。在这一地区尚没有发现植食性恐龙,因此肉食类恐龙很可能是靠捕食鱼类为生。历经岁月蹉跎,海床上的沉积物最终形成了岩石,这就是世界著名的桑塔纳组石灰岩层。

在阿勒莱皮盆地,有一种恐龙的尖齿呈圆锥状,叫崇高龙,与激龙一样,人们也是从桑塔纳组岩层中发现了它的头骨化石。虽然它被描述为一种以鱼为食、头长得像鳄鱼的新的棘龙类,并因此而得名,但也有人认为它属于激龙,如果是这样,崇高龙一名将被废除。

崇高龙的前肢长有三指,都长有带钩的爪子,可用来抓猎物激龙的颈部。小坐骨龙的前肢和美颌龙一样,都很小。小坐骨龙这种小型肉食性恐龙生活在海岸边,靠猎食那些能一口吞下的蜥蜴为生。

当古生物学家对化石进行研究时,他们发现动物的肠管竟然也被化石保存了下来,这种情况是很罕见的,因为一般来说软组织很少能被保存下来,据此科学家能够确认内脏在小坐骨龙骨盆中的具体位置。